精细有机合成化学与工艺学

主　编　俞马金　崔　凯
编　者　马洁洁　苏长会　周建豪

U0312194

南京大学出版社

图书在版编目(CIP)数据

精细有机合成化学与工艺学 / 俞马金，崔凯主编. —— 南京：南京大学出版社，2015.9

ISBN 978 - 7 - 305 - 15928 - 2

Ⅰ. ①精… Ⅱ. ①俞… ②崔… Ⅲ. ①精细化工－有机合成－教材 Ⅳ. ①TQ202

中国版本图书馆 CIP 数据核字(2015)第 231307 号

出版发行　南京大学出版社
社　　址　南京市汉口路 22 号　　　　邮　编　210093
出 版 人　金鑫荣

书　　名　**精细有机合成化学与工艺学**
主　　编　俞马金　崔　凯
责任编辑　揭维光　吴　汀　　　　编辑热线　025 - 83686531
照　　排　南京南琳图文制作有限公司
印　　刷　丹阳市兴华印刷厂
开　　本　787×1092　1/16　印张 14　字数 341 千
版　　次　2015 年 9 月第 1 版　2015 年 9 月第 1 次印刷
ISBN 978 - 7 - 305 - 15928 - 2
定　　价　32.00 元

网址：http://www.njupco.com
官方微博：http://weibo.com/njupco
官方微信号：njupress
销售咨询热线：(025) 83594756

前　言

本教材是应用化学专业培养"以'产学研'结合为主线,能力培养为核心,培养高素质具有创新精神的应用化学人才"为目标而编写,该教材具有如下特色:

1. 作为应用化学的专业课教材,以基本合成反应为基础,侧重于各反应的运用,合理的合成路线的设计,合理的工艺路线的开发及小试工艺的确定。既吸收了国内外优秀教材的相关知识,又结合了应用化学专业的特点,并体现了从事精细有机合成教学及研究的知识积累。内容既包括各种基本有机合成反应的应用,又包括具体的合成过程的展示。从目标化合物的结构剖析,到合理合成路线的确定,至小试工艺的确立,进而形成具有实际生产意义的工艺路线。

2. 内容包含精细有机化学品从开发到生产的整个流程,并侧重于开发阶段。既有基本有机合成反应的运用,又有具体的合成实验过程。

3. 选取的各种实例,均为市场前沿项目,具有较高的实用价值。这样使得本教材更贴近工厂中的实际情况,使学生在进入工作单位后能更快地适应实际工作岗位。

4. 在每章之末附列有一定数量的教学参考书和相关的参考文献。精细有机合成的发展日新月异,为体现本教材的先进性,我们尽可能选取可靠的较新的参考文献资料,必要时读者可以依从这些文献索引到国内外早期相关文献。

本书的基础部分由南京大学俞马金老师编写,并在教学实践中作为教材试教了三届学生,效果良好。部分同学在毕业后的工作中对相关实例进行了验证,收效甚佳,这也促动了我们尽快将其完善,编撰成书。南京大学金陵学院崔凯、马洁洁、苏长会,南京理工大学周建豪等老师参加了各章节的充实、完善、编写工作。其中马洁洁老师负责第1、2章,崔凯老师负责第3~5章,周建豪、苏长会老师共同负责第6章,苏长会老师负责第7、8章。崔凯老师负责全书统稿,最后由俞马金、崔凯通读定稿。

鉴于精细有机合成涉及面广、种类繁多,理论研究和应用技术发展迅速,文献资料极多。限于编者水平,书中定有疏漏和不妥之处,诚恳读者批评指正。

编　者

目 录

第一章　绪论··· 1

　　第一节　精细化学品的概述·· 1

　　第二节　精细有机合成的基础工艺··· 2

　　第三节　绿色精细化工·· 4

　　第四节　精细有机合成工艺从小试到工业··· 5

　　第五节　精细有机合成新工艺及精细化学品的发展趋势···························· 8

第二章　精细有机合成基础反应与工艺例举·· 10

　　第一节　芳环上的取代反应·· 10

　　第二节　饱和碳原子上的取代反应··· 24

　　第三节　氧化还原反应·· 36

第三章　精细有机合成的合理路线选择与工艺例举····································· 54

　　第一节　合成目标化合物的途径··· 54

　　第二节　合成目的化合物的思路··· 60

　　第三节　合理合成路线的设计·· 68

　　第四节　精细有机合成中反应的选择性及其控制···································· 75

　　第五节　多步合成——抗精神病药阿立哌唑的合成与工艺研究·················· 84

第四章　精细有机不对称催化反应与工艺··· 92

　　第一节　概述··· 92

　　第二节　不对称催化单元反应例举·· 102

　　第三节　小试工艺示范··· 110

第五章　医药及其中间体的合成反应与工艺研究······································· 118

　　第一节　概述·· 118

　　第二节　杂环类药物及其中间体合成例举·· 124

　　第三节　磺胺类药物及其中间体的合成例举·· 127

　　第四节　β-内酰胺类抗生素药物及其中间体简述······························· 129

　　第五节　甾族药物及其中间体例举·· 135

　　第六节　药物合成小试工艺研究··· 138

第六章　农药及其中间体的合成反应与工艺研究……………………………… 146

　　第一节　农药的发展…………………………………………………………… 146

　　第二节　农药的分类…………………………………………………………… 148

　　第三节　基本有机化学反应在农药以及中间体合成中的应用……………… 155

　　第四节　农药及其中间体类别合成…………………………………………… 161

　　第五节　农药合成小试工艺研究……………………………………………… 172

第七章　精细有机合成工艺优化………………………………………………… 187

　　第一节　精细有机合成绿色化………………………………………………… 187

　　第二节　精细有机合成工艺优化……………………………………………… 192

　　第三节　工艺优化实例………………………………………………………… 199

第八章　精细有机合成新方法新技术…………………………………………… 203

　　第一节　真空实验技术………………………………………………………… 203

　　第二节　微波催化技术………………………………………………………… 209

　　第三节　微反应器技术………………………………………………………… 213

第一章 绪 论

第一节 精细化学品的概述

一、精细化学品的释义

化学品可分为通用化学品和精细化学品。通用化学品是指那些应用广泛,生产中化工技术要求高、产量大的基础化工产品,如无机化工中的化肥、硫酸、烧碱、盐等以及石油化学工业中的合成纤维、合成树脂、合成橡胶、通用塑料等产品。其特点为:原料是廉价易得的天然资源(如煤、石油、天然气、矿物质和农副产品等),加工过程相对比较简单,而且批量大、用途广。精细化学品在我国特指深度加工的、技术密集度高、产率小、附加值大、一般具有特定应用性能的化学品,如染料、颜料、农药、医药的原药或复合农药、医药、感光材料、功能化工材料、香料等。其特点为起始原料多大为通用化学品,合成工艺中步骤繁多、反应复杂、产量小、产值高,并有特定应用性能。研究精细化学品的组成、结构、性质、变化、制备及应用的科学称为精细化学品化学。

二、精细化学品的分类

1986 年,我国原化学工业部将精细化学品分为农药、染料、涂料(包括油漆和油墨)、颜料、试剂和高纯物、信息用化学品(包括感光材料和磁性材料等)、食品和饲料添加剂、黏合剂、催化剂和各种助剂、化学药品、日用化学品、功能高分子材料(包括功能膜和偏光材料等)几大类。但该分类未包含精细化学品的全部内容,如医药制剂、酶制剂、精细陶瓷等。

三、精细化学品的特点

精细化学品具有以下特点:

1. 品种多、批量小、大量采用复配技术

精细化学品大多是有特定使用功能的,所以产量小,更新换代快,而且要求经常开发产品新品种、新剂型,以适应不断产生的对精细化学品特定品种的需要。实际生产中也广泛采用多品种、综合流程、多用途的生产装置,以适应精细化工批量小、品种多的生产要求。精细化学品的产量和产品品种也增加很快,如合成洗涤剂的产量从 1985~1995 年的 10 年中,世界年产量从 100 万吨左右增加到 220 万吨左右,目前仍以年平均 8% 左右的速度快速增长。在产品品种上,合成香料的发展速度非常迅速,从 1950 年的 300 种到目前已增加到 6 000多种,其销售额年均增长 13% 左右。因此,多品种既是精细化工生产的一个重要特征,也是一个国家或地区精细化工综合水平的一个重要标志。精细化工产品的另一个重要标志是大量采用复配技术,如化妆品是由油脂、乳化剂、保湿剂、香料、色素等复配而成的,以满足其不同场合不同功能的需求。

2. 高技术密集度

精细化工工业是技术密集型工业。其生产过程原料复杂,生产流程长,中间过程控制要求严格,并且涉及到多个学科、多个领域的专业知识和专门技能。如涉及多步合成、各种分离方法、各种分析测试方法、性能筛选技术、复配技术、剂型研制、商品化加工等。它要求在化学合成中筛选出不同结构的化学物质,在后续复配或剂型加工中,不仅要发挥原有物质的良好功能,还要和其他物质间有良好的协同作用。这些内在和外在因素既相互关联又相互制约,形成了精细化学品高技术密集度的一个重要特征。而且精细化学品开发的时间长、费用高、成功率低,这也是导致其高技术密集度的另一个重要因素。据美国和德国的医药和农药的研发报道,该类新产品的开发成功率仅为万分之一至三万分之一。随着对生物安全性要求越来越严,新品种开发时间越来越长,如 20 世纪 50 年代共开发农药新品种 18 个,60 年代 19 个,到 70 年代则只有 4 个新品种。在 1964 年开发一个农药新品种的时间为 3 年,而 1975 年就需要 8 年的时间。

3. 经济效益显著

精细化工工业附加值高,其附加值一般在 50% 以上,比化肥和石油化工的附加值 20%～30% 高很多。表 1-1 所列为日本化学工业中各行业的原材料费率和附加值率。

表 1-1　日本化学工业各行业的原材料费率和附加值率

类别	精细化工	无机化工	化肥和石油化工	平均
原材料费率/%	33	65	71	60
附加值率/%	50	35	20	36

从表 1-1 可见,精细化学品的附加值在化学工业的各行业中是最高的,以氮肥为基数推算的附加值指数为:氮肥 100,石油化学品 335.8,涂料 732.4,医药制剂 4 078,农药 310.6,感光材料 589.4。

精细化工工业的投资效率高;精细化工投资少,效率高,属于资本密集度高的行业;其资本密集度仅为化学工业平均指数的 0.3～0.5,是化肥工业的 0.2～0.3。

精细化工工业也是高利润行业,主要原因是技术上有垄断性,而且精细化学品的专用性很强、功能性很强、商品性很强、服务性很强、利润率很高。日本石油化工行业 1 美元加工合成材料可增值 8 美元,而加工成精细化学品,可增值 106 美元。

第二节　精细有机合成的基础工艺

精细有机合成的原料资源包含煤、石油、天然气和动植物原料等。

煤的主要成分是碳、氢,还含有氧、硫、氮等其他元素。煤通过高温干馏生成焦炭、煤焦油等,从而提供化工原料。其中煤焦油是黑色黏稠液体,它的主要成分是芳烃、杂环化合物及它们的衍生物,如苯、甲苯、二甲苯、萘、蒽、菲、吡啶、喹啉等。

石油是黄色或黑色的粘稠液体,它的主要成分是碳氢化合物,还含有一些含硫、氧、氮的化合物。石油加工的第一步是用常压和减压精馏的方式将馏分分为催化重整原料油和催化裂化原料油等供二次加工使用。提供化工原料的石油加工过程主要是催化重整和热裂解。催化重整是将沸程为 $60\sim165\ ℃$ 的轻汽油馏分或石脑油馏分在高温高压及催化剂存在下使原料油中的一些环烷烃和烷烃转化为芳烃的过程。重整汽油可以作为高辛烷值汽油,也可分离得到苯及其衍生物。乙烷、石脑油、直馏汽油、轻柴油、减压柴油等基本原料在 $750\sim800\ ℃$ 进行热裂解时,发生 C—C 键断裂、脱氢、缩合、聚合等反应,可制备得乙烯、丙烯、丁二烯、苯及其衍生物等化工原料。

天然气的主要成分甲烷是重要的化工原料,经过卤代可制得用途广泛的卤代烃。

动植物油脂经水解可得到各种偶数酸及甘油,其中酸经过还原可制得各种高级醇;它们都是重要的化工原料。另外,从某些动植物还可以提取得到各种药物、香料、食品添加剂以及制备它们的中间体。

精细有机合成的工艺是指从原料获得目标产品的合成路线、分离纯化处理过程和所使用的技术设备。精细有机合成的工艺学包括为目标产品确定在技术上和经济上更合理的合成路线、对合成路线中的单元反应选择更佳条件、技术和设备以使其高收率地完成反应,对产物进行后处理以使其达到需要的形态。其中主要涉及的基本概念如下:

1. 合成路线

合成路线是指从原料出发经由一系列单元反应最后获得目标产品的化学反应的组合路线。

2. 工艺

工艺是指对原料的预处理(纯化、粉碎、干燥、溶解、脱气等)和反应物的后处理(产物的分离纯化、副产物的处理、溶剂和催化剂的回收等),应采用哪些化工过程(单元操作)、使用什么设备和生产流程等。

3. 预处理

预处理是指为使反应物即原料得到适合进行目标合成反应的状态。不同的有机合成反应对原料的状态有不同的要求,商品化的原料不一定适合特定的反应条件,因此一般都需要进行预处理。

4. 反应条件

反应条件是指使有机合成反应进行涉及的各种实际因素,如反应物的比率、反应物的浓度、反应过程的温度、时间、压力以及体系的干燥情况、溶剂和气氛等。

5. 反应物的物质的量比

反应物的物质的量比指的是加入反应器中的几种反应物之间的物质的量的关系。反应物的物质的量比可以和化学反应式的物质的量比相同,即相当于化学计量比;但对于大多数有机反应而言,投料的各种反应物的物质的量比并不等于化学计量比。

6. 限制反应物和过量反应物

化学反应物不按化学计量比投料时,其中以最小化学计量数投入的反应物叫做限制反应物;而投入超过限制反应物完全反应需要的理论量的反应物称为过量反应物。

7. 过量百分数

过量反应物超过反应所需理论量部分与所需理论量的百分比就是该反应物的过量百分数。

8. 转化率(以 x 表示)

某一反应物反应转化的量(消耗)占投入量的百分数为该反应物的转化率。

9. 选择性(以 s 表示)

选择性指的是某一反应物转变为目标产物消耗的物质的量占该反应物在反应中消耗的总物质的量的百分数。

10. 物质的量收率(以 y 表示)

物质的量收率指的是生成的目标产物占限制反应物物质的量的百分数,又叫做理论收率。转化率、选择性和理论收率三者之间的关系是:$y = s \cdot x$。

11. 重量收率

实际生产中也常常采用重量收率更直观地评价反应的效率。重量收率是生成的目标产物的质量占限制反应物质量的百分数。

另外,在实际化工生产中,我们还必须对所涉及物料的性质有充分的了解,包括物料稳定性、物理性质(熔点、沸点、蒸汽压、密度、折光率、比热、导热系数、蒸发热、挥发性和黏度等)、安全性(闪点、爆炸极限、毒性、必要的防护措施以及急救措施等)。

第三节 绿色精细化工

20 世纪 90 年代后期兴起的绿色化学,是在对"传统"化学反思的基础上提出来的。它是针对"传统"化学对环境和人类的负面因素,从源头上减少、清除污染的产生,依靠新的化学理念,通过研究和改进化学化工过程及相关的技术,使其一切化学活动,从原料、化学化工过程直至最终产品以及对产品使用后,对人类、社会和环境都应该是友好的。作为化学工作者,应该以绿色化学为理念,以实现科技、经济、社会、环境和人类的可持续发展为宗旨,将其行动付诸化学化工教育、研究、生产及应用等各个环节,维护自然界的和谐,达到"天人合一"的生态化的境界。

绿色化学化工的核心是实现原子经济反应,但并非所有的化学反应的原子经济性都达到 100%,因此,要不断寻找新的反应途径来提高合成反应过程的原子利用率,或对传统的化学反应过程不断提高化学反应的选择性,仍然是目前重要的方法。这就要求开展从新合成原料、新催化剂到新合成方法、新化工设备等化学工程的研究,以及各学科交叉结合,由知识创新到技术创新,来不断实现精细有机化工合成过程的绿色化。

一般来说,对绿色化学化工的评价主要由以下几个基本因素所决定:① 原料的绿色化;② 合成条件的绿色化;③ 反应条件的选择;④ 产品和目标分子的绿色化。因此,绿色化工及其技术是指减少对人类健康和环境影响而进行的化学物质和制品的可再生原料、生产、废弃、回收的全部循环技术。

1. 原料的绿色化

有机合成反应类型或合成路径的特性在很大程度上是由初始原料的选择性决定的。一旦选定初始原料,就可以确定以后的合成步骤。因此,原料的选择十分重要,不仅对合成路径的功效具有巨大的影响,也对人类健康及环境的影响起重要作用,也是绿色化学所要求的一个重要的方面。寻找环境无害的原料是绿色化学的主要研究方向之一。

2. 试剂的绿色化

在有机合成中,将原料转换成目标分子,实现一个变换的试剂可以是多种多样的,因此,应确定试剂的一些选择标准。绿色化学在选择试剂时,不仅要求高的反应效率与原子经济性,而且要充分考虑试剂的危害性及该试剂的使用对整个合成过程的影响。

3. 产品的绿色化

在环境友好产品方面,从 1996 年美国总统化学挑战奖来看,设计更安全化学品奖授予 Rohm & Hass 公司,由于其成功开发了一种环境友好的海洋生物防垢剂;小企业奖授予 Donlar 公司,因其开发了两个高效工艺以生产热聚天冬氨酸,它是一种代替丙烯酸的可生物降解物。例如,联苯胺是很好的染料中间体,但具有极强的致癌作用,已被很多国家禁用;但对其分子结构加以改造,变成二乙基联苯胺后,既保持了染料的功能,又消除了致癌性。

4. 绿色催化和高效催化

80％以上的化学反应是通过催化进行的,催化剂在当今化学化工生产中占有极为重要的地位。新催化剂是进行绿色化学化工技术的重要基础。通过新催化剂的研究形成新工艺新技术,最终提高反应的原子经济性。

5. 绿色溶剂

在传统的有机合成反应中,有机溶剂是最常用的反应介质,主要是因为其能很好地溶解有机化合物。通常所用的有机溶剂中,含卤原子的氯仿、四氯化碳等溶剂被质疑为有毒,芳香烃溶剂如二甲苯也有致癌性,这就会对人和环境造成危害。而这些有毒溶剂难以回收利用使之对环境成为更有害的因素。因此,选择无毒无害的溶剂是绿色化学化工的重要原则之一。

第四节　精细有机合成工艺从小试到工业

精细有机合成从实验室开始的分子结构设计、小试到后期的中试乃至工业化生产,涉及多个方面的研究和开发:① 精细化学品的结构设计与合成;② 精细化学品的合成工艺研究;③ 精细化工的工程开发。此外,还有精细化学品的应用研究。

一、精细化学品的结构设计与合成

精细化学品有的是已知结构的物质,主要研究其合成方法;新的精细化学品则利用构效关系进行分子设计,然后再研究其合成方法。也有的精细化学品其结构未知,还要进行剖析以确定其结构。

精细化学品合成的研究与开发首先是在实验室进行。精细化学品的实验室研究(小试)就是以有机合成为基础,验证有机合成的设想,选择合适的起始原料,打通合成路线,寻找适宜的技术路线,为小规模放大(中试)和工业化生产打下基础。

二、精细化学品的合成工艺研究

从实验室研究(小试)到工业化生产不是呈线性关系,不仅仅是量的变化,而且涉及到质的突变。因此,研究开发精细化学品,首先要做好小试研究,探索反应规律,积累反应经验,加快其工业化的开发。在小试阶段主要的研究方向是原料和工业路线的选择,从而研究出更佳的工艺路线。

1. 原料的选择

精细化学品的成本中原料成本要占 70% 以上,因此,在实验室研究选择原料和试剂时要关注原料的来源,如石油产品、煤化工产品或天然气原料等。否则成本过高或原料来源受到限制,都会造成无法进行工业化生产。其次,要合理地选择原料。建设节约型生态化的社会就是要提高资源的利用率,综合利用可再生资源,同时要利用二次资源,如造纸业中木质素的回收利用等。

此外,秉承绿色化学的理念,寻找对环境和人类无害的原料。生物质是理想的石油替代原料。生物质包括农作物、植物及其他任何通过光合作用生成的物质。由于其含有较多的氧元素,在产品制造中可以避免或减少氧化步骤的污染。同时,用生物质做原料的合成过程较石油作原料的过程危害小得多。

小试的原料通常是化学试剂,这些试剂有时是纯度高的工业品,杂质少,反应使用前要进行预处理,这样可以保证反应不受干扰;有的工业品杂质含量高,更要提纯后方可使用。

2. 有机反应

有机合成是一门实验性很强的科学,首先对目标分子结构特征有充分的了解,从概念、方法、结构与功能等多个方面入手,发展新的合成反应和新的方法学,使得精细有机合成设计策略得以实现。选择有机反应应当具有以下特点:温和的反应条件、原子经济性反应、高选择性、高效率、高产率、操作简单易行、符合绿色化学的要求。

3. 反应溶剂

在进行溶剂选择时,首先应考虑是否适合反应;其次,应考虑到溶剂本身的危害性,由于溶剂在合成过程中被大量的使用,因此其危害性及安全性是溶剂选择的一个必须考虑的因素,包括毒性、易燃、易爆性等;此外,在溶剂选择时应充分考虑其对人类健康及环境的影响。有的反应可以考虑使用绿色溶剂,如水、乙醇和超临界流体等。

4. 反应条件

通过实验室的实验,确定工艺条件和工艺路线,如反应的物质的量比、反应温度、反应压力、反应时间、催化剂的选择、催化剂的用量、催化剂的回收、产物的分离提纯等,同时摸索出反应的产量、选择性,这些都可以通过多种实验方法进行研究,最后获得最佳的实验方法。

5. 反应的机理

通过小试实验,可以进行反应的机理的研究。如有机合成机理的动力学控制或热力学控制等,如化学反应的工程方面的传质传热等。只有熟悉反应机理,才能更好地控制反应以提高反应效率。

6. 分析检测

通过实验室的研究可以建立起精细化工生产的质量控制体系,如原材料、中间体半成品及产品的分析检测方法,同时建立工艺流程中间控制体系。

7. 后处理

通过实验室的研究可以初步确定目标产物的分离提纯以及产物的特殊处理,如不同的晶型有不同的结晶方法。

8. 复配增效

精细化工的复配增效技术,俗称"1+1>2"技术。精细化工产品在多组分混合后,各组分比单独使用时的简单加和效果更好。特别是精细化学品经过相应助剂的处理,可以显著提高使用效果。如染料经过助剂进行商品化加工后其上染率、颜色鲜艳度、染色坚牢度等均可大幅度提高。

9. 应用技术

在研究开发精细化学品的同时要研究开发出其应用技术,这样可以更好地发挥出精细化学品的使用功能。

为了使小试方案应用到大生产,一般都要进行中试放大实验,这是过渡到工业化生产的重要阶段,往往放大一级,都伴随着放大效应,因此,一些工艺参数都要进行适当的调整。

在小试已取得一定技术资料和经验的基础上,设计和选择较为合理的工艺路线,而工艺路线通常由若干个工序所组成,每个工序又包括若干个单元反应,再将单元反应和单元操作有机组合起来,从而形成了工艺操作流程,中试旨在不断优化工艺,以达到最佳工艺。与此同时,中试阶段还要考虑设备的选型定型,成本估算和投资估算,进行项目的可行性分析,据此进行车间设计乃至厂房设计。

需特别指出的是,当工艺规程确定之后,设备和辅助设备选型和设计也起着相当重要的作用,因为从实验室的玻璃仪器到工业装置,不仅是空间体积的简单放大,实际上涉及化学工程领域的诸多问题,即具有所谓的放大效应。

目前中试放大的方法一般有经验放大法、部分解析法和数学模型放大法等。

经验放大法是根据精细化学品生产的实践经验,模拟类似的装置实现放大的方法,其放大的比例较小。当放大的规模较小时,根据经验可不通过中试直接由小试到生产。

部分解析法是通过模型试验提供设计反应设备和反应装置所需要的数据和数学模型,

用以解决放大过程中的系列化学工程技术问题,然后在小型装置中进行实验验证,同时结合生产经验,探索出校正因子,最后确定实验方案。

教学规模放大法是针对精细有机合成过程利用数学模型进行模拟,再用计算机辅助设计,经过从小试到中试实验的多次检验修正,方可达到工程的要求。

三、精细化工的工程开发

工业化实验是投入工业化生产的最后环节,俗称试生产。生产性实验是验证中试成果,为工业化生产打下扎实的基础。

工业化实验中化工设备和装置的设计愈来愈重要。实验室阶段在小型玻璃仪器中进行,化学反应过程的传热传质都比较简单。对于精细化工的单元反应装置,在工业化生产时,传热传质以及化学反应过程都有很大的变化,不同的反应对设备的要求也不同,而且工艺条件与设备条件之间是相互关联、相互影响的,情况较为复杂,需要经过数学模型进行反应器的设计,以及反复中试的基础上,方可进行工业化试验。精细化工的工业性试验的难点也在于此。对于精细化工的单元操作和设备经过中试后,比较容易进入工业化设计和工业化试验。此外,对于复配性精细化工产品,其在反应装置内进行简单的化学反应,经过中试后可直接进入工业化生产,技术难度不大。

精细有机合成反应放大都是在釜式反应器中进行,而釜式反应器存在着显著的放大效应。从常规的反应温度和加料方式来看,工业试验的温度控制和加料方式与实验室相同,但是温度效应和浓度效应则不一致。从宏观方面来看,小试和工业化没有区别,而在微观上,在局部两者在温度和浓度上差异很大。因此,工业化试验就是关注且解决工业化和小试的差异。对于放热反应,由于要放出热量,而且所进行的化学反应不是在整个釜内均匀进行,往往集中在某一个区域,要解决这一问题,就要采取加强搅拌、改变加料方式(如采用喷雾的方式滴加液体物料)、实现反应温度的低限控制、物料稀释等措施。

工业化试验的注意要点如下:首先,进行充分的工业化前的准备工作,中试可靠性要高,一切可能出现的偏差和事故,在小试和中试中发现并解决,从而保证工业化试验的顺利进行;其次,人员进行培训,设备要进行模拟操作,生产工序配套,从原料投入到商品化包装乃至三废处理等辅助工序都要到位;生产试验完成后,确定操作规程,进行原料的可行性评价、设备和装置的可行性评价、安全的可行性评价,同时进行经济分析,为以后工业化大生产提供技术和经济资料。

第五节 精细有机合成新工艺及精细化学品的发展趋势

一、精细有机合成新工艺

精细有机合成的方法和手段来自于有机合成反应、反应试剂、反应条件、反应设施和合成策略。有机合成是一门实验性很强的科学,首先对目标分子结构特征有充分的了解,从概念、方法、结构与功能等多方面入手,发展新的合成反应和新的方法学,使得有机合成设计策略得以实现。现代有机合成方法应当具有如下特点：温和的反应条件、原子经济性反应、高选择性、高效率、高产率、操作简单易行、满足绿色化学的要求等。除传统的反应技术和方法，现代有机合成新方法和新技术，如光、电、微波、超声波、机械摩擦等也渗入到有机合成的实践中，为有机合成方法增添了新的内容，这将更好地促进有机合成的发展。

精细有机合成工艺是以精细有机合成化学为理论基础，以化学工程为依托，又因为精细化学品的特异性，同时涉及其他相关学科的理论和技术，因此，是一门综合性较强的学科和技术。特别是现代有机合成新方法和新技术的出现，为精细有机合成提供了强有力的手段，现在已有一些新方法新技术应用到精细有机合成领域，如现代生物技术、电解精细有机合成技术、不对称催化技术、微型反应技术、微波技术等，这些将有力地推动精细化工的健康发展。

21 世纪精细有机合成面临着新的发展机遇，其一，有机化学学科本身的发展以及新的分析方法、物理方法和生物学方法不断涌现；其二，生命科学、材料科学的发展以及人类对环境友好的新要求，不断为精细有机合成提出新的课题和挑战。因此，精细有机合成的新方法和新技术将不断涌现从而为精细化工服务。

二、精细化学品的发展趋势

精细化学品的发展趋势是产品品种门类继续增加、结构调整取向与优化、发展速度继续领先、大力采用高新技术。

精细化学品的应用领域越来越广，从普通的食品添加剂、胶黏剂到感光材料、催化剂。目前，在太阳能、氢能、燃料电池、核能、生物质能、海洋能、地热能、风能等新资源的开发中，都越来越依赖新型精细化学品的开发和应用。航天航空业、飞机制造业、火箭、导弹、各种汽车零配件的制造水平都随着特种、新型精细化学品的开发而提高。各种精细化学品在生物、医用人工器官上的应用日趋成熟。市场的需求导致精细化学品品种继续增加，其在化学化工总产值中的比例也快速增加，如发达国家 20 世纪 80 年代的精细化率为 45%～55%，目前已上升到 55%～65%。很多国营企业、合资企业和独资企业也在调整产品结构，增加精细化学品的产量或品种，以提高企业的竞争能力，使企业的结构更优化。随着精细化学品品种的增加和发展速度的加快，高新技术的采用对化工行业尤其是精细化工行业来说成为焦点问题。各国都以生命科学、材料科学、能源科学和空间科学等相关的学科为重点进行开发研究，以促进高新技术的应用。

第二章 精细有机合成基本反应与工艺例举

精细有机合成中的基本反应主要包括芳环上的取代反应、饱和碳原子上的取代反应、氧化还原反应等,本章主要介绍各类反应的反应机理并对相应的反应进行工艺例举。

第一节 芳环上的取代反应

由于苯环具有闭合的大 π 键结构,具有特殊的稳定性;苯环本身是富含电子的区域,易被缺电子的亲电试剂进攻;而加成反应会导致共轭体系的破坏,所以难以发生;取代反应可以保持苯环的结构,故芳环上最主要的反应类型是取代反应。从机理上主要包括亲电取代、亲核取代及自由基取代三种类型。

一、芳环上的亲电取代反应

苯环碳原子所在平面的上下方都集中着电子,易于向亲电试剂提供电子,因此苯环易发生亲电取代反应。芳环上的典型亲电取代反应主要包括:卤化、硝化、磺化及 Fridel-Crafts 烷基化和酰基化反应。[1-3]

1. 一般反应机理

芳环发生亲电取代反应的机理如下:

首先,在催化剂的作用下产生有效的亲电试剂 E^+。

$$E\text{—}Nu \xrightarrow{\text{催化剂}} E^+ + Nu^-$$

亲电试剂进攻芳环发生亲电取代时绝大多数是经由形成 σ 配合物的两步历程进行的,可用如下通式表示:

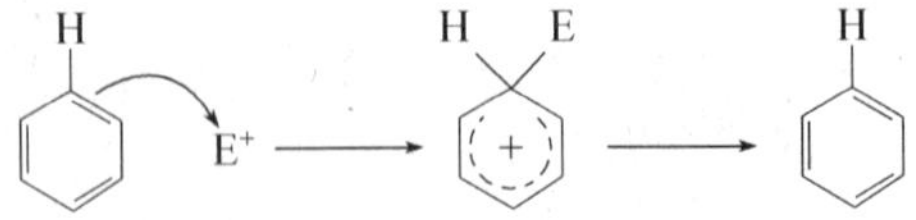

首先是 σ 配合物的生成,当亲电试剂进攻苯环时,它与苯环提供的两个电子结合形成 σ 键从而形成 σ 配合物,相应碳原子的杂化轨道由 sp^2 转化成 sp^3,苯环原有的大的闭合的 π 键结构遭到破坏。σ 配合物的能量较高,不稳定,易从 sp^3 杂化的碳原子上失去一个质子,生成取代产物,恢复稳定的大 π 键。在反应过程中,第二步几乎总是比第一步快,所以第一步是速率决定步骤,该类反应为二级反应类型。[2]

芳环的四类典型的亲电取代反应所对应的亲电试剂分别为:

卤化　　　$\overset{+}{Br}—Br：FeBr_3$　　　烷基化　$\begin{matrix}R_1\\R_2—\overset{+}{C}\ AlCl_4^-\\R_3\end{matrix}$

硝化　　　$\overset{+}{N}O_2$

磺化　　　$\overset{+}{O}{=}S{=}\overset{+}{O}$　　　　酰基化　$CH_3\overset{+}{C}AlCl_4^-$
　　　　　　　　　$\underset{O^-}{|}$　　　　　　　　　　　$\underset{O}{\|}$

2. 定位规则

（1）常见的三类取代基

当亲电取代反应发生在单取代苯上时，新基团可能主要被引入邻、间或对位。而取代反应可能比与苯的反应慢或快。苯环上已有取代基决定了新取代基团的进入位置和反应快慢。可增加反应速率的基团称为活化基团；减慢反应速率的基团称为钝化基团。邻对位定位基有些是钝化基团，但大部分是活化基团；而间位定位基都是钝化基团。据此将取代基分为三类：

第一类定位基：活化苯环的邻对位定位基。它们是通过共轭或超共轭效应使苯环活化，并且新引入的基团主要进入原取代基的邻位和对位，如：

$$—OH，—OCH_3，—NHCOCH_3，—CH_3，—C(CH_3)_3，\cdots$$

第二类定位基：弱钝化苯环的邻对位定位基。这类取代基主要包括—F、—Cl、—Br、—I。苯环受到卤原子给电子的共轭作用和吸电子的诱导效应的共同影响所呈现出的结果。

第三类定位基：钝化苯环的间位定位基。这类取代基主要指带正电荷或具有强吸电子作用的基团，如：

$$—NO_2，—\overset{+}{N}(CH_3)_3，—CF_3，—SO_3H，—COOH，—COOEt$$

以溴苯为例，当溴苯发生硝化反应时，由于溴为弱钝化苯环的邻对位定位基，所以其一硝化产物主要位于溴的邻位和对位。

（2）二取代苯的取代反应取向

当苯环上连有两个取代基时，当其再次发生亲电取代反应时，两个取代基都会对产物有所影响，可分为以下三种情况。

① 两个取代基同属于第一类取代基——活化苯环的邻对位取代基

当两个取代基定位取向一致时，则第三个取代基主要进入指定位置，当有多个位置可选时，还应注意空间位置等问题；当两个取代基定位取向不一致时，第三个取代基的位置由活化苯环强的取代基决定；当两个取代基活化苯环能力相当时，会得到混合物，无合成意义。以间甲基苯胺为例，由于氨基和甲基的定位取向一致，均为 2 位和 4 位，其发生亲电取代的产物主要在这两个位置上；而对甲基苯酚中，甲基和羟基的定位取向不一致，且羟基活化苯环能力更强，故其亲电取代产物主要进入羟基的邻位。

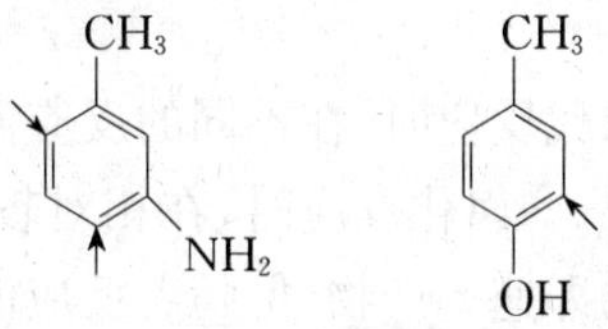

② 两个取代基同属于第三类取代基——钝化苯环的间位定位基

当两个取代基定位取向一致时,则第三个取代基主要进入指定位置,如果两个取代基钝化苯环能力过强,会导致部分亲电取代反应难以发生;当两个取代基定位取向不一致时,第三个取代基的位置由钝化苯环强的取代基决定;当两个取代基钝化苯环能力相当时,无合成意义。例如,间硝基苯甲酸发生亲电取代反应时,由于羧基和硝基均为钝化苯环的基团,且定位取向一致,则其亲电取代产物主要进入两个取代基的间位;又如对硝基苯甲酸由于两者都是间位定位基,两者定位后的取向不同,而硝基的钝化苯环能力更强,所以其亲电取代产物主要由硝基决定,亲电试剂进入硝基的间位。

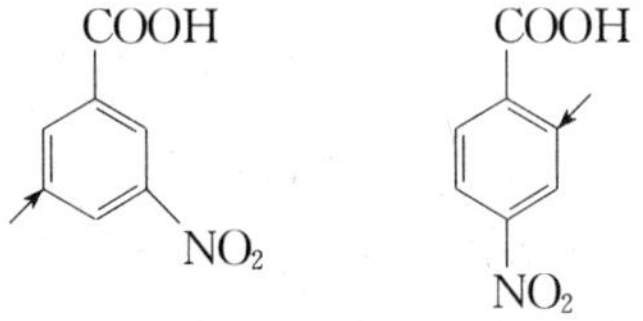

③ 苯环上所连的两个取代基分别属于第一类和第三类取代基

当两个取代基的定位取向一致时,第三个取代基主要进入指定位置,对于此类反应,所得产物无邻对位竞争存在,所得纯度较高,在合成中要充分利用此种情况:如对硝基苯甲醚,甲氧基和硝基的定位取向均在甲氧基的邻位,其亲电取代的产物即为该位置,且纯度很高;当两个取代基的定位取向不一致时,产物由第一类取代基定位取向决定,如 N-甲基间硝基苯胺,甲氨基为活化苯环基团,硝基为钝化苯环基团,则亲电取代的产物主要受甲氨基决定,即进入其邻对位。

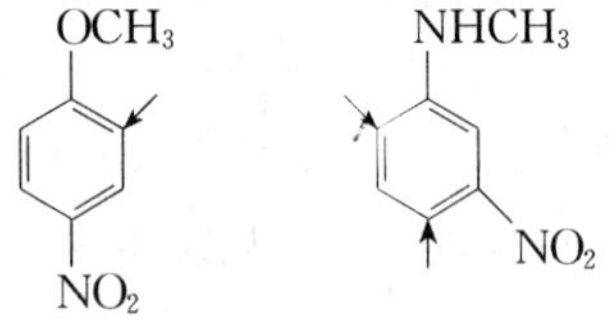

(3) 其他影响定位取向的因素

由于受到反应温度、空间效应等因素的影响,产物不一定完全遵循上述定位规则,往往会有一些特例出现。

① 空间效应对产物的影响

苯环上的取代基除了有定位作用外,还会产生空间效应,从而会影响邻位异构产物的生成比例。如间二氯苯发生硝化反应时,尽管 2-位也是两个氯原子的定位位置,但因为该位置空间位阻较大,其对应产物很难得到,主要得到 4-位被取代的产物。

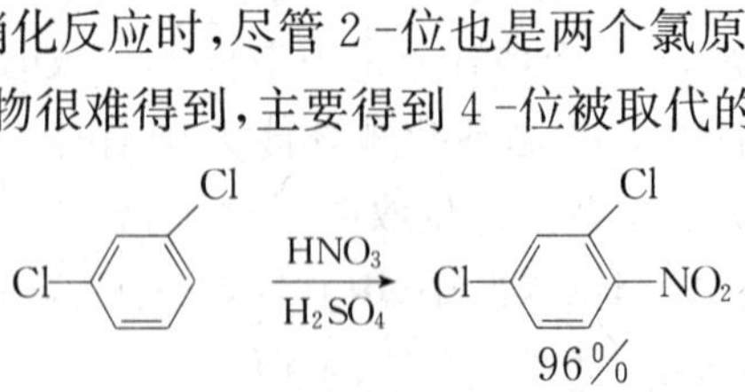

② 反应温度的影响

当苯及其衍生物发生亲电取代反应时,在不同的反应温度下,同一物质会得到不同的产物。例如:当氯苯发生亲电取代——卤化反应时,在相对较低温度 200 ℃时,主要得到与取代基定位取向一致的动力学产物即速率产物;但随着反应温度的提高,产物则以稳定性较好的热力学产物即平衡产物为主。

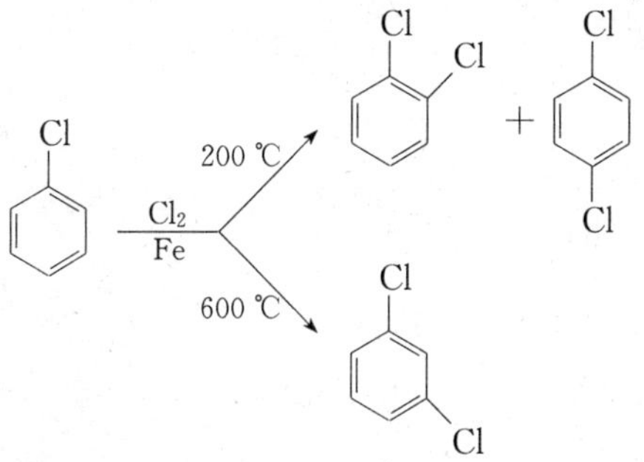

又如对二甲苯在三氯化铝存在下，经过长时间回流，会转化成稳定性更高的间二甲苯，此反应中对二甲苯为速率产物，间二甲苯为平衡产物。

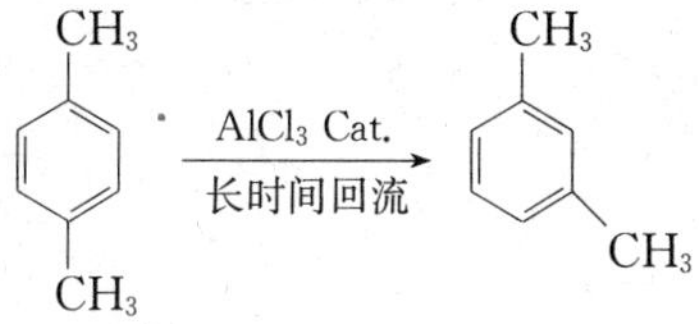

（4）反应活性中心的选定

若一个分子内部存在两个或多个苯环，当其发生亲电取代时，就涉及到反应活性中心的选择，一般情况下要选择反应活性较高的苯环进行亲电取代反应。

例如苯甲酸苯酚酯发生亲电取代反应时，分子内两个苯环所连的取代基不同，活性不同，右侧苯环由于受到氧的给电子共轭效应影响，苯环发生亲电取代活性提高，而左侧苯环由于受到酰基吸电子的共轭效应影响，活性降低，故该物质发生亲电取代时取代基位于氧的对位。

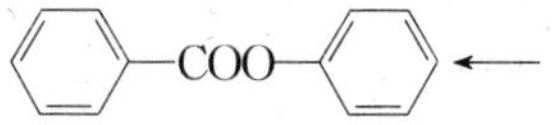

3. 亲电取代反应及定位规则在合成中的应用

（1）合成一种纯度较高的化合物

某些物质发生亲电取代时，受到取代基的定位效应影响，产物主要发生在某一特定位置，从而可以得到纯度较高的产物；当苯环上只含有一个第三类定位基团，或第一、三类取代基并存时，均可使产物主要发生在某一特定位置。如苯甲醛发生亲电取代反应时，主要得到间位取代产物，纯度较高。

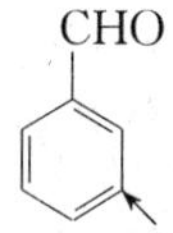

（2）合成的混合产物要容易分离

对于某些化合物虽然受定位效应的影响会得到两个主要产物，但如果两个物质很容易分离，则其在合成上也是有实用意义的。如苯酚经硝化后，得到邻硝基苯酚和对硝基苯酚两个主要产物，由于两个产物的饱和蒸气压不同，通过水蒸气蒸馏可以容易地将其分离开。又如氯苯溴化得到邻氯溴苯和对氯溴苯，两者熔点差异较大，通过冷冻法进行逐级冷冻或分级冷冻逐步将对溴氯苯分离出来。

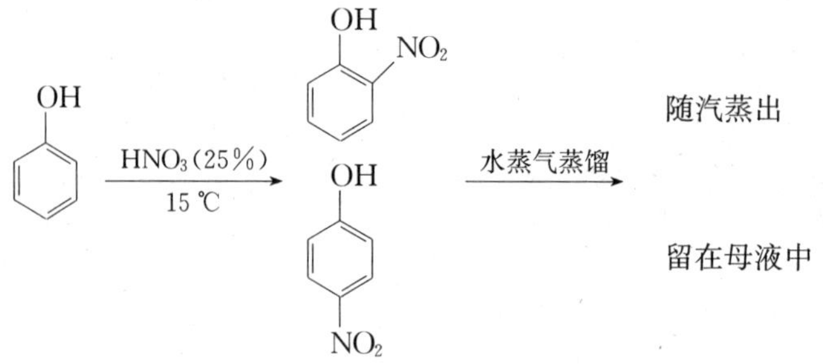

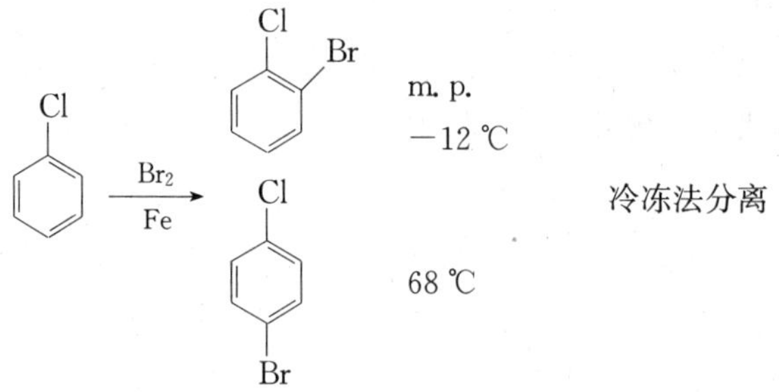

（3）按定位规则，在合成中基团先后次序的排序

由于受到定位基团的影响，当一个合成过程中涉及到多步亲电取代反应，反应的先后顺序会直接影响反应的最终产物。如由苯制备间硝基苯乙酮，必须先酰化再硝化；如果先进行硝化，则酰化反应难以发生。又如由甲苯制备对硝基三氯甲基苯，应该先硝化再发生自由基α-氯代反应，否则会得到间位取代产物，与目标产物不符。

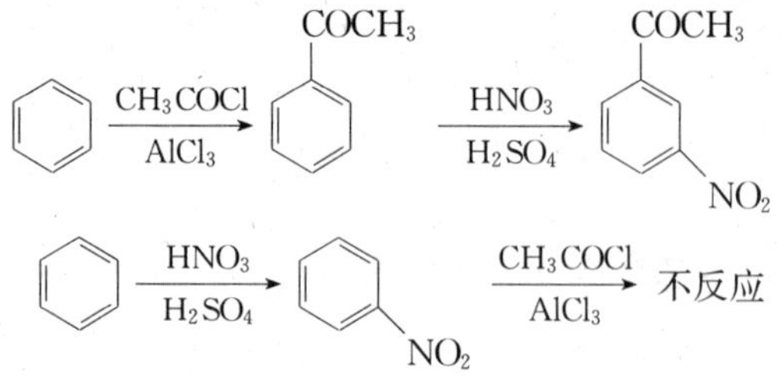

（4）利用磺化反应可逆的特点，先利用—SO₃H占位，再发生其他基团取代

由于磺化反应在100～175 ℃稀酸（50％～60％酸度）下容易发生可逆反应，脱去磺酸基。其可逆性在芳香族化合物的分离提纯及合成中具有重要意义。如由苯酚制备邻溴苯酚，如果直接通过溴化制备，由于羟基活化苯环能力强，则会得到邻溴苯酚、对溴苯酚、间溴苯酚及多溴苯酚的混合物，给提纯造成困难；如果反应采取先磺化再溴代的方式进行则溴原子只能取代酚羟基的邻位氢，然后再经过脱磺化则可得到较为纯粹的产物邻溴苯酚。

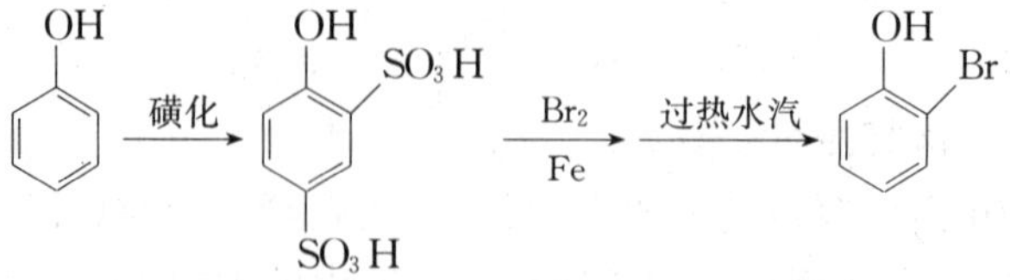

4. 小试工艺示范

（1）2,6-二溴-4-硝基苯酚的制备[4-6]

2,6-二溴-4-硝基苯酚：CAS：99-28-5，m. p. 145 ℃(dec.)(lit.)，黄色柱状结晶。熔

点 144 ℃,在 144 ℃以上分解。溶于醚、二硫化碳、乙酸乙酯、氯仿和热醇,难溶于苯、乙酸和石油醚,几乎不溶于水。能随水蒸气挥发。

① 反应式

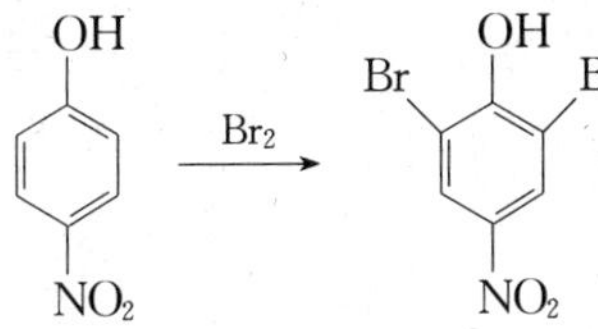

② 主要试剂及用量

对硝基苯酚:13.9 g;溴:35.2 g;冰醋酸:200 mL。

③ 实验步骤

在装有搅拌器、温度计和回流冷凝管的 500 mL 四颈瓶中,加入 150 mL 冰醋酸和 13.9 g 对硝基苯酚,搅拌使其溶解,在 20～25 ℃下,慢慢滴加入 35.2 g 溴和 50 mL 冰醋酸的混合液,约 3 h 滴完,加毕搅拌 1 h,升温至 85 ℃,保温 1 h,反应完毕,用压缩空气赶去溴,加水 200 mL,搅拌析出沉淀,冷却 6 h,过滤用 50％乙酸洗涤,再用水洗,在 50 ℃干燥得粗品,再用乙酸重结晶得成品。淡黄色针状晶体 25.5 g,产率 85％,含量≥99％(HPLC)

④ 注意点

反应结束后,需通入足够的空气排净溴,否则产品因有溴蒸气残留而呈红棕色。

(2) 对溴苯磺酸的制备[7]

对溴苯磺酸:CAS:66788－58－7,白色或浅粉红色结晶。熔点 254.5 ℃,相对密度 1.894(20/4 ℃)。溶于醇和醚。密度:1.894,熔点:254～255 ℃。

① 反应式

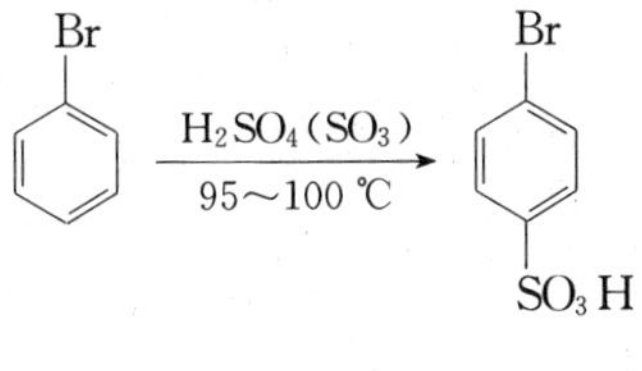

② 主要试剂及用量

溴苯:8 g(5.5 mL);发烟硫酸:16.9 g(9 mL, d 1.88,含 7％SO$_3$)。

③ 实验步骤

在装有搅拌器、温度计和回流冷凝管的 50 mL 四颈瓶中,加入 9 mL 发烟硫酸,在搅拌下慢慢滴加 8g 溴苯,反应温度控制在 95～100 ℃,滴毕在沸水浴中加热,直至溴苯层消失为止。冷却后,将反应液倒入 30 mL 冷水中,如有沉淀应过滤除去,在滤液中加 10 g 食盐,加热使之溶解,快速冷却,产物即析出,过滤压干,先用 20％食盐水重结晶,除去少量食盐,再用乙醇重结晶得精品,无色晶体:对溴苯磺酸钠(熔点较高)。

④ 注意点

(i) 溴使苯环钝化,要用 7％的发烟硫酸,但温度不能太高,否则副产品多。

(ii) 苯磺酸类化合物极易吸潮,往往制备成其钠盐保存。

(3) 邻硝基对叔丁基苯酚的制备[8-13]

邻硝基对叔丁基苯酚:CAS:3279－07－0;黄色结晶体或浅黄色透明油状体,不溶于水,溶于乙醇。熔点：27～29 ℃。可用于制备荧光增白剂。

① 反应式

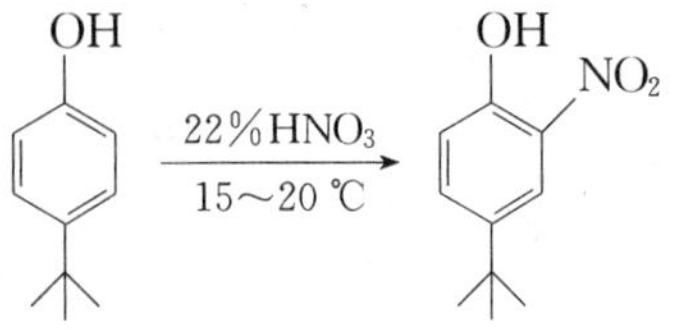

② 主要试剂及用量

对叔丁基苯酚：45 g；22%硝酸：142 g。

③ 实验步骤

在装有搅拌器、温度计和回流冷凝管的 250 mL 四颈瓶中，加入 142 g 22%的硝酸，在快速搅拌下，分批加入粉碎成 300 目以上的对叔丁基苯酚，温度维持在 15～20 ℃，大约在 3 h 内加完，然后在 20～25 ℃下搅拌 2 h。用薄板跟踪，直至原料点消失，反应完，在室温下静置 1 h，分出油层，先后用水洗，饱和 NaHCO₃ 溶液洗，再用水洗，直至 pH 为 7～8，然后减压蒸馏，收集 122～126 ℃/10 mmHg 的馏分 47 g，产率 80%，含量 98.5%（GC）。

④ 注意点

水溶剂法生产，原料要细到 300 目以上，搅拌要快速，强力，以防局部过热，副产物多。

（4）5-氯茚酮的制备[14-18]

5-氯茚酮：CAS：42348-86-7；熔点：93～98 ℃；白色结晶固体。5-氯茚酮是美国杜邦公司新农药品种茚虫威（通用名为 Indoxacarb）的重要中间体，同时也是一种重要的医药中间体。

1）3-氯-1-(4-氯苯基)-1-丙酮的制备

① 反应式

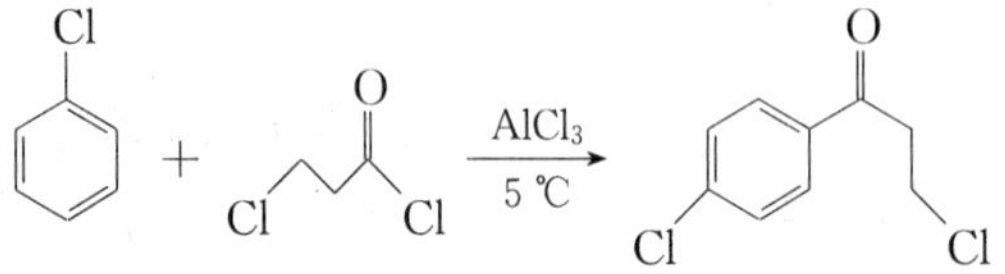

中间体1

② 主要试剂及用量

氯苯：45.5 g；3-氯丙酰氯：13 g；氯化铝：15 g。

③ 实验步骤

在装有搅拌器、温度计和回流冷凝管的 100 mL 四颈瓶中，先加入氯苯和 AlCl₃，搅拌冷却至 5 ℃以下，慢慢滴加 ClCH₂CH₂COCl，温度维持在 5 ℃以下，放出的 HCl 用碱水吸收，滴加完毕升温至 60 ℃，保温 3 h。反应完冷至室温，然后把反应物料倒入 100 mL 冰水中，搅拌，静置 30 min，分出氯苯层，浓缩母液至原体积的 1/5（蒸出的氯苯可重复利用），冷却析出晶体，过滤，干燥得成品 16.5 g，产率 80%，含量 >99%（HPLC）。

④ 注意点

滴加过程中，温度不能高，否则副产物多；成品不用精制，直接用于下一步反应。

2）5-氯茚酮的制备

① 反应式

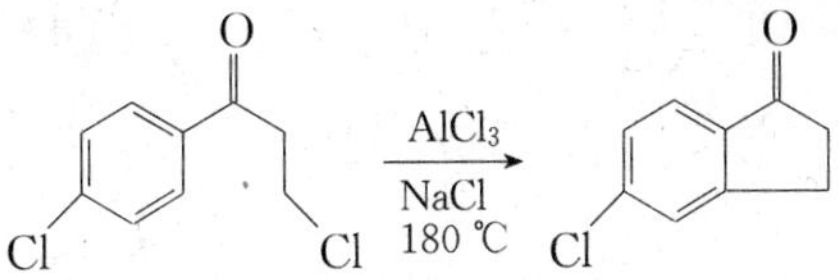

② 主要试剂及用量

中间体 1:17 g;氯化钠:17 g;氯化铝:55 g。

③ 实验步骤

在装有搅拌器、温度计和回流冷凝管的 100 mL 四颈瓶中,先加入 AlCl₃、NaCl,后升温至 160 ℃,等全部融化后,分批加入中间体,加完升温至 180 ℃左右,保温反应 5h,反应完冷却至 130 ℃,倒入 100 mL 冰水中,冷却过滤,水洗至中性,加入 100 mL 乙醇中,再用饱和 NaHCO₃ 溶液调 pH 为 8~9。加热回流 30 min,冷却,用水稀释至固体析出,冷却,过滤,干燥得成品 8.5 g,产率在 60%以上,含量>99%(HPLC)。

④ 注意点

中间体 1 应充分干燥,粉碎,否则产率低。

二、芳环上的亲核取代反应

由于苯本身为富电子体系,所以芳香族化合物容易发生亲电取代反应,不易发生亲核取代反应,或者进行得非常缓慢。但一些特定结构的芳香族化合物上的离去基团也可被亲核试剂取代。如当苯环上的离去基团的邻位或对位上存在吸电子基团时,芳环上的亲核取代反应活性提高;或者当反应被强碱催化而且经过芳炔中间体。

1. 反应展示

(1)硝基氯苯的取代反应

硝基氯苯在碱性条件的水解是苯环上典型的亲核取代反应。当苯环上氯的邻位或对位上连有硝基等吸电子基团时,在电子效应的作用下使苯环上与氯相连的碳原子上电子云密度显著降低,使氯的水解较易进行。在氯的邻对位上连有的硝基越多,反应越容易进行;邻硝基氯苯或对硝基氯苯水解需要封釜,反应温度 130 ℃左右,而 2,4,6-三硝基氯苯在 35 ℃即可反应。

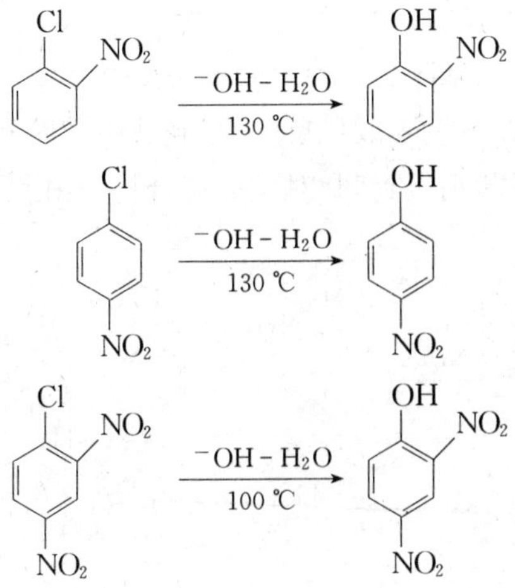

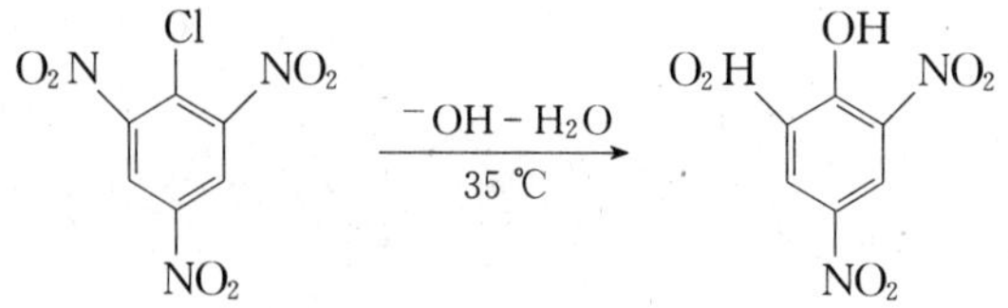

除了使用—OH 作为亲核试剂外,其他的常规的亲核试剂 NH_3、HOR 等均可反应。如 2,4-二硝基氯苯与氨水在 30 ℃ 下即可发生氨解反应;又如该物质与醇在有机碱三乙胺存在下于室温即可发生醇解。

同样离去基团除了氯原子外,硝基、羟基、烷氧基及 NR_3^+ 等都可以作为离去基团离去。

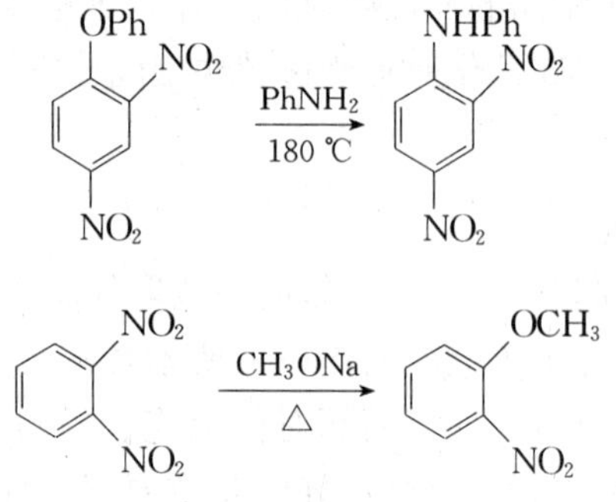

(2)卤代苯的取代反应

当氯苯或溴苯的邻对位上没有硝基类的强吸电子基团,但在强碱如氨基钠等条件下,也可发生亲核取代反应,但进入的基团并不总是占据离去基团空出的位置。

如邻溴甲苯在氨基钠存在下发生取代反应,得到邻甲苯胺和间甲苯胺;间溴甲苯则得到邻、间、对甲基苯胺;而对溴甲苯则得到间、对位的混合物。由此可见卤代苯在强碱下的反应机理与硝基氯苯不同。

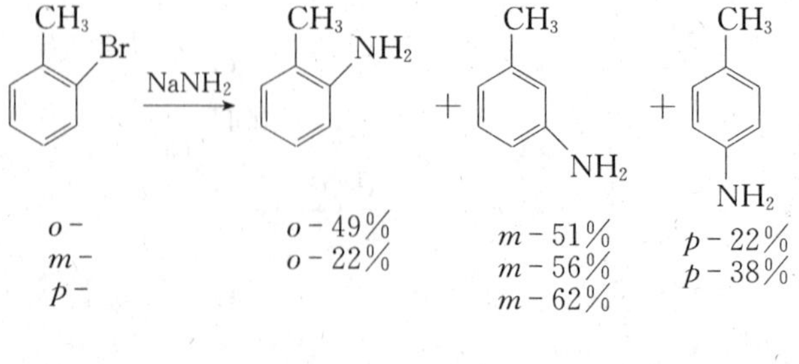

$o-$	$o-49\%$	$m-51\%$	$p-22\%$
$m-$	$o-22\%$	$m-56\%$	$p-38\%$
$p-$		$m-62\%$	

2. 一般反应机理

关于芳环的亲核取代机理主要介绍以下两类：① 以硝基氯苯为代表的 $S_N Ar$ 机理：加成-消去历程；② 以强碱条件卤代苯为代表的苯炔机理：消去-加成历程。

（1）硝基氯苯的取代反应机理

到目前为止，硝基氯苯类物质发生亲核取代反应的机理主要包括以下两步。第一步：亲核试剂进攻苯环上离去基团所在碳，发生苯环上的加成，形成 Meisenheimer 配合物；第二步：离去基团离去，生成最终的取代产物。即经历了先加成后消去的历程，其中第一步是速决步，配合物的稳定性直接影响了能否发生及发生的速度；在离去基团的邻对位连有硝基等吸电子基团时，可以使配合物负电荷更加分散，从而使其更加稳定，其亲核取代反应就更容易发生。

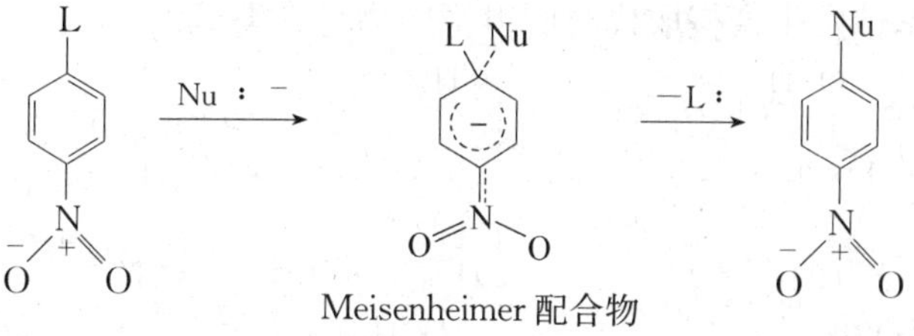

Meisenheimer 配合物
加成-消去历程

（2）卤代苯的取代反应机理

没有活化基团（即吸电子基团）的芳基卤化物在强碱的作用下发生亲核取代反应，但进入基团并不总是占据离去基团所空出的位置，其反应机理也主要分为两步：第一步强碱夺取卤原子邻位的氢，随后（或同时）卤原子作为离去基团离去，生成苯炔；第二步时，氨基负离子可以进攻苯炔两个位点中的任何一个位点，所以苯炔历程得到的是混合物。

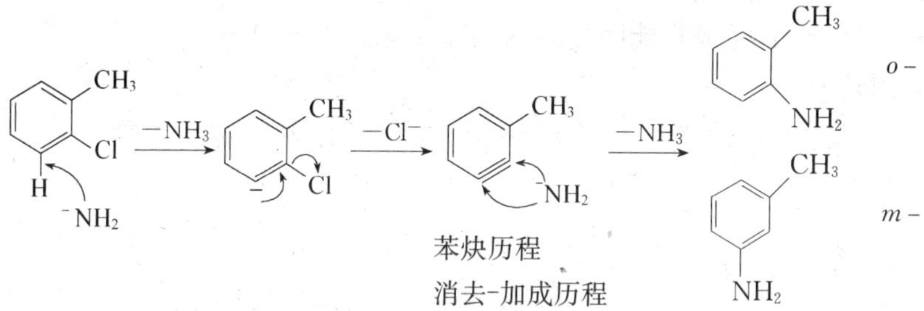

苯炔历程
消去-加成历程

3. 选择性

（1）硝基氯苯

当硝基卤苯类化合物存在多个离去基团时，就涉及到反应位点的选择性。如 $2,5$-二硝基间二甲苯发生亲核取代反应时，分子中存在两个硝基，2-位的硝基由于处于 $1,3$-位两个甲基之间具有较大的空间位阻，使其不能与苯环形成共轭，不具备活化苯环亲核取代能力，只能作为活性中心即离去基团；而 5-位硝基与苯环共轭，对苯环发生亲核取代反应起到了活化作用。

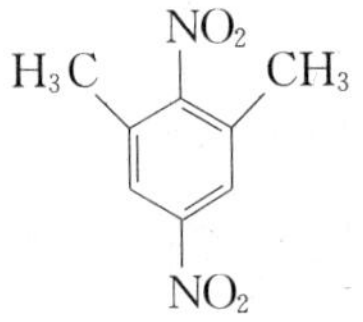

（2）卤代苯

卤代苯发生亲核取代反应大多经过苯炔历程，苯炔一旦形成，则有两个可被进攻的位点，会生成相应的混合物；但从电子效应的角度考虑，能导致形成最稳定碳负离子中间体的位点是亲核进攻的最佳位点，对于具有吸电子诱导相应的基团而言，负电荷最接近取代基团的那一个碳负离子最稳定，所以也可以得到较纯的单一产物。如4-甲基-2-氯苯甲醚通过氨基钠发生亲核取代反应时，在得到苯炔中间体后，由于受到甲氧基吸电子诱导效应的影响，氨基负离子主要进攻甲氧基的间位，从而得到主产物2-甲基-5-甲氧基苯胺；3-氯邻苯二酚二甲醚通过氨基钠发生亲核取代时所得主产物与其类似。

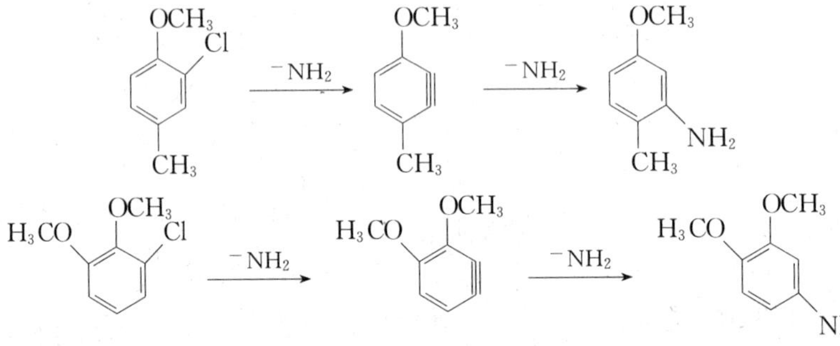

4. 在合成中的应用

由于一般条件下，苯环上易发生亲电取代反应，不易发生亲核取代，但某些含有强吸电子基团的卤苯或在强碱条件下的卤苯可以发生亲核取代反应，从而在苯环上引入通过亲电取代难以生成的官能团，完成官能团之间的相互转化。

（1）官能团转换

如硝基卤苯通过亲核取代反应可以得到硝基苯酚、硝基苯胺及芳醚等。卤原子的反应活性顺序为：F＞Cl＞Br＞I。

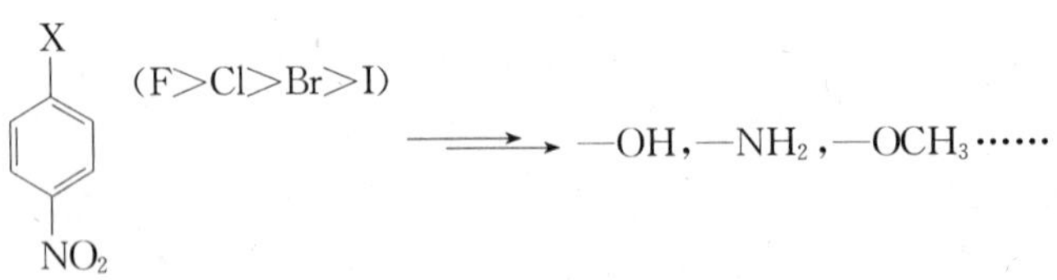

（2）分子内的亲核取代反应

当分子内同时存在含吸电子基团、离去基团的芳环结构及亲核基团时，分子内的亲核基团取代芳环上的离去基团，完成分子内的亲核取代反应。下面的实例中，酚羟基在碱性条件下形成亲核基团氧负离子，取代另一个芳环上被硝基活化了的亚磺酸酯基。

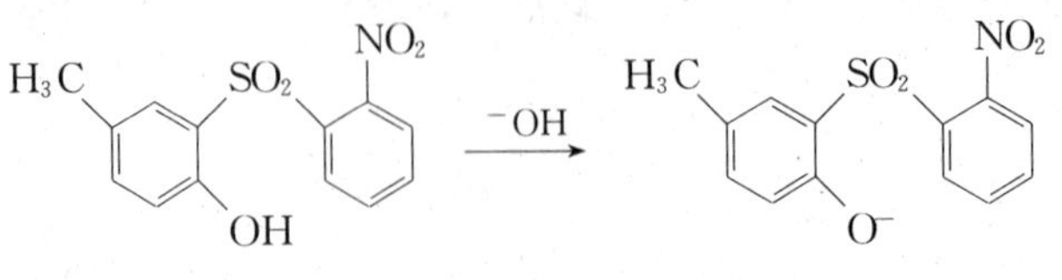

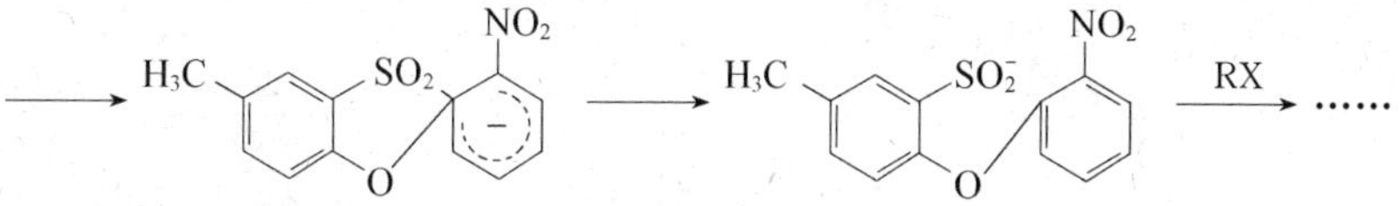

5. 小试工艺示范——**对硝基苯酚的制备**[19-23]

对硝基苯酚:CAS:100-02-7;无色至淡黄色晶体。相对密度 1.479~1.495,熔点 111.4~114 ℃,沸点 279 ℃(分解)。稍溶于水,易溶于乙醇和乙醚。溶于苛性碱和碱金属的碳酸盐溶液中而呈黄色。用于制染料、药物等的原料,是有机合成中间体,也用作单色的 pH 指示剂,变色范围 5.6~7.4,由无色变黄色。邻、对销基氯苯水解是制备邻、对硝基苯酚的重要方法,将硝基酚类还原可制得相应的氨基苯酚,它们都是重要的精细化工中间体。

(1) 反应式

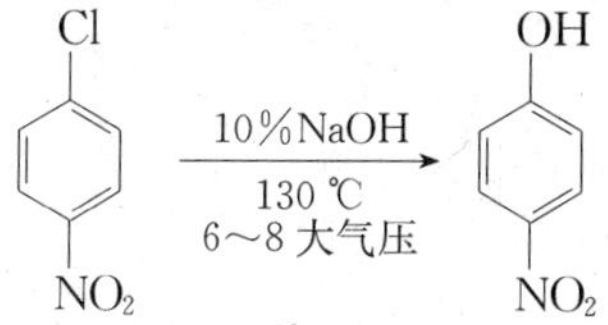

(2) 主要试剂及用量

对硝基氯苯:15.8 g;10%氢氧化钠:80 g。

(3) 实验步骤

在一般的 200 mL 压力釜中,加入 80 g 10%的 NaOH,15.8 g 对氯硝基苯,加完盖紧盖子,密封,加热至 130 ℃,大约有 6~8 大气压,反应 3 h,反应完毕冷却至室温,打开盖子,过滤,干燥得粗产品,用乙醇重结晶得精品 14 g,产率在 90%以上,含量>99%(HPLC)。

三、芳环上重氮盐的反应

芳胺与亚硝酸钠在低温下发生重氮化反应,生成重氮盐(diazo salt),重氮盐不稳定,只有在低温(一般低于 5 ℃)溶液中才能存在,温度稍高就分解。重氮盐固体容易爆炸,在有机合成中一般不将重氮盐分离出来,直接在溶液中进行下一步反应。芳基重氮盐分子中,由于带正电重氮基的吸电子作用,导致芳环上与重氮基直接相连的碳原子上电子云密度降低,易被亲核试剂进攻。此外,重氮基一旦离去,则形成可逸出反应体系的氮气,有利于反应的进行,因此重氮基是很好的离去基团。因此,芳基重氮盐很易发生亲核取代反应,且该反应在有机合成上用途很广。

1. 反应展示

重氮盐通过亲核取代反应,重氮基被—H、—OH、—X、—CN 等取代,分别生成芳烃、酚、卤代苯和苯腈等化合物,通过常规方法难以制备得到的芳香化合物,如碘苯、氟苯等。各反应展示如下:

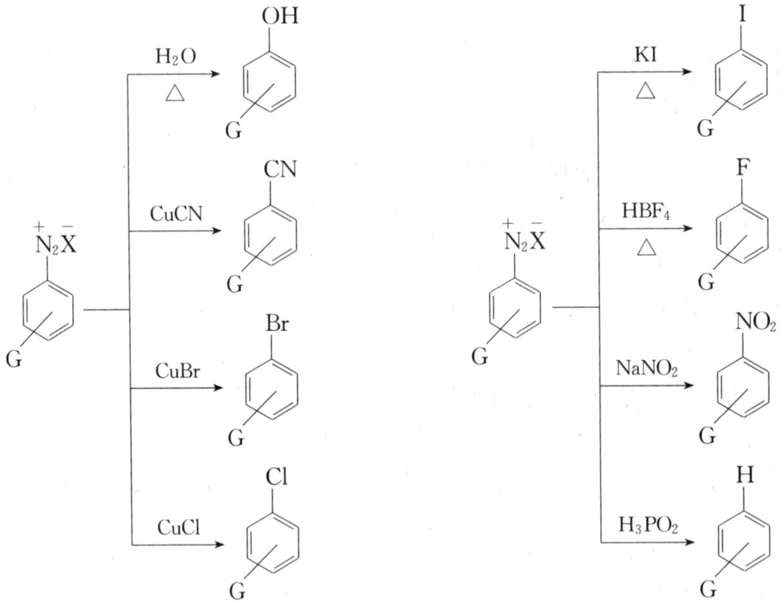

2. 一般反应机理

芳环上重氮盐发生亲核取代反应时,一般按以下两个机理进行:苯正离子和苯自由基。

(1) 苯正离子机理

$\overset{+}{N} \equiv N$ 是好的离去基团,在反应时,重氮基离去生成芳基正离子;所得芳基正离子快速和亲核试剂反应即得相应产物,该机理和 S_N1 机理类似。

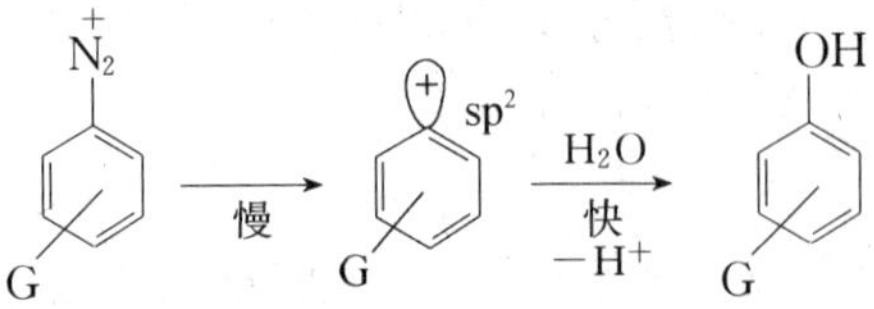

当芳环上连有吸电子基团,如—COOH,—SO$_3$H,—X,—NO$_2$ 等基团时对反应是有利的。

(2) 自由基机理

当反应体系里有亚铜盐存在时,可能是自由基反应。第一步亚铜离子还原重氮离子,形成芳基自由基;第二步,芳基自由基夺取卤化铜中的卤原子,并使卤化铜还原。此时卤化亚铜重新生成,作为催化剂继续参与反应。

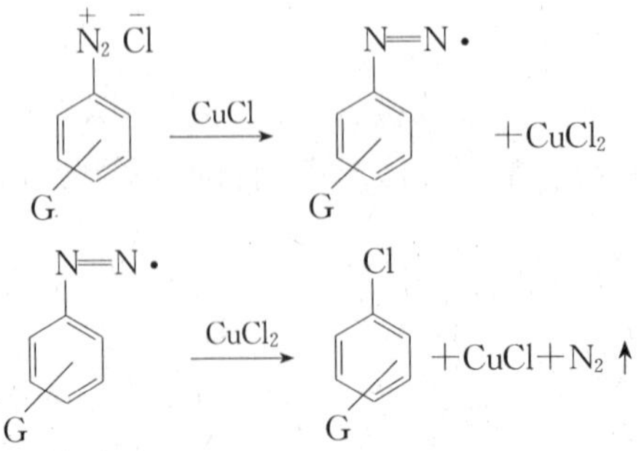

但重氮盐的反应是很复杂的,也可能按其他历程进行,所以产率不高。另外,由于重氮

盐反应中中间体太活泼,副反应多,重氮化反应时动作必须要快。

3. 在合成中的应用

（1）合成相对纯净的取代产物

如间硝基氯苯的合成:由间二硝基苯通过还原、重氮化、取代反应即可制得间硝基氯苯。

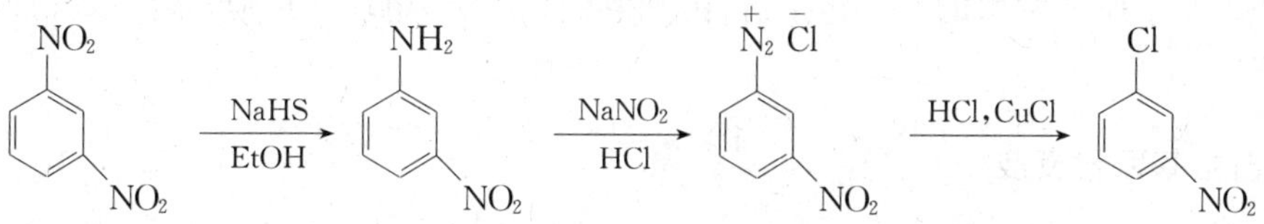

此外,对溴甲苯、对硝基溴苯等类似化合物的合成也是通过此类路线来制备。

（2）合成亲电取代反应无法得到的产物

芳环亲电取代反应中基团引入位置受原有基团定位效应的影响,有时很难得到指定结构产物。如 3,5-二溴甲苯、3,5-二溴苯胺、对二硝基苯、对溴苯甲酸等化合物均无法用亲电取代反应合成,需经芳环重氮盐制备得到。

（3）重氮化反应的优缺点

重氮化反应除上述两条合成中的优点外,其在反应条件温和、所需试剂价格便宜、产品纯度高方面也有明显优势。但该类反应仍有一些不足:副反应较多,产率不高;反应过程中产生废酸、废液较多,不利于环保。如无法解决上述问题的话在大生产中会大大增加物料成本及环境成本,因此在定制产品中用的较多。

4. 小试工艺示范——间碘苯甲酸的制备[24-26]

间碘苯甲酸:CAS:618-51-9,白色至浅黄色针状结晶。熔点 187～188 ℃。溶于醇和醚,难溶于水。能升华。碘代芳烃广泛应用于医药、农药及材料等领域,是合成药物活性和生物活性化合物的重要中间体。通过以工业品取代芳烃为原料,经重氮化、碘代合成碘代芳烃。

（1）反应式

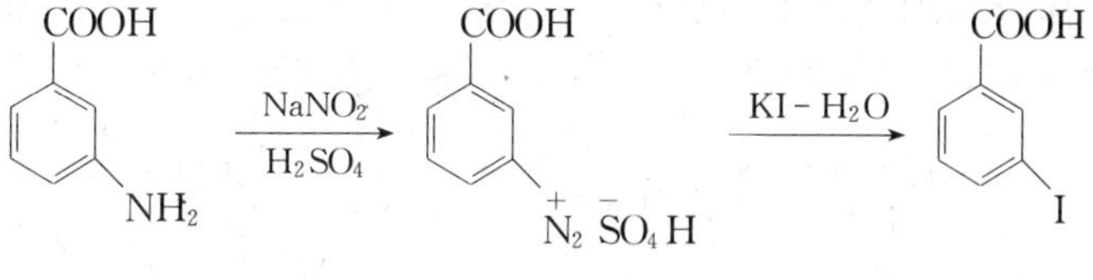

（2）试剂

间氨基苯甲酸、碘化钾、硫酸、亚硝酸钠。

（3）实验步骤

在装有搅拌器、温度计和回流冷凝管的 100 mL 四颈瓶中,加入 13.7 g(0.1 mol)3-氨基苯甲酸,30％的 H_2SO_4(23.5 g,0.24 mol),搅拌下冷却至 0～5 ℃ 之间,慢慢滴加 25％的 $NaNO_2$ 溶液(7.59 g,0.11 mol),温度维持在 5 ℃ 以下,滴加完毕,再搅拌 30 min,用 KI-淀粉试剂试验,如果还有 $NaNO_2$,加少量尿素,使其分解完全。反应完成,如有沉淀,应过滤,使重氮化溶液呈无色透明,然后滴加 KI-H_2O(10％,16.6 g,0.1 mol)。反应完毕,煮沸 15 min,至无气泡为止。冷却,过滤,以 $Na_2S_2O_3$-H_2O 洗涤,粗产品用水重结晶得成品 19.5 g 白色针状结晶,m. p. 187～188 ℃,产率 78％,含量＞99％。

第二节　饱和碳原子上的取代反应

饱和碳原子所能发生的反应包括:自由基取代反应、亲电取代反应、亲核取代反应,下面具体介绍。

一、自由基取代反应

自由基反应又称游离基反应,是精细有机合成中的一类重要反应类型。烷烃、烯烃及芳烃的 α-H 均会发生自由基取代反应

1. 反应展示

甲烷的氯化反应是典型的烷烃自由基取代反应。甲烷在光照、加热或有催化剂存在的条件下,与氯气混合在一起可生成一氯甲烷、二氯甲烷、氯仿、四氯化碳的混合物;通过控制反应物料比,可以得到使其中某一物质作为主产物。而各物质之间沸点相差较大,容易分离。所得四种产物中,一氯甲烷是有机合成中重要的甲基化试剂,尤其适用于工业化生产中;二氯甲烷具有不可燃、低沸点、广谱性的溶解性等特点,是常用的有机溶剂,在有机合成中使用频率高;三氯甲烷也是有机合成中最常用的溶剂之一;四氯化碳也是很好的有机溶剂,但由于其毒性较高,现已尽量不使用了。

苯环的 α-H 在光照、加热或引发剂存在下与卤素所发生的反应也是自由基取代反应,甲苯经自由基氯代可得到苄氯、二氯化苄、三氯化苄,各产物均为重要的有机合成中间体。

$$\underset{h\nu,\triangle,cat.}{\overset{Cl_2}{\longrightarrow}} \quad \underset{h\nu,\triangle,cat.}{\overset{Cl_2}{\longrightarrow}} \quad \underset{h\nu,\triangle,cat.}{\overset{Cl_2}{\longrightarrow}}$$

烯烃的 α-H 在高温的条件下,也发生自由基取代反应。如丙烯在高温、光照及引发剂条件下,生成 3-氯丙烯,也是有机合成中间体广泛应用于精细有机合成中。

$$CH_2=CH-CH_3 \xrightarrow[h\nu,\triangle,cat.]{Cl_2} CH_2=CH-CH_2Cl$$

2. 一般反应机理

一般情况下,自由基取代反应都经过链引发、链增长、链终止的过程。以甲苯的自由基取代反应为例,介绍自由基取代机理。

一个自由基取代反应中,首先发生底物 Cl_2 的 Cl—Cl 键的断裂,产生氯自由基,此过程可以通过自发断裂产生,或者在光或热的条件下发生,此过程即为链引发过程。

氯自由基一旦形成,被甲苯上的 α-H 所夺取,生成 HCl 和新的自由基——苄基自由基,苄基自由基与 Cl_2 结合,又可形成氯化苄及氯自由基,依次类推,此过程在消耗掉一个自由基的同时生成一个新的自由基,从而使自由基反应传递下去,此过程即为链增长过程。

在链传递的过程中,自由基除了可以和分子结合形成新的分子和自由基外,还可以与体系里的另一个自由基如氯自由基与氯自由基、氯自由基与氢自由基等偶合,形成新的化合

物,在此步过程中由于没有新的自由基生成,从而使链传递无法继续进行,而终止链反应,或者氯自由基与氧气等自由基淬灭剂结合,生成不活泼的自由基使链终止,此过程称为链终止。其中链的引发是反应速率的决定步骤。

$$Cl_2 \xrightarrow[RO-OR]{h\nu,\triangle} 2Cl\cdot \qquad 链引发$$

$$\left.\begin{array}{l} PhCH_3 + Cl\cdot \longrightarrow PhCH_2\cdot + HCl \\ PhCH_2\cdot + Cl_2 \longrightarrow PhCH_2Cl + Cl\cdot \\ PhCH_3 + Cl\cdot \longrightarrow PhCH_2Cl + H\cdot \\ H\cdot + Cl_2 \longrightarrow Cl\cdot + HCl \end{array}\right\} 链增长$$

$$\left.\begin{array}{l} Cl\cdot + Cl\cdot \longrightarrow Cl_2 \\ Cl\cdot + H\cdot \longrightarrow HCl \\ Cl\cdot + O_2 \longrightarrow ClOO\cdot \quad 不活泼 \end{array}\right\} 链终止$$

3. 活性与选择性

自由基卤代反应中,有实际意义的卤代反应是氯代和溴代反应。在反应活性方面:溴小于氯,但在选择性上,溴却比氯高很多。如异丁烷能被高产量地选择性溴化生成叔丁基溴。

$$(CH_3)_3CH \xrightarrow[h\nu,\triangle,cat.]{Br_2} (CH_3)_3CBr$$
$$99\%$$

$$(CH_3)_3CH \xrightarrow[h\nu,\triangle,cat.]{Cl_2} (CH_3)_2CHCH_2Cl$$
$$64\%$$

4. 合成上的应用

自然界中的卤代烃是不存在的,而卤代烃在有机合成方面起着举足轻重的作用;烷烃、芳烃及烯烃通过自由基取代反应可制备得到卤代烃,从而使其在有机合成方面发挥作用,如碳链增长、官能团转变及合成重要的有机合成中间体。

（1）碳链的增长

烷烃通过自由基取代反应可以制备得到一系列的卤代烃,而通过卤代烃制得的格氏试剂可以发生偶联、亲核加成等一系列反应,从而使碳链增长。例如:

$$CH_4 \xrightarrow{Cl_2}{h\nu} CH_3Cl \xrightarrow{Mg}{Et_2O} CH_3MgCl \xrightarrow[② H_3O^+]{① R-\overset{O}{\overset{\|}{C}}-R'} R'-\overset{R}{\underset{CH_3}{\overset{|}{\underset{|}{C}}}}-OH$$

（2）官能团转变

某些卤代烃在特定的条件下还可完成官能团的转换。如对硝基甲苯经自由基取代反应制备得到对硝基苄氯和对硝基二氯化苄,在硫酸催化下,可转化成对硝基苯甲醛,从而实现了官能团的转变。

(3) 重要的合成中间体

某些通过自由基取代得到的卤代烃可以制备得到重要的有机合成中间体。如丙烯通过 α-H 卤代制备的烯丙基氯,其再经过过氧化氢氧化得到缩水甘油的氯代物,该类物质是一类有价值的化工中间体或原料。它可作为合成表面活性剂、树脂、弹性体、油漆等的中间体,也广泛用于各种溶剂的提取和分离,其衍生物是树脂、塑料、医药、农药和助剂等工业原料。

$$CH_2=CH-CH_3 \xrightarrow[h\nu, \triangle, cat.]{Cl_2} CH_2=CH-CH_2Cl \xrightarrow{H_2O_2} \underset{O}{\triangle}\!\!-\!\!Cl$$

5. 小试工艺示范——对氯苯甲醛的制备[27-30]

对氯苯甲醛,CAS:104-88-1,无色片状结晶;易溶于乙醇、乙醚、苯,不溶于水、丙酮;能随水蒸气挥发。对氯苯甲醛是重要的新型农药、医药、染料中间体:对氯苯甲醛在农药中用于合成植物生长调节剂烯效唑、新型吡咯类杀虫杀螨剂溴虫腈、三唑类杀菌剂新品种灭菌唑等合成;在医药方面:对氯苯甲醛经缩合、与巯基丙酸环合反应制得安定性药物芬那露,还可以合成药物氨苯氨酪酸等;在染料工业中对氯苯甲醛用于合成酸性蓝 7BF、酸性艳蓝 6B 等,此外对氯苯甲醛还可用作纺织助剂和感光材料的中间体。对氯苯甲醛的制备方法包括氯化水解法、直接氧化法、电化学氧化法及对硝基甲苯法等,其中氯化水解法是国内目前主要的工业化方法。现就此方法进行小试工艺。

(1) 反应式

(2) 试剂及用量

对氯甲苯:13 g;50%H_2SO_4:30 g;氯气:7 L(22 g);三氯化磷:0.5 g。

(3) 实验步骤

在装有搅拌器、温度计和回流冷凝管的四颈瓶中,加入 13 g(0.10 mol)对氯甲苯和0.5 g(0.003 6 mol)PCl_3,在光照下,搅拌升温至 155 ℃,通入 22 g(0.31 mol)氯气,温度维持在 160～170 ℃,通氯气至计量得氯化液。搅拌下将其慢慢加入硫酸中,室温下搅拌 5 h。静置分层,取下层液倒入 100 mL 冰水中结晶,冷至 5 ℃ 以下,过滤,用冰水洗涤得粗品,减压蒸馏,收集 108～111 ℃/3.334 Pa 馏分,得精品 12.2 g,产率 84%,含量>99%(HPLC)。

二、亲电取代反应

亲电取代反应中,大多数离去基团都是在缺电子状态下能稳定存在的基团。对于芳烃体系,质子是最常见的离去基团,对于脂肪族化合物,质子也是离去基团,但其反应活性与其酸度密切相关。饱和烷烃上的质子反应活性很低,但是当分子中含有强的吸电子基团时,其亲电取代很容易发生在一些酸性位点,如羰基的 α-氢。现主要介绍醛酮 α-氢的亲电取代反应。

1. 反应展示

醛酮 α-氢可被氯、溴、碘所取代,此过程一般为亲电取代反应;并且该反应一般需在微量的酸或碱作为催化剂反应较易进行。该种类型的反应通过烯醇中间体，并且在酸和碱催化下，醛酮会得到不同的产物。如环己酮、3-甲基-2-丁酮在酸催化作用下得到一卤代产物；而2,5-二甲基苯乙酮在碱性条件下可以发生卤仿反应，生成氯仿及羧酸。

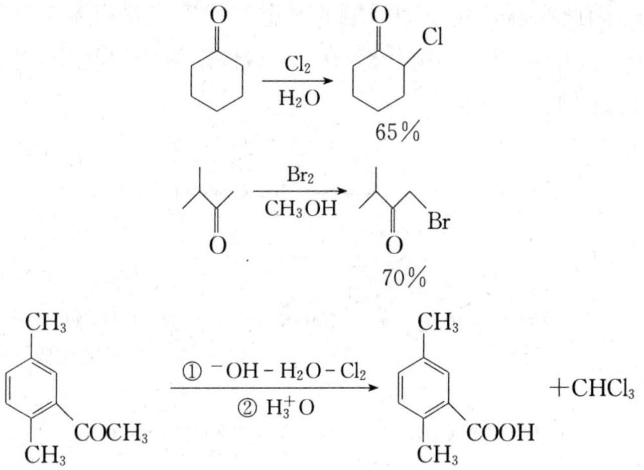

2. 一般反应机理

当醛酮发生α-卤代反应时，被卤化的化合物并不是醛酮本身，而是它们相应的烯醇或烯醇氧负离子。而醛酮转化为烯醇式往往需要酸或碱作为催化剂，而在两者催化下所得的产物并不相同，其反应机理也不相同。

（1）酸催化

在酸性条件下，醛酮先发生质子化，转变为烯醇式锌盐；烯醇与卤素立即发生亲电加成形成质子化的卤代醛酮，经失去质子便生成产物α-卤代醛酮。由于受到卤原子的吸电子效应影响，α-卤代后会使形成烯醇的反应速率变慢，故在酸催化下，卤代反应一般停留在一取代阶段。

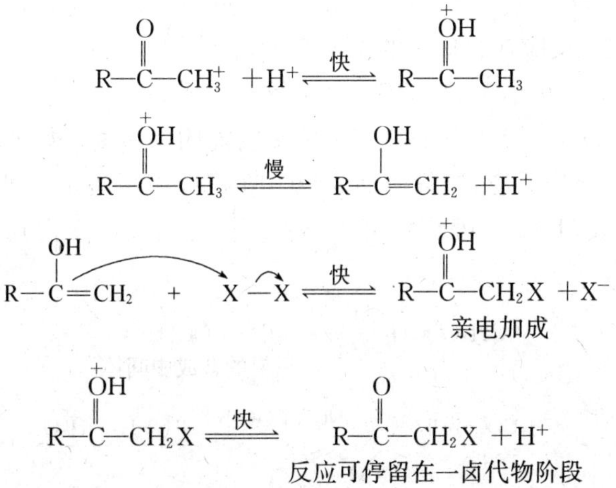

（2）碱催化

对于碱作为催化剂的醛酮α-卤代反应，因为碱也可以催化醛酮形成烯醇，但是这类反应可以通过直接形成烯醇氧负离子发生，而不需要生成烯醇。在碱催化的反应中，如果底物在羰基的一侧含有可被两个或三个卤原子取代的氢，那么当第一个氯原子进入后，反应不可能停止，其原因是反应受到进入的卤原子电子效应的影响，使得余下的氢的酸性增大，即CHX基团的酸性比CH_2基团的酸性强，新形成的卤代酮被转化为相应的烯醇氧负离子的速度比原始底物快，因此在碱催化下的醛酮的亲电取代反应易得到多取代产物；甲基酮或乙醛与卤素在碱性条件反应生成的三卤代醛(酮)在碱性溶液中不稳定，易分解为三卤甲烷(即卤仿)和羧酸盐，此反应被称作卤仿反应。

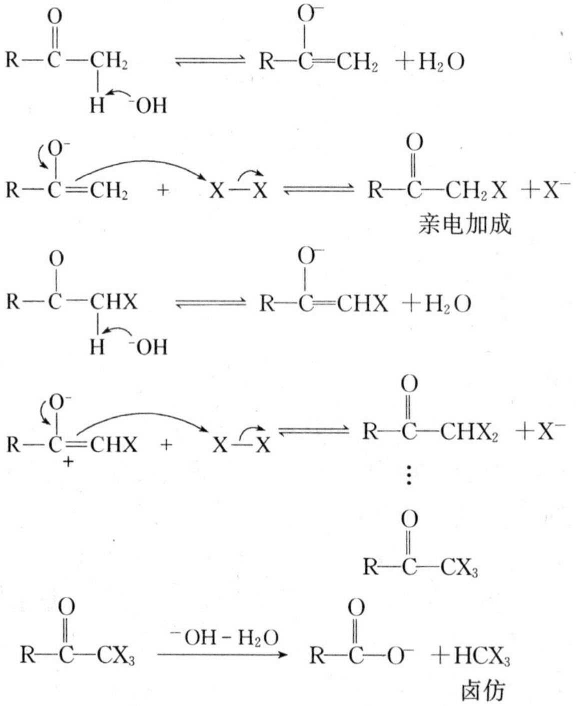

3. 在合成上的应用

醛酮发生亲电取代反应在合成上的主要应用如下：

(1) 在酸催化下，等物质的量反应制备醛酮的一卤代物

由于卤代物可以发生一系列亲核取代而完成官能团的转变。如丙酮在酸性条件下发生亲电取代反应——α-氯代反应，制备得到α-氯代丙酮，该物质是一种重要的有机中间体；例如它与5-甲基-1,3,4-噁二唑酮发生N-烷基化、缩合反应所得到的产物是新型杀虫剂吡呀酮的重要中间体。

$$CH_3COCH_3 \xrightarrow[Cl_2]{H^+} CH_3COCH_2Cl$$

重要的合成中间体

(2) 碱催化下，制备少一个C原子的羧酸——卤仿反应

甲基酮在碱性条件下会发生卤仿反应，从而制备少一个碳原子的羧酸；该方法可以制备

一个具有特殊结构的羧酸如含季碳原子的羧酸。

如丙酮在金属镁存在下发生双分子还原,先制备得到邻二叔醇;再经过 Pinacol 重排及卤仿反应即可制备得到含有奇数个碳原子的羧酸——2,2-二甲基丙酸。

$$2 \text{ >O} \xrightarrow[\text{② } H_2O]{\text{① Mg}} \overset{\text{OH}}{\underset{\text{OH}}{}} \xrightarrow[\text{Pinacol} --]{H^+} \overset{}{\underset{O}{}} \xrightarrow{^-OH - H_2O - Cl_2} \xrightarrow{H_3O^+} \underset{\text{含有季碳的羧酸}}{\text{COOH}}$$

又如,丙酮经过羟醛缩合、1,4-亲核加成及卤仿反应制备得到的 3,3-二甲基丁酸,也是含有季碳原子的羧酸。

$$2 \text{ >O} \xrightarrow[\triangle]{Ca(OH)_2 \quad H_3O^+} \overset{O}{\underset{}{}} \xrightarrow[\text{② } H_2O]{\text{① } (CH_3)_2CuLi} \overset{O}{\underset{}{}} \xrightarrow{^-OH - H_2O - Cl_2}$$

$$\xrightarrow{H_3O^+} \underset{\text{含有季碳的羧酸}}{\text{COOH}}$$

三、亲核取代反应

1. 反应展示

亲核取代反应中,进攻试剂(亲核试剂)携带一对电子接近底物,利用这对电子形成新的化学键,离去基团带着一对电子离去。

$$Nu: + R{-}L \longrightarrow R{-}Nu + L:$$

常见的取代反应有下列几种类型:

(1) 底物为中性分子,亲核试剂为负离子。

$$ROH + {}^-X \longrightarrow RX + OH^-$$

(2) 底物和亲核试剂都是中性分子。

$$RX + N(CH_3)_3 \longrightarrow RN^+(CH_3)_3X^-$$

(3) 底物是正离子,亲核试剂为负离子。

$$RN^+(CH_3)_3X^- + Na^+OH^- \longrightarrow ROH + N(CH_3)_3 + NaX$$

(4) 底物是正离子,亲核试剂为中性分子。

$$RN^+(CH_3)_3X^- + H_2S \longrightarrow H_2S^+RX^- + N(CH_3)_3$$

(5) 含质子的溶剂 Sol-OH 也可以作为亲核试剂与底物起取代反应。

$$(CH_3)_3C{-}Br + H_2O \longrightarrow (CH_3)_3C{-}OH + HBr$$

无论哪种类型,亲核试剂都必须有一对未共用电子,也就是说所有的亲核试剂都是 Lewis 碱。若亲核试剂是反应的溶剂,那么此类反应又称为溶剂解反应。

2. 一般反应机理

亲核取代反应有多种可能的机理,取决于反应底物、亲核试剂、离去基团以及反应条件。无论是何种机理,进攻试剂总是携带着电子对,所以各种机理彼此之间相似之处更多一些。亲核取代反应最常见的是 S_N1 和 S_N2 机理,下面将分别介绍。

（1）S_N1 机理

S_N1 机理指的是单分子亲核取代,由两步组成,第一步是底物缓慢的离子化生成碳正离子过程,这是速度决定步骤;第二步是碳正离子中间体与亲核试剂之间快速的反应;由于碳正离子活泼,在亲核试剂的作用下也容易发生消去反应。

例如,叔丁基溴在室温下与乙醇-水溶液经过 S_N1 机理,生成取代产物叔丁醇、乙基叔丁基醚及消去产物异丁烯。

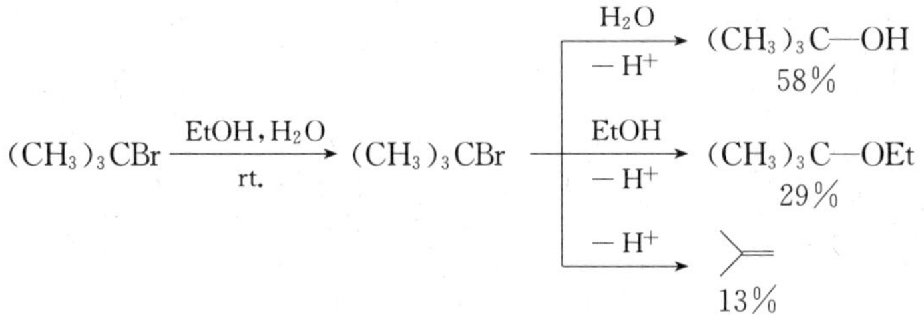

由于不同的碳正离子具有不同的稳定性,在 S_N1 过程中,碳正离子还会重排生成更稳定的碳正离子。如 2,2-二甲基-1-溴丙烷与乙醇-水溶液反应时,首先生成伯碳正离子,较不稳定,会发生重排生成稳定的叔碳正离子,从而生成相应的取代及消去产物。

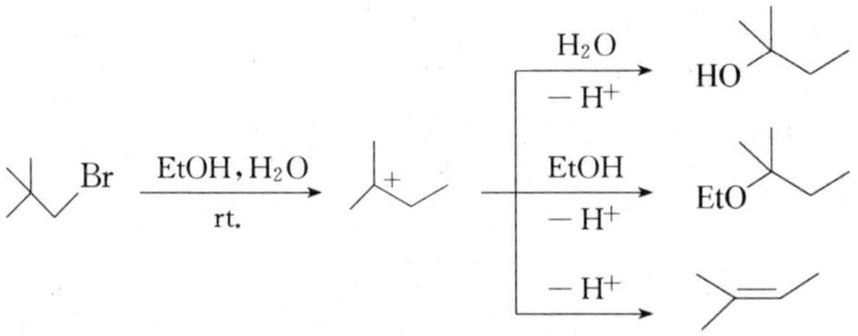

除卤代烃会发生此类反应外,醇也发生该类反应;但由于醇分子中,羟基的碱性较强,不易离去,其反应常常需要加酸使羟基质子化,转换成较易离去的水,从而使亲核取代反应得以进行;否则反应难以发生。

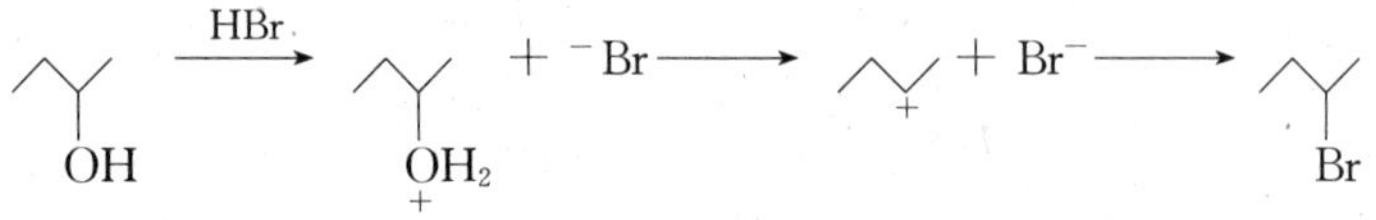

（2）S_N2 机理

S_N2 机理指的是双分子亲核取代,这是一种从背面进攻的机理:亲核试剂沿着与离去基团相反的方向接近底物。该过程是一步反应,C—Nu 键的形成与 C—X 键的断裂同时发生。

3. 反应活性

由于 S_N1 和 S_N2 两种机理所经历的历程不同,不同的卤代烃在两种历程中活性顺序也不同。在 S_N1 机理中,由于决速步是碳正离子的生成,因此考察碳正离子的稳定性可以获得 S_N1 反应的活性大小,在 S_N1 反应中,卤代烃的活性次序如下:叔＞仲＞伯卤代烃。在 S_N2 中,反应难易主要取决于过渡态形成的难易。由于过渡态是由反应物与亲核试剂共同形成的,因此当反应中心碳原子上连接的烃基较多时,受到空间效应的影响,使得反应难以发生;在 S_N2 反应中,卤代烃的活性次序为伯>仲>叔卤代烃。

如果卤原子的 α-C 上存在碳碳双键、叁键及苯环时,这些体系中的 S_N1 和 S_N2 机理的反应都很慢或者根本不发生,因为 sp^2 及 sp 杂化的碳原子比 sp^3 杂化的碳电负性更强,对化学键上的电子吸引作用更强,同时卤原子与不饱和键之间存在共轭效应,使得 C—X 键难以断裂,反应难以发生。

当卤原子的 β 位有双键、叁键及苯环时,这些体系中发生的亲核取代反应都很迅速;因为 S_N1 机理中烯丙基或苄基碳正离子都很稳定,或者 S_N2 中可以通过增加共振而使过渡态更加稳定。

另外,卤原子位于环状化合物的桥头碳、大位阻结构邻位及多卤代物中时,亲核取代反应难以发生。

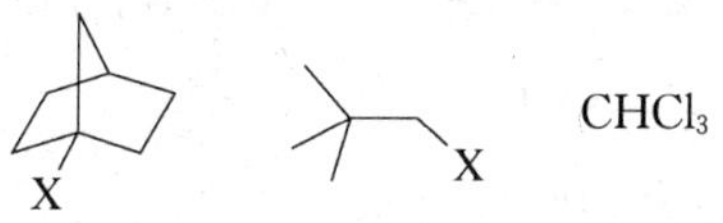

$$CHCl_3$$

4. 反应的立体化学

立体化学是贯穿在整个有机化学反应过程中的,在亲核取代反应中同样存在立体化学问题。

(1) S_N2

S_N2 的机理是亲核试剂从离去基团的背面进攻,当取代反应发生在手性碳上时,手性碳的构型会发生翻转,这种构型的翻转称为 Walden 翻转。

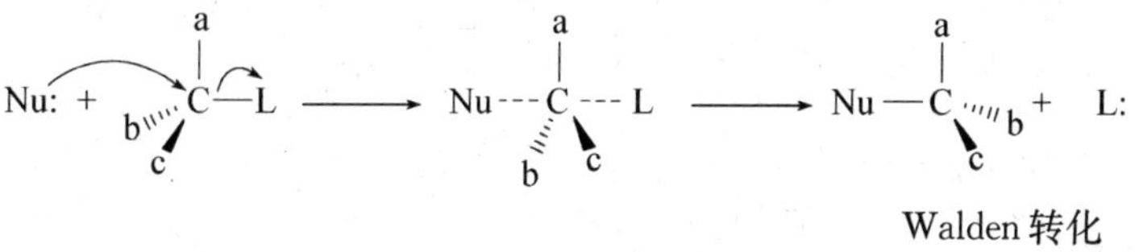

Walden 转化

例如:R-1-苯基-2-丙醇来制备乙基苯基丙醚时,根据所需产物的立体构型不同,选择不同的合成路线。如果要得到构型翻转的产物,醇先与对甲苯磺酰氯发生磺酰化反应,构型保持;所得磺酸酯再与乙醇发生取代反应即得到构型翻转产物。醇与金属钾反应先变成钾盐,构型保持,钾盐再与溴乙烷发生亲核取代反应,由于此步反应中手性碳为参与反应,即得到构型保持产物。

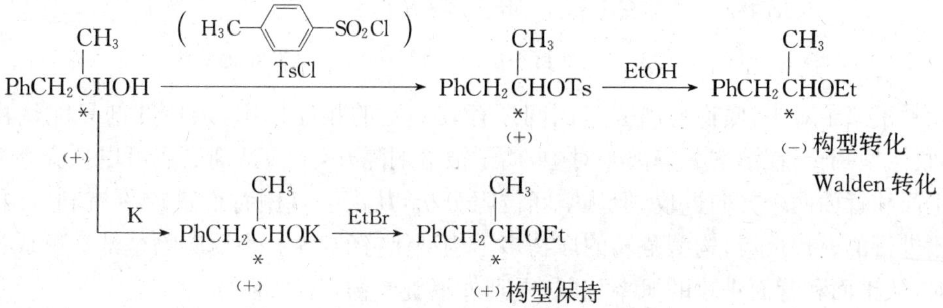

（2）S_N1

经历 S_N1 机理的立体化学问题相对复杂,有的反应得到的是外消旋体(实验事实①),有的反应会得到 100％构型保持产物(实验事实②),而有的反应却得到部分构型转化产物及部分外消旋体产物(实验事实③)。

实验事实:

① $H_3CO\!-\!\!\!\bigcirc\!\!\!-\!CHOCOCH_3 \xrightarrow[]{H_2O,\ \overset{O}{\underset{O}{\bigcirc}}} H_3CO\!-\!\!\!\bigcirc\!\!\!-\!\underset{\underset{外消旋体}{C_6H_5}}{CHOH} +CH_3COOH$

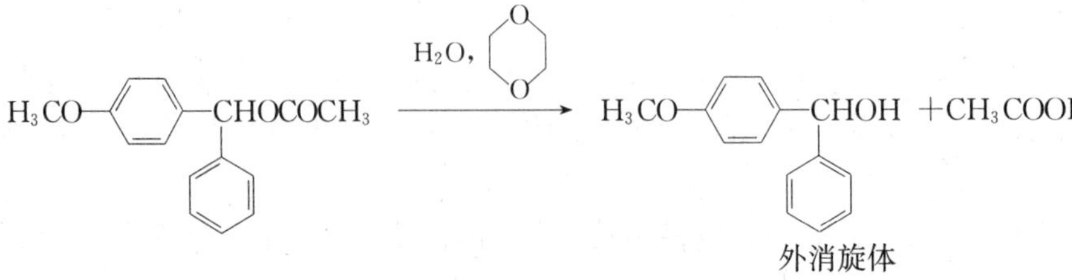

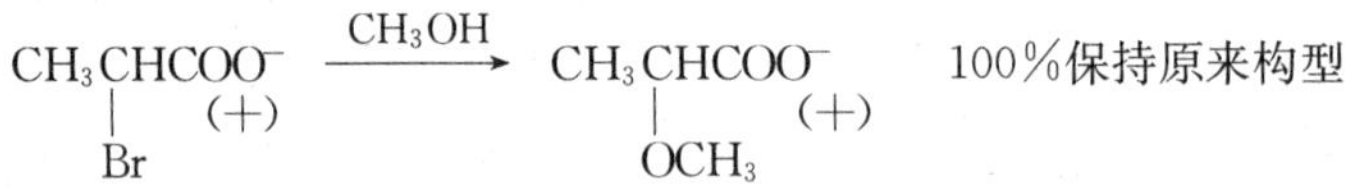

② $\underset{\underset{Br}{|}}{CH_3CHCOO^-}\ (+) \xrightarrow[]{CH_3OH} \underset{\underset{OCH_3}{|}}{CH_3CHCOO^-}\ (+) \qquad 100％保持原来构型$

③ $CH_3(CH_2)_5\underset{\underset{Br}{|}}{CHCH_3} +EtOH \xrightarrow[]{Ag_2O} CH_3(CH_2)_5\underset{\underset{OEt}{|}}{CHCH_3}$

$94％构型转化,6％外消旋化$

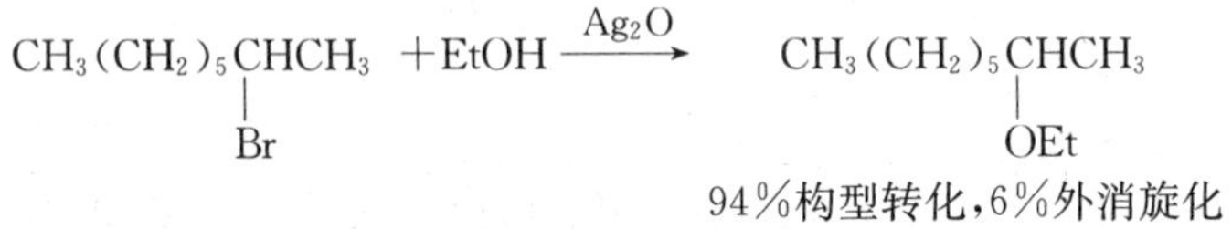

（3）关于 S_N1 立体化学问题的讨论

① 所得产物为外消旋化体

在 S_N1 机理里,所经历的为碳正离子中间体,由于碳正离子为平面构型,亲核试剂从碳正离子两面进攻的几率均等,故手性碳经过 S_N1 机理后得到构型相反的一对产物,即外消旋体。

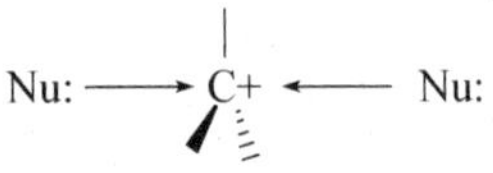

$$Nu:\longrightarrow \ \overset{|}{\underset{}{C^+}}\ \longleftarrow Nu:$$

② 离子对历程

一些反应经过 S_N1 历程后的确完全得到了外消旋化产物,但许多其他反应都并非如此,通常有大约 5％～20％产物发生了构型翻转,而另一情况下还能发现少量构型保持。在许多 S_N1 反应中,至少有一些产物是通过离子对而并非游离的碳正离子形成的。某些 S_N1 反应按下列方式进行。该机理认为,反应物在溶剂中的解离是分步进行的,可表示为:

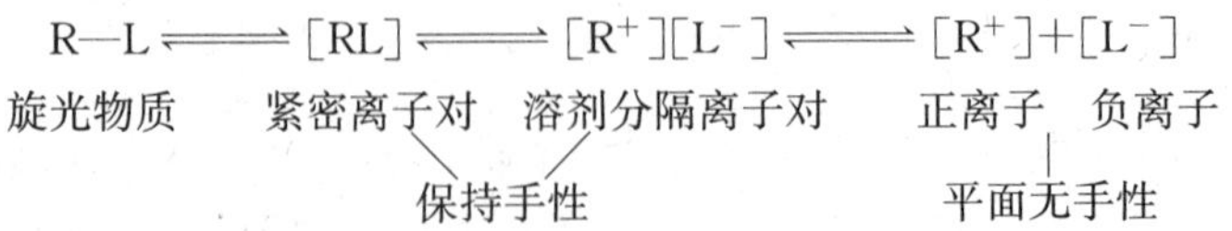

$$R\!-\!L \rightleftharpoons [RL] \rightleftharpoons [R^+][L^-] \rightleftharpoons [R^+]+[L^-]$$

$\quad\ \ 旋光物质\quad\ 紧密离子对\quad 溶剂分隔离子对\quad 正离子\ \ 负离子$

$\qquad\qquad\qquad\quad 保持手性\qquad\qquad\qquad\qquad 平面无手性$

在紧密离子对中,底物与离去基团间还存在一定的相互作用,亲核试剂只能从背面进攻,导致构型翻转;在溶剂分隔离子对中,离子被溶剂隔开,亲核试剂虽然可以从介入溶剂的位置正面和背面两个方向进攻,但从空间位阻分析,从离去基团背面进攻更有利。因此,在此阶段进行的取代反应,构型翻转的产物多于构型保持的产物;当反应物全部离解成自由的离子时,从正面和背面进攻的概率相同,得到外消旋产物。例如:

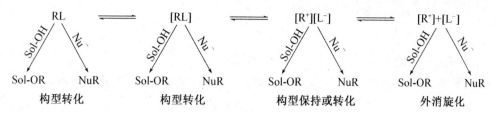

在不同的 S_N1 反应中由于碳正离子的稳定性不同,由紧密离子转变成自由离子的速度不同,亲核试剂在不同阶段进攻碳正离子的概率也不同,因此产物外消旋化程度也不同。实验证明,碳正离子越稳定,产物的外消旋化程度越高。

5. 在合成上的应用

常发生亲核取代的原料包括卤代烃、醇及取代环氧乙烷。醇发生亲核取代反应时,通常在酸性条件下发生质子化或与苯磺酰氯发生酰化使羟基转化为易离去的基团;不对称的环氧乙烷在亲核试剂及酸或碱作用下发生开环反应会得到不同的产物。

亲核取代反应在有机合成中的应用主要为:① 实现官能团的转换;② 碳链的增长;③ 相转移催化剂(PTC)在亲核取代中具有重要作用。

(1)官能团的转换

由于亲核试剂中的进攻原子可以为氧、硫、卤素、氮、氢等,从而通过亲核取代反应可以生成 C—O、C—S、C—X、C—N、C—H 键,以实现官能团间的相互转化。

① 生成 C—O 键

卤代烃与含氧亲核试剂如羧酸钾、醇钠等反应可以制备得到相应的酯及醚。其中醇(酚)钠与卤代烃反应制备醚的方法称为 Williamson 合成法,所用卤代烃通常为伯卤代烃。

② 生成 C—S 键

含硫化合物是比相应的含氧化合物更好的亲核试剂,所以大部分情况下,反应都比相应的氧亲核试剂快而且平稳,并且反应基本是定量的。卤代烃与烃巯基负离子反应即可制备得到硫醚。

$$RX \quad R'SNa$$
$$伯— \quad Na_2S \quad \longrightarrow 硫醚(S-烷基化反应)$$

③ 生成 C—X 键

卤原子本身既是离去基团,又是亲核试剂;因而可以发生卤素-去-卤素反应。

$$RX + X'^- \Longrightarrow RX' + X^-$$

卤素交换反应,有时称为 Finkelstein 反应,是一个平衡反应,但通常可以使平衡移动,常用于制备碘化物和氟化物。碘化物可以通过溴化物和氯化物制备,这有赖于除了碘化钠以外,溴化钠与氯化钠都不溶于丙酮这一优势。氟化物的制备是通过其他卤化物与众多氟化试剂中的任意一种反应,其中包括无水 HF、AgF、KF、HgF$_2$ 等。上述反应的平衡之所以移动,是因为氟化烷沸点相对溴代烷低,随着反应的进行逐渐将氟代烷蒸出。

$$Cl\diagdown\diagup\diagdown CN \xrightarrow{NaI,CH_3COCH_3(sol.)} I\diagdown\diagup\diagdown CN + NaCl\downarrow$$
$$96\%$$

$$CH_3(CH_2)_5Br \xrightarrow[\triangle]{KF,PEG} CH_3(CH_2)_5F \quad 无水操作$$

④ 生成 C—N 键

卤代烃与氨或伯胺的反应通常不能用来制备伯胺或仲胺,因为生成的胺的碱性比氨强,会更容易进攻底物。然而这个反应是制备叔胺和季铵盐的好方法。

⑤ 生成 C—H 键

该反应也可归为还原反应,之所以在此出现,是因为这些反应都涉及到氢取代一个离去基团,并且通常进攻的亲核试剂是氢负离子。氢-去-卤素反应或脱卤反应的还原剂很多,最常用的是氢化铝锂,这种试剂能将几乎所有的卤代烃还原。

(2) 碳链的增长

硝基甲烷、酮、酯及腈等含吸电子基团的物质其 α-C 在强碱(如 Et$_2$NLi、LDA 等)及 PTC 存在下可以作为含碳亲核试剂与卤代烃发生亲核取代反应,所得产物都会使碳链增长,此类反应称为碳的烷基化反应。

RX(伯—)	pKa		
CH$_3$NO$_2$	10		
ΦCOCH$_3$	19	碱、sol.	烷基化产物
CH$_3$COOEt	24	$\xrightarrow{PTC}$	(C-烷基化反应)
CH$_3$COCH$_2$COOEt	11		
CH$_2$(COOEt)$_2$	13		

（3）PTC 的作用

相转移催化(phase transfer catalysis,缩写 PTC)是 20 世纪 60 年代发展起来的一种新方法,该法能使传统方法难以实现或不能发生的反应顺利进行。其反应条件温和,操作简单,反应时间短,反应选择性高,副反应少并可避免使用价格昂贵的试剂或溶剂。如正氯辛烷与氰化钠直接反应,回流两周反应基本没有发生,而在向体系里加入 PTC 后,反应仅需 2 h,产率高达 99%。例如:

$$CH_3(CH_2)_7Cl + NaCN \xrightarrow[\text{reflux, 2weeks}]{\text{sol. } H_2O} (-)$$

$$CH_3(CH_2)_7Cl + NaCN \xrightarrow[\text{2 h}]{\text{PTC 1\%mol}} CH_3(CH_2)_7CN \quad 99\%$$

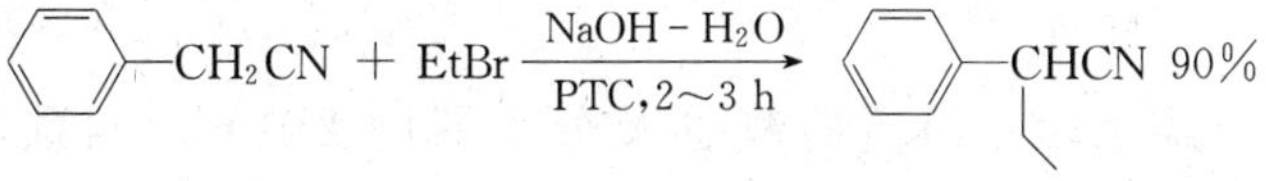

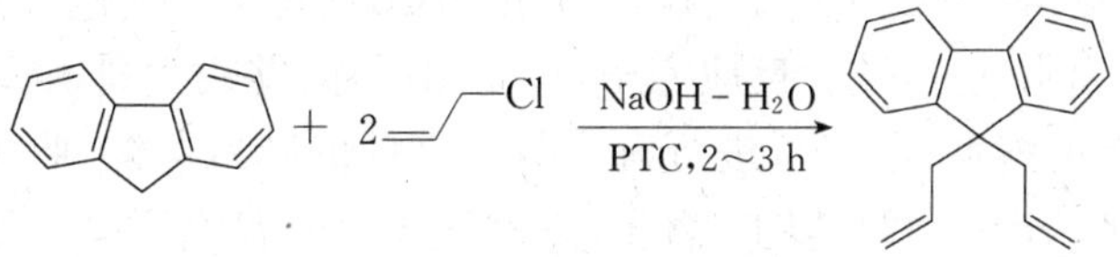

以卤代烃与氰化钠的反应为例,前者位于有机相,后者溶于水相;两相不互溶,故反应极慢;而加入相转移催化剂后,发生了如下过程:

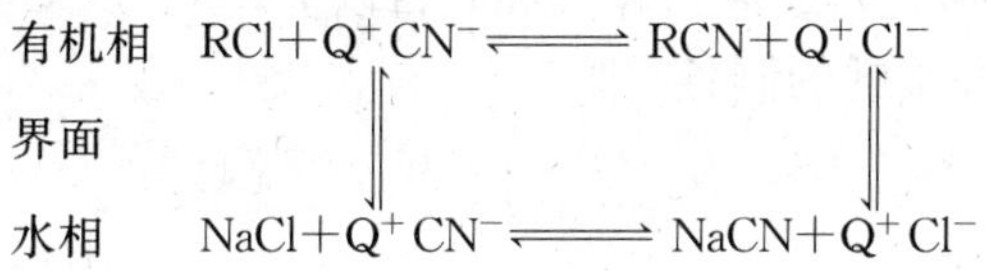

有机相　　$RCl + Q^+CN^- \Longleftrightarrow RCN + Q^+Cl^-$

界面

水相　　　$NaCl + Q^+CN^- \Longleftrightarrow NaCN + Q^+Cl^-$

PTC 中溶于有机相的部分 Q^+ 携带反应负离子 CN^- 从水相到有机相,参与反应,随后,催化剂正离子携带 X^- 返回水相。相转移催化剂连续不断地穿梭于水相与有机相的界面传递负离子,从而促进反应的发生。

6. 小试工艺示范

（1）对氯苯基环氧丙基醚的制备[31-34]

① 反应式

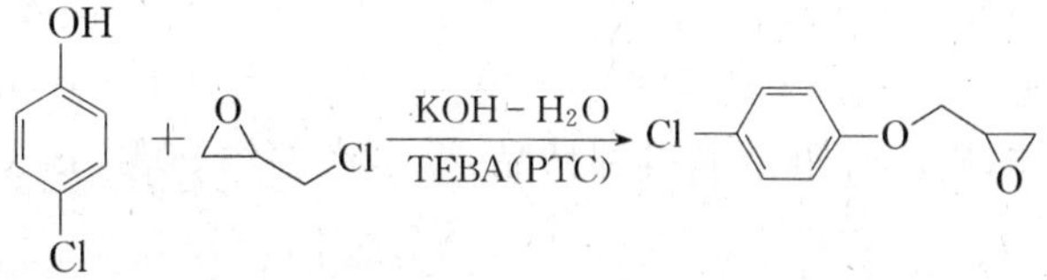

② 主要试剂及用量

对氯苯酚 38.0 g;32% 的 KOH 74 g; 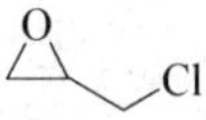 35.2 g;乙酸乙酯 200 mL;TEBA 1 g。

③ 实验步骤

在装有搅拌器、温度计和回流冷凝管的 250 mL 四颈瓶中,加入 38.0 g 对氯苯酚,1 g TEBA,慢慢滴加 74 g 32% 的 KOH 溶液,温度控制在 50 ℃ 左右,搅拌 20 min 左右,使其成盐。快速滴加 35.2 g 环氧氯丙烷(温度变化不大),加完在室温搅拌 16~18 h,薄层跟踪至原料点消失,反应完毕,滤去无机盐(约 13 g),用 200 mL AcOEt 分别萃取两次,分出有机层,水洗至中性,蒸出溶剂(回用),得 65 g 淡黄色粗产品。减压蒸馏,收集 140 ℃/12 mmHg 馏分,得无色液体 39.5 g,产率 71％以上,含量≥98％(气相色谱,GC)。

(2) 1,1-环丙烷二甲酸二甲酯的制备[35-37]

① 反应式

$$CH_2(COOCH_3)_2 + \begin{array}{c} Cl \\ Cl \end{array} \xrightarrow[\text{TBAB}]{K_2CO_3} \triangleright\begin{array}{c} COOCH_3 \\ COOCH_3 \end{array}$$

② 主要试剂及用量

$CH_2(COOCH_3)_2$ 23 mL;干燥的 K_2CO_3 70 g;1,2-二氯乙烷 100 mL;TBAB 1.5 g。

② 实验步骤

在装有搅拌器、温度计和回流冷凝管及分水器的 250 mL 四颈瓶中,加入 23 mL $CH_2(COOCH_3)_2$,100 mL 1,2-二氯乙烷,1.5 g TBAB,搅拌下慢慢升温至回流(88 ℃左右),回流 6~8 h,分出水约 9 mL。反应完毕,过滤出固体,并用少量 1,2-二氯乙烷洗涤滤饼。减压蒸馏出多余的溶剂(回用),进行有高效分馏柱的减压蒸馏,收集 94 ℃/22 mmHg 馏分,得无色液体 52 g,产率 82％以上,含量≥99％(气相色谱,GC)。

④ 注意事项

(i) 搅拌速度先慢后快,以防冲料。

(ii) K_2CO_3 应干燥(活化),还应粉碎成 300 目以上。

(3) 2-烯丙巯基苯并咪唑的制备[38]

① 反应式

② 主要试剂及用量

2-巯基苯并咪唑 15 g;3-氯丙烯 9.2 g;32％的 KOH 30 g;丙酮 120 mL;TEBA 1 g。

③ 实验步骤

在装有搅拌器、温度计和回流冷凝管的 250 mL 四颈瓶中,加入 15 g 2-巯基苯并咪唑,30 g 32％的 KOH,1 g TEBA,100 mL 丙酮,搅拌使其成盐,然后慢慢滴加 9.2 g 3-氯丙烯和 20 mL 丙酮溶液,滴完慢慢分阶升温至回流(温度升急,3-氯丙烯会损失),大约回流 3h,冷却,过滤得淡黄色固体,用乙醇重结晶得到精品 17 g,产率约 90％,m. p. 138~139 ℃,含量≥99％(HPLC)。

第三节 氧化还原反应

一、概述

广义上氧化反应指的是原子失去电子或氧化数增大,反之为还原反应。原子的氧化数为零,失去或得到 n 个电子后,其氧化数分别为 $+n$ 或 $-n$。

常见的共价键的氧化数:例如 HF 中,氢的氧化数为 $+1$,氟的氧化数为 -1 价;甲烷分子中氢的氧化数为 $+1$ 价,碳的氧化数为 -4 价。

在有机分子中,碳原子的氧化数根据其杂化态或所处环境不同而不同:例如在乙烷中,碳的氧化数为 -3;丙烷中,碳的氧化数分别为 -3、-2、-3;乙烯中碳的氧化数为 -2,乙炔中碳的氧化数为 -1。

反应中原子的氧化数增加或减少可以看作是物质发生了氧化或还原反应。有机反应中的氧化一般以分子中氧或氢原子个数的变化加以判断,在分子中加入氧或者从分子中去掉氢的反应;反之是还原。

例如:由丙烯转化甲基环氧乙烷的反应中,相应碳的氧化数由 -2 增加到 -1,同时反应伴随着氧原子数的增加;而在由乙醇转化为乙醛的反应中,随着碳氧化数的增加,伴随着氢原子的减少。

$$CH_3CH=CH_2 \xrightarrow{H_2O_2} \underset{-1}{\triangle O}$$
$$\underset{-2}{}$$

$$CH_3CH_2OH \xrightarrow{\triangle Cu} CH_3CHO$$
$$\underset{-1}{} \qquad\qquad \underset{+1}{}$$

在由环己醇生成环己烯的反应中,相应碳原子氧化数由 0 降为 -1 的同时伴随着氢原子数的减少;在由环戊酮生成环戊醇的反应中,相应的碳原子氧化数由 $+2$ 降为 0 同时伴随着氢原子数的增加。

$$\underset{}{\bigcirc}\text{—OH} \xrightarrow[\triangle,-H_2O]{H_3O^+} \bigcirc$$

$$O=\bigcirc \xrightarrow[\text{cat. P, sol.}]{H_2,\triangle} \bigcirc\text{—OH}$$

根据反应前后相应碳原子的氧化数变化可以对氧化还原反应所需氧化剂或还原剂的物质的量进行估算:例如甲苯经碱性高锰酸钾氧化生成苯甲酸的反应中,1 mol 碳原子的氧化数由 -3 变为 $+3$,需失去 6 个电子;而 1 mol 高锰酸钾被还原为二氧化锰,得到 3 个电子,理论上甲苯与高锰酸钾的物质的量比为 1:2;而实际上为了使反应能够反应完全,1 mol 甲苯需要 $2.5\sim3$ mol 的高锰酸钾。

$$\underset{}{\bigcirc}\text{—CH}_3 \xrightarrow{KMnO_4, H_2O, \triangle} \underset{}{\bigcirc}\text{—COO}^-$$

$$\underset{-3}{-CH_3} \xrightarrow{-6e} \underset{+3}{-\overset{O}{\overset{\|}{C}}-O^-} \qquad 1\text{ mol}$$

$$\underset{+7}{MnO_4^-} \xrightarrow{+3e} \underset{+4}{MnO_2} \qquad 2\text{ mol}$$

二、氧化反应

氧化剂的种类很多,其作用特点各异。一方面是一种氧化剂可以对多种不同的基团发生氧化反应;另一方面,同一种基团也可以因其所用氧化剂和反应条件不同,给出不同的氧化产物。所以氧化反应因所用氧化剂、被氧化基质不同反应机理不同,涉及一个广泛而又复杂的领域。在精细有机合成中选择合适的氧化剂、氧化方法和最佳反应条件而使反应停留在所希望的阶段是非常重要的。

常见的氧化法主要包括空气催化氧化法、化学氧化法、氨氧化法、脱氢法。

1. 空气催化氧化法

有机物通常在不同条件下可被空气中的氧气所氧化生成复杂的化合物,但在有机合成上有价值的是氧或空气在高温及催化剂作用下的催化氧化,由于其独有的廉价性和绿色性,应用广泛。

某些有机物在室温下在空气中会发生缓慢的氧化,这种现象叫做"自动氧化"。合成材料的氧化老化以及许多富含蛋白质物质的腐败均为自动氧化反应的实例。同时人们也将这类反应应用于实际生产中,为了提高自动氧化的速率,需要提高反应温度,并加入引发剂或催化剂。自动氧化是自由基的链反应,其反应过程包括链的引发、链的传递及链的终止。

以对甲苯酚氧化生成对羟基苯甲酸为例介绍一下空气氧化的自由基历程。

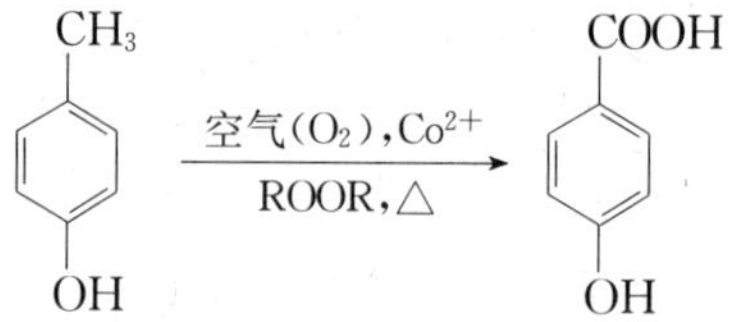

链引发是指被氧化物 R—H 在能量(光、热等)、可变价金属盐及自由基的作用下,发生C—H 键的均裂而生成自由基 R·,R·的生成给自动氧化提供了链传递物。一般而言,C—H键的均裂是十分困难的,需要在较高的温度下才能进行。所以,对于烃的液相空气氧化反应一般采用引发剂或可变价金属催化剂来引发此反应。加入引发剂是由于它们在较低的温度下就可以均裂而产生活泼的自由基,从而引发反应,例如常用的引发剂偶氮二异丁腈(AIBN)。常用的催化剂一般是可变价的金属盐类,如 Co、Cu、Mn、V、Cr、Pb 等金属盐,就是利用其电子转移而使被氧化物在较低的温度下产生自由基。对甲苯酚在自由基引发剂存在下,先转化成酚甲基自由基。

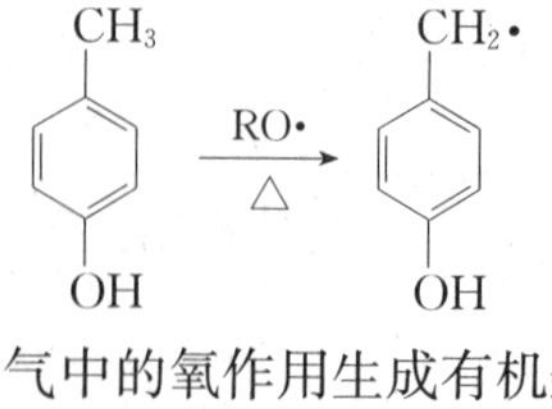

链的传递是指自由基 R· 与空气中的氧作用生成有机过氧化氢物。

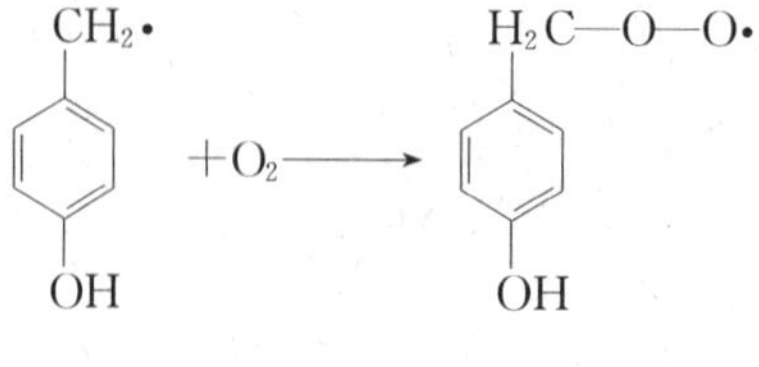

自由基 R· 和 R—O—O· 在一定条件下会结合成稳定的化合物,从而使自由基销毁,也可以加入自由基捕获基以终止反应。若所生成的过氧化氢物在反应条件下稳定,可成为最终产物;若不稳定可分解为醛、酮、酸等产物,例如在金属催化剂存在下会发生以下的分解反应而生成醛、酮或羧酸。

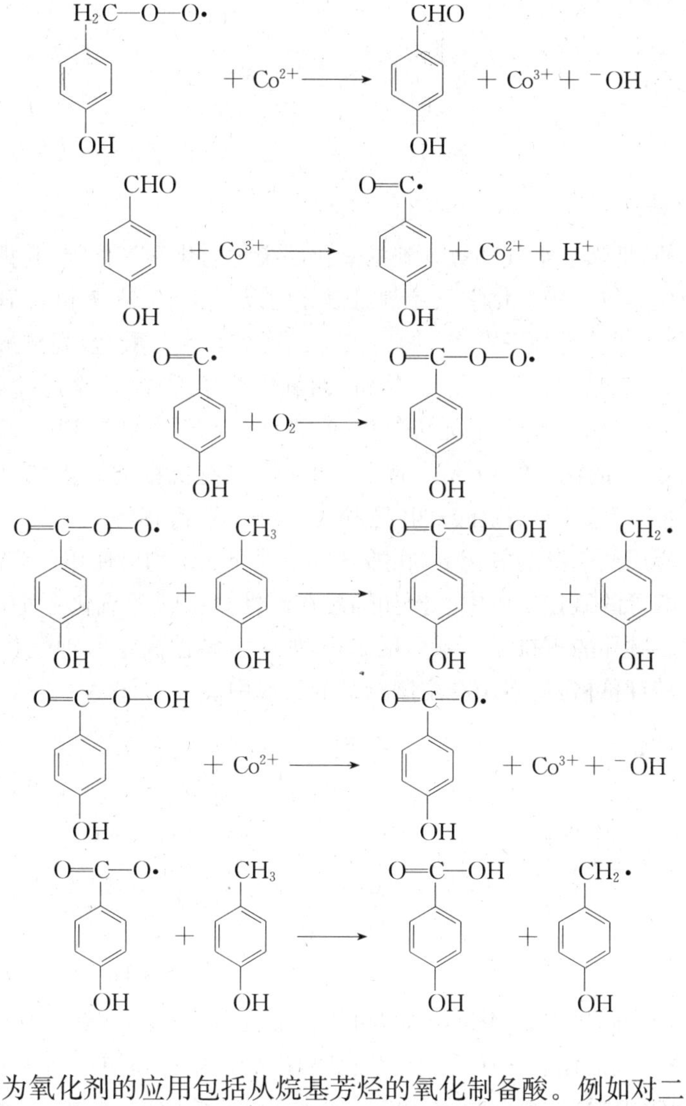

（2）应用

利用空气作为氧化剂的应用包括从烷基芳烃的氧化制备酸。例如对二甲苯在自动氧化时,用钴盐催化,控制 50% 的转化率,可制得甲基苯甲酸;由对二甲苯的空气氧化制备对苯二甲酸时,由于中间产物对甲基苯甲酸分子中的甲基难氧化,在工业上曾出现过多种氧化法,其中最重要的方法有两种。一种是乙酸为溶剂,用钴锰盐和溴化物三组分为催化剂,钴活性高,锰可提高选择性,溴化物可促进自由基的生成。中国用锆代替锰,可回收,并提高催化效率,降低反应温度。另一种方法是对二甲苯和对甲基苯甲酸甲酯的合并氧化酯化法。用乙酸溶剂法还可以从均三甲苯制备均苯三酸,从偏三甲苯制备偏苯三酸、从对叔丁基甲苯制备对叔丁基苯甲酸、从 1,4-二甲基萘制备 1,4 萘二酸等。

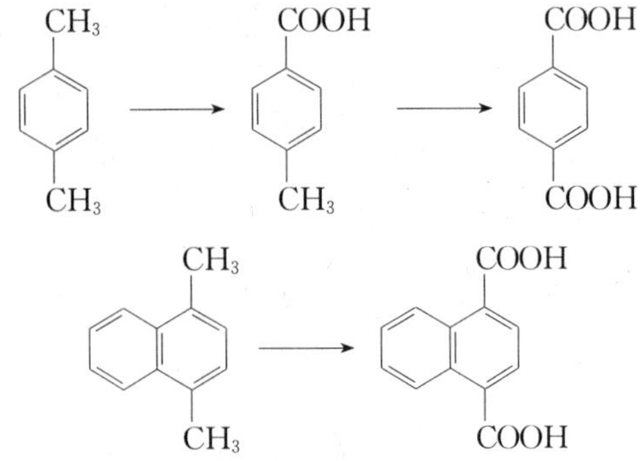

2. 化学氧化法

为了讨论方便,把除去空气和氧气外的氧化剂统称为化学氧化剂,并把使用化学氧化剂的氧化方法称为化学氧化法。化学氧化剂可以分为以下几类:① 无机含氧氧化剂,如臭氧、过氧化氢;②其他无机非金属氧化剂,如硝酸、二氧化硒、次氯酸盐、高碘酸等;③ 无机金属氧化物氧化剂,如二氧化锰、(三氧化铬)铬酐、四氧化锇等;④ 无机金属盐类氧化剂,如高锰酸钾、重铬酸盐、铬酰氯等;⑤ 其他无机氧化剂,如含有 Cu^{2+}、Ag^+、Pb^{4+}、Fe^{3+} 的化合物,其中用得较多的是 Cu^{2+} 的化合物和 Ag^+ 的化合物;⑥ 纯有机物类氧化剂,如有机过氧酸、二甲亚砜等;⑦ 其他氧化剂,如高碘酸-四醋酸铅、丙酮-异丙醇铝等。

高锰酸钾是应用最广泛的氧化剂,在酸、碱、中性介质中均可使用。广泛地用在烯烃、烷基取代芳烃、醇、醛等的氧化反应中。例如烯烃在碱性高锰酸钾氧化下生成顺式邻二醇,从而可以进一步发生频那醇重排等一系列反应;有如醛在碱性高锰酸钾氧化下生成相应的羧酸。但由于高锰酸钾价格贵,多用在定制产品的合成中。

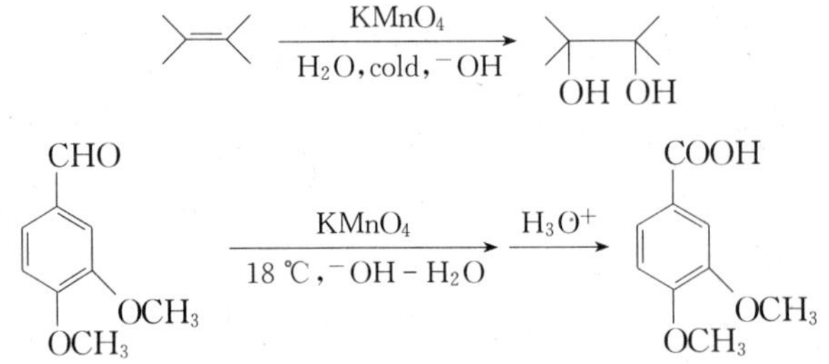

浓硝酸除了用作硝化剂、酯化剂外,也可用作氧化剂。只用硝酸氧化时,硝酸本身被还原为 NO_2、N_2O_3;在钒催化剂存在下进行氧化时,硝酸可以被还原成 N_2O(经尾气吸收后排放),并提高硝酸的利用率。硝酸氧化法的主要优点是硝酸廉价,对某些氧化反应选择性好,收率高,工艺简单。例如二苯甲烷在 50% 硝酸氧化下生成二苯甲酮。

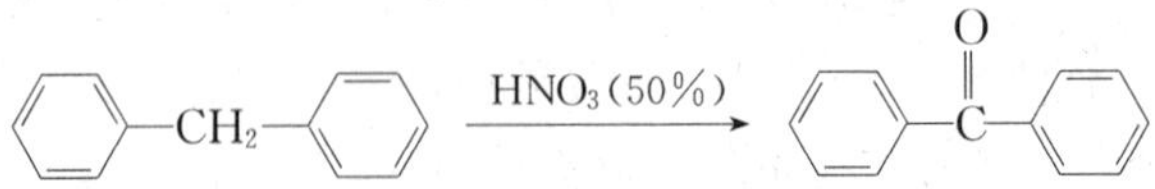

$$HNO_3 \longrightarrow [O] + H_2O + N_2O$$

过氧化氢俗称双氧水,是较温和的氧化剂,它最大的优点是反应后的产物是水,绿色环保。过氧化氢可以与不饱和酸或不饱和酯发生氧化反应生成环氧化合物。例如,从顺丁二烯酸酐的环氧化-水解制备 2,3-二羟基丁二酸即酒石酸。

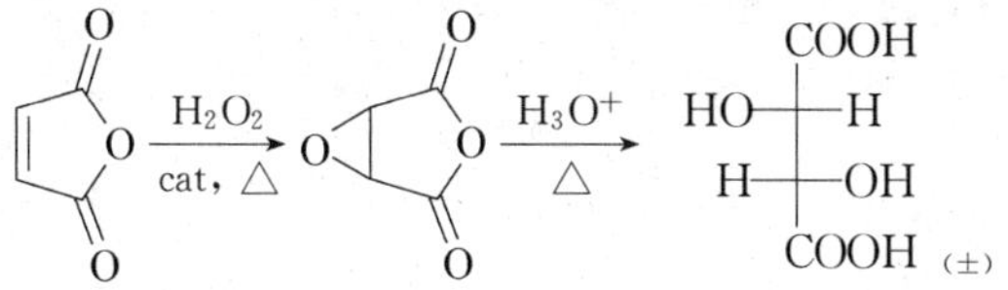

羧酸中加入过氧化氢，即氧化为有机过氧酸，其无需分离即可直接使用。常用的有机过氧酸包括过氧醋酸、过氧苯甲酸和过氧三氟乙酸。过氧酸一般不稳定，使用前需新配制。但间氯过氧苯甲酸例外，它是稳定的晶体，易于贮存，因而应用较广。过氧酸主要应用于以下方面：① 氧化双键形成环氧化物；② 氧化羰基化合物成酯或酸；③ 活性亚甲基、次甲基的氧化。

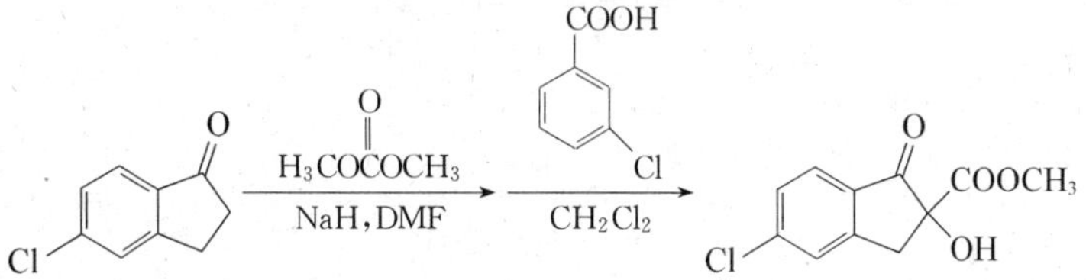

3. 氨氧化法

氨氧化法指将带甲基的有机物与氨和空气的混合物在催化剂存在下生成腈类的方法。这类反应一般采用气-固相接触催化法。氨氧化法最初用于从甲烷制备氢氰酸、从丙烯制备丙烯腈；后来又用于从甲苯及其取代衍生物制备苯甲腈及其取代衍生物，从相应的甲基吡啶制备氰基吡啶，再经过水解即可得到烟酸等。甲基芳烃的氨氧化用 V_2O_5 作为主催化剂，另外还加入 P_2O_5、MoO_3、Cr_2O_3、BaO、SnO_2、TiO_2 等助催化剂，载体一般为硅胶或硅铝胶。

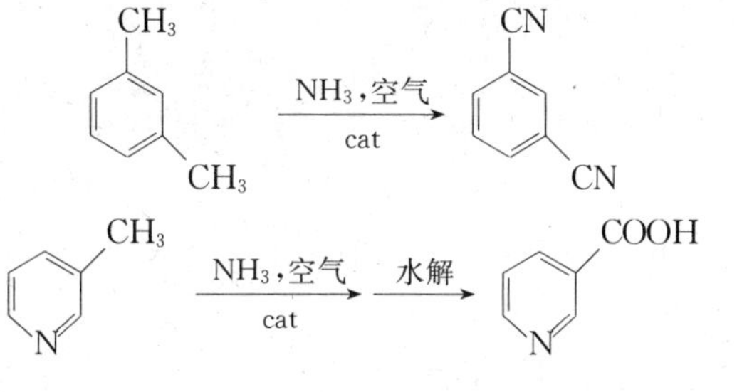

4. 脱氢法

脱氢反应可视为一种特殊的氧化反应形式。许多有机物在催化剂或脱氢剂存在下高温加热分裂出氢分子，同时生成不饱和化合物。脱氢在石油化工中有重要的应用，许多化工产品就是通过脱氢获得的。脱氢反应为可逆反应，脱氢与氢化之间存在着动态平衡，温度和压力会影响平衡的移动。脱氢过程用的催化剂很多，如 Pd/C、Pt/C、Al_2O_3、Cr_2O_3、Cu、Ni 等。Pd/C、Pt/C 具有脱氢温度低、副反应少等优点；Al_2O_3、Cr_2O_3 等催化脱氢温度较高，可制备共轭烯或重排后获得芳烃；Cu 多用于制备醛酮；Ni 及 Pd/C、Pt/C 用于由不饱和环烃制备芳烃。如四氢咔唑在 Ni 催化下脱氢生成咔唑。

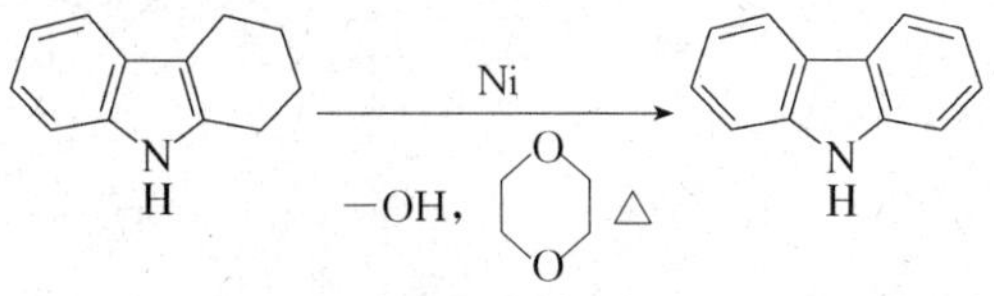

三、还原反应

1. 还原反应的主要类型

(1) 碳碳不饱和键的还原

例如炔烃、烯烃、多烯烃、脂环单烯烃和多烯烃、芳烃和杂环化合物中碳-碳不饱和键的部分加氢或完全加氢。

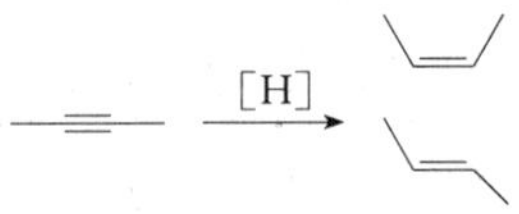

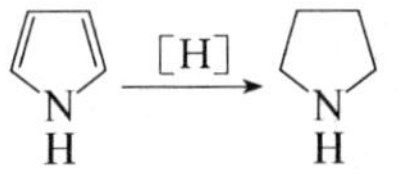

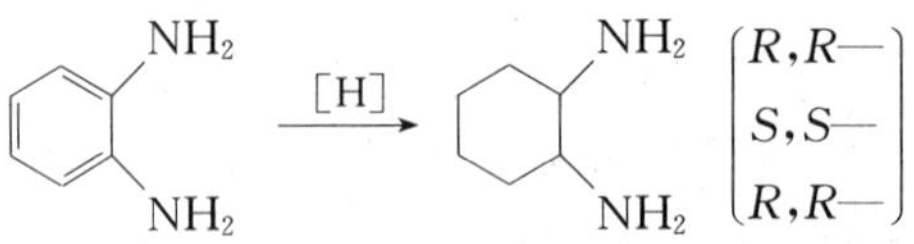

(2) 碳氧双键的还原

例如羰基还原为醇羟基或甲基(亚甲基),羧基还原为醇羟基,羧酸酯还原为醇羟基,及羧酰氯还原为醛基或羟基等。

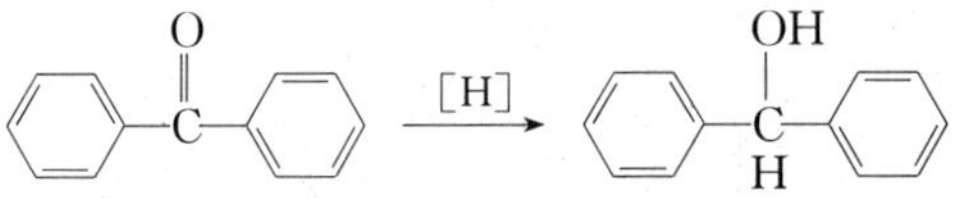

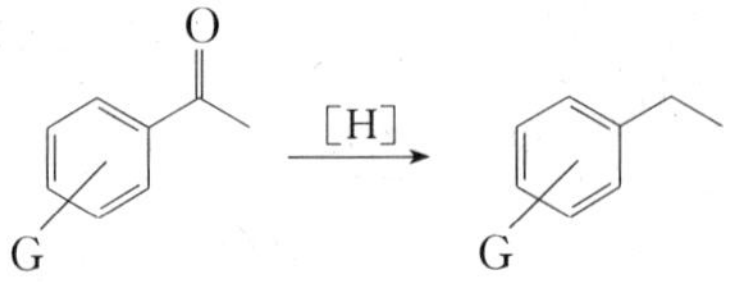

(3) 含氮的还原

例如氰基和羧酰胺基还原为亚甲氨基,硝基还原为氨基,重氮盐还原为肼基等。

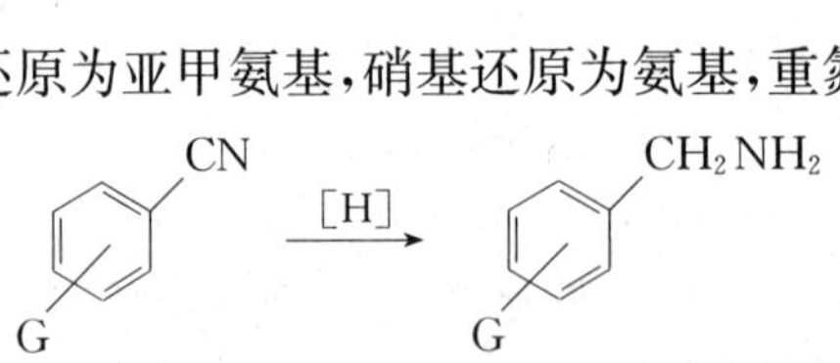

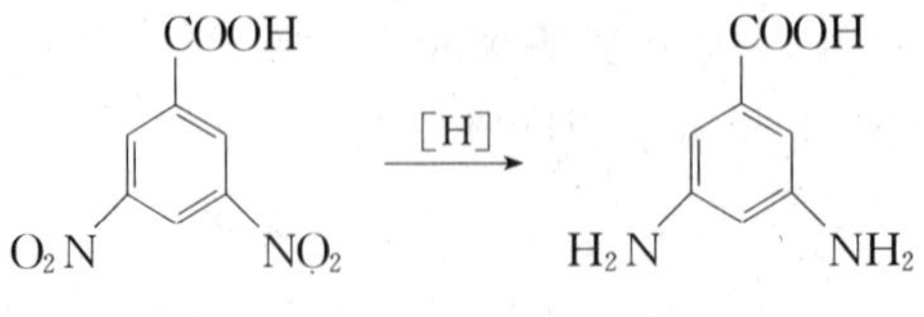

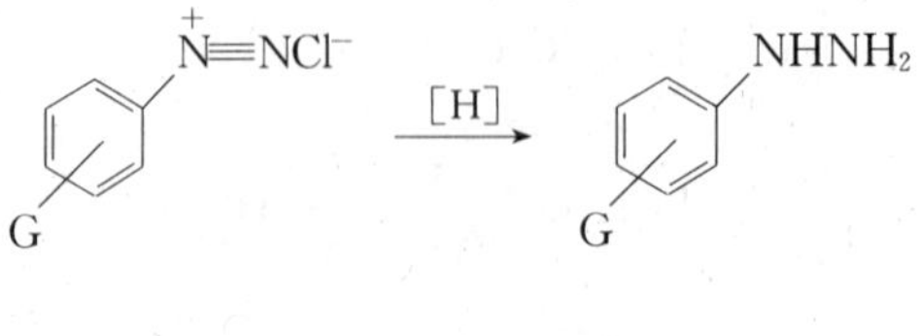

2. 还原反应的选择性

反应中经常需要将分子中的一个基团还原而不影响另一个能被还原的基团,即需要寻找具有一定选择性的还原剂;使用最为广泛的此类还原剂主要包括各种金属氢化物和氢气(与催化剂一起使用)。表 2-1 列出了一些常见含氧化合物对氢化铝锂、硼氢化钠、钠-乙醇及催化氢化的反应性。

表 2-1 常见还原剂的反应性

还原剂	LiAlH₄	NaBH₄	Na+EtOH	H₂(cat)
醛	✓	✓	—	✓
酮	✓	✓	✓	✓
酯	✓	✗	✓	✗(一般)
酸	✓	✗	✗	✗

$LiAlH_4$是一种还原能力很强的还原剂,且具有较好的选择性,是还原 $C=O$ 双键的优秀还原剂,其一般对碳碳双键(特别是孤立的碳碳双键)、硝基等没有还原性。

催化加氢的应用范围很广,它具有操作简单、反应快速、产物纯、产率高的特点,而且在一定的条件下,可以优先选择对催化氢化活性高的基团。

表 2-2 不同基团被催化氢化的活性次序

官能团	还原产物	官能团	还原产物
RCOCl	RCHO、RCH₂OH	RCN	RCH₂NH₂
RNO₂	RNH₂	![吡咯] N	![吡咯烷] N
RC≡CR	RCH=CHR、RCH₂CH₂R	RCOOR′	RCH₂OH、R′OH
RCHO	RCH₂OH	RCONHR′	RCH₂NHR′
RCH=CHR	RCH₂CH₂R	![苯环]	![环己烷]
RCOR	RCHOHR、RCH₂R	RCOOH	无反应
ROCH₂Ph	PhCH₃、ROH		

当两个官能团的活性差别较大时,可以选择性地进行加氢,如下所示:

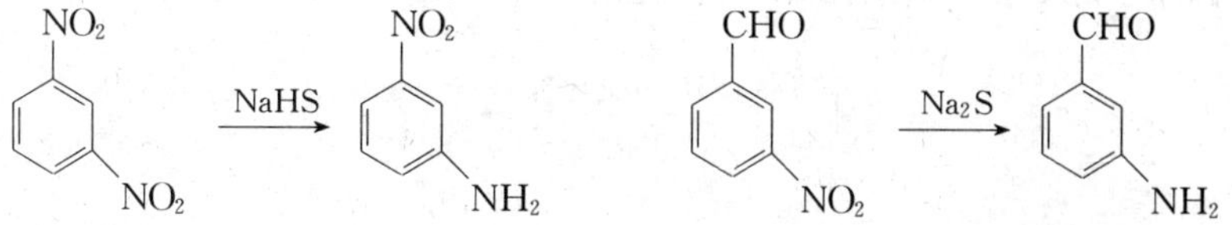

3. 还原法

根据所用还原剂的类别可分为以下几类:催化氢化法、氢解法、化学还原法。

(1) 催化氢化法

包括催化加氢和催化氢解。

催化加氢通常指在过渡金属(如 Pd、Pt、Ru、Rh、Ni 等)或其他化合物催化下,不饱和化合物加氢的反应。氢解反应指的是有机物分子中的碳—杂原子化学键破裂,生成新的碳—氢键。本节主要讨论前者,氢解反应在下节讨论。

催化氢化所用的催化剂是具有高度催化活性的过渡金属及其氧化物、硫化物。其中以 Raney-Ni、Pt 或 Pt_2O、Pd、Rh 及 $CuCr_2O_4$ 应用最为广泛。

加氢可在异相或均相体系中进行,用得较多的是异相体系,一般在溶液中进行,如甲醇、乙醇等溶液中;随着催化剂活性的不同,加氢反应在常温常压到高温(100~250 ℃)高压(100~300 大气压)下进行。

例如,在由 4-叔丁基-2-硝基苯酚制备 5-叔丁基-2-羟基苯胺的反应中,所需的反应条件为在 Ni 催化下加氢,反应温度为 100 ℃,压力为 15 atm。

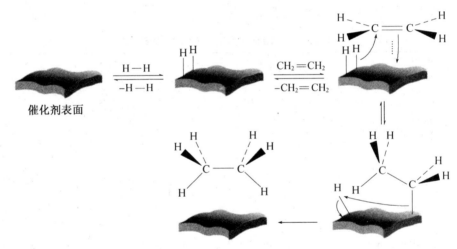

在催化加氢反应中,一般是作用物和氢先吸附在催化剂表面上,然后再反应。

图 2-1　催化氢化的反应过程

催化氢化反应还具有一定的区域选择性和立体选择性。受到位阻效应的影响,加氢反应优先在位阻小的一侧发生。烯烃在 Pd 等催化剂存在下发生加氢反应,主要发生顺式加成。

把细粉状的 Pd 负载在碳酸钙上,并用醋酸铅与喹啉处理,即得著名的 Lindlar 催化剂,它可以使炔烃高产率地发生顺式加氢;该方法被广泛地应用在含有顺式烯烃的天然产物的合成中。

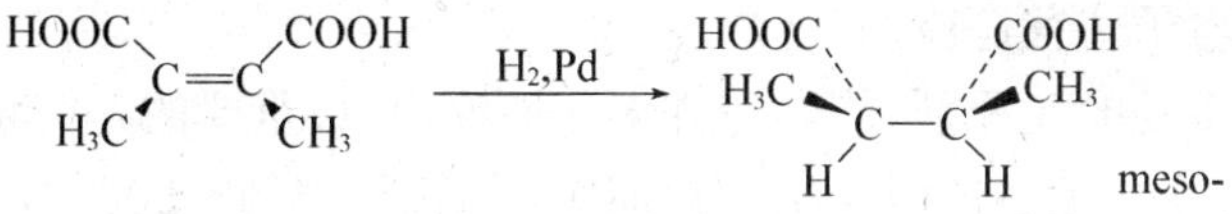

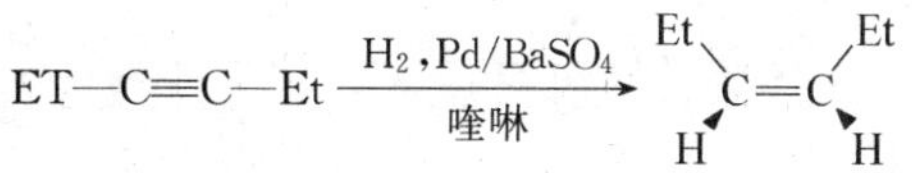

（2）氢解法

在某些化合物的还原过程中，有些原子或基团脱落被氢原子代替，此时便发生了氢解反应。氢解反应在合成上虽有不利，但大多数情形下人们变之为有利。例如利用这种氢解的特点，进行活化基团的保护，或是引入一种用其他方法不易得到的基团。氢解反应可以通过催化氢化完成，亦可用化学还原剂达到目的。根据脱去基团（原子）的不同，一般可分为以下几种类型：

① 苄基的氢解

当苄基上连有—OH、—OR、—OCOR、—NR₂、—SR、—X 时，苄基易于脱去，所以苄基在反应中经常用作醇（酚）羟基、胺（氨）基的保护基团。应用较为广泛的苄基氢解方法是催化氢解。

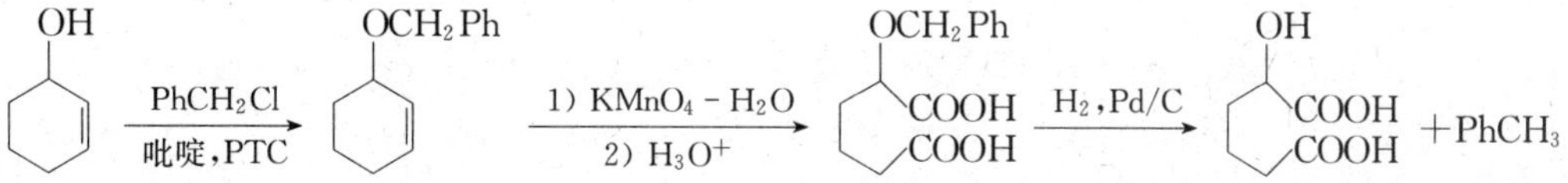

② 硫碳键的氢解

在催化氢化下，硫醇、硫酚、硫醚、二硫化物、亚砜、砜、磺酸等含硫化合物均可脱去硫原子。该类反应经常用作羰基的保护。

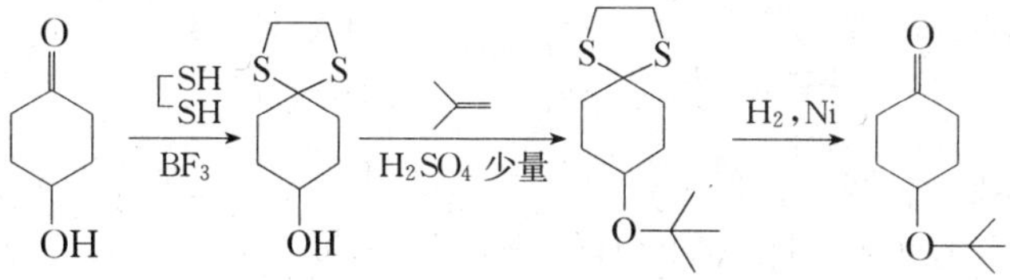

③ 脱卤

脱卤氢解可以通过催化氢化与化学还原剂法完成。

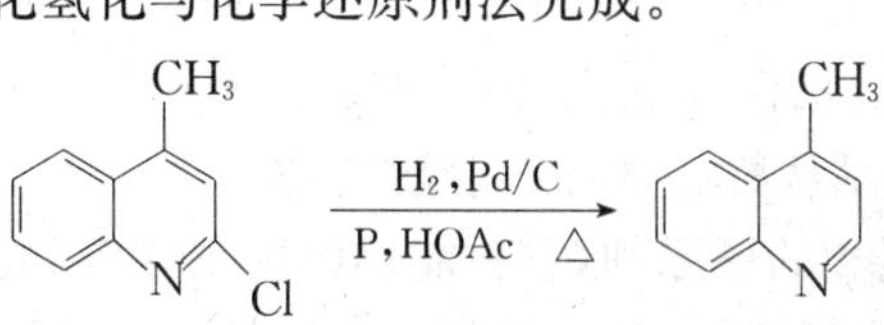

（3）化学还原法

化学还原法根据所用的还原剂又可以分为：金属还原剂，如 Na，Zn，Mg；负氢离子还原剂，如 LiAlH₄，Na(K)BH₄ 及硫化物还原剂 Na₂Sₓ 等。下面对此进行一一介绍。

① 金属还原剂

常用的活泼金属还原剂有 K、Na、Ca、Mg、Zn、Sn、Fe 等活泼金属。还原法可以被看成是"内部"的电化学还原，即通过金属（或低价金属离子）到有机物的电子转移完成的，所以活泼金属试剂又称为电子转移还原剂。

金属镁是一种重要的还原剂,能参与许多还原反应,最重要的是镁汞齐还原双分子醛酮生成频那醇,如丙酮在镁汞齐还原时生成频那醇,产率为 43%~50%。

$$2 \longrightarrow=O \xrightarrow{Mg} \xrightarrow{H^+} \underset{OH \quad OH}{\bigvee}$$

金属钠在醇、惰性有机溶剂(甲苯、二甲苯)及液氨中均为强还原剂,可应用于醛、酮、羧酸、酯、酰胺、腈的还原。在使用时为增加钠的接触面,常用压钠机将其压成钠丝,或在甲苯中加热振荡制成细粒;有时为了避免反应过于剧烈,将其制成钠汞齐再使用。如己二酸二乙酯在钠的乙醇溶液中被还原生成己二醇和乙醇。

$$\underset{COOEt}{\overset{COOEt}{\bigcirc}} \xrightarrow[\triangle]{Na, EtOH} \underset{OH}{\overset{OH}{\diagdown}}$$

当酯在没有质子供体存在时,如采用 Na/二甲苯、Na/NH₃(l)作为还原剂时,则发生双分子还原生成 α-羟基酮。酯分子内的双分子还原提供了合成中环、大环的良好方法,而且可以进一步合成理论上预言存在的链环烷。如己二酸二乙酯在 Na/二甲苯还原下生产 α-羟基酮。

$$\begin{array}{c}(CH_2)_4-COOEt \\ | \\ (CH_2)_4-COOEt\end{array} \xrightarrow[\text{二甲苯}]{Na} \xrightarrow{H^+} \underset{O}{\overset{OH}{\bigcirc}}$$

Na/NH₃(l)在有机合成中很有价值的反应是炔烃的还原,在反应中优先生成反式烯烃。值得注意的是,由于末端炔烃易于形成金属炔化物,使炔碳上带有负电荷,故此炔键不能进一步还原。

$$Et-C\equiv C-Et \xrightarrow{Na, NH_3(l)} \underset{H \quad Et}{\overset{Et \quad H}{\diagup\diagdown}}$$

② 负氢离子还原剂

该类试剂中应用最广泛的是氢化铝锂及硼氢化钠,它们是一类重要的负氢转移试剂,可使极性重键还原,但一般不与孤立的碳碳双键反应。LiAlH₄ 是应用十分广泛的广谱还原剂,其还原范围及难易程度见表 2-3。

LiAlH₄ 遇水、醇、酸等含活泼氢的化合物即发生分解,因而进行还原反应时需在无水、无醇条件进行;同时因为其活泼性很强,故选择性较差。

NaBH₄ 是比 LiAlH₄ 温和的还原剂,它只能还原羰基化合物为醇,且不影响碳碳双键与硝基。NaBH₄ 在常温下与水反应较慢,与醇反应更慢。因此,采用 NaBH₄ 作还原剂时,可使反应在醇中进行。另外,NaBH₄ 的活性比 LiAlH₄ 低,而选择性比 LiAlH₄ 高,并且价格较低。

$$\underset{}{\overset{O}{\underset{}{\bigcirc}-C-\bigcirc}} \xrightarrow[H_2O]{NaBH_4} \bigcirc-CHOH-\bigcirc$$

$$\bigcirc-N=CH-\bigcirc\!\!\!\!\!\text{N} \xrightarrow[EtOH]{NaBH_4} \bigcirc-NHCH_2-\bigcirc\!\!\!\!\!\text{N}$$

表 2-3 LiAlH₄ 的还原范围及活性

反应物	产物	备注
RCHO	RCH₂OH	易
RCOR	RCHOHR	
RCOCl	RCH₂OH	
内酯	二醇	
RCH—CHR（O）	RCH₂CHOHR	
RCOOR′	RCH₂OH+R′OH	
RCOOH	RCH₂OH	
RCOO—	RCH₂OH	
RCONR′₂	RCH₂NR′₂	
RCN	RCH₂NH₂	
RNO₂	RNH₂	
ArNO₂	ArN=NAr	难
RCH=CHR		不反应

③ 硫化碱还原剂

含硫无机化合物多为相当缓和的还原剂,包括硫化物(含硫氢化物、多硫化物),常用的为 Na_2S、Na_2S_2、Na_2S_x 及 NaHS;多用于芳香硝基化合物的还原。当反应中存在多个硝基时,可选择性地进行部分还原。应用这类还原剂时,硫化物提供电子,水(或醇)为质子供给剂。

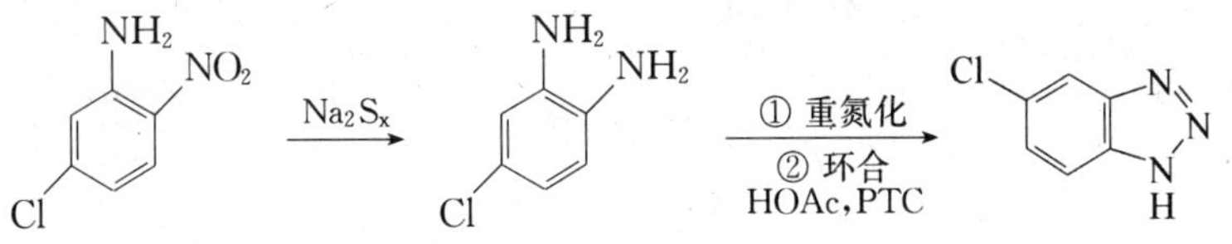

四、氧化还原反应

有些底物在反应过程中本身既被氧化又被还原,像 Cannizzaro 反应就属于这种类型。芳醛或没有 α-H 的脂肪醛用浓的氢氧化钠或其他强碱处理时,发生 Cannizzaro 反应;在反应中一分子醛将另一分子醛氧化为羧酸而自身则被还原为一级醇。

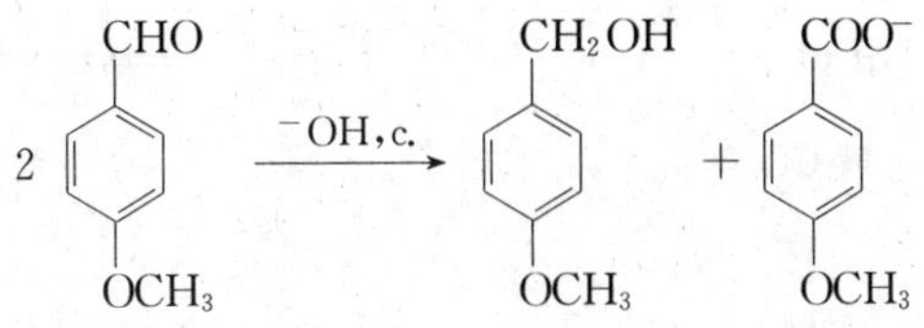

在甲醛存在下,与其他不含 α-H 的醛在浓的强碱溶液作用下,甲醛将其他醛还原为醇而自身被氧化为甲酸;像这类作为氧化剂的醛和还原剂的醛不同时被称为交叉 Cannizzaro 反应。

四、氧化-还原反应的综合应用

1. 依托必利(Itopride)的制备

盐酸依托必利是一种新型的胃肠动力药,由日本北陆制药株式会社研制。依托必利是通过拮抗 D2 受体和抗胆碱酶的方式发挥药效,与现有的促胃肠动力药作用方式不同,可望替代不良反应较强的西沙必利。其合成分别以对羟基苯甲醛、3,4-二甲氧基苯甲醛为原料,经六步反应合成了伊托必利。其合成过程涉及氧化还原过程。

以 3,4-二甲氧基苯甲醛为原料,经过醛基氧化、羧羟基的氯代制备得到化合物 3,4-二甲氧基苯甲酰氯(A);以对羟基苯甲醛为原料经过亲核取代、亲核加成、催化加氢还原制备得到苄胺类化合物(B);化合物 A 与 B 经过酰氯的氨解反应即制备得到依托必利。[39]

2. 取代咔唑的制备

咔唑是一种含氮的杂环化合物,是许多精细化学品的中间体,可用于制作塑料、农药、杀虫剂、医药以及新型聚合物材料等。在咔唑分子特定位置引入各种取代基团或官能团对其进行化学修饰,可以获得多类结构新颖的咔唑衍生物,目前已有多个被当作药物或药物中间体被加以开发,例如许多的咔唑衍生物显示出良好抗肿瘤活性和抗惊厥活性,6-甲氧基咔唑类衍生物就属于该类型化合物。

其合成过程如下:以对甲氧基苯胺为原料,先经过重氮化、二氯亚锡催化还原生成对甲氧基苯肼盐酸盐,再碱化变成对甲氧基苯肼;然后对甲氧基苯肼与环己酮缩合成腙,后者在酸性条件下环化生成四氢咔唑,再经催化脱氢制得6-甲氧基咔唑。得益于催化脱氢方法的发展,该法已经成为一条操作简便、条件温和、成本低廉、产率高的咔唑合成路线,具有较高的工业化生产价值。[40]

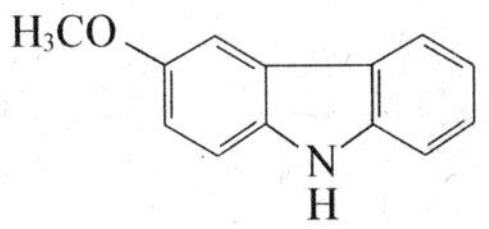

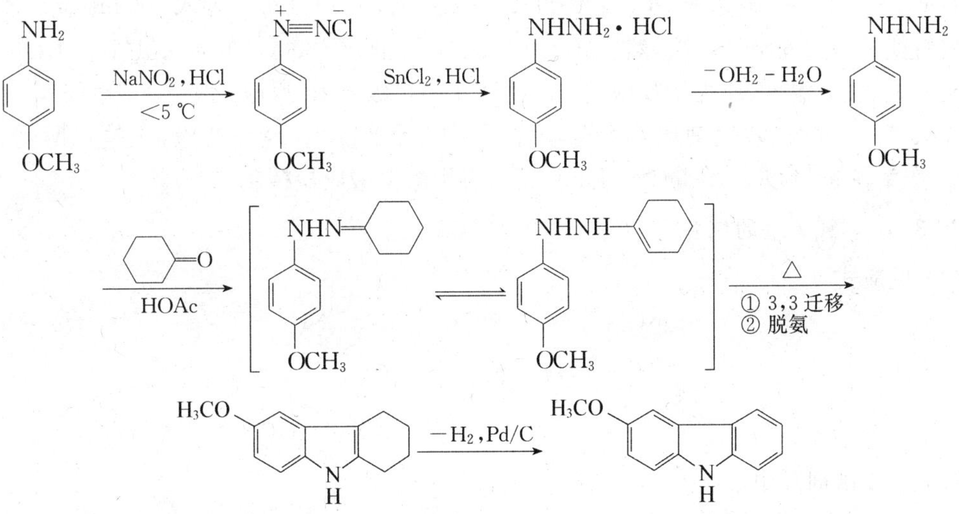

六、小试工艺的示范

1. 3,4-二甲氧基苯甲酸的制备[41-43]

(1)反应式

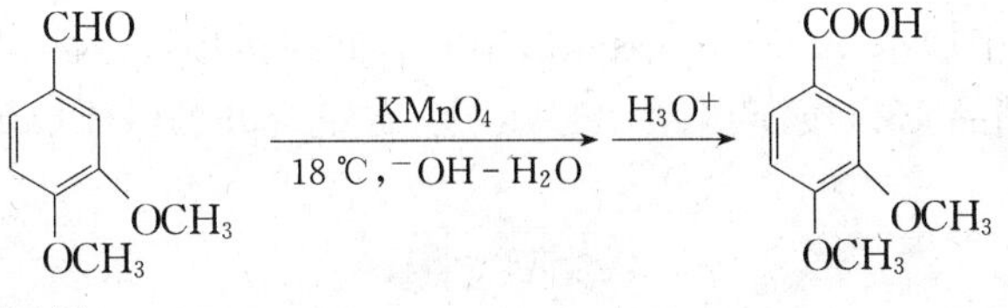

(2)主要试剂及用量

3,4-二甲氧基苯甲醛(藜芦醛;甲基香兰素)16 g;NaOH 6 g;KMnO$_4$ 11 g;水 200 mL。

(3)实验步骤

在装有搅拌器、温度计和回流冷凝管的 500 mL 四颈瓶中,加入 16 g 3,4-二甲氧基苯甲醛,200 mL H$_2$O,6 g NaOH,在搅拌下分次加入 11 g KMnO$_4$,维持温度在 18 ℃ 左右,加完后在该温度下搅拌 2 h。直至紫色褪去，如还有紫色，加入甲醇以褪去，反应完毕，用 20 mL 浓盐酸酸化至 pH 为 2~3，加热至 70~80 ℃，冷却，过滤，干燥得成品 17 g，产率 95% 以上，m. p. 181~182 ℃，含量 ≥99%（HPLC）。

2. 3,5-二氨基苯甲酸的制备[44-45]

（1）反应式

（2）主要试剂及用量

63.6 g 3,5-二硝基苯甲酸，催化剂：Pd/C（5%）1.3 g，EtOH 300 mL。

（3）实验步骤

将 63.6 g 3,5-二硝基苯甲酸，300 mL EtOH 及 1.3 g 5% Pd/C 加入 500 mL 高压釜，通入氮气置换反应釜的空气三次，然后通入 10 L 氢气，加热至 80 ℃，再通入氢气 10 L，压力在 15 atm 左右，在此温度、压力下反应约 3 h，待体系不再吸氢后，反应完毕，冷却后放掉多余的氢气至大气压，过滤，催化剂用热乙醇洗涤后回收反复使用，合并滤液，蒸掉乙醇得粗品 43.4 g，产率在 95% 以上，含量 96%（HPLC），再用浓盐酸成盐精制。

3. 3,5-二氯苯胺的制备[46]

（1）反应式

（2）主要试剂及用量

3,5-二氯硝基苯 19.2 g，活性炭 5 g，$FeCl_3 \cdot 6H_2O$ 1 g，80% 水合肼 15.5 g，甲醇 50 mL。

（3）实验步骤

在装有搅拌器、温度计和回流冷凝管的 250 mL 四颈瓶中，加入 19.2 g 3,5-二氯硝基苯，5 g 活性炭，1 g $FeCl_3 \cdot 6H_2O$，50 mL 甲醇，加热回流 15 min，然后在 30 min 内滴加完 15.5 g 80% 水合肼，加完回流反应 3 h。用 TLC 跟踪至原料点消失（约 5 h），反应完成趁热滤去活性炭。在母液中加水 50 mL，旋蒸除去甲醇有固体析出，冷却，过滤得白色粗品 15 g，用乙醇-水重结晶得精品 13.5 g，产率在 83% 以上，含量 >99%（HPLC）。

参考文献

[1] 邢其毅. 有机化学. 第三版. 高等教育出版社，2005.

[2] Michael B. Smith，Jerry March. 李艳梅译. 高等有机化学——反应、机理与结构. 化学工业出版社，2009.

[3] 唐培堃，冯亚青. 精细有机合成化学与工艺学. 第二版. 化学工业出版社，2006.

［4］ CN 1850817 2006 - 10 - 25.

［5］ Rasik Lal Datta, Jagadish Chandra Bhoumik, Halogenation XX. The replacement of sulfonic acid groups by halogens. J. Am. Chem. Soc. , 1921, (43): 303 - 15.

［6］ W. W. Hartman and J. B. Dickey. , 2,6-Dibromo-4-nitrophenol, Org Synth. , 1935, (15): 6 - 7.

［7］ Abdol R. Hajipour, Bi Bi F. Mirjalili, Amin Zarei, Leila Khazdooz, A. E. Ruoho, A novel method for sulfonation of aromatic rings with silica sulfuric acid, Tetrahedron Lett. , 2004,45(35), 6607 - 6609.

［8］ CN 101696169 2009.

［9］ 姜双英,陆海燕. 邻氨基对叔丁基苯酚的合成. 化工时刊,2008,22(3):25 - 26.

［10］ 乌兰辉,杨慧,童元峰等. 在液-液两相溶剂中合成邻硝基酚类化合物. 合成化学,2011,19(1): 99 - 101.

［11］ CN 1709856(A) 2005 - 12 - 21.

［12］ WO 2011049222(A1) 2011 - 04 - 28.

［13］ Paola Astolfi, Maria Panagiotaki, Lucedio Greci, New Insights into the Reactivity of Nitrogen Dioxide with Substituted Phenols: A Solvent EffectEur. J. Org. Chem. , 2005, (14): 3052 - 3059.

［14］ CN 102584758(A) 2012 - 07 - 18.

［15］ Jun-ichi Nishida, Hironori Deno, Satoru Ichimura, etal, Preparation, physical properties and n-type FET characteristics of substituted diindenopyrazinediones and bis(dicyanomethylene) derivatives, J. Mater. Chem. , 2012, 22(10): 4483 - 4490.

［16］ 庞怀林,杨剑波,黄明智,尹笃林. 甲硫嘧磺隆原药的合成工艺研究. 精细化工中间体,2006,36(2): 26 - 28.

［17］ CN 1403434(A) 2003 - 03 - 19.

［18］ WO 9620151(A1) 1996 - 08 - 19.

［19］ CN 1962593 2007 - 05 - 16.

［20］ CN 101759570 2010 - 06 - 30.

［21］ Mitsutaka I. , Yasunori M. , Motonori T etal. A Probable Hydrogen-Bonded Meisenheimer Complex: An Unusually High SNAr Reactivity of Nitroaniline Derivatives with HydroxideIon in Aqueous MediaJ. Org. Chem. , 2011, 76(15): 6356 - 6361.

［22］ 贾建洪,盛卫坚,陈斌,高建荣. 5 -硝基水杨酸的合成新工艺研究. 浙江工业大学学报,2005,33(1): 96 - 99.

［23］ 周彦峰,高中良,邱继平,温自强. 3 -氯- 4 -[1,1,2 -三氟- 2 -(三氟甲氧基)乙氧基]苯胺的合成研究. 应用化工,2007,36(12):1249 - 1251.

［24］ 徐克勋. 精细有机化工原料及中间体手册[M]. 化学工业出版社,1998.

［25］ 莫卫民,许丹红,孙楠等. 对碘苯甲酸的合成. 精细化工中间体,2007,37(3):45 - 46.

［26］ 许丹红,孙楠,胡宝祥等. 碘代芳烃的合成研究. 浙江工业大学学报,2008,36(1):20 - 22.

［27］ 戴卫东. 对氯苯甲醛的合成方法. 当代化工,2003,32(2):76.

［28］ 傅定一. 2,4 -二氯苯甲醛的合成研究. 农药,2000,39(9):12 - 17.

［29］ Berichte der Deutschen Chemischen Gesellschaft [Abteilung] B: Abhandlungen, 70B, 916 - 25,1937.

［30］ ACS Symposium Series, 967(New Biocides Development), 2007: 152 - 159.

［31］ Bhuvaneswari, N. ; Venkatachalam, C. S. ; Balasubramanian, K. K. , Selective reduction of the carbon-bromine bond in bromo epoxides, Tetrahedron Lett, 1992, 33(11): 1499 - 1502.

［32］ Sherry A. Chavez, Alexander J. Martinko, Corinna Lau, etalDevelopment of β-Amino Alcohol Derivatives That Inhibit Toll-like Receptor 4 Mediated Inflammatory Response as Potential

Antiseptics，J. Med. Chem. ，2011，54(13)：4659－4669.

[33] Shipra Srivastava，Kalpana Bhandari，Girija Shankar etal，Synthesis Anorexigenic Activity And QSAR of Substituted Aryloxyproxypropanolamines，Med. Chem. Res. ，2004，13(8－9)：631－642.

[34] Beata K. Pchelka，Andre Loupy，Alain Petit，Improvement and simplification of synthesis of 3-aryloxy-1,2-epoxypropanes using solvent-free conditions and microwave irradiations. Relation with medium effects and reaction mechanism，Tetrahedron，2006，62(47)：10968－10979.

[35] Sengodagounder Muthusamy，Boopathy Gnanaprakasam，Imidazolium salts as phase transfer catalysts for the dialkylation and cycloalkylation of active methylene compounds，Tetrahedron Lett. ，2005，46(4)：635－638.

[36] George R. Newkome，Gregory R. Baker，Sadao Arai etal，Cascade molecules. Part 6. Synthesis and characterization of two-directional cascade molecules and formation of aqueousgels，J. Am. Chem. Soc. ，1990，11(23)：8458－8465.

[37] Fumihiro Ojima，Tetsuo Osa，Perkin-Markovnikov Type Reaction Initiated with Electrogenerated Superoxide Ion，Bull. Chem. Soc. Jpn，1989，62(10)：3187－3194.

[38] E. Abele，O. Dzenitis，K. Rubina，E. Lukevics，Synthesis of N- and S-Vinyl Derivatives of Heteroaromatic Compounds Using Phase-transfer Catalysis，Chem. Heter. Compd. ，2002，38(6)：682－685.

[39] 杜文双，潘莉，程卯生. 伊托必利的合成工艺研究，沈阳药科大学学报，2003，20(4)：260.

[40] Simeng Zhao，Bin Kuang，Wenwen Peng，etal，Chemical Progress In Cyclopeptide-containing Traditional Medicines Cited In Chinese Pharmacopoeia，Chin. J. Org. Chem. ，2012，32：1213－1225.

[41] Halina Wójtowicz，Monika Brza szcz，Krystian Kloc，Selective oxidation of aromatic aldehydes to arenecarboxylic acids using ebselen-tert-butyl hydroperoxide catalytic system，Tetrahedron，2011，57(48)：9743－9748.

[42] Santhivardhana Reddy Yetra，Anup Bhunia，Atanu Patra，etal，Enantioselective N-Heterocyclic Carbene-Catalyzed Annulations of 2-Bromoenals with 1,3-Dicarbonyl Compounds and Enamines via Chiral α,β-Unsaturated Acylazoliums，Adv. Synth. Cata. ，2013，355(6)：1098－1106.

[43] Ravikumar R. Gowda，Debashis Chakraboty，Ceric Ammonium Nitrata Catalyzed Oxidation of Aldehydes and Alcohols，Chin. J. Org. Chem. 2011，29(11)：2379－2384.

[44] D. Channe Gowda，B. Mahesh，Catalytic Transfer Hydrogenation of Aromatic Nitro Compounds by Employing Ammonium Formate and 5% Platinum on Carbon，Synth. Comm. ，2000，30(20)：3639－3644.

[45] Valerica Pandarus，Rosaria Ciriminna，François Béland and Mario Pagliaro，A New Class of Heterogeneous Platinum Catalysts for the Chemoselective Hydrogenation of Nitroarenes，Adv. Synth. Cata. ，2011，353(8)：1306－1316.

[46] Amit A. Vernekar，Sagar Patil，Chinmay Bhat and Santosh G. Tilve，Magnetically recoverable catalytic Co-Co2B nanocomposites for the chemoselective reduction of aromatic nitro compounds，RSC. Adv. ，2013，3(32)：13243－13250.

习 题

1. 完成下列合成反应，注意各取代反应次序。

(1)

(2)

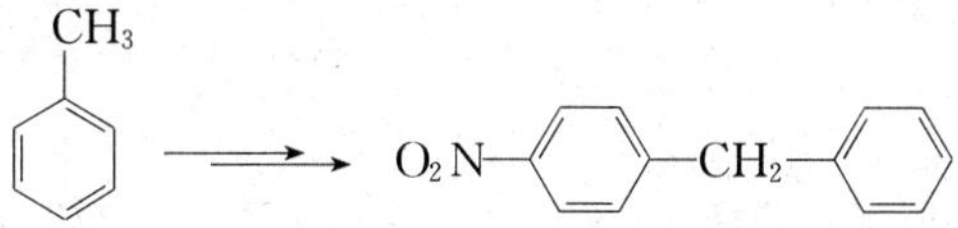

$$\underset{\text{CH}_3}{\bigcirc} \longrightarrow \text{O}_2\text{N}\text{—}\bigcirc\text{—}\text{CH}_2\text{—}\bigcirc$$

(3)

$$\underset{\text{CH}_3}{\bigcirc} \longrightarrow \overset{\text{CH}_3}{\underset{\text{NO}_2}{\bigcirc}}\text{SO}_3\text{H}$$

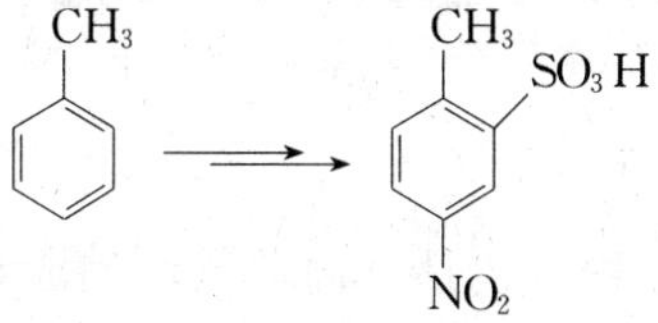

(4)

$$\underset{\text{CH}_3}{\bigcirc} \longrightarrow \overset{\text{CCl}_3}{\underset{\text{NO}_2}{\bigcirc}}$$

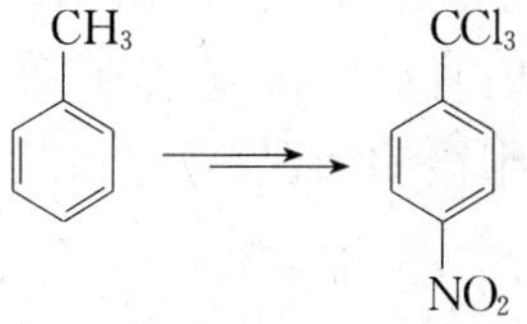

2. 利用芳环重氮盐方法制备下列芳香化合物。

(1)

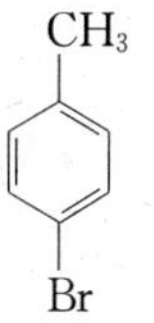

$$\underset{\text{Br}}{\overset{\text{CH}_3}{\bigcirc}}$$

(2)

$$\underset{\text{Br}}{\overset{\text{NO}_2}{\bigcirc}}$$

(3)

$$\underset{\text{Br}\quad\text{Br}}{\overset{\text{NH}_2}{\bigcirc}}$$

(4)

$$\underset{\text{Br}\quad\text{Br}}{\overset{\text{CH}_3}{\bigcirc}}$$

(5)

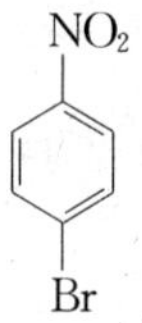

$$\underset{\text{NO}_2}{\overset{\text{NO}_2}{\bigcirc}}$$

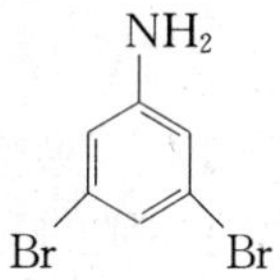

(6)

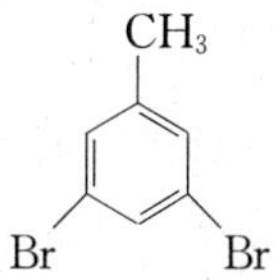

$$\underset{\text{Br}}{\overset{\text{COOH}}{\bigcirc}}$$

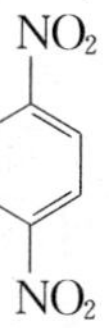

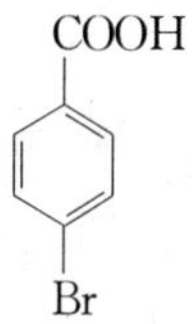

第三章　精细有机合成的合理路线选择与工艺例举

有机合成设计是指设计目标分子合成路线的思维历程。包括从简单的原始原料出发，通过键的形成、官能团的转换以及反应的选择性控制等步骤，合成出结构复杂的目标分子。在有机合成中，对同一目标化合物可以有多种合成路线，不同的合成路线，在合成效率上，有明显的差别，从多种方案中找到合理巧妙的合成路线，需要有丰富的知识、智慧和经验。

第一节　合成目标化合物的途径

有机合成的实质是利用有机反应规律，通过化学反应使有机物的碳链增长、缩短或在碳链上引入、转换各种官能团，以得到不同类型、不同性质的有机物。

一、碳链的增加与缩短

在有机合成时，碳骨架的构建是极其重要的一步，起始原料所含的碳骨架并不一定满足合成产品中碳骨架的要求。一般情况下需要增长碳链、增加支链或缩短碳链。在合成时一定要考虑如何形成新的碳骨架，以满足合成产品的结构要求。有机化学中改变碳骨架的反应众多，适用场合不一，掌握各反应的适用范围，对完成有机合成有重要意义。

1. 碳链的增加

(1) 增加一个碳原子的反应，可以利用卤代烃与氰化钠的取代反应或醛、酮与氰化氢的亲核加成反应。

$$RCH_2Cl \xrightarrow[PTC]{\overset{+}{N}a\overset{-}{C}N, H_2O} RCH_2CN$$

在使用 HCN 加成的反应中，由于 HCN 是剧毒挥发性酸，可使用亚硫酸氢钠和氰化钠替代以保证安全。

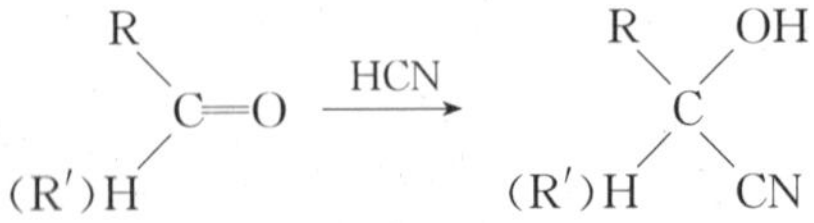

$$\underset{(R')H}{\overset{R}{{}}}C{=}O \xrightarrow{HCN} \underset{(R')H}{\overset{R}{{}}}C\overset{OH}{\underset{CN}{{}}}$$

(2) 增加两个以上碳原子，可以利用的反应很多，例如：
用炔负离子作为亲核试剂，同醛酮加成，得到炔醇类化合物。

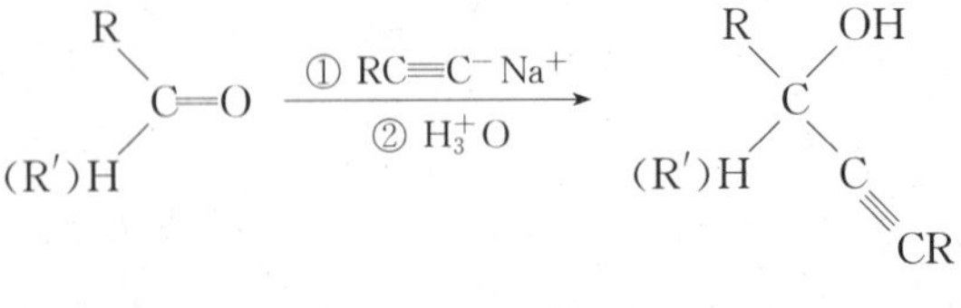

$$\underset{(R')H}{\overset{R}{{}}}C{=}O \xrightarrow[\text{② } H_3^+O]{\text{① } RC{\equiv}C^-Na^+} \underset{(R')H}{\overset{R}{{}}}C\overset{OH}{\underset{\underset{CR}{\overset{\|}{C}}}{{}}}$$

Grignard 试剂与醛酮、CO_2 反应，用该反应分别制备相应的仲醇、叔醇和多一个碳的羧酸。

$$RCHO \xrightarrow[\text{② } H_3^+O]{\text{① } R'MgBr,Et_2O} RCHOHR'$$

$$\begin{array}{c} R \\ | \\ C=O \\ | \\ R \end{array} \xrightarrow[\text{② } H_3^+O]{\text{① } R'MgBr,Et_2O} \begin{array}{c} R \\ | \\ R-C-OH \\ | \\ R' \end{array}$$

$$\xrightarrow[\text{② } H_3^+O]{\text{① } CO_2,Et_2O}$$

烯醇负离子的烃化反应：当一些不饱和基团与饱和碳原子相连时，由于共振作用和吸电子诱导效应的结果，常使饱和碳原子上所连的氢原子具有一定的酸性。在碱性条件下可以形成碳负离子作为亲核试剂发生反应，用以增长碳链。如乙酰乙酸乙酯（EAA）合成法及丙二酸二乙酯（EM）合成法都是此类反应。

$$CH_2(COOEt)_2 \xrightarrow[\text{② } RCH_2Cl]{\text{① } EtONa-EtOH} RCH_2-CH(COOEt)_2$$

aldol 缩合：具有 $\alpha-H$ 的醛，在碱催化下生成碳负离子，然后碳负离子作为亲核试剂对醛酮进行亲核加成，生成 β-羟基醛，β-羟基醛受热脱水成 α,β-不饱和醛。可以在分子中形成新的碳-碳键，并增长碳链。

$$2CH_3CHO \xrightarrow[\triangle]{-OH-H_2O} CH_3CH=CHCHO$$

Claisen-Schmidt 缩合：一个无 $\alpha-H$ 的醛与一个带有 $\alpha-H$ 的脂肪族醛或酮在稀氢氧化钠水溶液或醇溶液存在下发生缩合反应，失水后得到 α,β-不饱和醛或酮。

$$\text{C}_6\text{H}_5\text{—CHO} + CH_3COOEt \xrightarrow[\triangle]{EtONa-EtOH} \text{C}_6\text{H}_5\text{—CH}=CHCOOEt$$

2. 碳链的缩短

若有机原料物分子中的碳原子数大于目标物分子中的碳原子数，有机合成中就需要缩短碳链。如某些烃（如苯的同系物、烯烃）的氧化，酯、糖和蛋白质的水解反应，羧酸盐脱羧反应等。

卤仿反应：具有甲基酮结构或可氧化为甲基酮结构的化合物在碱性条件下发生 $\alpha-H$ 多卤代，并进一步发生 C—C 键断裂，脱去卤仿，得到少一个 C 的羧酸。该反应通常用于制备奇数 C 的羧酸或具有特殊结构的羧酸。

$$\xrightarrow[\text{② } H_3^+O]{\text{① } -OH-Cl_2-H_2O} \text{—COOH}$$

脱羧反应：β-羰基羧酸酯的酮式分解反应，脱去羧酸酯部分，经常用在 EAA 合成法后处理中，用于制备长链甲基酮。

$$CH_3COCHCOOEt \atop {\overset{|}{CH_2R}} \xrightarrow[\text{② } H_3^+O,\triangle]{\text{① } -OH-H_2O} CH_3COCH_2CH_2R$$

Hofmann 降解：酰胺与次氯酸钠或次溴酸钠的碱溶液作用，经重排后脱去羰基，用于制备少一个碳的伯胺。由于次卤酸盐溶液不稳定，实际操作中常用卤素的碱水溶液替代次卤酸使用。

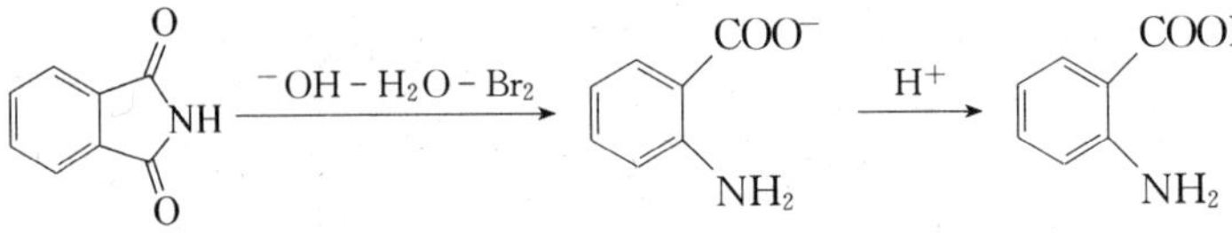

二、官能团的转换、引入和消除

在有机合成中还要考虑在特定的位置上引入所需的官能团，这就要求在碳骨架合成设计的同时考虑官能团的引入问题。

1. 官能团的转换

根据合成需要可进行有机物的官能团衍变，以使中间物向产物递进。可利用官能团的衍生关系进行衍变，如：羟基同羰基间经氧化还原的转变、卤代烃和醇的相互转化等。

$$R{-}CH_2OH \underset{[H]}{\overset{Cu,-H_2}{\rightleftharpoons}} RCHO$$

$$-CH_2Br \underset{Br^- - H_2SO_4}{\overset{^-OH-H_2O}{\rightleftharpoons}} -CH_2OH$$

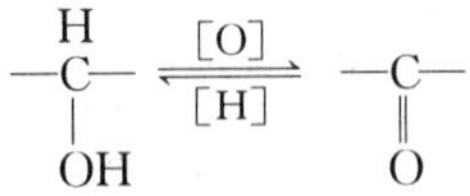

2. 官能团的引入

官能团的引入通常指由烃类化合物为起始原料得到新的官能团化合物。烃类与卤素的自由基取代反应、芳烃的亲电取代反应、不饱和烃与卤化氢或卤素的加成反应都可以得到卤代烃，不饱和烃的水解可以引入醇羟基，苯的同系物与酸性高锰酸钾溶液的氧化反应可以制备羧酸。

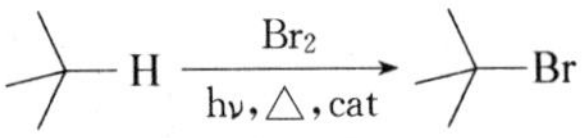

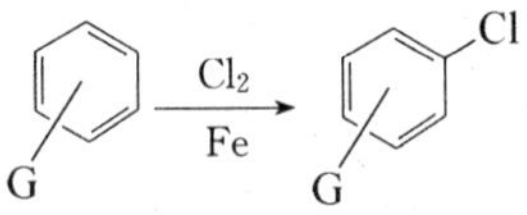

3. 官能团的消除

许多化合物在合成的最后需要把反应过程中引入的官能团除去。如在芳环上无法通过Friedel-Crafts烃基化直接引入直链形的烃基，而需先进行酰基化得到芳酮中间体，再除去羰基得到直链烃基。此外还可以通过加成反应消除不饱和键，通过重氮化反应除去芳环上的氨基。

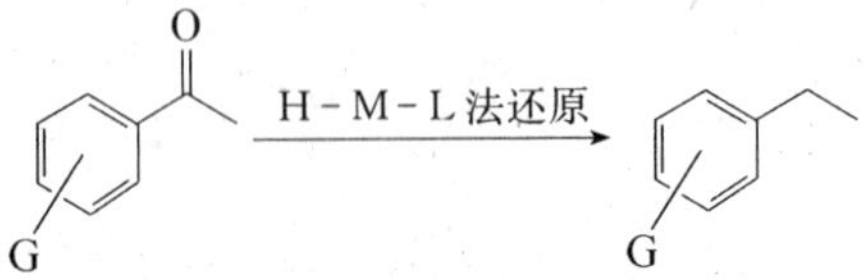

$$R'—C\equiv C—R \xrightarrow[\text{Pd-CaCO}_3-]{\text{H}_2} R' \diagdown R$$

$$\text{（苯胺）} \xrightarrow[\text{② H}_3\text{PO}_2]{\text{① NaNO}_2\text{，HCl，H}_2\text{O}} \text{（苯）}$$

三、环合反应

在精细有机合成中，经常会遇到各种各样的环状化合物，如芳环、杂环、饱和碳环、不饱和碳环等。通过成环与开环反应构建分子的碳环、杂环骨架是精细有机合成中的核心内容之一。

1. 碳环的生成

在六元碳环合成中 Diels-Alder 加成反应最为常见，由共轭二烯同亲二烯体发生环加成反应得到取代环己烯。共轭二烯和亲二烯体上带有取代基时对环加成反应都没有影响。且 D-A 反应具有很好的立体专一性，为顺式加成反应。

$$\diagup\hspace{-0.5em}\diagup \; + \; \parallel^{\text{CHO}} \xrightarrow{\triangle} \text{（环己烯-CHO）}$$

$$\text{（环戊二烯）} \; + \; \parallel^{\text{COOH}}_{\text{COOH}} \xrightarrow{\triangle} \text{（双环-COOH, COOH）}$$

丙二酸酯可与二卤代烷反应，合成脂环族羧酸。该反应是活性亚甲基碳负离子作为亲核试剂同二卤代烃发生亲核取代反应形成环状结构，尤其适用于三元环至七元环的小环羧酸的合成。

$$(\text{CH}_2)_n\genfrac{}{}{0pt}{}{\text{Cl}}{\text{Cl}} + \text{CH}_2(\text{COOEt})_2 \xrightarrow[\substack{\text{② }^-\text{OH,H}_2\text{O} \\ \text{③ H}_3^+\text{O},\triangle}]{\text{① 2EtONa-EtOH}} (\text{CH}_2)_n \diagup\text{CH—COOH}$$

$$n:2,3,4,5,6$$

酮醇缩合反应(acyloin ester condensation)是利用二元羧酸酯在醚或甲苯溶液中与金属钠加热，经自由基历程发生分子内的还原偶联反应生成环状的 α-酮醇，也称 Bouvealt 反应。该反应适用于六元及以上大环结构的合成。

$$\text{（长链）}\genfrac{}{}{0pt}{}{\text{COOC}_2\text{H}_5}{\text{COOC}_2\text{H}_5} \xrightarrow[\text{Xylol}]{\text{Na} \quad \text{H}_2\text{O}} \text{（环酮-O, OH）}$$

2. 杂环的生成

杂环化合物在生命科学、有机化学，特别是医药、农药、精细化学品等方面非常重要。在有机合成中杂环化合物的合成也具有重要的地位[1]。很多带有取代基的杂环化合物如制得到杂环母体再进行取代基修饰,往往很难找到合适的原料或恰当的反应,因此很多杂环化合物都是由开链原料为起始,经过环合反应制备所需要的目标产物。

含氧杂环主要是环醚类化合物,通常可由二元醇分子内脱水反应制备,该反应可由多种催化剂催化进行,常用的包括浓硫酸、对甲苯磺酸、氢质子树脂、离子液体等。

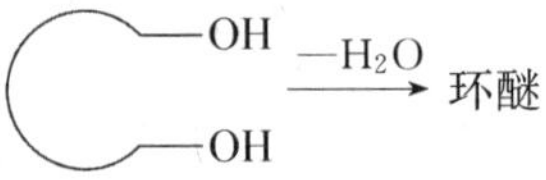

以邻苯二胺为原料,经重氮化反应得芳环重氮盐后,发生分子内成环反应可制得三氮唑类杂环化合物。

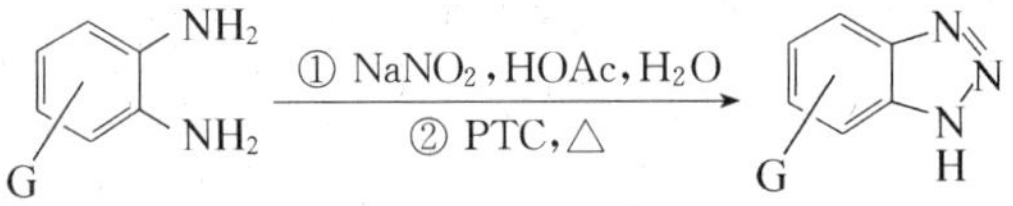

以邻苯二胺为原料,若同甲醛或甲酸反应则发生环合得到苯并咪唑。如需在咪唑的2-位上引入甲基取代基,可采用乙酸或乙腈进行反应,得到2-甲基苯并咪唑。

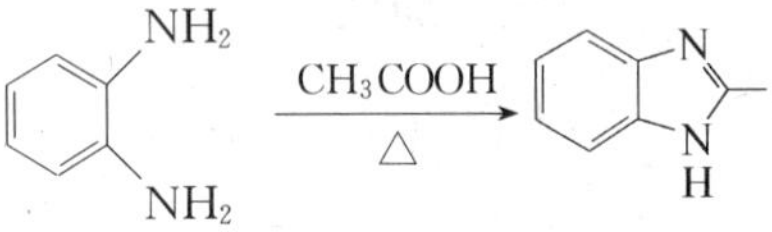

羟乙基苯在干燥氯化氢气体催化下可以与甲醛发生缩合,得到异色满。异色满是香豆素及植物颜料的基本结构,是合成香料及颜料的重要原料。

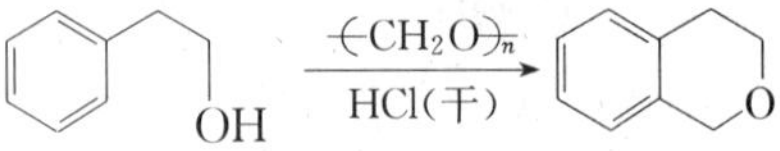

在农药茚虫威的结构中包含着一个重要的六元杂环,其中含有两个氮原子一个氧原子,其前体结构中含有 α-羟基腙的结构,在反应中用甲醛同羟基及亚胺基发生环合得到目标产物中的杂环结构。该反应中使用二缩甲醛替代多聚甲醛,可提高反应活性及产率。[2-3]

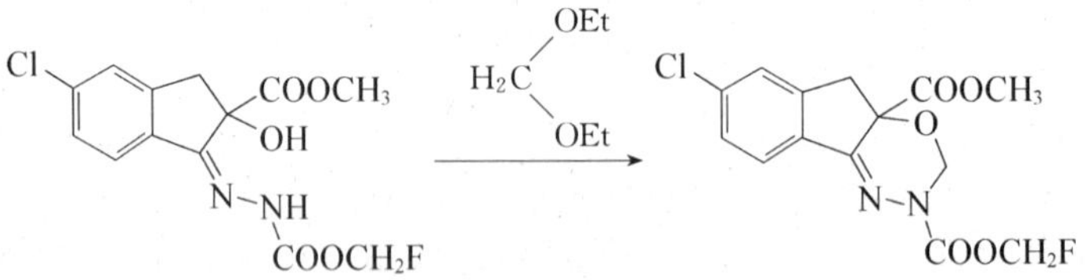

许多天然生物碱具有含氮的桥环化合物结构,此类化合物在合成中经常用到 Mannich 反应。如托品酮的合成中使用具有活性亚甲基的 3-酮-1,5-戊二酸酯、含活性氢的甲胺及丁二醛,在 pH 5~7 的条件下一步生成托品酮,产率 40%[4]。反应过程中三分子间共失去两分子水,完成两组 Mannich 反应。而以环庚酮为起始原料制备托品酮则需 14 步反应,总产率 0.75%。

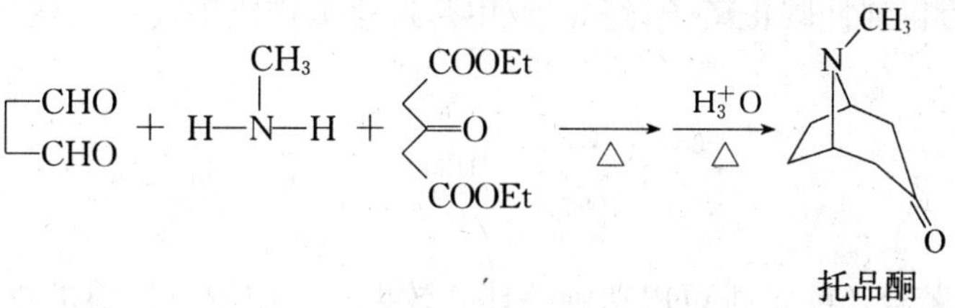

托品酮

3. 多环的合成

卡宾也称碳烯，有两个游离价电子。卡宾与烯烃很容易发生立体转移的顺式加成，是制备三元环的一个方法，尤其适用于制备用一般方法难以合成的环丙烷衍生物。[5-6]

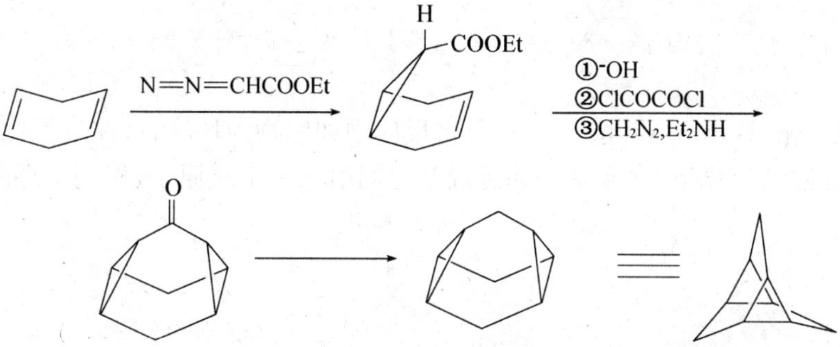

多元环asterane三个船式环己烷

四、环的扩大与缩小

有时在合成中需要改变原有环的大小，这就需要进行扩环或缩环反应。脂肪族或脂环族伯胺与亚硝酸作用发生 Dem'yanov 重排。当伯胺基脂环化合物生成碳正离子在环上时，重排后得缩环产物；若在脂环侧链的 α-位，则重排后得扩环产物。[7]

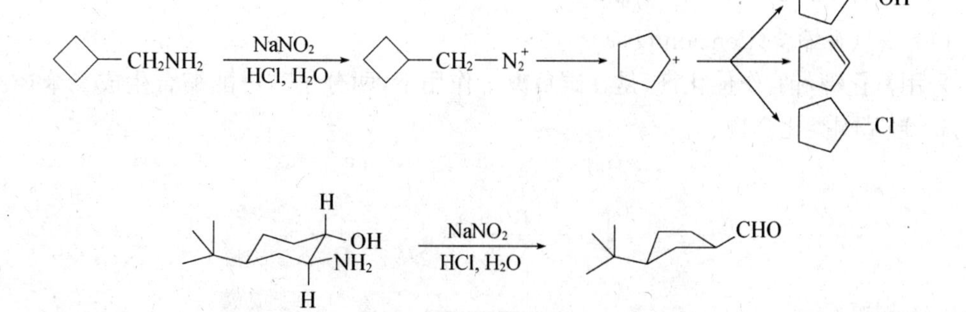

同样用其他涉及碳正离子重排的反应也可以进行环的扩大或缩小。如羟基在酸性条件

下形成盐,脱去后得到仲碳正离子,经 α-亚甲基迁移重排成更稳定的叔碳正离子,得到扩环产物。

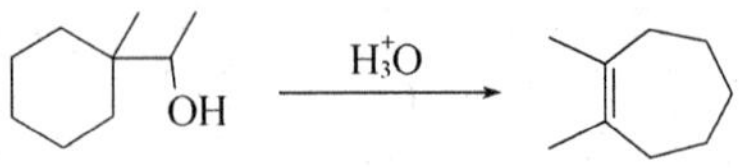

分子内的二苯羟乙酸重排可以达到缩环的效果。反应中氢氧根进攻联苯甲酰其中的一个羰基碳原子,然后芳基带电子迁移并对邻位羰基碳原子进行亲核加成(慢步骤),接着分子内酸碱中和即完成整个反应。

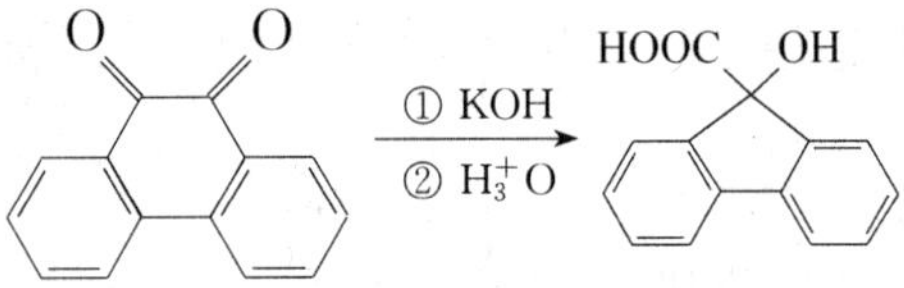

拜耳-维立格(Baeyer-Villiger)氧化重排反应中如底物为环酮,可在过氧化物(如过氧化氢、过氧化羧酸等)氧化下,在羰基和邻近烃基之间引入一个氧原子,得到扩环的内酯。

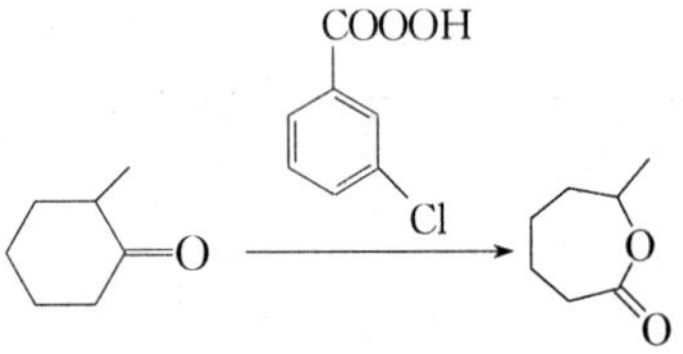

第二节 合成目的化合物思路

在精细有机合成中通常要以一定结构的化合物为合成目标,各种结构特点决定着不同的合成路线设计。因此,对一些特殊结构其合成均有一定规律可循。

一、双官能团化合物的合成思路

双官能团化合物通常按照官能团相互位置关系进行分类。不同类型的双官能团化合物均具有典型的合成思路。

1. 1,2-双官能团化合物的制备

(1) 安息香缩合(Benzion 反应)

采用氰化钾(钠)作催化剂,是在碳负离子作用下,两分子苯甲醛缩合生成二苯羟乙酮,得到 α-羟基酮类化合物。

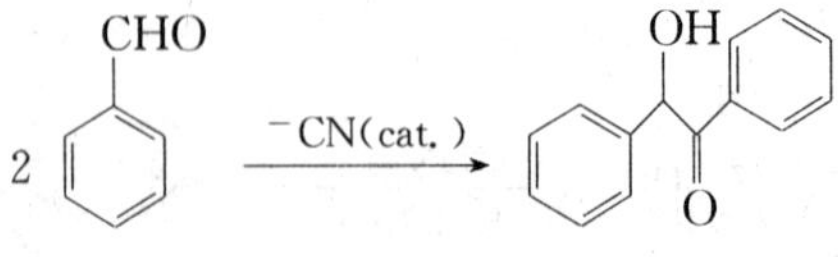

(2) 酮醇缩合

羧酸酯在醚或甲苯溶液中与金属钠加热,发生双分子的还原偶联反应生成 α-酮醇。

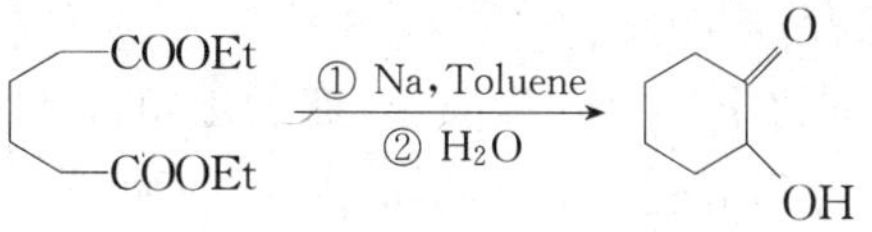

（3）Kolbe-Schmidt 反应

干燥的酚钠或酚钾与二氧化碳在加热（125～150 ℃）加压（100 atm）下生成羟基苯甲酸。该反应是向芳环上引入羧基的一种常用方法，常用的工业原料水杨酸（邻羟基苯甲酸）就是利用此法，通过苯酚盐与二氧化碳作用制得的。

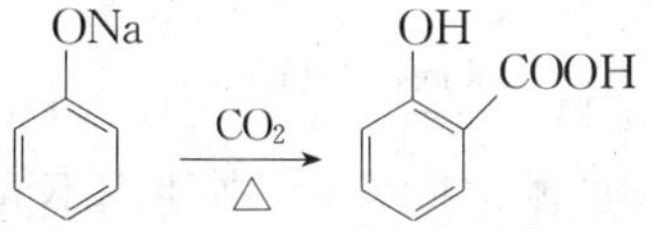

（4）酯的交叉缩合

草酸二乙酯同具有 α-H 的酯进行交叉酯缩合时，反应后草酸酯保留了两个羰基，形成 1,2-二羰基化合物。

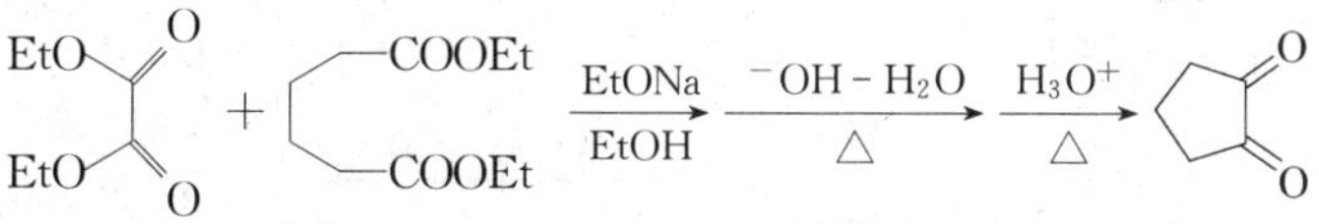

（5）α-羟基酸的制备

利用氰根同羰基化合物发生的亲核加成反应，得到 α-羟基氰，再水解得到 α-羟基酸。α-羟基酸可进一步转化成如 α-氨基酸、α, β-不饱和羧酸等重要化合物。

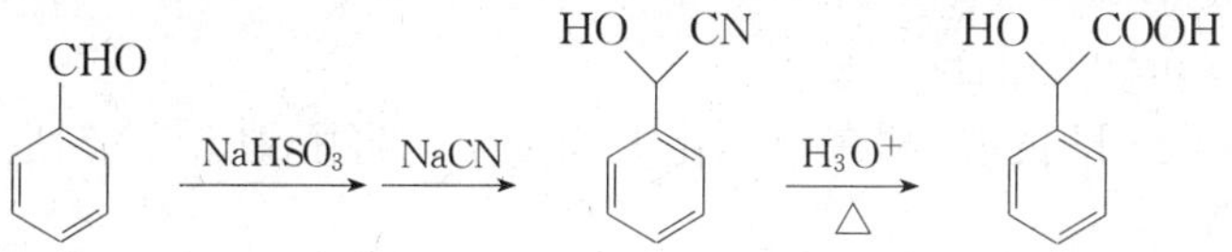

（6）Hell-Volhard-Zelinsky 反应

以三氯化磷为催化剂在羧基的 α-位上引入卤原子的反应，由单官能团化合物转化为双官能团化合物。α-卤代酸可进一步转化成 α-氨基酸、α-羟基酸、α, β-不饱和羧酸等

$$RCH_2COOH \xrightarrow[\triangle]{Br_2, PCl_3 (cat.)} RCHBrCOOH$$

（7）二苯羟乙酸重排

氢氧根进攻联苯甲酰其中的一个羰基碳原子，发生羰基加成，形成活性中间体，此时另一个羰基则是亲电中心，苯基带着一对电子进行转移到该羰基上，发生亲核加成，原先加成的羟基恢复，接着分子内酸碱中和即完成整个反应。

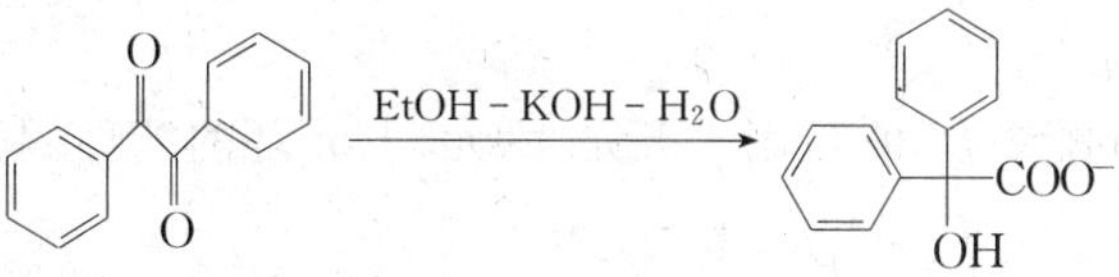

2. 1,3-双官能团化合物的制备

一些经典的人名反应可用于 1,3-双官能团化合物的制备。

（1）羟醛缩合（aldol 缩合）

具有 α-H 的醛，在碱催化下生成碳负离子，然后碳负离子作为亲核试剂对醛酮进行亲核加成，生成 β-羟基醛，β-羟基醛受热脱水成 α,β-不饱和醛。

$$2CH_3CHO \xrightarrow{^-OH(d.)} CH_3CHOHCH_2CHO$$

（2）Claisen 缩合

酯和具有活性亚甲基结构的羰基化合物在碱性条件下缩合，生成 β-羰基化合物的反应，称之为 Claisen 缩合反应，是制备 β-酮酸酯和 1,3-二酮的重要方法，也是增长碳链的一种有效手段。

$$2CH_3COOEt \xrightarrow{EtONa-EtOH} CH_3COCH_2COOEt$$

该反应可在相同的酯或不同的酯之间发生，在使用不同酯进行缩合时为减少副反应，利用一个含有 α-H 的酯和一个无 α-H 的酯进行缩合，可高产率地得到较纯净的产品。常用的无 α-H 的酯有：甲酸酯、草酸二乙酯、苯甲酸酯、碳酸酯等。

$$HCOOEt + CH_3COOEt \xrightarrow{EtONa-EtOH} OHCCH_2COOEt$$

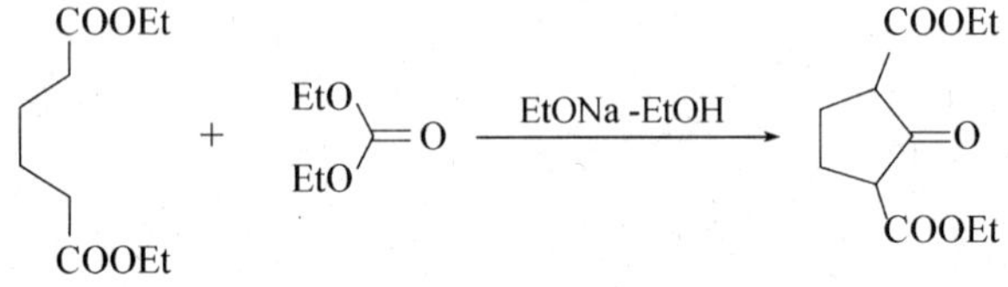

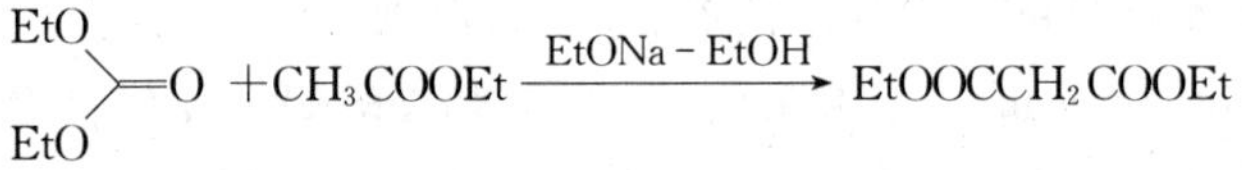

$$EtO{-}C(=O){-}OEt + CH_3COOEt \xrightarrow{EtONa-EtOH} EtOOCCH_2COOEt$$

（3）Claisen-Schmidt 缩合

芳香醛与含有 α-H 的醛、酮在碱催化下所发生的羟醛缩合反应，脱水得到 α,β-不饱和醛、酮，产率很高。

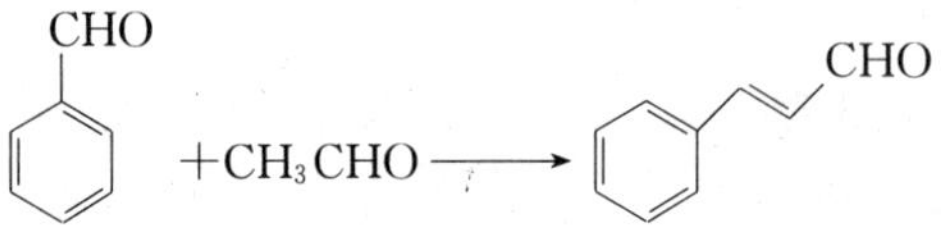

（4）Knoevenagel 反应

醛或酮在弱碱（胺、吡啶等）催化下，与具有活泼亚甲基的化合物缩合得到相应的 α,β-不饱和羰基化合物的反应称为 Knoevenagel 反应。

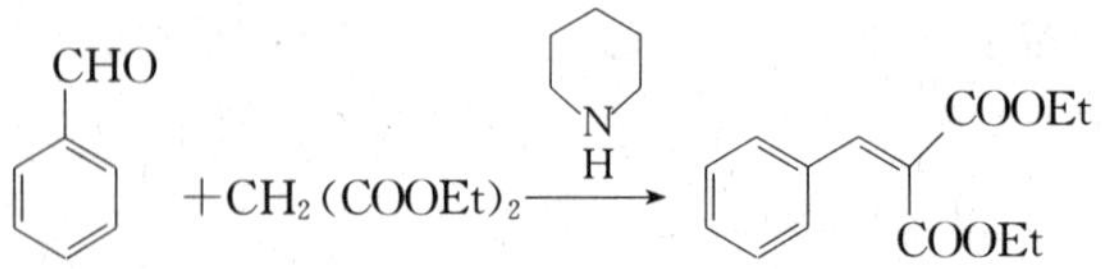

（5）Dieckmann 缩合

分子内的 Claisen 酯缩合，它可用于五元、六元、七元环的酯环酮类化合物的合成，产物为 β-酮酸酯。

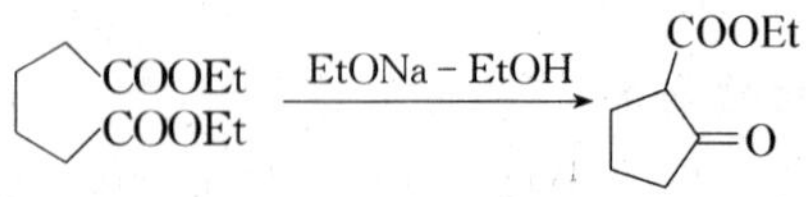

(6) Perkin 反应

由不含有 α-H 的芳香醛与含有活性亚甲基的酸酐在强碱弱酸盐的催化下发生缩合反应,并生成 α,β-不饱和羧酸盐,后者经酸性水解即可得到 α,β-不饱和羧酸。例如,肉桂酸的合成。

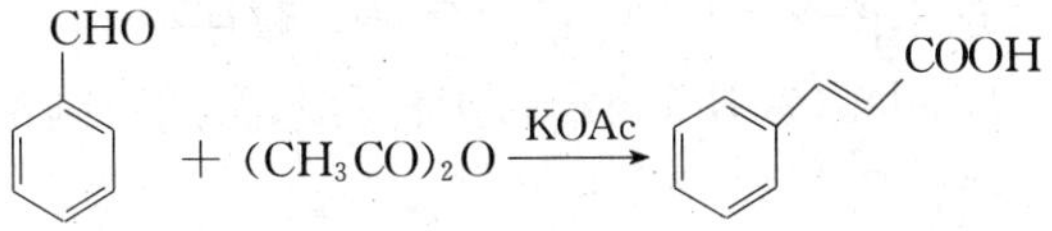

(7) Reformatsky 反应

醛或酮与 α-卤代酸酯和锌在惰性溶剂中发生反应,经水解后得到 β 羟基酸酯。该反应历程类似 Grignard 试剂,但如使用 Grignard 试剂,由于其活性较强,酯基也会发生反应。使用活性较弱的有机锌化合物,则可选择性地仅和酮羰基发生加成作用。

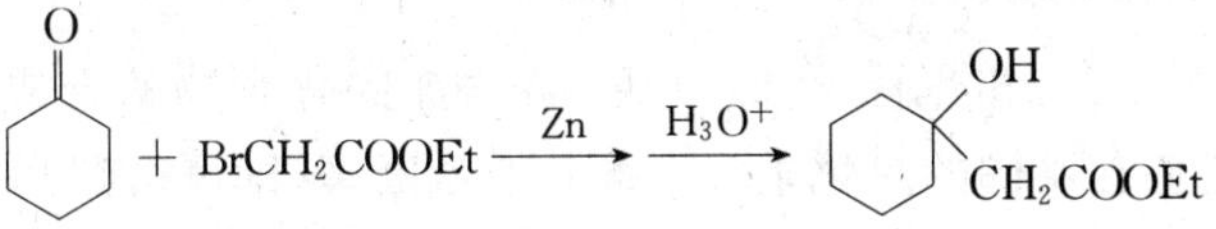

3. 1,4-双官能团化合物的制备

1,4-双官能团的合成主要由反应试剂的碳骨架结构决定。利用乙酰乙酸乙酯(EAA)和丙二酸二乙酯(EM)合成法,在活性亚甲基上引入两个碳原子长的碳链,可制备相应的 1,4-双官能团化合物。最常见的含有两个碳原子且可发生亲核取代反应的试剂有环氧乙烷、卤代乙酸酯等。

(1) EM 法

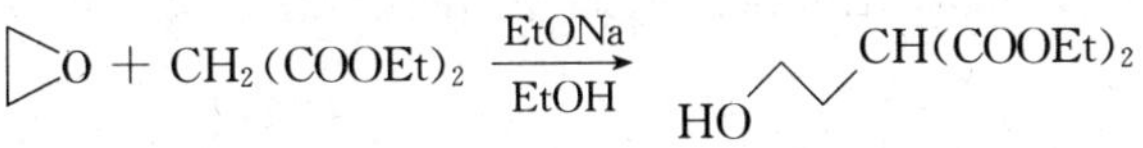

(2) EM 法

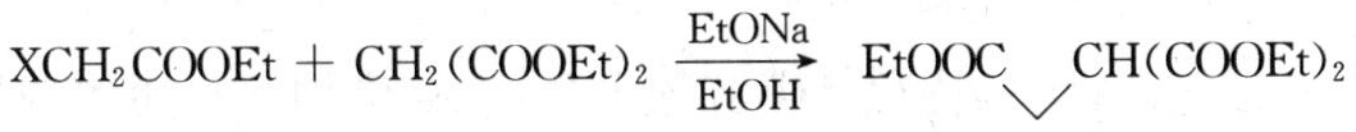

(3) EAA 法

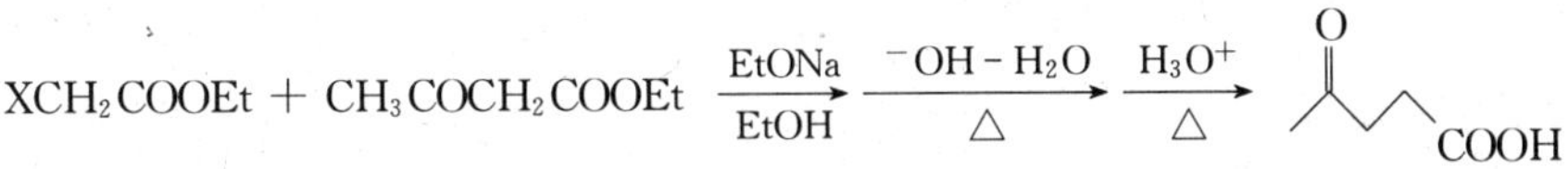

4. 1,5-双官能团化合物的制备

1,5-双官能团化合物的制备也可通过经典人名反应实现。

(1) Michael 缩合

有活泼亚甲基化合物形成的碳负离子,对 α,β-不饱和羰基化合物中 β-位进攻的亲核加成,反应具有专一的区域选择性,为 1,4-加成产物。是最有价值的有机合成反应之一,也是构筑碳-碳键的最常用方法之一。

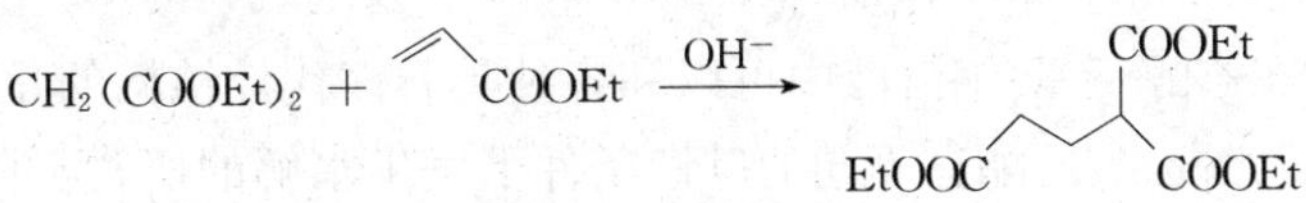

$$CH_3CHO + \quad \xrightarrow{OH^-} \quad OHC \quad$$

(2) Robinson 反应

含活泼亚甲基的环酮与 α,β-不饱和羰基化合物在碱存在下先进行 Micheal 加成反应再发生羟醛缩合反应的反应,也称为 Robinson 增环反应,常用于制备二并六元环体系,在甾族化合物的合成中具有重要作用。

$$\quad + \quad \xrightarrow{OH^-} \quad$$

5. 1,6-双官能团化合物的制备

同 1,4-双官能团化合物的制备类似,1,6-双官能团化合物的合成是由反应底物具体结构所决定的。环己烯在不同的氧化条件下氧化双键断裂,即可得到开链型的 1,6-双官能团化合物。

$$\quad \xrightarrow[H_2SO_4]{KMnO_4} \quad HOOC \quad COOH$$

$$\quad \xrightarrow[\text{② Zn-H}_2O]{\text{① O}_3} \quad OHC \quad CHO$$

环己酮经 Baeyer-Villiger 氧化可得到七元环的内酯,经水解即可得到 6-羟基羧酸。

$$\quad \xrightarrow{CF_3COOOH} \quad \xrightarrow[\text{② H}_3O^+]{\text{① }^-OH,EtOH} \quad COOH$$

当要合成一个目标化合物时,特别是碳链的组合,就会碰到双官能团的反应。知道了这些反应,在剖析目的化合物时就能应用自如,例如在剖析 1,3-二官能团马上想到 aldol 缩合、Claisen 缩合等,如 1,5-二官能团马上想到 Michael 缩合。正确剖析目标分子,就能更好地找到合理的合成路线。

二、β-酮酸酯在合成中的思路

在双官能团化合物 β-酮酸酯的分子中含有两个活化基团,亚甲基具有较高活性,烃基化反应可在较温和的条件下发生。合成中最重要的 β-酮酸酯类化合物是乙酰乙酸乙酯、丙二酸二乙酯,它们可在醇钠-醇溶液中很好地与烃基化试剂反应,生成单烃基化或双烃基化产物。

1. EAA 合成法

乙酰乙酸乙酯在乙醇-乙醇钠溶液中可以和各种具有卤代烃结构的化合物反应生成单烃基化产物。取代乙酰乙酸乙酯在不同的碱性条件下发生水解的产物不同,有酸式水解和酮式水解两种。从合成目标产物的角度考虑,乙酰乙酸乙酯合成法在后续处理中常采用稀碱水解经酸化加热脱羧生成甲基酮类化合物。

$$CH_3COCH_2COOEt \xrightarrow[\text{② RX}]{\text{① EtONa - EtOH}} \xrightarrow[\triangle]{-OH - H_2O} \xrightarrow[\triangle]{H_3^+O} CH_3COCH_2R$$

一取代乙酰乙酸乙酯可以继续烃基化,生成二取代乙酰乙酸乙酯。但要连接上两个基团,必须要分步进行,如两个基团不同,先上活性小的,后上去活性大的,先上去位阻大的,后上去位阻小的。由于烃基化反应是在强碱条件下进行的,以脂肪族卤代烃为烃基化试剂时必须使用伯卤代烃。

在反应中采用不同的卤化物作烃化试剂,可得到不同结构的产物,见表3-1。

表3-1 EAA 合成法制备得到的各种产物

RX	产物	
$CH_3(CH_2)_3Br$	$CH_3CO(CH_2)_4CH_3$	甲基酮
ΦCH_2X	$CH_3COCH_2CH_2\Phi$	
XCH_2COCH_3	$CH_3COCH_2CH_2COCH_3$	二酮
CH_3COCl	$CH_3COCH_2COCH_3$	
$ClCH_2COOEt$	$CH_3COCH_2CH_2COOH$	酮酸

2. 丙二酸二乙酯法(EM 法)

该反应常用乙醇-乙醇钠作为碱性条件,在丙二酸二乙酯的亚甲基上进行一取代或二取代,得到的取代丙二酸酯经水解、脱羧后得到一取代或二取代乙酸。

$$CH_2(COOEt)_2 \xrightarrow[\text{② RX}]{\text{① EtONa - EtOH}} \xrightarrow[\triangle]{-OH - H_2O} \xrightarrow[\triangle]{H_3^+O} RCH_2COOH$$

不同于乙酰乙酸乙酯合成法的是,丙二酸二乙酯合成法如需进行二取代反应,可同时接上两个相同基团。

$$CH_2(COOEt)_2 \xrightarrow[\text{② 2CH_3I}]{\text{① 2EtONa - EtOH}} \xrightarrow[\triangle]{-OH - H_2O} \xrightarrow[\triangle]{H_3^+O} (CH_3)_2CHCOOH$$

反应中采用不同的卤化物,可得到不同结构的产物。当使用二卤代烃时不同的投料比也会得到不同的产物。其中丙二酸二乙酯同 α,ω-二卤代烃 $1:1$ 反应时,二卤代烃的碳链长度小于六时,可得到具有环状结构的环烷基酸,见表3-2。

表3-2 EM 合成法制备得到的各种产物

RX	产物	
CH_3CH_2Cl	$CH_3CH_2CH_2COOH$	一元酸
$Cl(CH_2)_nCl \quad 1:2$	$HOOCCH_2(CH_2)_nCH_2COOH$	二元酸
$Cl(CH_2)_nCl \; n=2\sim6 \quad 1:1$	$(CH_2)_nCHCOOH$	环烷基酸
$ClCH_2COOEt$	$HOOCCH_2CH_2COOH$	二元酸
$ClCH_2COCH_3$	$CH_3COCH_2CH_2COOH$	酮酸

一般而言,乙酰乙酸乙酯合成法用于合成甲基酮,丙二酸二乙酯合成法用来合成取代乙

酸,特别是环烷基酸。

3. 其他类 β-酮酸酯的合成法

具有活性亚甲基结构化合物的烃基化反应是一类重要的形成碳-碳键的合成反应,除前面例举的乙酰乙酸乙酯、丙二酸二乙酯外,其他具有类似双官能团的化合物,也可以进行类似的合成,如 1,3-二酮类化合物、二氰基化合物等都可以作为 EAA、EM 法的补充。

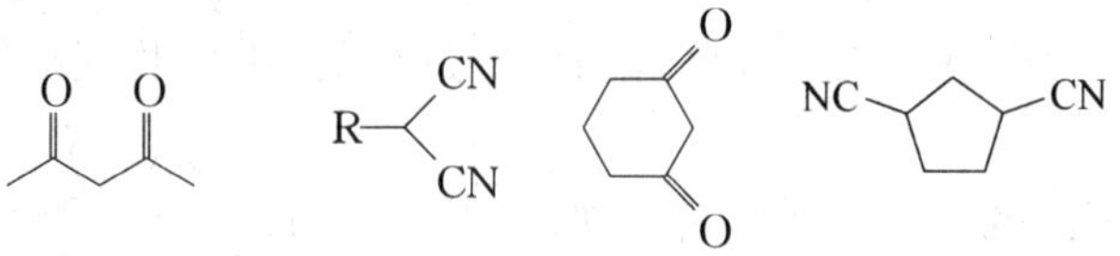

三、环状化合物的合成思路

1. 合成内酯

(1) 不饱和羧酸成内酯

在酸催化下,在双键上先经亲电加成得到中间体碳正离子,然后羧基进攻碳正离子,即可得到环状内酯。

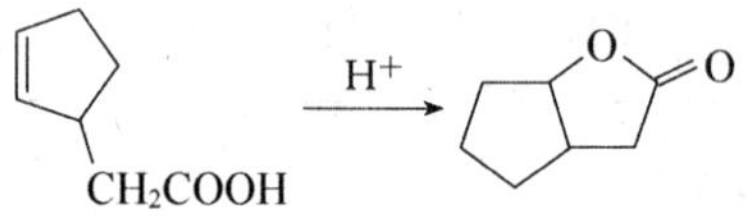

(2) 卤代羧酸成内酯

在碱性条件下,羧基转化为亲核性更强的羧酸根负离子,向卤原子所在碳发生亲核取代反应,得到内酯型化合物。

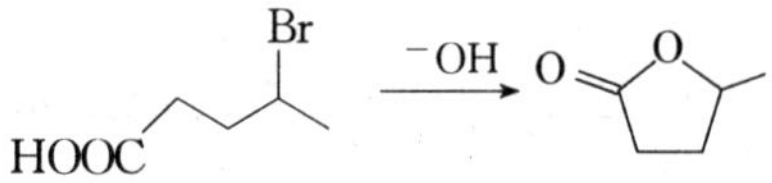

(3) 羟基羧酸成内酯

在酸性条件下,羟基形成易离去的锌盐,在羧基进攻下脱水,得到目标产物内酯。

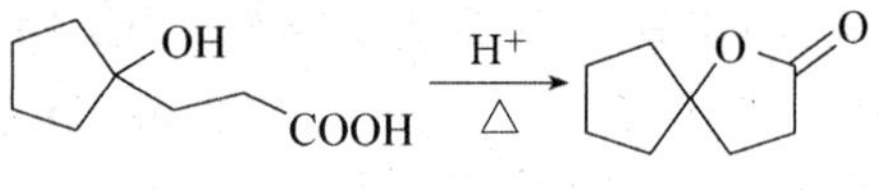

(4) 羰基羧酸成内酯

羰基酸可在催化氢化的条件下转化成羟基酸,再进一步反应得到内酯型目标产物。

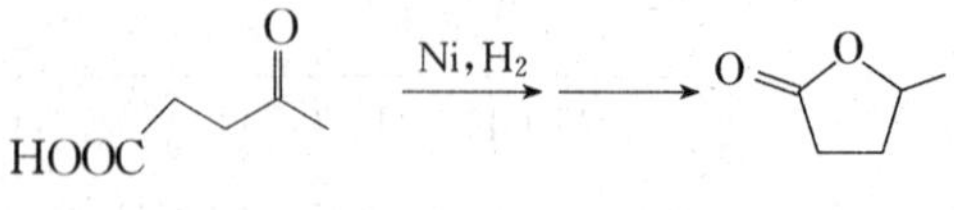

2. 合成六元碳环化合物

(1) Diels-Alder

采用共轭二烯及亲二烯体的环加成反应,可以得到各种取代环己烯结构。

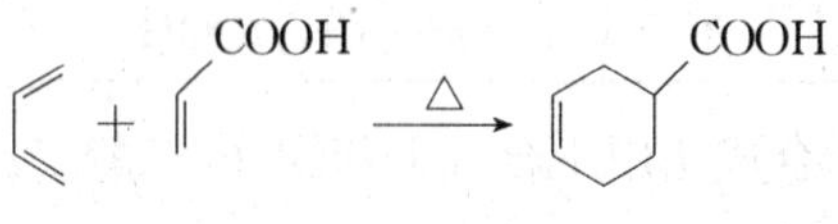

（2）Dieckmann 缩合反应

当使用庚二酸酯在碱性条件下发生分子内的酯缩合反应时，可以得到含六元环结构的 β-酮酸酯。

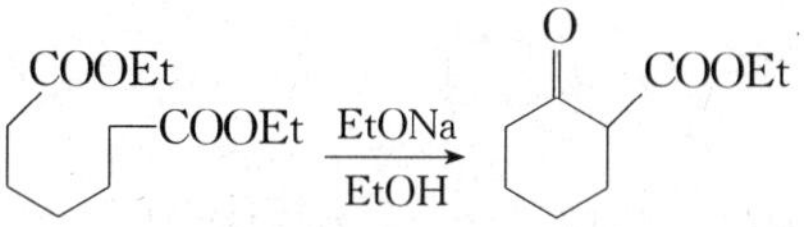

（3）醇酮缩合反应

如在甲苯溶剂中用金属钠作用，通过分子内醇酮缩合制备六元环结构，使用的二元羧酸酯应为己二酸酯，缩合后得到 2-羟基环己酮。

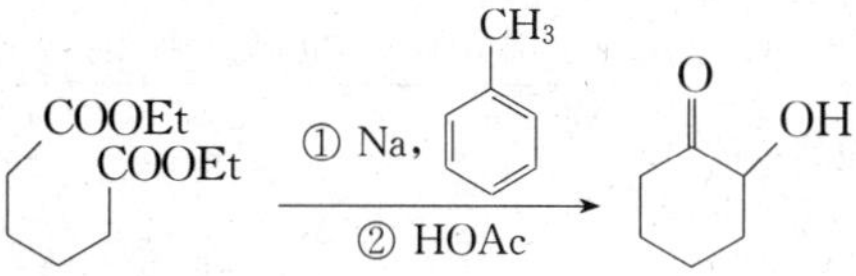

（4）丙二酸酯法合成六元环化合物

要通过 EM 合成法制备环己基羧酸，反应中使用的二卤代烃需为 1,5-二卤戊烷，在碱性条件下，在丙二酸二乙酯的活性亚甲基上发生二烃基化反应，形成六元环。

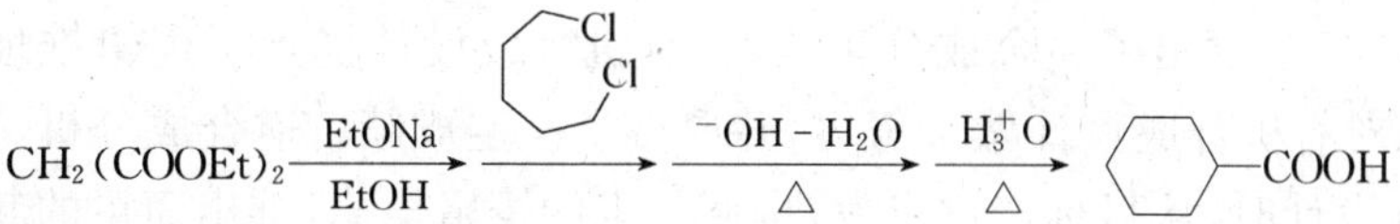

（5）由几个缩合反应合成碳环化合物

多个人名反应的联合应用可从简单开链小分子化合物制得含六元碳环的多官能团化合物。如 1,3-环己酮的制备就可以通过 Michael 加成、Claisen 缩合或 aldol 缩合的联合使用来完成。

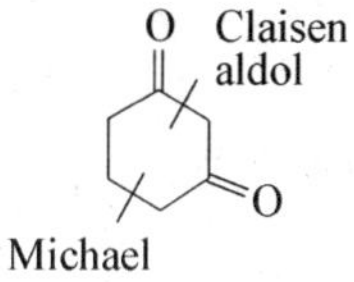

合成路线如下：

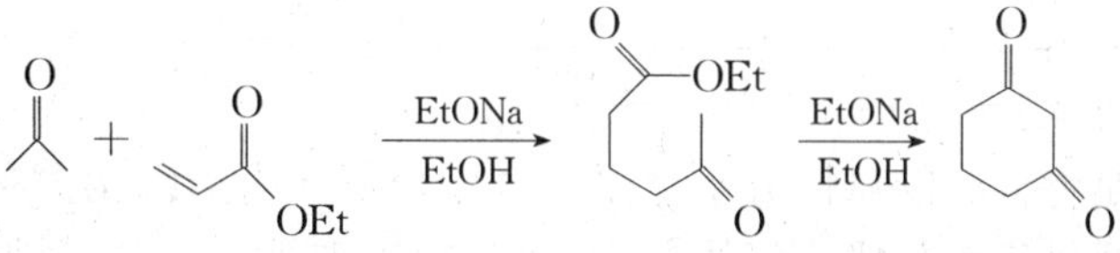

3. 合成并环化合物

（1）Fridel-Crafts 反应

分子内的 Fridel-Crafts 酰基化和烷基化反应是合成苯并五元环或六元环化合物的重要反应。苯和丁二酸酐发生 Friedel-Crafts 酰化反应，然后还原、关环、还原得到苯并六元环化合物的过程也称为 Haworth 关环。

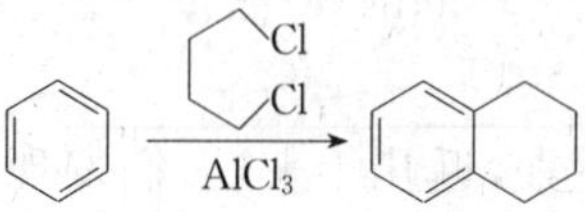

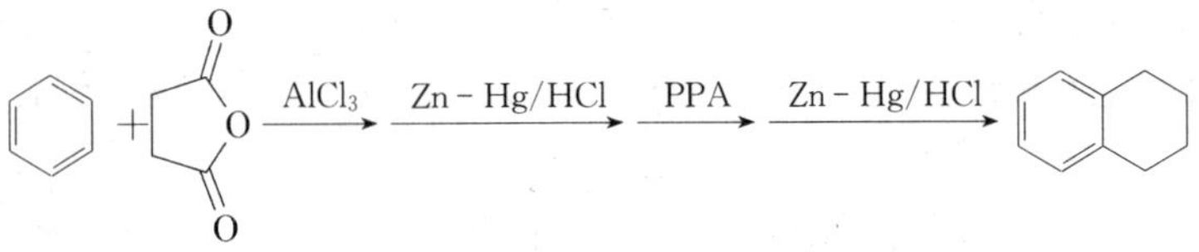

（2）Robinson 关环

使用含活性亚甲基的环状化合物同 α,β-不饱和羰基化合物发生 1,4-加成后，再发生分子内羟醛缩合反应，就可以得到在原有环旁增加一个六元环结构的产物。该反应经常用在甾族化合物的稠环骨架构建中。

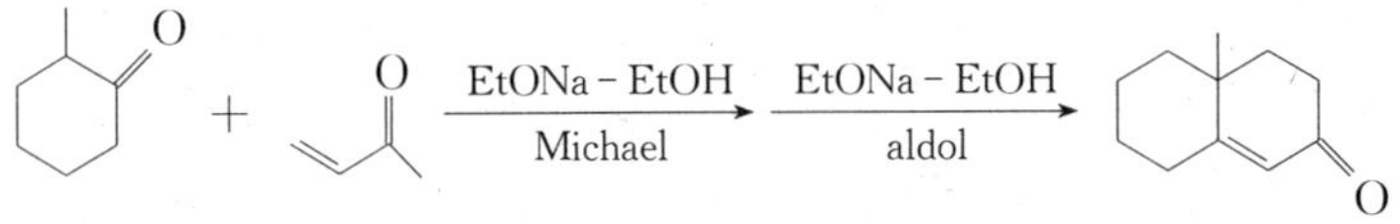

第三节 合理合成路线的设计

Corey 于 1967 年提出了逆合成分析法，将有机合成设计提到了逻辑推理的高度。此后，不少科学家对有机合成设计做了努力，并取得了一定成绩。逆合成分析又称反向合成法，是指在合成设计时，从目标产物出发，按照一定的逻辑规律，推出简单的起始原料的过程，实质就是如何通过合理有效的方法将目标分子拆开。它为将目标分子转化成简单的前体提供了一种思想方法和技巧。这种方法对复杂分子的合成有很大的帮助，在有机合成中占有极为重要的地位，是现代有机合成的重要手段。本节主要介绍逆向合成法设计概念、切割技巧和合成路线的评价等内容。

一、逆向合成法与合成子

1. 概念

有机合成是从简单结构的原料出发，经一步步有机化学反应得到中间体 I、中间体 II、中间体 n，直到合成既定目标产物的过程。其过程可如下式表示：

原料——→中间体I——→中间体II——→······——→中间体 n ——→目标分子（产物）

逆向合成分析是将合成的目标分子经过逆合成分析转变为结构简单的中间体 n，再将中间体 n 按同样方法进行简化成中间体 $n-1$，直至得出市售的简单原料。其整个过程可表示如下：

产物（目的分子）⇨中间体 n ⇨中间体 $n-1$ ⇨······⇨中间体 1⇨原料

在逆向合成分析中将中间体 n 简化转变成中间体 $n-1$ 并不是随意转化的，任何分子结构的改变必须建立在可靠的有机合成反应的基础上。简单地说，逆向合成法的过程就是先对目的分子进行剖析，把它切割成合理的前体（合成子），然后根据合成原则再拼起来，得到目的分子。

例:硒作为人体必需的微量元素，近几年来，人们发现了一种小分子有机硒化物 2-苯基-1,2-苯并异硒唑-3-酮类化合物能有效地抑制活性氧自由基的产生而引起的细胞损伤,具有良好的抗炎活性,且毒性极低。因而,普遍认其及类似物是一类具有广谱抗炎活性的潜在药物,在医药领域具有广阔的应用前景。[8-10]

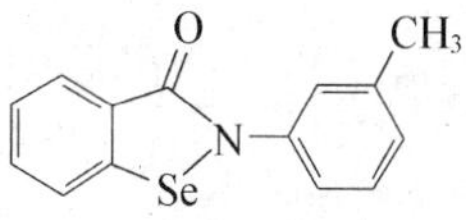

目标分子(T. M.)

首先分析目标分子的结构,其中具有酰胺键、N-Se 键、芳环上连接硒原子,以上三处均可通过可靠的有机合成反应生成相应的键。因此,在逆向合成分析中也在这三个键上进行转化断裂,分析出其各自的前体(合成子)。其中酰胺键可由苯甲酰氯同间甲基苯胺酰化得到,苯环上连接硒原子,可以通过苯胺的重氮盐反应引入,N-Se 键的连接可通过类似 N-烃基化反应来实现结构的转化。因此分析其前体应为邻氨基苯甲酰氯、亚硒化钠和间甲基苯胺。

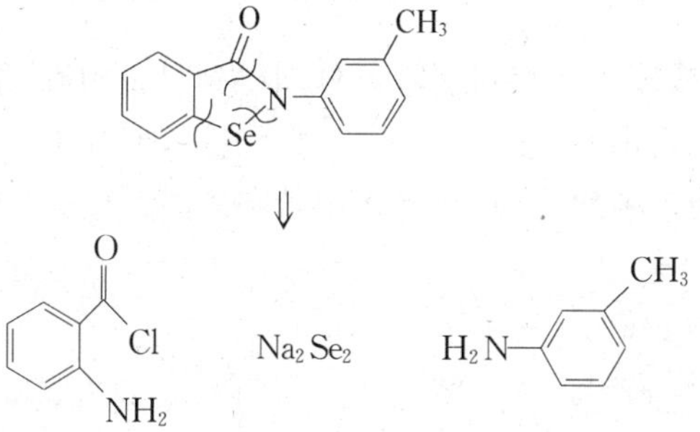

合成子(前体)

逆向合成路线分析:目标分子中酰胺键及 N-Se 键可由间甲基苯胺同时与苯甲酰氯及氯代硒化物反应制得,该中间体中的酰氯基团由苯甲酸的羧基氯代得到,氯代硒化物可由亚硒化合物 Se-Se 键在氯化亚砜下断键得到,在苯环上引入硒元素可以利用芳胺重氮盐反应来实现。从逆向合成分析法可以分析出起始原料为邻氨基苯甲酸。

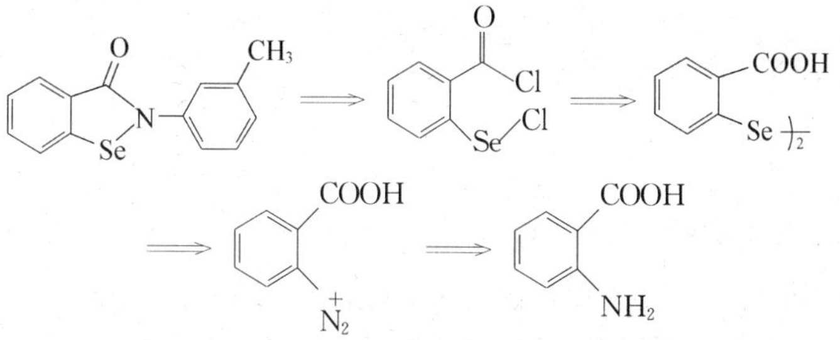

经逆向合成分析后,从起始原料开始,确定每一步合成各中间体需要的反应试剂及反应条件。由邻氨基苯甲酸出发,用亚硝酸钠、稀盐酸处理得到芳环重氮盐,用亚硒化钠作亲核试剂得到由亚硒连接两个芳环的中间体,在氯化亚砜的作用下亚硒键断裂形成氯代硒化合物,同时羧基转化成酰氯,再同间甲基苯胺反应,得到目标分子 2-间甲苯基-1,2-苯并异硒唑-3-酮。

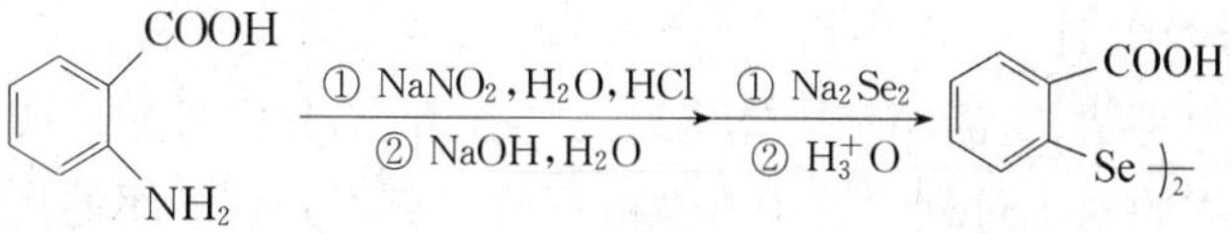

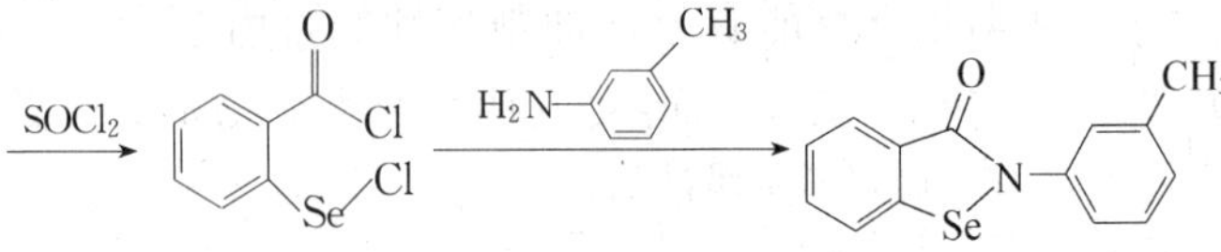

2. 剖析

(1) 真实体与等价物

合成子是指分子中可以由相应的合成操作生成该分子或用反向操作使其降解的单元结构，也就是把目标分子可以切割成碎片。合成子可以是真实存在的分子实体，也可以是它的等价物。

例：取代环己烯类化合物可以通过共轭二烯及亲二烯体经 Diels-Alder 加成得到，这里的合成子共轭二烯及亲二烯体就是真实体。

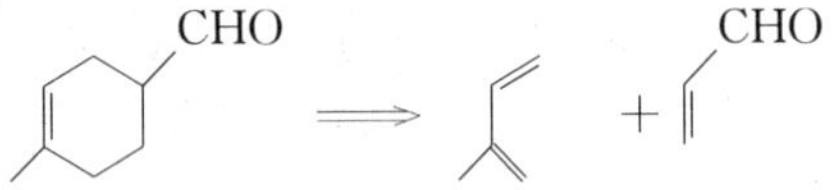

对甲基苯乙酮在苯环同羰基间切割可分别得到带负电荷的苯环配酰正离子、带正电荷的苯环配酰负离子、苯自由基配酰自由基三组合成子，但其中只有苯基负离子配酰基正离子是合理的，可由甲苯及乙酰氯形成，在此将甲苯和乙酰氯称为苯基负离子和酰基正离子的等价物。

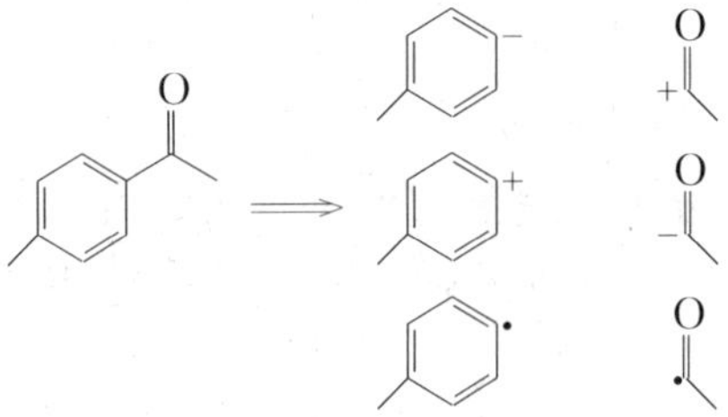

等价物：

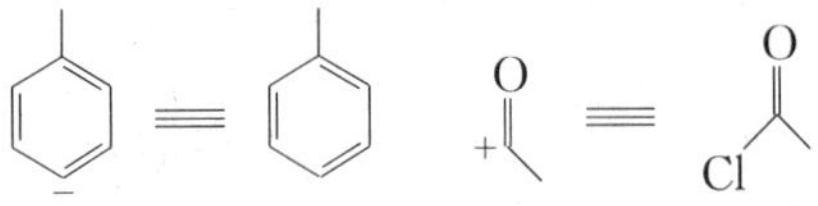

(2) 剖析技巧

对一般的合成目标分子，有机合成化学家从合成实践中总结出很多规律。在逆向合成法中，简化目标分子最有效的手段是切割，不同的切断方式和切割顺序都将导致不同的合成路线，所以掌握一定的切割技巧对设计出合理高效的合成路线是有很大帮助的。在目标分子中任何化学键处切割都不是随意的，是有原则和技巧的。简单地说，化学键的切割必须建立在有效的合成反应上，能联才能断。合成中需要进行官能团变化时必须是确实可相互转换的，如羰基和羟基可经由还原、氧化相互转换。

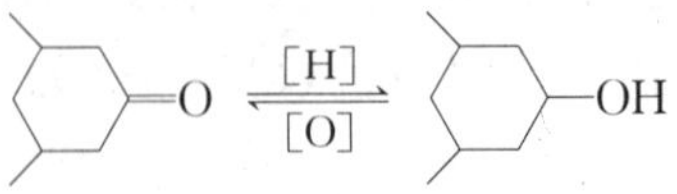

① 在官能团附近切割

有机化合物是由骨架、官能团和立体构型三部分组成，其中骨架形成和官能团的引入是设计合成路线最基本的两个过程。其中骨架的形成又离不开官能团的作用，碳－碳键的形成通常就在官能团上或受官能团影响的部位上。因此在切断时先要考虑官能团的情况,首选在官能团附近切割。

例如:在对甲基苯庚酮的切割分析中目标分子的官能团有三处:苯环、羰基、α-氢,在各官能团附近均可切割得到相应的合成路线。路线一是在甲苯上进行 F-C 酰基化反应得到相应的芳酮;路线二是由对甲基苯甲酰氯同己烷的 Grignard 试剂作用制备酮类化合物;路线三是在对甲基苯乙酮的羰基 α 位上同正戊基氯发生烃基化反应。从反应机理上考虑,以上三条路线均有确实的有机合成反应支持,但如要进行精细化学品生产则需要进一步考虑其他因素,如原料是否稳定易得、物料成本、反应条件是否温和等。其中路线一中需要的庚酰氯价格很高,路线二中 Grignard 试剂需要无水操作,因此综合考虑下路线三是更为适合实际生产的。

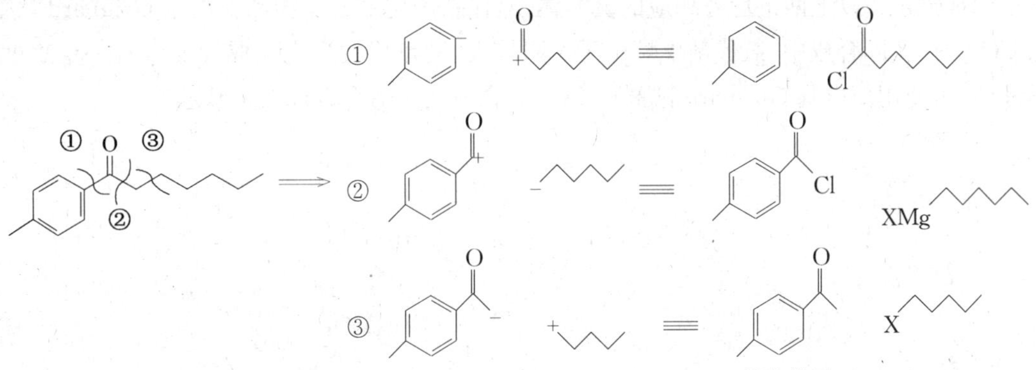

② 添加官能团再切割

有些目标分子要引入适当的官能团后才能进行切割,从而找到合适的合成路线,最常见的就是在环己烷结构中引入双键形成环己烯结构,然后切割成共轭二烯及亲二烯体,通过 Diels-Alder 加成后再还原制得目标产物。

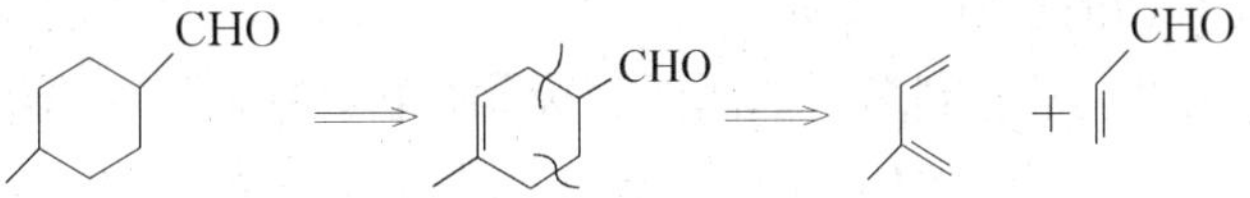

③ 官能团变换后再切割

有些目标分子并不是直接由合成子经由反应制得的,而是需要进行一系列转换同转化,才能找到可切割的前体。如在甲基丙烯酸酯的切割中先将酯基转化成羧基,再将丙烯酸结构转化成 α-羟基酸,再对 α-羟基酸进行切割找到相应的合成子丙酮及氰化物。

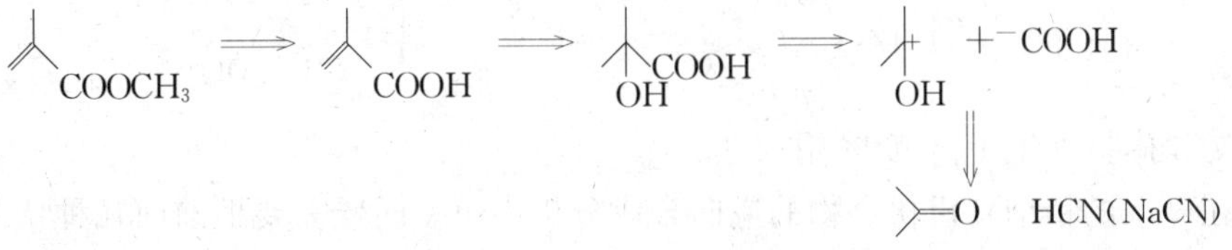

④ 在官能团处切割

有些反应可以直接生成官能团,因此当目标分子中具有某些官能团时,可以考虑在官能团处进行切割。如下例中的双键,就可以在官能团上切割,利用 Witting 反应合成。

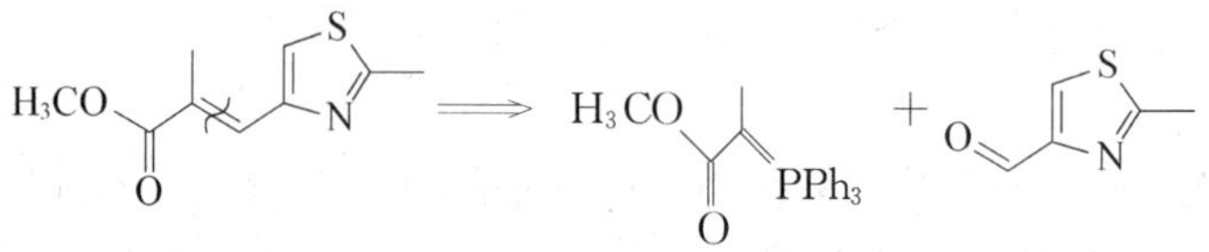

⑤ 在拐点处切割

有机分子中的某些特殊基团在合成中可以作为重要的参考点位,如季碳原子结构,可在此类结构旁的碳原子后面进行切割。叔丁基乙酸的逆向合成法分析中,如在季碳原子附近切割可得到的三对合成子分别为"叔丁基碳正离子＋羧甲基碳负离子"、"叔丁基碳负离子＋羧甲基碳正离子"、"叔丁基自由基＋羧甲基自由基",但以上三组合成子都不现实。而在季碳原子旁的碳原子后面进行切割,可以得到"新戊基碳正离子＋羧基碳负"、"新戊基碳负离子＋羧基碳正",以上两组均有相应的真实体,氯代新戊烷配氰化物和新戊基 Grignard 试剂配 CO_2。在实际合成中,氯代新戊烷由于位阻较大,同氰根发生亲核取代反应有一定难度。相较而言,使用新戊基 Grignard 试剂配 CO_2 的合成法更适合合成叔丁基乙酸。

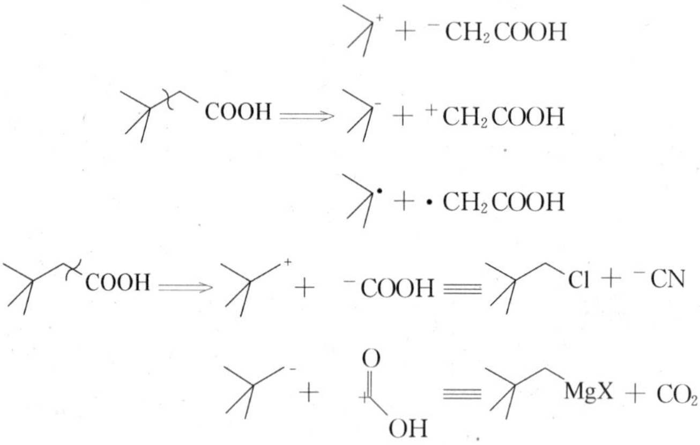

⑥ 双官能团化合物的切割

在精细有机合成中经常遇到多官能团的目标化合物。在此类化合物的逆向合成分析中首先要分析的就是多官能团间的位次关系,对于 $1,3-$、$1,5-$ 双官能团化合物的制备通常要采用 aldol 缩合、Claisen 缩合、Michael 加成等人名反应,可根据各缩合反应的特点进行相应的切割。

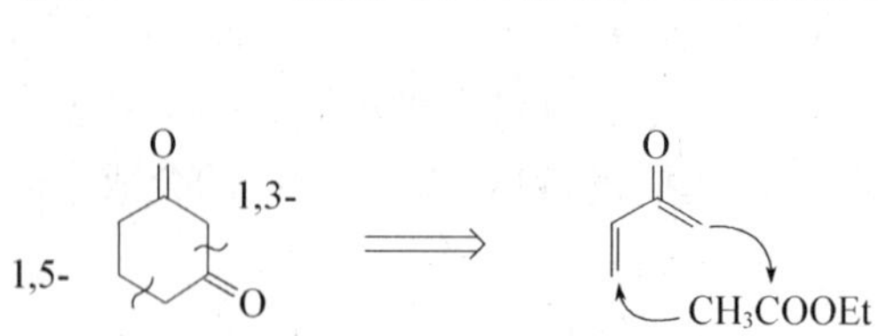

⑦ 切割与官能团互变联用

在复杂的精细有机化合物的逆向合成分析中更多时候需要把前面几种切割方式联合应用。例如在 3-甲基环己醇的合成分析中先进行官能团转化,羟基转成羰基,3-位的甲基可通过 Michael 加成的甲基化反应引入,切割后得到前体 α,β-不饱和环己酮,又是一个双官能团化合物,利用各缩合反应进行相应的切割,推得合成子不饱和丁酮及乙醛(或乙酸乙酯)。

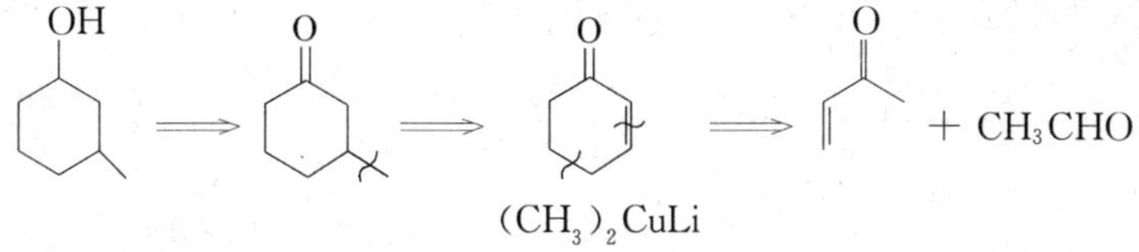

二、逆向合成法的运用

【例1】 以 3C 以下的有机化合物为原料用 EM 法合成 HOOC—◇◇—COOH。

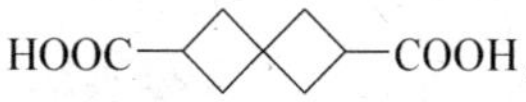

分解剖析：

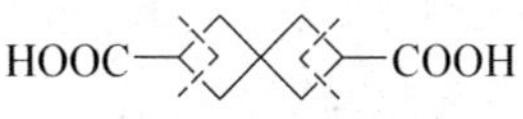

合成路线：

$$CH_3CHO \xrightarrow[Ca(OH)_2]{4 \text{ mol } HCHO} C(CH_2OH)_4 \xrightarrow{PCl_3} C(CH_2Cl)_4 \xrightarrow[4EtONa-EtOH]{2CH_2(COOEt)_2} \begin{array}{c} EtOOC \\ EtOOC \end{array} ◇◇ \begin{array}{c} COOEt \\ COOEt \end{array}$$

$$\xrightarrow[\substack{② H_3^+O \quad \triangle}]{① \ ^-OH \cdot -H_2O} HOOC—◇◇—COOH$$

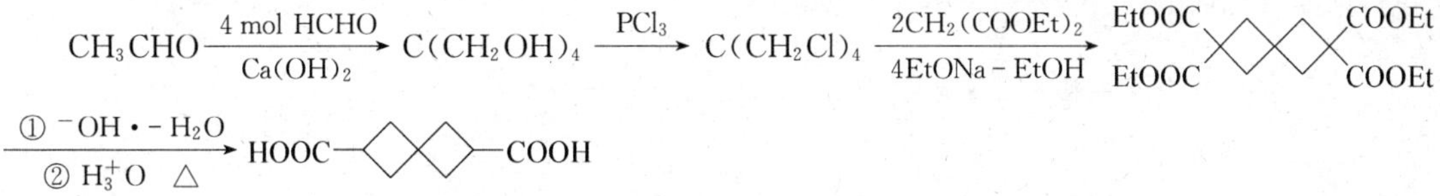

【例2】 用合适的有机原料，以三个人名反应合成下列化合物（写出人名、试剂、合成步骤）。

（1） 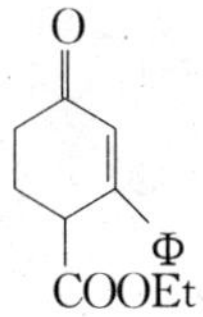 （2）

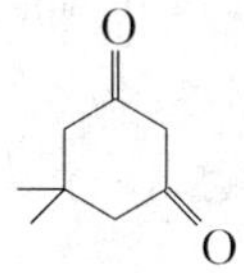

（1）剖析：

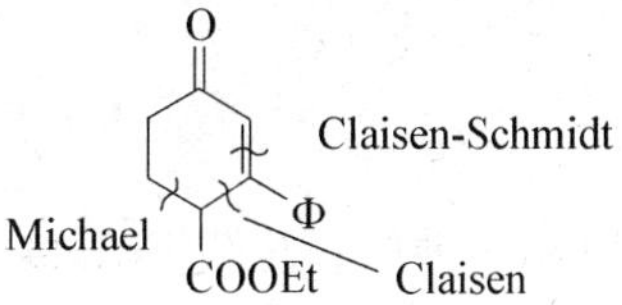

合成路线：

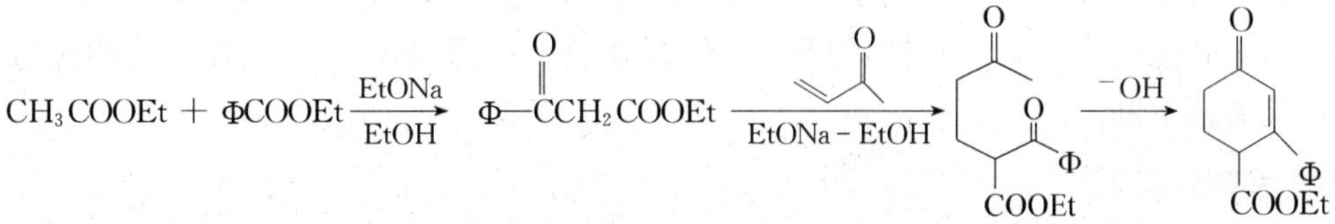

$$CH_3COOEt + \Phi COOEt \xrightarrow[EtOH]{EtONa} \Phi—CCH_2COOEt \xrightarrow[EtONa-EtOH]{} \quad \xrightarrow{^-OH} \quad$$

（2）剖析：

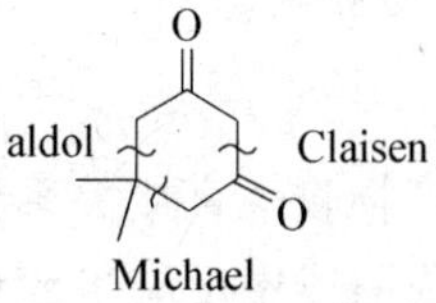

合成路线：

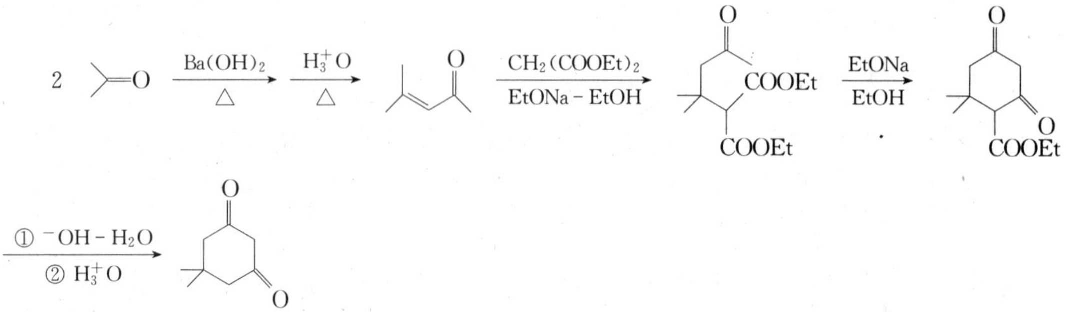

【例3】 用合适原料,以 EAA 法合成

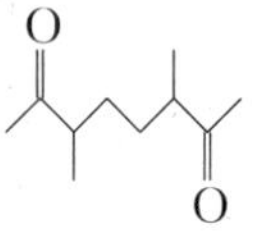

剖析

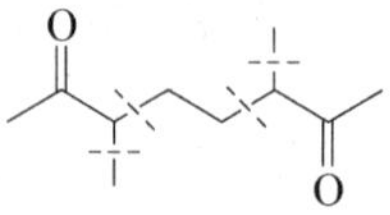

合成路线:

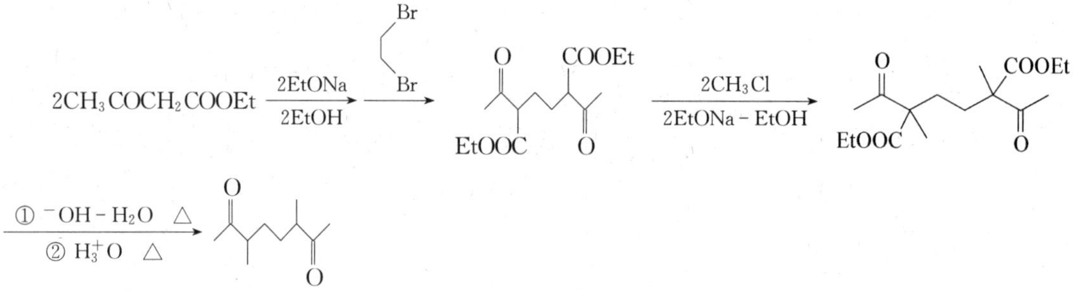

三、合成路线的评价

一个有机化合物的合成,可以从多种原料出发经由多种不同合成路线完成。要想从这些合成路线中确定一条符合特定目的的合理路线,就需要综合考察每一条可能路线的特点,结合特定的目的加以评判。特别是对精细有机化学品生产的工艺路线的选择来讲,更要结合实际情况才能给出正确的选择,但没有统一的标准。一般来说,一条合成路线的优劣主要从以下几方面判断。

1. 原料和试剂

原料和试剂是合成工作的物质基础。因此,在选择工艺路线时,首先应考虑每一条合成路线所用的各种原料和试剂价格,来源和利用率。

2. 反应步数和总收率

合成路线的长短和最终的目标产物收率直接关系到合成工艺的价值,在精细有机合成工艺路线的设计中非常重要。对合成路线中反应步数和产物总收率的计算是衡量合成路线优劣最简单和最直接的标准。合成路线的步数与总收率是密切相关的,因为目标产物的总收率是线性合成路线中每步收率的连乘积,任何一步反应的收率低,都会导致总收率的大幅度下降。例如,某一化合物的合成需十步完成,其中每一步反应的收率都为 90%,该合成路线的总收率为 35%,而不是 90%;若该合成路线仅需三步完成,则总收率可为 73%;如在三步路线中有一步反应的反应收率为 60%,则该路线的总收率就仅有 49%。可见,即使每一步反应的收率不变,合成反应步骤越多,总收率越低,原料消耗越大,生产成本也就越高。而如果有一步的收率较低,则总收率就会下降很大。另外,反应步骤的增加,必然带来生产周期的延长、生产设备和操作步骤的增加。因此,应尽可能采用步骤少、收率高的合成路线。

此外,应用收敛型的汇聚合成路线也可提高合成效率。例如,对一个含有从 A 出发经三步串联反应合成的含有 ABCD 单元的产物 P,如果每一步的收率均为 80%,那么其总收率为 $(0.8)^3 = 51\%$;而如果先将 A 和 B 以及 C 和 D 片段先联结,然后再将 A-B 和 C-D 再联结,虽然反应步数一样,但线性的串联步骤只有两步,因此总收率为 $(0.8)^2 = 64\%$。

3. 中间体的分离和稳定性

有机合成反应一般总是存在副反应,因此精细有机化学品生产中经常需要对每一步或两步的中间体进行分离纯化,以防止副产物等杂质的积累影响后续的合成和分离工作。因此就要求所产生的中间体有一定的稳定性,特别是对于产量大、反应和操作条件控制困难的工业化生产更加重要。一般而言,合成路线中的不太稳定的中间体越多,该路线的实用性就越低。

4. 反应条件和设备要求

金属有机化合物是一类非常有用的合成试剂,反应过程中选择性高,广泛用于实验室研究。金属有机化合物在工业生产中的应用却并不广泛,因为它们很活泼,通常需要无水、无氧等苛刻的反应条件。有些精细化学品的合成反应需要在高温、高压、低温或严重腐蚀的条件下进行,需要使用特殊设备,必然造成生产成本升高和工艺路线复杂化。

5. 安全、环境、资源和能源问题

对可能用于实际生产的精细有机化学品的合成路线的评价、处理需要考虑化学方面的技术问题外,还需要考虑安全、环境、资源和能源等社会经济因素。有些反应经常使用易燃、易爆和有毒的溶剂、原料或产生有害的中间体和副产物。为了保证安全生产和操作人员的人身安全和健康,应尽量不使用或少用易燃、易爆和有毒的原料,同时还要考虑中间体和副产物的毒性问题。化学污染是环境污染的重点问题,化学生产中产生的废气、废液和废渣又是化学污染的主要来源。另外,自然资源和不可再生的能源是有限的,因此选择实际生产的精细有机化学品的合成路线时必须考虑生产时可能对环境的影响、对资源和能源消耗问题。总之,对一条合成工艺路线的评价需要综合上述因素,结合特定的目的,综合考虑才可能做出合理的评价。

第四节 精细有机合成中反应的选择性及其控制

反应的选择性是指一个反应可能存在的在底物不同部位和方向进行的,从而形成几种

产物时的取向。有机反应的选择性包括化学选择性、区域选择性和立体选择性。反应选择性的高低不但同合成的效率直接相关,更关乎产物的精确结构,从而对反应的后处理,产品的理化性质甚至性能有直接影响。因此在复杂分子合成中反应的选择性及其控制是一个关键性问题。

一、合成反应的选择性

1. 化学选择性

化学选择性是指不使用保护或活化等手段时,反应试剂对不同的官能团或处于不同化学环境的相同官能团进行选择性反应,或一个官能团在同一反应体系中可能生成不同官能团产物的控制情况。例如:

(1) 间二硝基苯,采用硫氢化钠作还原剂时仅能将其中的一个硝基还原成氨基,而另一个硝基不发生反应。这是因为当一个硝基被还原成一个氨基后,使苯环的电子云密度增加,硝基的活性减少,NaHS 不能继续还原。如需要同时还原两个硝基则可采用催化氢化的方法得到间苯二胺。

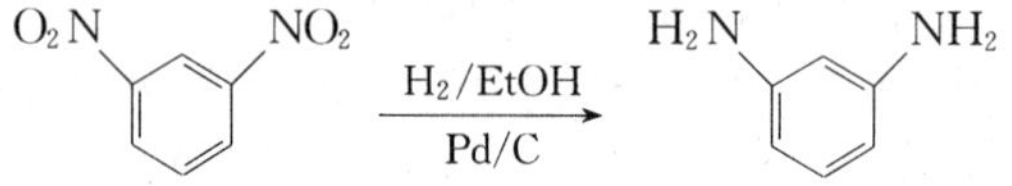

(2) 对于 1,6-己二醇如仅需在一个羟基上发生取代反应时,可先将其中一个羟基转化成对甲苯磺酸酯,改变两基团的离去能力。为了得到单对甲苯磺酸酯,可以通过加大 1,6-己二醇的投料量,即可得到单侧成酯的中间体。

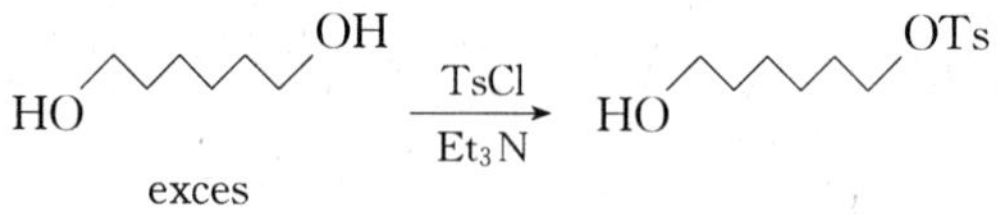

(3) 在有关羟基选择性氧化反应的例子中,可以看到,在不同环境下的羟基活性大小是不同的,氧化的优先次序也不同,通常情况下伯醇比仲醇更容易氧化,叔醇稳定性较高,一般很难氧化。[11]

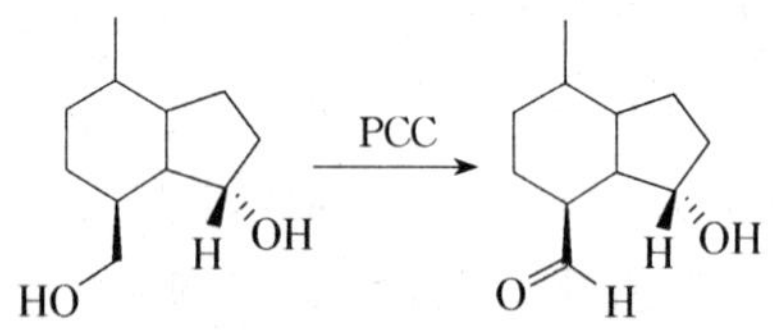

对于体系中存在烯丙醇结构时,由于氧化后形成 α,β-不饱和醛酮的共轭体系稳定性更高,所以在含有同时独立羟基及烯丙醇羟基的结构中,优先氧化的是烯丙醇的羟基。

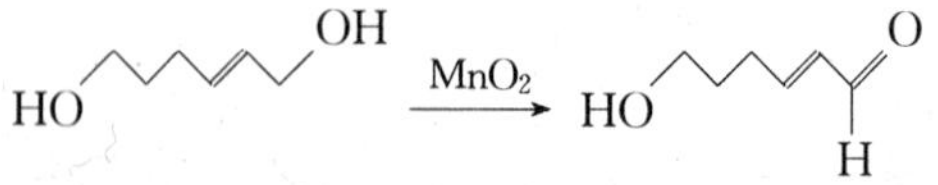

(4) 在还原反应中不同还原剂其还原能力差异很大,如使用硼氢化钠为还原剂可在酮羰基及酯羰基中选择还原酮羰基,对酯羰基不起作用。如需同时还原酮和酯可使用还原性更高的氢化铝锂。

$$\text{(结构式)} \xleftarrow{\text{LiAlH}_4} \text{(结构式)} \xrightarrow{\text{NaBH}_4} \text{(结构式)}$$

2. 区域选择性

相同官能团在同一分子的不同位置上进行反应时，若试剂只能与特定某一分子位置的官能团起作用，而不与其他位置的相同官能团作用，这种情况称之为区域选择性。区域选择性的出现通常同该反应的反应历程密切相关。

（1）烯烃与溴化氢的亲电加成反应中，由于中间体是稳定碳正离子，所以加成产物中带负电荷的卤素加在氢少的碳上，符合 Markovnikov 规则。

$$\text{RHC}=\text{CH}_2 \xrightarrow{\text{HBr}} \underset{\overset{|}{\text{Br}}}{\text{RHC}}-\text{CH}_3$$

（2）烯烃与溴化氢的加成反应中，当有过氧化物存在时，反应中间体为稳定的碳自由基，产物中溴加成在含氢多的碳上，反应呈现反马氏规则的 Kharasch 效应。

$$\text{RHC}=\text{CH}_2 \xrightarrow[\text{ROOR}]{\text{HBr}} \text{RCH}_2-\text{CH}_2\text{Br}$$

（3）在不对称环氧化合物的开环反应中，反应体系的酸碱性决定着反应产物的区域选择性。在酸性条件下，环氧结构中的氧以羟基形式保留在取代基少的碳原子上；而在碱性条件下，羟基则保留在取代基多的一端。

$$\text{(环氧结构)} \begin{cases} \xrightarrow{\text{CH}_3\text{OH}\quad \text{H}^+} & \text{(产物 OH, OCH}_3\text{)} \\ \xrightarrow{\text{CH}_3\text{ONa}} & \text{(产物 OH, OCH}_3\text{)} \end{cases}$$

（4）卤代烃在碱性条件下消去制备烯烃的反应中，得到的烯烃以取代基多的 Saytzeff 烯烃为主产物，也就是说在消去卤化氢时，消去的是酸性较大的氢原子。

$$\text{(结构式)} \xrightarrow[\triangle]{\text{碱}} \text{(结构式)}$$

3. 立体选择性

立体选择性包括顺/反异构、对映异构、非对映异构选择性。如果某个反应只能生成某一种异构体，而没有其他异构体，则称之为立体专一性反应。在有机合成中常常要涉及以上选择性问题。

（1）烯烃同溴发生的亲电加成反应是典型的背面进攻的历程，因此具有很高的立体专一性。E-丁二烯加成后得到的是赤式的 2,3-二溴丁烷，而 Z-丁二烯加成后则得到苏式的 2,3-二溴丁烷。

$$\text{(结构式)} \xrightarrow{\text{Br}_2-\text{CCl}_4} \underset{R-\quad S-}{\text{(结构式)}} \left[\text{(Fischer 投影式)} \right]$$

（2）对于化合物中的碳原子从平面的 sp^2 杂化转变成空间四面体的 sp^3 杂化时,试剂可以从平面的上下两侧分别进攻。如上下两侧进攻几率相同,则得到一组对映异构体。而当分子结构中在平面的某一侧存在空间位阻时,就会出现某一对映异构体过量(ee)的产物。通常一个反应的 ee 值高于 90%,该合成才比较有意义。

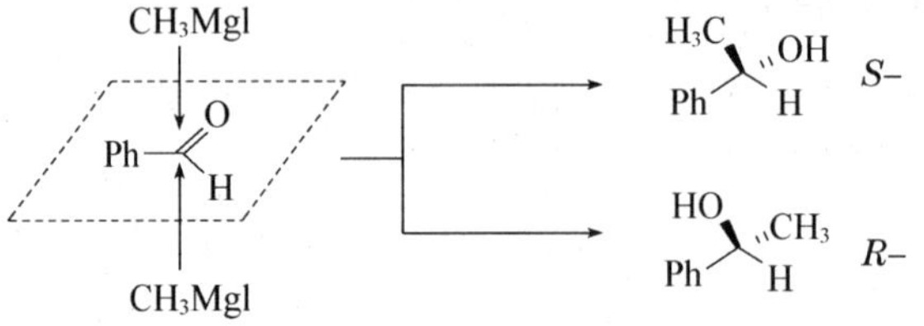

$$ee = \frac{[S] - [R]}{[S] + [R]} \times 100\%$$

（3）如反应底物本身具有手性碳,反应后又形成新的手性碳,新形成的手性中心也有不等量产物,形成一组非对映异构体过量(de 值)产物。

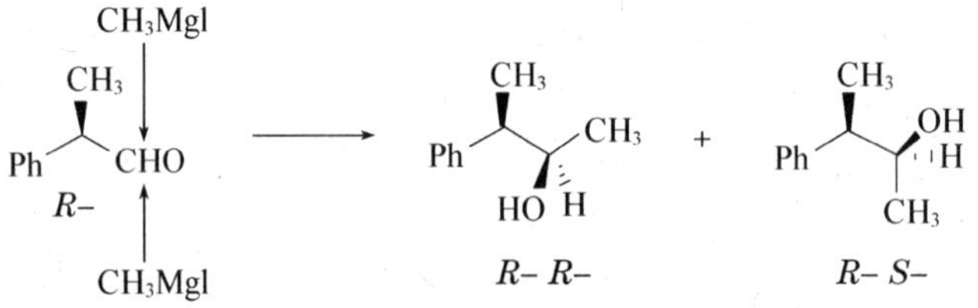

$$de = \frac{[RR] - [RS]}{[RR] + [RS]} \times 100\%$$

二、合成反应选择性的控制机制

在有机化学反应中,竞争反应非常普遍,而在实际生产中,往往又需要竞争反应中某一反应为主要的,也就是某一产物为优势产物。一般情况下,可以选择一定的条件控制某一反应为主要反应,如选择不同的温度、溶剂、催化剂等,这些条件的选择都是促使某一反应达到热力学控制或动力学控制。一种反应物在同一条件下,向多个产物方向转化生成不同产物——平行反应,如果反应还未达成平衡前就分离产物,利用各种产物生成速率差异来控制产物分布称动力学控制反应。其主要产物称动力学控制产物。如果让反应体系达成平衡后再分离产物,利用各种产物热稳定性差异来控制产物分布称热力学控制反应,其主要产物称热力学控制产物。

在不对称酮的 α 位上发生烃基化或酰基化反应时就会出现区域选择性问题,在取代基多的碳上为热力学产物,在取代基少的碳上为动力学产物。为了分别控制得到两种不同产物可以从具体反应条件入手。在普通的碱性条件乙醇-乙醇钠下反应,得到的是热力学控制的产物为主。当换成体积很大的三苯甲基锂作碱性试剂时,由空间效应限制了其进攻方向,得到动力学控制的产物。

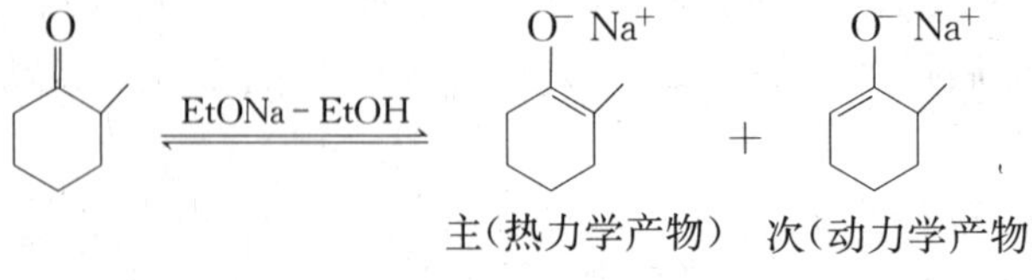

主(热力学产物)　　次(动力学产物)

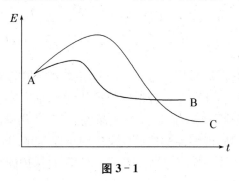

动力学反应和热力学反应的能级曲线（A-B 为动力学反应、A-C 为热力学反应）。

图 3 - 1

三、化学选择性控制的途径

在有机合成中如果仅通过反应温度、反应试剂等条件来控制反应的选择性，通常还是会有较高比例副产物生成。在精细有机合成中需要尽可能地将副反应降低，因此可以在反应底物中引入导向基，把反应导向特定的方位，反应后即除去，此方法称之为导向控制。

1. 活化导向基

在均三溴苯的制备中，如仅从苯的亲电取代反应入手，溴对苯环是起弱钝化作用的，在苯环上进行三溴代需要较高的反应条件，并且遵循亲电取代的定位规则无法直接得到均三溴苯。通过先在苯环上引入氨基，通过氨基的定位效应可直接在 2，4，6 -位进行溴代，同时氨基强活化芳环，可以使三溴代在较温和的条件下一次性完成，最后经重氮盐反应除去氨基。

2. 钝化导向基

苯胺如直接进行溴代，很难得到单溴代产物，通过对氨基乙酰化可降低其对苯环的给电子效应，降低苯环发生亲电取代反应的活性，控制得到一取代产物，再经过水解释出氨基。

3. 配位导向基

用一取代苯制备取代芳基锂，锂通常上在 4 -位上。而使用 N，N -二甲基苯甲酰胺同丁基锂作用,氮原子同锂原子间可以形成配价键,从而形成五元环的配合物,将锂原子引入2-位,这也是制备 o-芳基锂的主要方法之一。

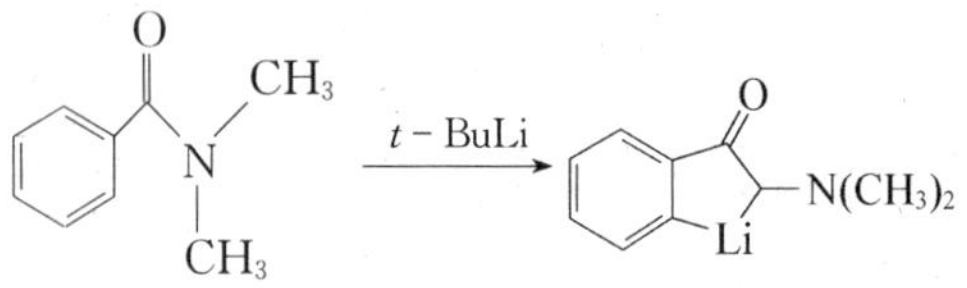

四、保护控制

在多官能团化合物的合成中,将不希望反应的官能团保护起来,暂时钝化,在希望反应时再将保护基团除去,恢复活性状态。合适的保护基应满足以下特点:① 引入方便,能有效地与被保护基团发生反应,反应选择性好、反应条件温和、转化率高;② 与被保护基形成的结构在反应条件下稳定性高,能够经受住后续反应的条件,能够很好地将被保护的基团隐藏起来;③ 能有效地实现去保护,脱保护反应时条件温和,对保护的官能团无影响。

1. 醇和酚的保护

羟基是敏感易变的官能团,易发生氧化、消去、取代等各种反应,但其又经常是很多化合物体现生物活性的重要基团,因此在合成中经常需要将羟基保护起来。醇羟基或酚羟基经常以成醚的形式进行保护。

（1）苄醚

苄醚广泛用于天然产物、糖及核苷酸中羟基的保护。苄醚对亲核试剂、有机金属化合物、一些氧化剂、还原剂均是稳定的。脱除苄基的方法很多[12],最常用的是钯碳催化下的氢解。

$$ROH + Cl\bigwedge Ph \xrightarrow[PTC]{K_2CO_3} RO\bigwedge Ph \xrightarrow{H_2,Pd/C} ROH$$

（2）叔丁醚

叔丁基是特大基团,叔丁基醚可以在很温和的条件下脱去叔丁基。在对羟乙基苯酚的合成中就使用叔丁基作酚羟基的保护,在完成 Grignard 试剂反应后的水解步骤中,将叔丁基保护同时脱去。[13-14]

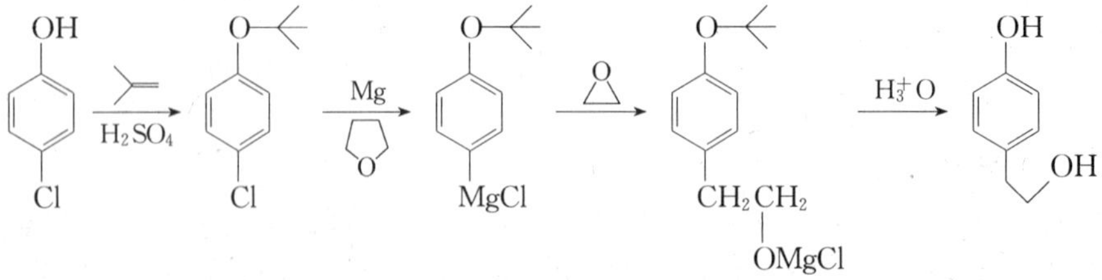

（3）硅醚

硅烷化试剂是一类很重要的保护基,醇酚的羟基经硅烷化生成硅醚,根据醇、酚中结构的不同及硅烷化试剂中烃基的不同,在不同的酸碱性水溶液中即可温和地水解脱去保护基。[15]

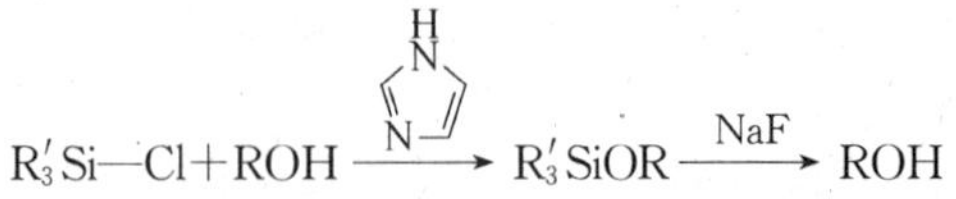

$$R_3'Si{-}Cl + ROH \xrightarrow{} R_3'SiOR \xrightarrow{NaF} ROH$$

（4）缩醛或缩酮

多羟基化合物中 1,2-二醇和 1,3-二醇及邻苯二酚的两个羟基在有机合成中经常同时保护，其可以与醛或酮形成五元环或六元环的缩醛或缩酮，常用的醛酮有甲醛、乙醛、丙酮、苯甲醛、环戊酮等。如在制备甘油单酯时，就需要将 1,2-二羟基先同丙酮成五元环缩醛，在 3-羟基上成酯后，再在酸性条件下水解释放出 2,3-二羟基。

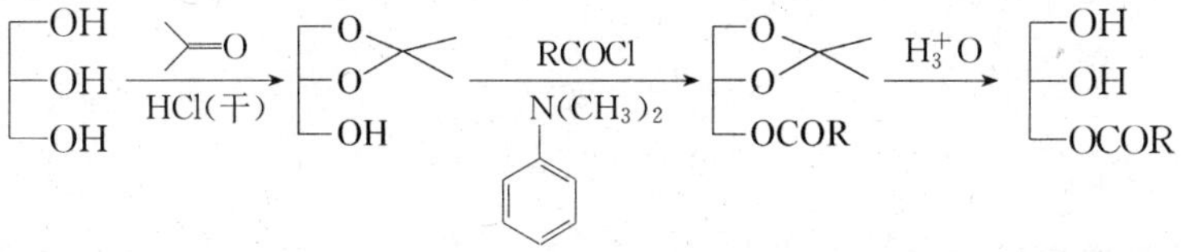

2. 羰基的保护

醛酮的羰基是有机化合物中最活泼的官能团之一，能同多种反应试剂发生作用，如氧化剂、还原剂、亲核试剂、有机金属化合物等。因此合成中经常对其加以保护，其最常用的保护方式就是同醇或硫醇成 O-缩醛或 S-缩醛。醛酮在酸催化下即可制备相应的缩醛缩酮，常用的催化剂包括对甲苯磺酸、氯化氢、氢质子树脂等。待反应结束后只需要用稀酸水解即可脱去保护。

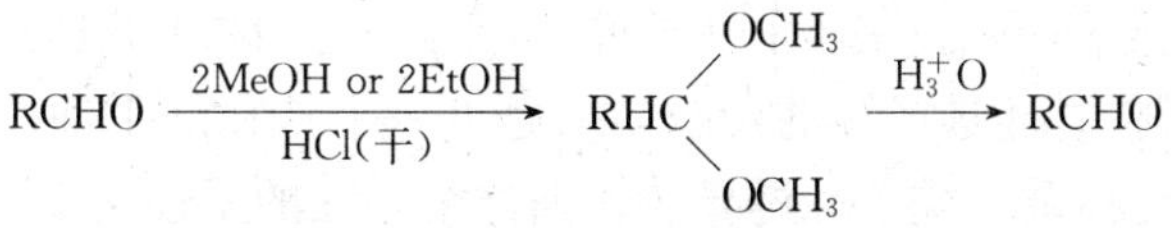

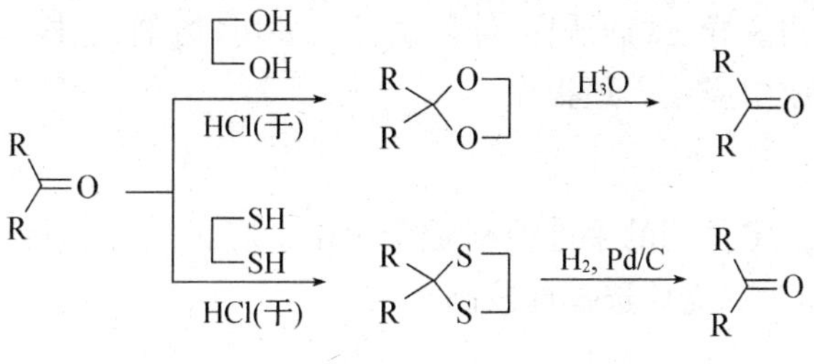

3. 氨基的保护

伯胺、仲胺很容易被氧化，也容易发生烷基化、酰基化与羰基加成等反应。因此在合成中常要把氨基保护起来。氨基保护的最常用方法是酰胺化，包括甲酰化、乙酰化、苯甲酰化等。

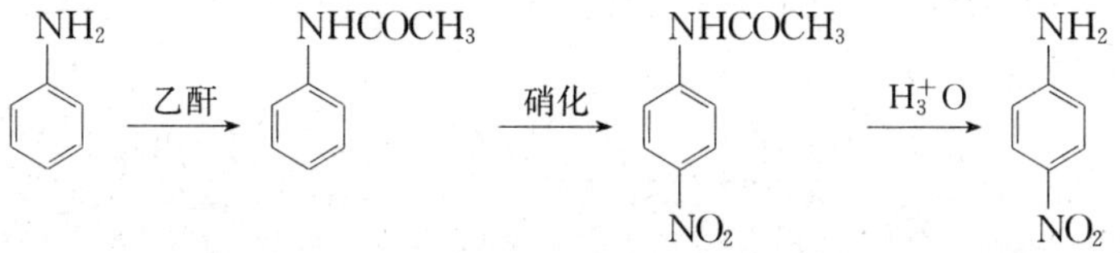

在多肽合成中一般不用甲酰化、乙酰化，而采用结构较复杂的邻苯二甲酰化（Phth）及叔丁氧羰基（Boc）作氨基的保护基，主要是脱保护时不影响多肽中酰胺键的稳定性。

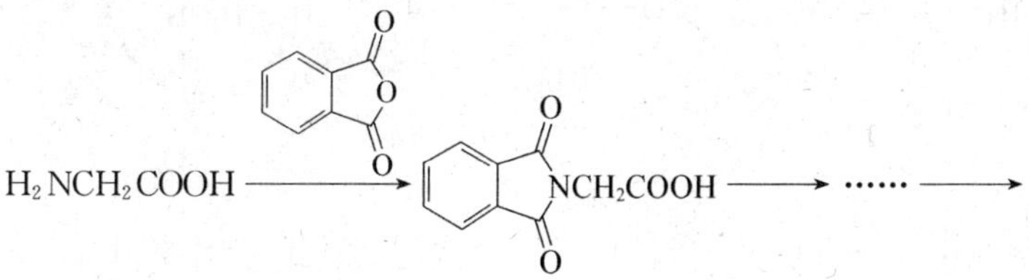

$$H_2NCH_2COOH \longrightarrow \cdots \cdots \longrightarrow$$

保护与脱保护是有机合成中的一种重要合成策略。但在合成反应中增加了反应步骤，延长合成路线，增加工艺复杂化，造成较低的经济效率，应选择其他更合适的合成路线。

如对硝基苯胺的合成反应，可优化成用对氯硝基苯通过苯环上的亲核取代反应进行氨解，得到对硝基苯胺。

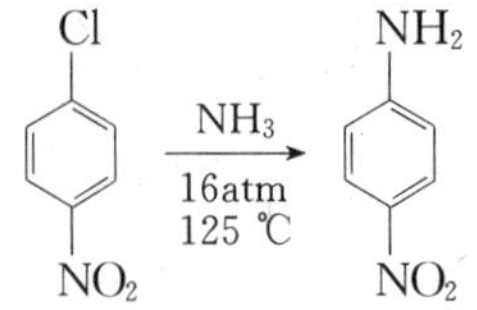

五、对映立体选择性控制

由于生物体内的化学过程大部分是手性的，一对对映异构体在生命活动中的作用可能有显著差异，有时甚至是相反的。因此在医药、农药和日用化学品等领域中使用的有机物一般要求以单一有效的对映异构体使用。而对映异构体的分离一般很困难，因此对映选择性的合成反应就成为获得对映异构纯精细有机化学品的主要工具。对映立体选择性反应是指产物的两个对映立体异构体的生成量不等，也常称为手性控制。由于对映立体异构体的区别仅在于基团的空间取向不同，在非手性条件下，它们的主要物理化学性质没有区别。因此在精细有机合成中对映立体选择性的控制必须通过一个外在的手性元素来实现，因此属于相对控制，常称为不对称诱导或手性诱导。根据这个外在的手性元素在反应中的位置，不对称诱导主要可分为底物诱导、试剂诱导、催化诱导和环境（溶剂、晶格等）诱导等，其中环境诱导目前在精细有机合成中应用得还很少。

1. 底物诱导

底物诱导指起有一定作用的手性控制元素存在于底物之中，而且一般是通过共价键联结的，因此实际上是非对映立体选择性控制。

$$S^* \xrightarrow{\quad R \quad} P^*$$

但是当手性控制元素在反应后可以从产物中除去时，就可以得到对映异构产物。例如在丙酸的 α-烷基化反应，可以产生一对对映异构体。当通过酰化反应将一个手性氨基醇引入后，就得到一个手性底物，后者的烷基化反应就是在非对映选择性的控制下进行，形成非对映异构体。但是当采用水解反应，将先前引入的手性氨基醇脱去，生成取代的丙酸就是一对不等量的对映异构体。[16]

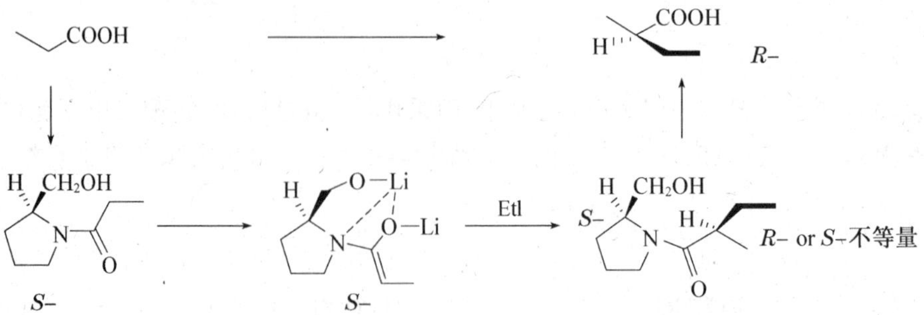

该种底物诱导也属于导向基控制的一种，也常称为辅助基团控制。

2. 试剂诱导

由于手性控制元素存在于底物分子内,因此一般诱导效果较好,非常实用。但对于不能引入手性控制元素的底物,底物控制技术就不能应用。试剂诱导技术可以弥补底物诱导这一方面的缺陷。[17]

$$S \xrightarrow{R^*} P^*$$

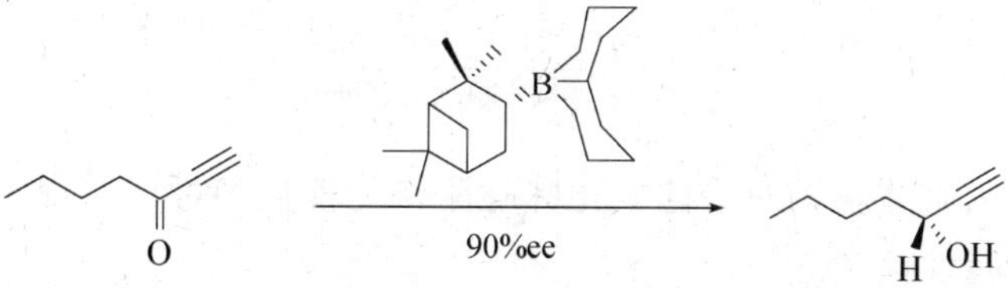

90%ee

从化学反应的角度看,试剂与底物是人为区分的,是相对而言的两个反应物。在精细有机合成中,一般而言,将其骨架结构不进入产物分子骨架结构的反应物称为试剂;或者将反应物中结构较为简单的且与产物结构差别较大的反应物称为试剂。因此,一个反应物在一个反应中是底物,在另一个反应中就是试剂。试剂诱导技术中的试剂是指其骨架结构不进入产物分子骨架结构的反应物。由于试剂分子骨架结构不进入产物,因此诱导完成后没有再除去的步骤,而且不要求底物中存在手性单元,因此试剂诱导的限制条件比底物诱导少。

3. 催化诱导

无论是底物诱导还是试剂诱导,手性控制元素都需要化学计量使用,即要对映选择性产生一分子的产物就需要使用等物质的量的手性底物或试剂。由于催化剂参与化学反应过程,并在一次反应过程结束后再生,重新开始下一个催化循环,因此如果手性控制元素存在于催化剂中,就不需要化学计量的使用。

$$S \xrightarrow{cat^*} P^*$$

一般手性物质相对比较昂贵,因此手性催化在经济上更有优势。最早实现在精细有机合成中成功应用的手性催化是 Knoweles 和 Noyori 等发展的均相手性膦-铑催化的烯烃氢化。[18]

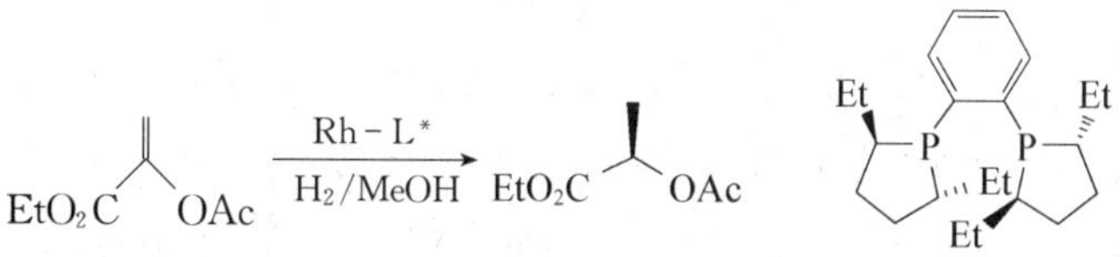

99% ee　　L*:

Sharpless 等则率先实现了烯烃的双羟基化和环氧化中对映选择性的有效控制。[19]

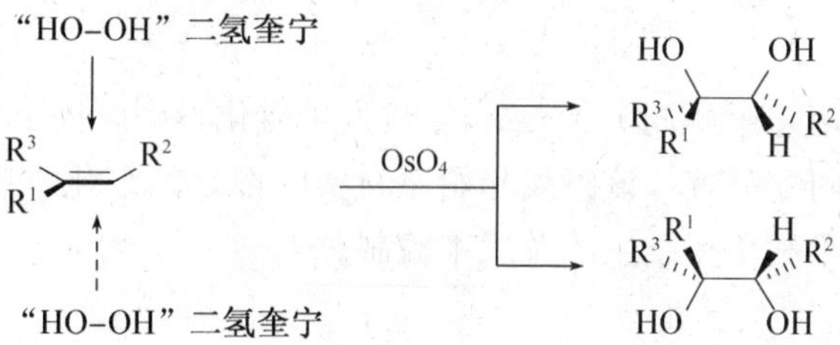

由于他们在手性催化的发展中做出了巨大贡献,因此三人一起获得了 Nobel 化学奖。进入 21 世纪,手性催化技术得到迅猛发展,目前大部分类型的有机合成反应都可以实现手性催化立体选择性控制。特别是最近,发展了不使用过渡金属催化剂的手性有机催化技术,既能从根本上消除金属残留问题,又能实现有机合成反应的对映立体选择性控制。例如使用天然的脯氨酸催化可以实现经典的羟醛缩合的对映立体选择性控制。[20]

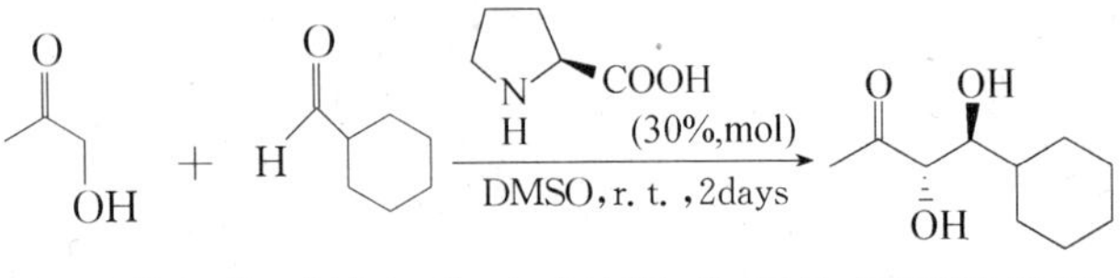

使用从天然苯丙氨酸获得的手性氢化咪唑酮作为催化剂可以实现 Diels-Alder 环加成反应的对映立体选择性控制。[21]

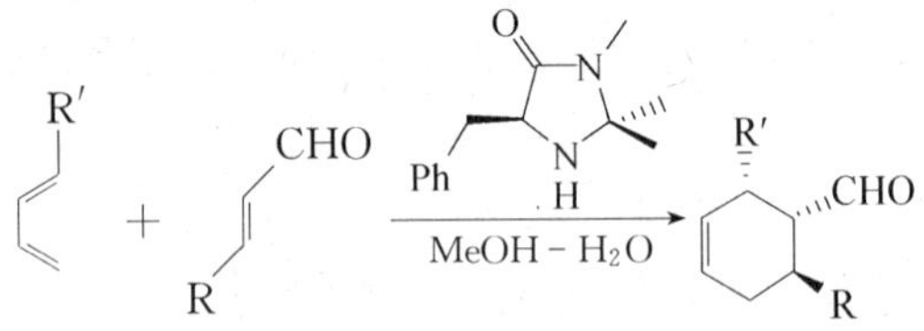

第五节 多步合成——抗精神病药阿立哌唑的合成与工艺研究

一、药物介绍

1988 年开发的抗精神病药,2002 年 9 月 4 日宣布获得美国 FDA 批准,用于治疗各种急性和慢性精神分裂症和分裂情感障碍。2004 年 11 月,成都大西南制药公司引入国内市场,商品名为博思清(Brisking)。

阿立哌唑的化学名称为 7-[4-[4-(2,3-二氯苯基)-哌嗪基]丁氧基]-3,4-二氢-2(1H)-喹啉酮,Cas 号 129722-12-9,分子式 $C_{23}H_{27}Cl_2N_3O_2$,相对分子质量 448.39,化学结构为:

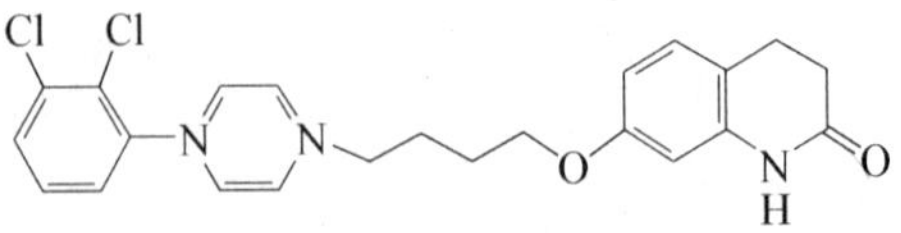

二、现有合成路线与工艺

1. 合成路线一[22]

7-羟基-3,4-二氢喹啉酮同 1,4-二卤丁烷发生醚化得到卤代丁氧基喹诺酮,然后再与二氯苯基哌嗪缩合得阿立哌唑。该路线起始原料实际都是精细化学中间体,以此为生产原料,受上游厂家控制,不利于持续生产及成本控制。

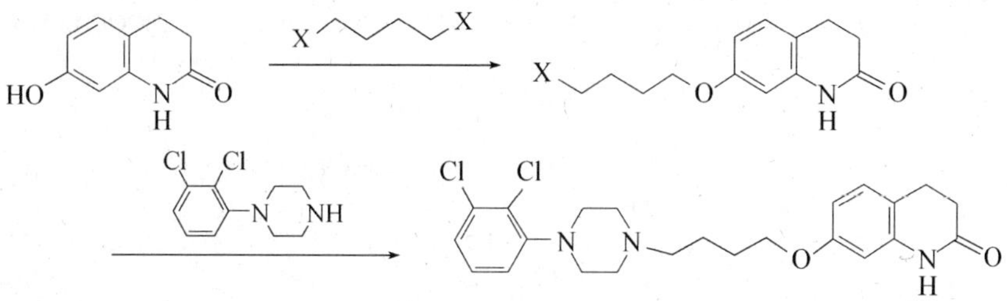

2. 合成路线二[22]

此路线以 1-(2,3-二氯苯基)哌嗪作起始原料,首先与 1,4-二溴丁烷发生烷基化反应,再与 7-羟基-3,4-二氢喹啉酮成醚得到阿立哌唑,总收率 85%。

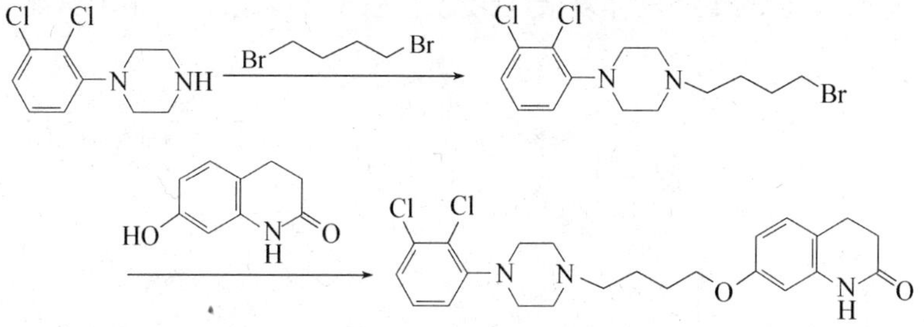

3. 合成路线三[23]

与路线二相似,以 1-(2,3-二氯苯基)哌嗪和 4-二溴丁烷为起始原料,反应得到螺环季铵盐。经异丙醇、正己烷重结晶提纯后,螺环季铵盐与 7-羟基-3,4-二氢喹啉酮得到目标产物,总收率 40%。

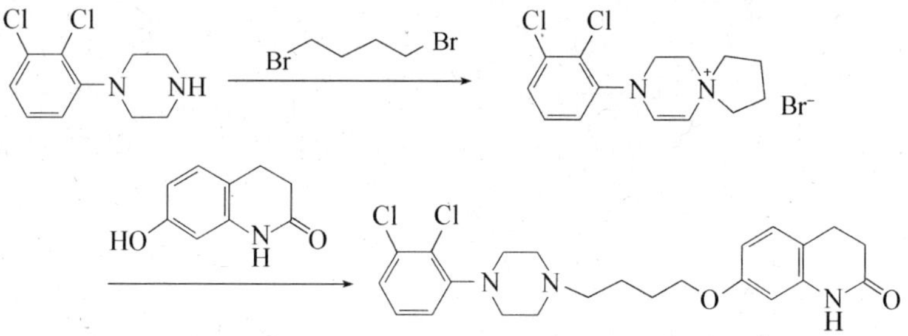

4. 合成路线四[24]

以 1-(2,3-二氯苯基)哌嗪、1,4-二溴丁烷为起始原料,经亲核取代反应得到 1-(4-溴丁基)-4-(2,3-二氯苯基)哌嗪,收率 82%。再与 3-氯-N-(3-羟基苯基)丙酰胺成醚,最后经 F-C 反应环合得到阿立哌唑,总收率为 25%。此路线把喹啉酮环的合成放在最后,避免了由 3-氯-N-(3-羟基苯基)丙酰胺经过 F-C 反应环合得到 7-羟基-3,4-二氢喹啉酮可能出现的杂质 5-羟基-3,4-二氢喹啉酮(F-C 反应发生在羟基邻位的产物)。由于总收率较低,此路线不够理想。

5. 合成路线五[25]

Briggs 等报道 7-(烯丙氧基)-3,4-二氢喹啉酮与过量的 1-(2,3-二氯苯基)哌嗪在含双磷配体的铑配合物催化下进行氢化胺甲基化反应,得到阿立哌唑。此方法新颖,这一步反应收率为 67%。由于铑催化剂昂贵,配体复杂,现阶段仅限于实验室研究,很难实现工业化。

6. 合成路线六[22]

以哌嗪为起始原料,与 1,4-二溴丁烷缩合反应得到 1-(4-溴丁基)哌嗪,再与 7-羟基-3,4-二氢喹啉酮醚化,最后与三氯苯缩合得到终产物。此路线较长,可能会产生较多的杂质,总收率很难提高。

7. 合成路线七[26]

以 7-羟基-3,4-二氢喹啉酮、1,4-二溴丁烷为起始原料,得到中间体 7-(4-溴丁氧基)-3,4-二氢喹啉酮,然后与双-(2-溴乙基)胺缩合,再同 2,3-二氯苯胺成环得到阿立哌唑。路线较长,中间体难于制备,反应难度较大,收率不高,不适合工业化。

8. 合成路线八[27]

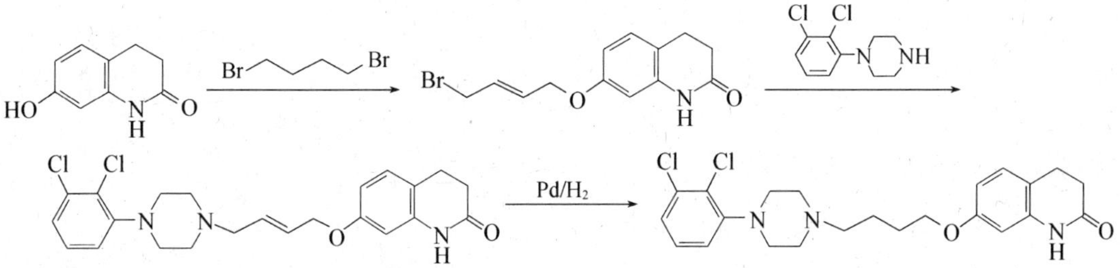

由 7-羟基-3,4-二氢喹啉酮与 1,4-二溴-2-丁烯成醚,收率为 91%,再与 1-(2,3-二氯苯基)哌嗪缩合,收率为 92%,得到的产物再用 Pd-C 或 Ni 催化氢化得到目标产物,文献报道收率为 95%。

与第一条路线相比,这条路线改动不多,只是用 1,4-二溴-2-丁烯替换 1,4-二溴丁烷。由于前者的两个溴原子的反应活性高,因此反应进行容易,条件更温和,收率也较高。但该反应容易产生 1,4-二溴-2-丁烯分子两端都与 7-羟基-3,4-二氢喹啉酮缩合的杂质。另外,由于路线所用的原料 1,4-二溴-2-丁烯的价格较高,是 1,4-二溴丁烷的 5 倍。本路线比第一条路线增加一步催化加氢,增加了反应控制的难度,也提高了成本。三步收率分别可达 91%、92%、95%。但 1,4-二溴-2-丁烯活性高,易生成 1∶2 缩合的杂质;1,4-二溴-2-丁烯价格是 1,4 二溴丁烷的 5 倍,催化加氢增加了成本。

三、反应合成分析

从阿立哌唑的结构入手,进行逆向合成法分析,首先由如下所示的 a、b 两个位置断开,可以得到三个大的分子片段;进一步分割得到几种常见原料,反应合成分析如下:

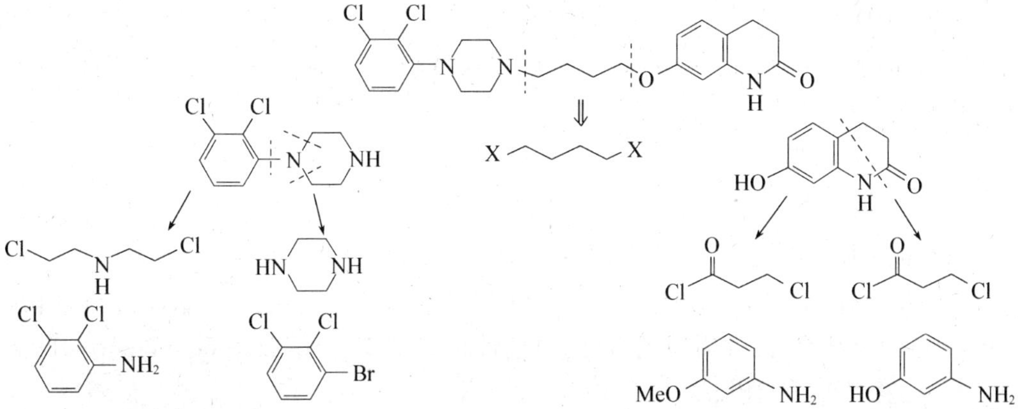

四、工艺路线确定

分别经过详细分析比较原料的成本、反应的难易程度和专利保护状况,我们设计如下合成路线。这样设计路线的原因主要有:① 此路线为汇聚式合成,比线性合成合理;② 间甲氧基苯胺代替间氨基苯酚可以防止后者与 3-氯丙酰氯反应时的羟基上的酯化副反应;③ 1,4-溴氯丁烷代替 1,4-二溴丁烷可以防止反应生成二醚化的产物;④ 双-(2-氯乙基)

胺可以从便宜原料双-(2-羟基乙基)胺方便合成得到。反应条件较为温和,副产物少。

五、小试工艺研究过程

1. 二-(2-氯乙基)胺盐酸盐的制备

在带酸气吸收装置的 500 mL 三口烧瓶中加入二氯亚砜 57 g(0.48 mol)和 100 mL 甲苯,冰水浴降温;机械搅拌下滴加二乙醇胺 21 g(0.2 mol)与 200 mL 甲苯的溶液,室温下滴加二乙醇胺的甲苯溶液,滴加完毕后,60 ℃恒温反应 3 h,冷却至室温,抽滤,用甲苯洗涤滤饼,再用少量乙醇洗涤滤饼,干燥,得到略带黄色的固体 33.4 g,收率 94%,m. p. 214.8～216.3 ℃。

（1）工艺说明

该反应产生大量的氯化氢或二氧化硫气体。反应开始放热明显,宜在较低温度下进行。

（2）产物结构分析

^{1}H-NMR(CDCl$_3$)δ:3.51(s,4H,—N—CH$_2$—),4.06(s,4H,—CH$_2$—Cl),10.08(s,2H,—N$^+$H$_2$Cl)。

EI-Ms(m/z):143(0.6),142(0.3),141(1),94(20),93(2),92(100),65(7),63(23),56(13)。

2. 2,3-二氯苯基哌嗪的合成

将二-(2-氯乙基)胺盐酸盐 29.4 g(0.165 mol)、2,3-二氯苯胺 24.3 g(0.15 mol)、正丁醇 300 mL 依次加入烧瓶中,加热回流反应 24 h,稍冷后,加入 K$_2$CO$_3$ 11.5 g(0.083 mol),继续回流 48 h,用 TLC 检测(CH$_2$Cl$_2$：CH$_3$OH=7：1),反应结束后,过滤,回收正丁醇,剩余固体用乙醇重结晶,活性炭脱色,得到白色针状晶体 23.4 g,收率 58%,m. p. 213.6～214.3 ℃;纯度>99%(HPLC)。

考虑成环需要较高的反应温度,可用二甲苯作溶剂,同时不加碱,反应完成后反应产物以盐酸盐形式沉淀出来,改为如下操作:将二-(2-氯乙基)胺盐酸盐 29.4 g(0.165 mol)、2,3-二氯苯胺 24.3 g(0.15 mol)、二甲苯 300 mL 依次投入三口瓶中,回流 72 h,用 TLC 检测(CH$_2$Cl$_2$：CH$_3$OH=7：1),反应结束后,冷却至室温,抽滤,少量乙醇洗涤得浅黄色固体,乙醇重结晶,活性炭脱色,得白色针状晶体 30 g 收率 75%,m. p. 212～214 ℃;纯度>99%(HPLC)。

3. 7-羟基-3,4-二氢喹啉酮的合成

将 50 g 二氯乙烷及 48 g 3-氯丙酰氯的混合溶液滴加到冰浴冷却下的 200 g 二氯乙烷和 46 g 间氨基苯甲醚反应器中。控制滴加速度,使温度保持在 $10\sim20$ ℃。滴加 10 min 后再滴加 20% Na_2CO_3 溶液,并加冷凝管放空 CO_2 气体,滴加后升温至室温,TLC 监控确定反应原料消失后停止反应,静置数小时,有白色固体析出,抽滤,干燥得白色固体,产率 90%,m. p. $96\sim98$ ℃。

加 85.4 g 上步制得的 3-甲氧基-3'-氯丙酰基苯胺,52 g NaCl,52 g KCl 到 2 L 的三口反应器中,称取 427 g 的无水三氯化铝分成三批,搅拌下开始加热,加入第一批无水三氯化铝到反应器中,待加热到溶解后再加入第二批无水三氯化铝,同样加热到溶解后再加入第三批无水三氯化铝。在 170 ℃ 油浴下,搅拌若干小时,TLC 确定反应终点。反应完成后,将反应液倒入大量冰水中,水中有固体析出。冷却,静置,抽滤得到产品,收率 85%,m. p. $234\sim236$ ℃。

4. 7-氯丁氧基-3,4-二氢喹啉酮的合成

在 100 mL 三口瓶中依次加入 1-氯-4-溴丁烷(21 g,0.12 mol)和 DMF(25 mL)、K_2CO_3(17 g,0.12 mol),搅拌下控温至 35 ℃,滴加 7-羟基-3,4-二氢喹啉酮(10 g,0.06 mol)的 DMF(25 mL)溶液,反应 4 h,TLC 检测(展开剂乙酸乙酯:石油醚=1:1)原料 7-羟基-3,4-二氢喹啉酮反应完全,将反应液倒入水中,过滤,滤饼用 70 mL 乙醇重结晶,得到无色晶体(11.2 g,72%),m. p. $106.3\sim106.6$ ℃,纯度$>99\%$(HPLC)。

(1) 结构分析

^{1}H-NMR(CDCl$_3$)δ:1.90(m,4H,—CH$_2$—CH$_2$—),2.60(t,2H,—CH$_2$—CO—),2.90(t,2H,—CH$_2$—C—CO—),3.61(t,2H,—CH$_2$—Cl—),3.96(t,2H,—CH$_2$—O—),6.32(s,1H,—C—CH—C—),6.52(d,1H,—CH—C—C—O—),7.05(d,1H,—CH—C—O—),8.00(s,1H,—NH—CO—)。

EI-Ms(m/z):253,218,163,135,91,55。

(2) 工艺说明

由于本步反应很容易生成两端都醚化的副产物,而且在后处理中很难除去,因此反应碱不易太强,温度不宜太高(<40 ℃),否则会有副产物生成,需要对温度、碱的种类和碱量进行条件实验,才能找到比较好的反应条件。此步主要副产物的结构如下:

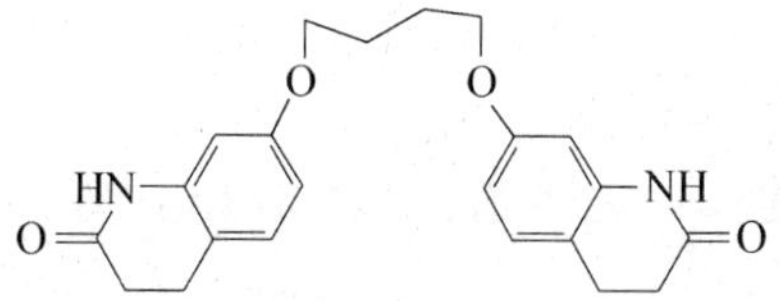

在医药中间体合成中,对杂质的分析很重要,特别是最终的原料药产品,对杂质种类和含量都有严格的限制。

5. 阿立哌唑的合成

100 mL 的三口瓶依次加入 7-氯丁氧基-3,4-二氢喹啉酮(20.2 g,0.08 mol)、2,3-二氯苯基哌嗪盐酸盐(21.4 g,0.08 mol)、20% K_2CO_3 水溶液(K_2CO_3 22 g,0.16 mol)混合后

回来搅拌点板(展开剂:甲醇:氯仿=1:9)检测,3 h后原料点消失,过滤,滤饼用160 mL乙醇重结晶,得到白色固体32.3 g(收率90%),m. p. 139.4~139.5 ℃,纯度>99%(HPLC)。

(1) 结构分析

^{1}H-NMR(CDCl$_3$)δ:1.81(m,4H,—CH$_2$—CH$_2$—),2.50(t,2H,—CH$_2$—CO—),2.61(m,6H,—CH$_2$N(CH$_2$—)—CH$_2$—),2.97(t,2H,—CH$_2$—C—CO—),3.08(m,4H,—CH$_2$NPhCH$_2$—),4.05(t,2H,—CH$_2$—O—),6.60~7.14(m,6H,Ar—H),7.50(s,1H,—NH—CO—)。

EI-Ms(m/z):447,285,243,228,200,172,146,134,118,104,98,84,77,70,55,42。

(2) 工艺说明

由于是最终产物,因此对产物的纯度要求很高,通常在99.2%以上,对单一已知杂质通常小于0.2%,未知杂质含量要求更少。对产物颜色、晶型等都有很严格的要求。因此在路线设计上,药物合成的最后一步反应通常选用简单、收率高、副反应少的反应。本反应碱量不要太大,否则得到的固体颜色不好,重结晶时损失多。

参考文献

[1] Joule J A, Mills K. 杂环化学. 第四版. 由业诚,高大宾译. 科学出版社,2004.

[2] US 5869657, 1999 - 2 - 06.

[3] WO 9805656.

[4] Zou J. Org. Prep Proce Inter. ,1996,28(5):618 - 622.

[5] Gribanova, T. N.; Minyaev, R. M.; Minkin, V. I. Quantum-chemical investigation of structure and stability of [n]-prismanes and [n]-asteranes. Russian Journal of Organic Chemistry 2007, 43(8): 1144 - 1150.

[6] Ahlquist, Bjoern; Almenningen, Arne; Benterud, Birgit et. al. The molecular structure of triasterane: an experimental and theoretical study. Chemische Berichte, 1992, 125(5):1217 - 1225.

[7] Sakai, Kiyoshi et al Syntheses of some branched-chain nitro cycloalkanols. Chemical & Pharmaceutical Bulletin, 1968,16(6):1048 - 55.

[8] Chang, Tsu-chung; Huang, Mei-lan; Hsu, Wen-lin et. al. Synthesis and biological evaluation of ebselen and its acyclic derivatives. Chemical & Pharmaceutical Bulletin, 2003, 51(12):1413 - 1416.

[9] 周志彬,夏小平,徐辉碧等. 2-苯基-苯并异硒唑酮-3及其衍生物的合成和抗肿瘤活性的初步研究. 高等学校化学学报,1993,14(2):220 - 222.

[10] 周志彬,夏小平,徐辉碧. 含硒杂环化合物的合成和对超氧阴离子作用的ESR研究. 无机化学学报,1993,9(4):434 - 437.

[11] Ramharter, Juergen and Mulzer, Johann From Planning to Optimization: Total Synthesis of Valerenic Acid and Some Bioactive Derivatives. European Journal of Organic Chemistry, 2012(10):2041 - 2053, S2041/1-S2041/32.

[12] Greene T W, Wuts P G M. 有机合成中的保护基. 华东理工大学有机化学教研组翻译. 华东理工大学出版社,2004.

[13] CN 100482629(C) 2009 - 04 - 29.

[14] CN 1256313(C) 2006 - 05 - 17.

[15] Muzart J. Silyl ethers as protactive groups for alcohols. Synthesis, 1993, (1):11.

[16] Leonard, William R., Jr. et al. Determination of the Relative and Absolute Configuration of the Dimethylmyristoyl Side Chain of Pneumocandin B0 by Asymmetric Synthesis. Organic Letters, 2002, 4 (24):4201 - 4204.

[17] Ramachandran, P. Veeraraghavan et al. Chiral synthesis via organoboranes. 34. Selective reductions. 47. Asymmetric reduction of hindered α,β-acetylenic ketones with B-chlorodiisopinocampheylborane to propargylic alcohols of very high enantiomeric excess. Improved workup procedure for the isolation of product alcohols. Journal of Organic Chemistry, 1992, 57(8):2379 - 86.

[18] Brown J M. Selectivity and mechanism in catalytic asymmetric synthesis. Chem Soc Rev, 1993, 22 (1):25 - 41.

[19] Hentges S G, Sharpless K B. Asymmetric induction in the reaction of osmium tetroxide with olefins J Am Chem Soc,1980, 102:4263.

[20] Berkessel A. Groger H. 不对称有机催化. 赵刚 译 华东理工大学出版社,2006.

[21] Kim, Kyoung Hoon et al. Organocatalysis using protonated 1,2-diamino-1,2-diphenylethane for asymmetric Diels-Alder reaction. Tetrahedron Letters, 2005, 46(36):5991 - 5994.

[22] US 5006528 1991 - 4 - 9.

[23] WO 2004099152 A1 20041118.

[24] CN 1569845 A 2005 - 01 - 26.

[25] Briggs, John R. et al. Synthesis of Biologically Active Amines via Rhodium-Bisphosphite-Catalyzed Hydroaminomethylation Organic Letters, 2005, 7(22):4795 - 4798.

[26] Pai, Nandini R. et al. An efficient synthesis of neuroleptic drugs under microwave irradiation. Journal of Chemical and Pharmaceutical Research, 2010, 2(5):506 - 517.

[27] CN 1504461, 2004 - 06 - 16.

习 题

1. 简述第一节中多环化合物合成反应的反应历程。

2. 用逆向合成法合成下列化合物(先剖析成合成子,再找到其真实体或等价物,然后合成)

(1)   (2)

第四章 精细有机不对称催化反应与工艺

第一节 概 述

一、手性的重要性

手性是物质的一种不对称性，它是自然界的普遍特性，也是一切生命的基础。生命现象依赖于手性的存在和手性的识别。生命的基础物质蛋白质、核酸都是手性的，生命的能量来源多糖也是手性的。并且大自然对手性是执着偏爱的，例如蛋白质的组成成分氨基酸除甘氨酸外全是 L-构型的，而组成多糖的单糖均是 D-构型的。

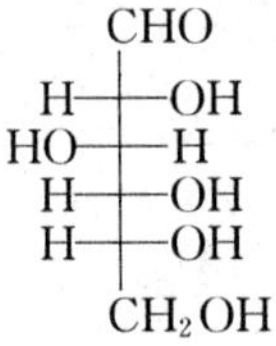

D-葡萄糖 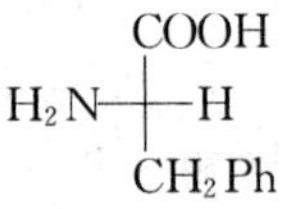　　　　　　　　　　L-苯丙氨酸

我们周围的世界是手性的，构成生命体系生物大分子的大多数的重要构件仅以一种对映形态存在。生物活性的手性化合物与它的受体部位以手性的方式相互作用。因此，不同手性的化合物经常显示出不同的性质及功能。

人工合成的 D-$(R$-$)$天冬酰胺是一种甜味剂，甜度为蔗糖的 200 倍，而天然的对映体 L-$(S$-$)$天冬酰胺则是苦味的。碳氢化合物苧烯与其对映异构体的气味是不同的，R-构型为橙子香气味，而 S-构型则为类似松节油的气味。R-$(-)$-香芹酮是一种重要的薄荷味香料，广泛应用于食品领域，而其对映异构体 S-$(+)$-香芹酮则释放出难闻的臭蒿味。[1-2]

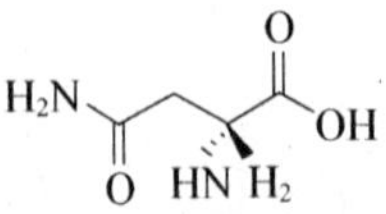

(S)-天冬酰胺 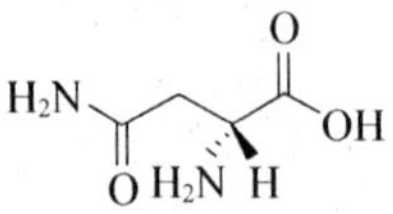　　　　　　　　　(R)-天冬酰胺

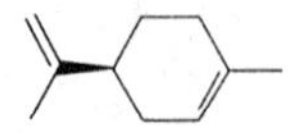

S-$(-)$-苧烯 　　　　　　　　　R-$(+)$-苧烯

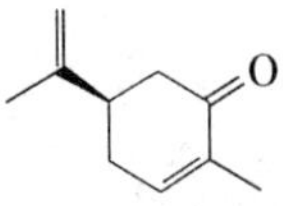

(R)-$(-)$-香芹酮　薄荷味 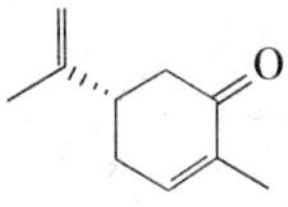　　　　(S)-$(+)$-香芹酮　臭蒿味

生物体的酶和细胞表面受体是手性的,外消旋体的两个对映体,在体内以不同的途径被吸收、活化或降解。药物的两个对映体以不同的方式参与作用并导致不同的效果就不足为怪。

手性药物的对映异构体在生物体内的作用功能通常可以分为以下几种情况:

(1) 两种对映异构体都具有等同的生物活性;

(2) 两种对映异构体都具有生物活性,但有一定程度的差异;

(3) 一种异构体有所期望的活性,而另一种异构体的活性则很差或没有活性;

(4) 两种对映异构体呈现出完全不同的生物活性,甚至其中一个显示为毒性。

在手性药物中,我们最为期望见到的就是第(1)种情况,但实际上更多出现的是第(3)种甚至第(4)种。

下面例举的药物足以说明手性研究在药物领域中的重要性。

萘普生是 α-芳基丙酸类非甾体抗炎药,虽然其两种对映异构体均有药效,但 S-构型的药效较 R-构型的强 35 倍。

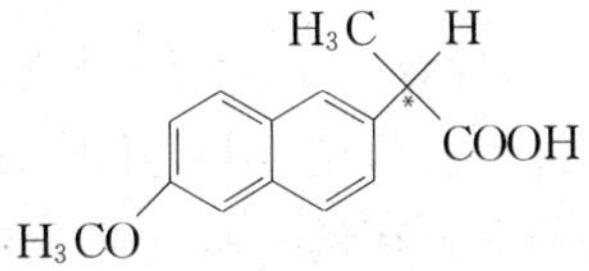

萘普生

氯霉素是抑菌性广谱抗生素,治疗厌氧菌感染的特效药物之一,分子结构中含有两个手性碳原子,有四个旋光异构体,其中 RR-构型异构体的抗菌活性是其对映体的 50~100 倍,用于临床。该品种在畜牧业生产中也经常使用,某些劣质兽药就是在其中混入 SS-构型的,以次充好。

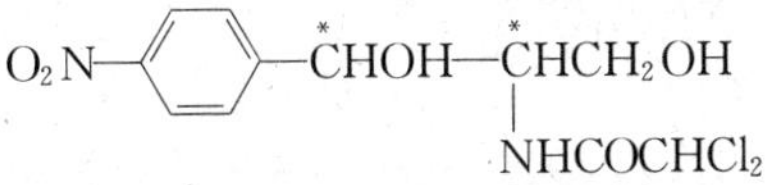

氯霉素

卡托普利是美国 Squibb 公司研制开发的第一个口服有效的血管紧张素转化酶抑制剂(ACEI)类抗高血压药物。其中(2S)-异构体的药效活性是(2R)-异构体的 100 倍。

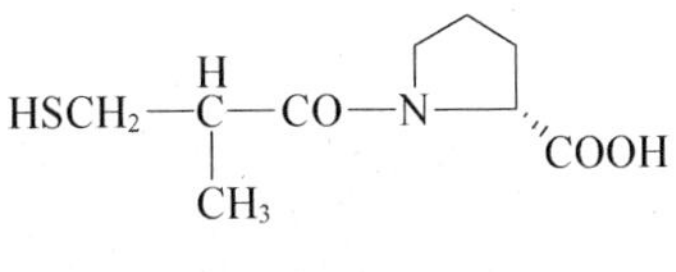

卡托普利

喷他佐辛、苯并吗啡烷类镇痛药,其两个对映体都有镇痛作用,但(-)-异构体的镇痛活性比(+)-异构体强 20 倍,且成瘾性低于(+)-异构体。

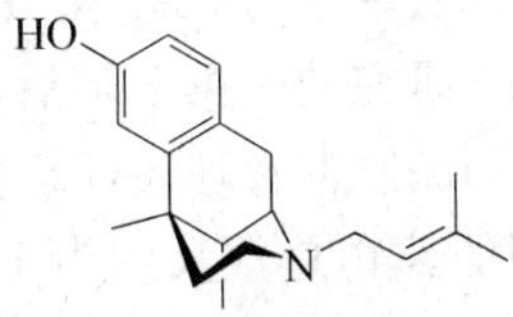

(-)-喷他佐辛

盐酸普萘洛尔(心得安)是 β 受体阻断类药物中的代表药物,在临床上广泛应用于治疗心律失常、心肌梗塞、高血压、心绞痛、偏头痛等疾病。S-异构体阻滞受体作用较 R-构型强约 200 倍。而 R-异构体主要体现明显的影响或抑制性欲的作用,可用于男性避孕。

盐酸普萘洛尔

乙胺丁醇为抑菌抗结核药,其中 SS-构型的右旋体对结核杆菌和其他分枝杆菌具有较强的抑菌作用,是 RR-构型左旋体活性的 $200 \sim 500$ 倍,是 RS-内消旋体的 12 倍。RR-构型的除抗菌活性差外还可以导致失明,也是乙胺丁醇致失明的不良反应的根源。

$$CH_3CH_2\overset{*}{C}H-NH-CH_2CH_2NH-\overset{*}{C}HCH_2CH_3$$
$$CH_2OH \qquad\qquad\qquad CH_2OH$$

乙胺丁醇

沙利度胺(thalidomide,反应停),导致了手性药物史上最悲惨的药物致畸事件。该药物于 1960 年以外消旋体的形式在欧美投放市场,用于妊娠期的止吐。在使用这种药物的孕妇中,导致了几千名婴儿的严重骨骼畸形。在进一步的研究中发现,其中 S-构型的对映异构体是致畸的,而 R-构型的即使在高浓度下也无致畸作用。但由于该化合物在人体代谢过程中会发生外消旋化作用,所以即使是高纯度的 R-构型药物,也不能在妊娠期妇女中使用了。也正是此后以高光学纯度的单一构型分子作为治疗药物成为药学领域的研究趋势。

(S)-致畸剂(海豹症)　　　　　(R)-镇静剂

依托唑啉,是一种利尿剂,但只有(－)-异构体有利尿作用,而(＋)-异构体不但没有利尿作用,还会抑制(－)-异构体及其他利尿药物的利尿作用。

依托唑啉

1992 年美国食品与药品管理局(FDA)发布了一个初步的"手性药物研究技术指导原则":对含有手性因素的药物倾向于开发单一的对映体产品;对于外消旋的药物,则要求提供立体异构体的详细生物活性和毒理学研究的数据。随后,欧盟于 1994 年也公布了"手性物质研究"的文件。近年来,我国食品药品监督管理局(SFDA)也对手性药物的研究和开发做出了相应的规定。目前世界上使用的药物总数大约为 1 900 多种,手性药物占 50% 以上。在 200 种常见的临床药物中,手性药物多达 114 种。1993 年,光学活性药物的销售额超过 350 亿美元,到了 2001 年增长至 1 470 亿美元,到 2010 年单一对映体形式手性药物的销售额达到约2 000亿美元。旋光纯化合物因其具有的特殊性质和非凡功能,不仅在药物中,而且在农药、香料、食品添加剂和昆虫信息素等领域中均获得广泛的应用。此外,在分子电子学、分子光学以及特殊材料中,也引起了人们的普遍关注。手性液晶和手性高分子材料因其独特的理化性质而成为特殊的器件材料。手性技术(chirotechnology)作为一门新兴的高新科技产业,正在悄然兴起。

二、手性的形成

1. 构造异构

有机分子中同分异构现象广泛存在。分子中各原子的连接顺序不同的为构造异构,其中包括碳骼异构、位置异构和官能团异构。

(1) 碳骼异构

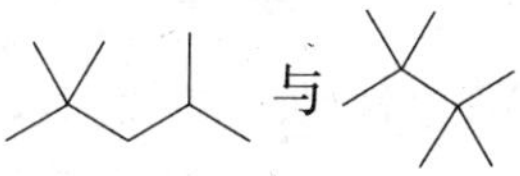

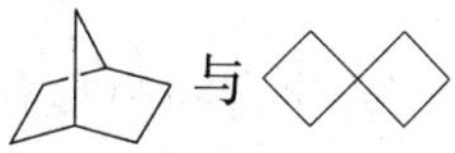

(2) 位置异构

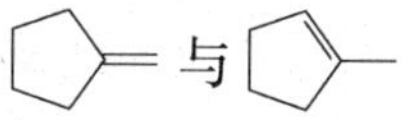

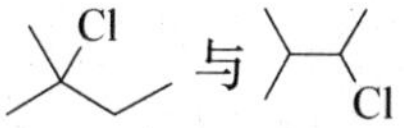

(3) 官能团异构

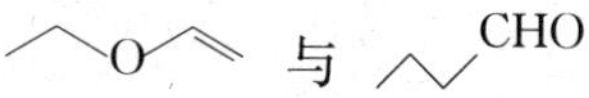

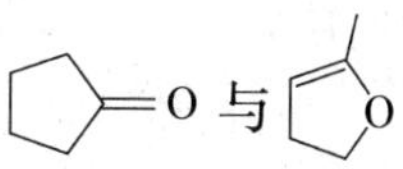

2. 构型异构

两种异构分子中各原子的连接顺序相同,其差别是由原子或基团在空间中的相对位置不同而引起的,这种异构为构型异构,包括烯烃的 Z、E 异构,取代环烷烃的顺、反异构以及手性化合物的旋光异构现象。

(1) Z、E 异构

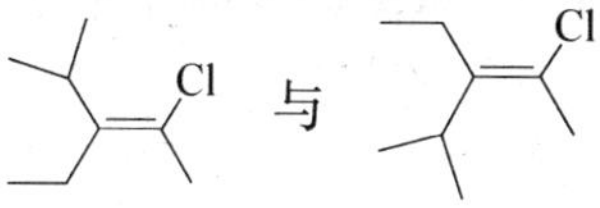

(2) 顺、反异构(cis、trans 异构)

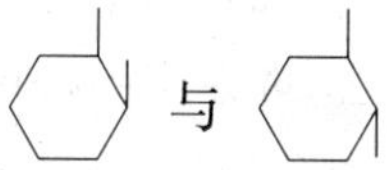

(3) 旋光异构

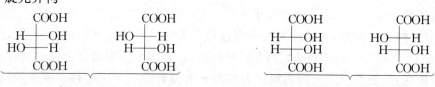

对映异构体　　　　　　　　非对映异构体(差向异构体)

大多数手性化合物含有一个或多个四面体构型的手性碳原子,当手性碳原子个数为1时,其一定为手性化合物,手性碳原子即为其手性中心。在合成这类化合物时,其不对称性

多数是从平面的 sp^2 杂化碳原子向空间四面体的 sp^3 杂化碳原子转化时形成的。这些转化常发生在羰基、烯烃、烯胺、烯醇、亚胺、卤代烃等化合物的官能团转变过程中。

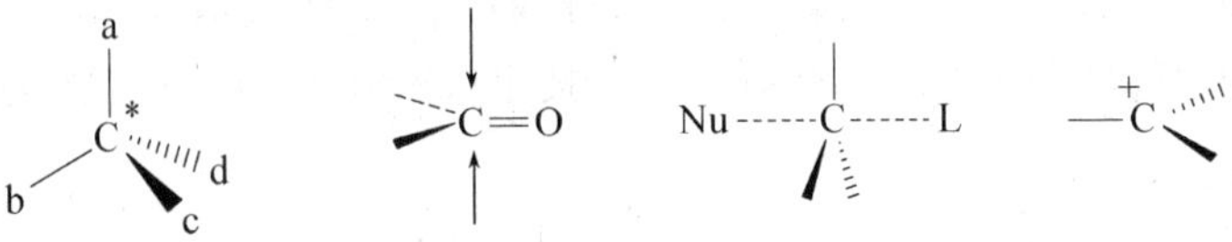

图 4-1　常见的 sp^2 杂化碳原子的官能团或中间体

对于具有两个或两个以上手性碳原子的化合物,当分子中存在对称面 σ 或对称中心 i 时,该分子为内消旋体(meso),无手性。只有存在手性中心时才是手性化合物。

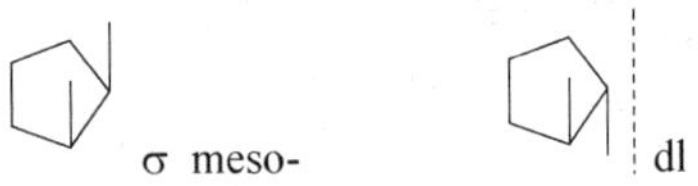

当不含手性碳原子的化合物中具有手性中心、手性轴、手性面时,其也是手性化合物。联苯类、螺环类、丙二烯类、提篮型化合物均是常见的无手性碳的手性化合物。

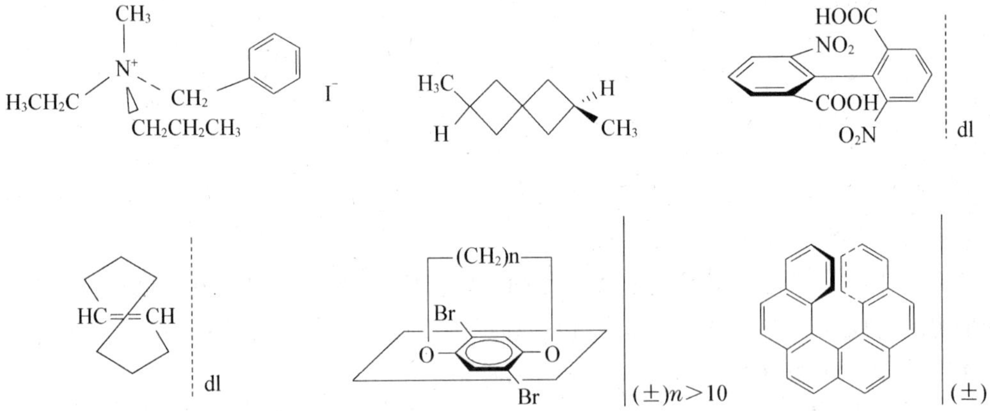

图 4-2　不含手性碳的手性化合物

三、对映体构型的标记

对于不同构型的对映异构体进行命名时,有必要对其构型分别给予标记。构型的标记方法有多种,过去常用的是 D/L 标记法,现在广为采用的是 R/S 标记法。

1. D/L 标记法

在有机化学发展早期无法确定分子内原子的空间排列次序,指定了右旋甘油醛为 D 构型,左旋甘油醛为 L 构型,并以此为参照通过化学关联确定其他化合物的构型。此种表示方法得到的是手性分子的相对构型而非绝对构型,且在多手性碳的化合物中其仅表达出一个手性碳的构型,如 D-(+)-葡萄糖和 D-(+)-甘露糖仅有一个手性碳原子的构型不同,但均表示为 D-构型。虽然此表示方法有诸多局限,但在天然手性化合物的研究及天然产物半合成中的应用还是较为广泛的。

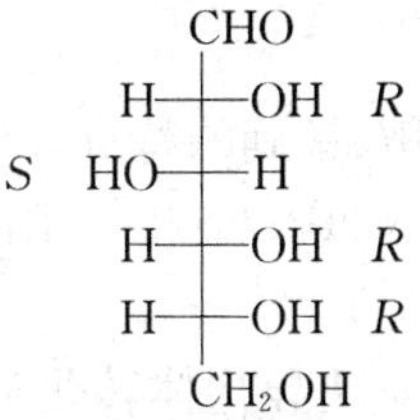

　　　D-(＋)-葡萄糖 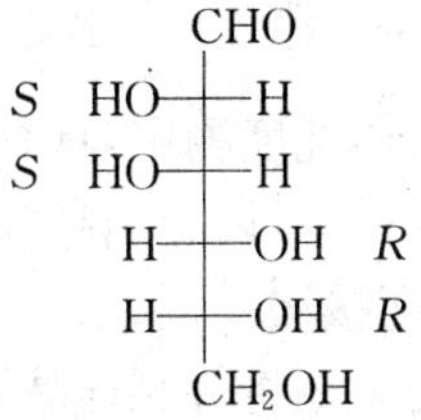　　　　　　　D-(＋)-甘露糖

2. R/S 标记法

根据手性碳原子上四个原子或原子团的空间相对位置排序而确定的 R、S 构型能够准确标记任何一个手性碳原子的绝对构型,适用于各种手性化合物的构型标记。

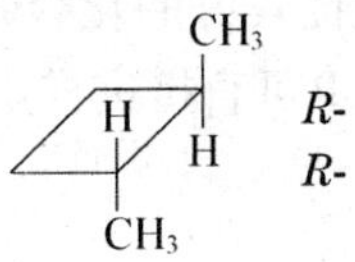

四、对映异构体纯度测定方法

不论从什么途径获得了光活性化合物,都需要知道其对映体纯度。判断一个不对称合成反应的价值,需要知道产物的对映体纯度。评价一种手性催化剂的效果,也需要知道在该催化剂作用下的反应产物的对映体纯度。因此对映体纯度的测定是立体化学研究中的重要问题。对映体纯度可用"ee 值"来描述,它表示一个对映体对另一个对映体的过量值,常用百分数表示。可用于测定 ee 值的方法有很多。最简单的是通过测定样品的比旋光度的确定,而目前使用最多的更精确的,是使用手性色谱柱的 HPLC 方法或 GC 方法来检测。下面分别作简要介绍。

$$(对映体过量值)ee=\frac{[R]-[S]}{[R]+[S]}\times100\%(R\,异构体的\,ee\,值)$$

1. 旋光度的测定法

测定样品光学纯度最经典的方法是使用旋光仪。先利用旋光仪,测出手性化合物的旋光方向和旋光度,再计算出比旋光度,光学纯度及对映体的 ee 值。该方法简便易行,仪器价格相对较便宜,大多数实验室都可以做,因此使用较广泛,尤其对精确度要求不是很高的场合更加适应。但该方法测定有若干的不足。

(1) 必须知道在实验条件下的纯对映体的比旋光度,即 $[\alpha]_{\lambda\max}^{t}$,以便于样品的测量结果进行比较;

(2) 被测物必须具有中等以上的旋光能力,否则偏差较大;

(3) 旋光度的测量或光学纯度的测定可能受到多个因素的影响,如偏振光波长、溶剂、浓度、稳定性,尤其是具有大比旋光度的杂质存在的显著影响;

(4) 需要相对多量的样品(通常需要几十或上百毫克样品),以便有足够大的旋光度来获得合理的数值;

(5) 必须得到纯产物,以便获得用于比较的旋光度。

2. 色谱分析法

色谱分析用于对映体纯度测定,具有快速、灵敏、精确的特点,已发展成为不对称分析的主要手段。按照所用仪器,可以分为高效液相色谱(HPLC)和气相色谱(GC)。按照分析方法,可以分为直接法和间接法。

间接法是先用手性试剂将待测样品中的两个对映异构体转化为非对映异构体,再用非手性的色谱柱进行分析。其最大优点是不需要昂贵的手性柱,但是衍生化反应也存在缺陷,如衍生化不完全,发生外消旋化,出现动力学拆分等,从而影响测定结果的准确性和可靠性。

直接法是使用手性固定相的色谱柱,样品无需衍生化。分析操作比间接法简捷,测定结果更准确可靠。它的不足之处是手性柱的价格比较昂贵。

GC 主要用于分析挥发性和热稳定性较好的化合物,适用的化合物没有 HPLC 广泛。GC 的分析灵敏度更高,样品不经分离纯化也可直接进样,非常适用于反应过程的跟踪监测。

五、获得手性化合物的方法

为了研究和利用各种对映异构体的不同生理活性,首先要能获得光学纯的手性化合物,通常可通过以下几种途径。

1. 直接从天然来源获得

天然存在的手性化合物很多,其中含量较大的易取得的光学纯的天然手性化合物,被称为"手性源"化合物。主要有:

(1) 糖类及其衍生物

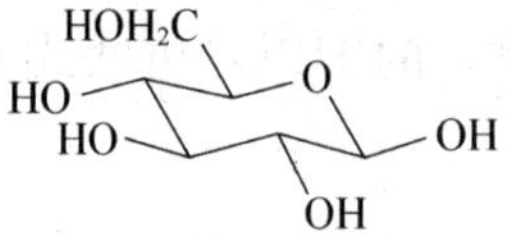

β-D-(+)-吡喃葡萄糖 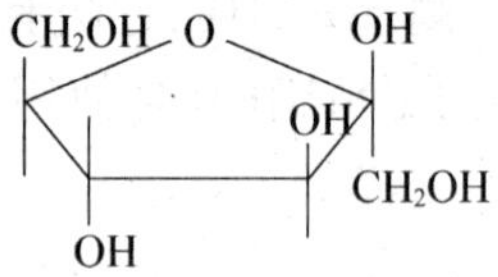　　　β-D-(−)-呋喃果糖

(2) 有机酸

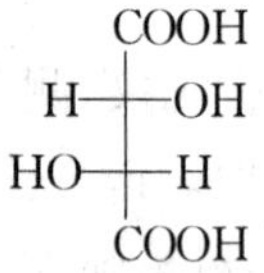

（+）-酒石酸 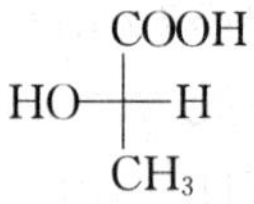　　　　　（+）-乳酸 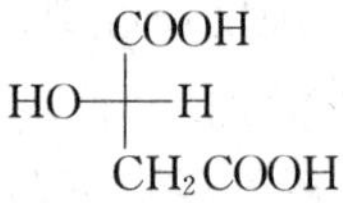　　　　　（−）-苹果酸

(3) 氨基酸

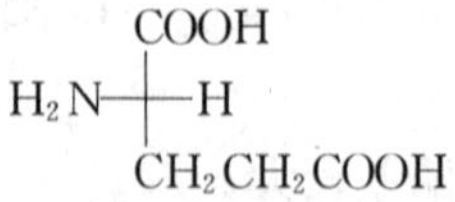

L-谷氨酸 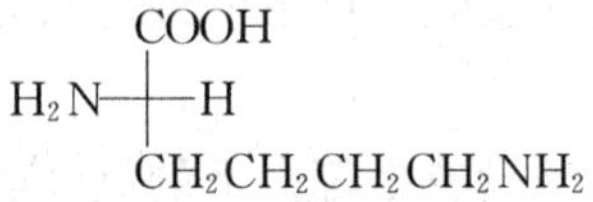　　　　　　　　　L-赖氨酸

(4) 萜类化合物

（+）-樟脑 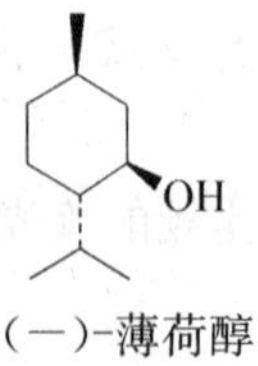　　　　　（−）-薄荷醇 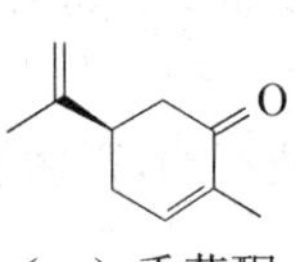　　　　　（−）-香芹酮

（5）生物碱

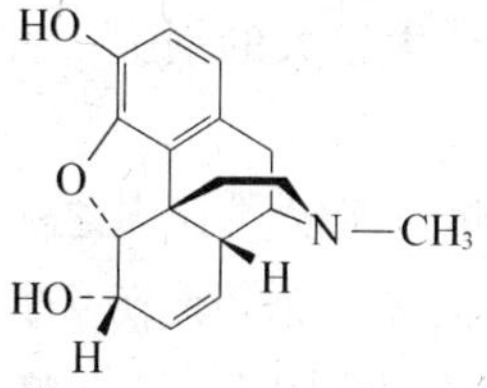

（—）-吗啡 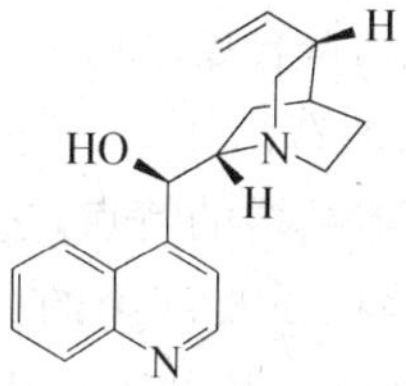　　　　　　　　　（—）-辛可尼丁

2. 外消旋体拆分

普通的有机合成过程中通常生成无光学活性的外消旋体，为了得到光学纯的对映异构体就必须对外消旋体进行拆分。常用的拆分方法有：直接结晶拆分、化学拆分、生物拆分、色谱分离等。

（1）直接结晶拆分

利用外消旋体中对映体在结晶形态上的不同，借助肉眼直接辨认或通过放大镜观察，而把两种结晶体挑拣分开。此法要求结晶体的形态有明显的不对称性，且结晶的大小适宜。此法为最原始的拆分操作，目前极少使用，仅在实验室中少量制备时偶然采用。

现常用改良的结晶拆分法，即"接种晶种拆分法"，也称为"诱导晶体拆分法"。在一个外消旋混合物的饱和溶液中加入纯对映体之一的晶种，然后冷却，则同种对映体将附在晶体上析出；滤去晶体后，补充外消旋体至饱和，然后加入另一种对映体的晶种，冷却，使另一种对映体析出。这样交替进行可以大量地获得两种光学纯的对映异构晶体。这种方法虽然应用面较窄，但由于其操作简单、易控、成本低，在合适的品种中是最为便捷的生产方式。

工业上生产光学纯的酒石酸采用的就是接种晶种拆分法。先将（±）-酒石酸制成（±）-酒石酸钠铵，在热的（±）-酒石酸钠铵饱和溶液中加入（＋）-酒石酸钠铵晶种，控制降温速度，析出（＋）-酒石酸钠铵，过滤收集后用硫酸置换，得到纯的（＋）-酒石酸。向拆分的滤液中继续加入（±）-酒石酸钠铵和（—）-酒石酸钠铵晶种，可继续析出（—）-酒石酸钠铵，进而得到纯的（—）-酒石酸。

（2）化学拆分

用手性试剂将外消旋体中的两种对映异构体转变成一对非对映异构体，然后利用非对映异构体之间物理性质的不同，主要是溶解度的不同，通过重结晶将其分离，再分别再生成光学纯的两种对映体。

拆分实验的成功关键是选择合适的拆分剂及溶剂。理想的拆分剂应具备以下条件：

① 必须容易与外消旋体中的两个对映体相结合，得到非对映异构体，经拆分后又容易再生出原来的对映体化合物。最常用的是酸碱成盐反应，被拆物为碱性时用手性酸做拆分剂，被拆物为酸性时用手性碱做拆分剂，反应简便，且分离提纯后又便于用无机酸碱再生。

② 所形成的非对映异构体能形成好的结晶，便于用重结晶方法分离。

③ 拆分剂的光学纯度能得到保证。

④ 拆分剂便宜易得，如价格较高则必须能够方便回收。

外消旋体 $\xrightarrow{\text{手性试剂}}$ 非对映体 $\xrightarrow{\text{逐步结晶法}}$ 分离

化学拆分法简单易行，应用面广，是目前最常被实验室及工业上采用的重要拆分方法。

但对于新品种的化学拆分来说,如何选择拆分剂及重结晶溶剂是最关键的问题,很多时候需经多次重结晶才能得到符合要求的 ee 值,因此会产生较大的损失。并且需要使用目标产物 2 倍量的拆分剂,较为浪费。

根据被拆分物立体结构的特点,选取合适的拆分剂仅同其中之一的对映异构体发生作用,进而得到一种新的物质及剩余的另一对映异构体,这样既节省了拆分剂,又便于分离。下面以混合的 1,2-环己二胺的拆分为例进行说明。选用 L-酒石酸作拆分剂,其仅同(R,R)-1,2-环己二胺成盐。剩余的(S,S)-1,2-环己二胺、(R,S)-1,2-环己二胺均不与 L-酒石酸反应,用冰醋酸成盐,利用两种不同盐的溶解度差异,通过结晶分离精制,再碱析得光学纯的(R,R)-1,2-环己二胺。其中拆分剂 L-酒石酸的物质用量仅需被拆分物的 1/3 即可。[3-4]

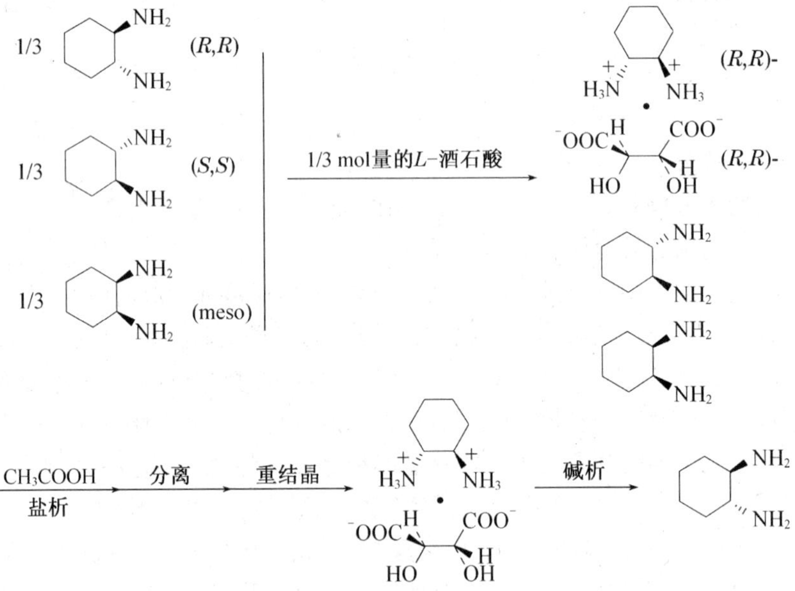

（3）生物拆分

用酶拆分外消旋体具有高度的选择性、高产率、反应条件温和、环境友好等优点。在早期氨基酸的合成中常用酶拆分法对氨基酸的外消旋体进行拆分。[5-7]

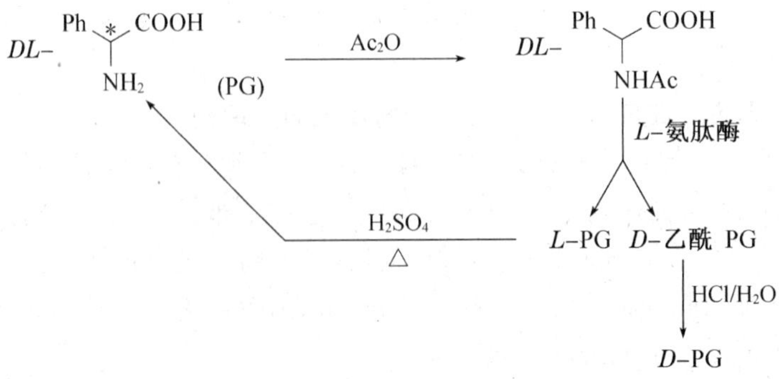

如非天然氨基酸 D-苯甘氨酸的生产中,化学方法合成得到的都是 DL-苯甘氨酸的外消旋体。以前工业上是用(+)-樟脑磺酸拆分,因为拆分剂的大量供应有困难,D-苯甘氨酸的生产大大受限,直接影响其下游产品氨苄西林和头孢苄氨的生产及使用。后来改用酶法

拆分,先将 DL-苯甘氨酸用醋酐酰化,然后用氨肽酶水解,只有 L-乙酰苯甘氨酸被水解,分离后 D-乙酰苯甘氨酸经酸性水解得到 D-苯甘氨酸,而 L-苯甘氨酸用硫酸回流,使其外消旋化,回到拆分起点,原料利用率达到 100％。[8]

（4）色谱分离

用液相色谱分离对映体,具有可以一次分离,对映体纯度高,且常可以同时确定被分开组分的绝对构型的优点,已被广泛用于各种类型的手性化合物的对映体纯度测定。近二十年来,由于各种具有很强手性识别能力的手性固定相不断地被发现和应用,目前使用手性固定相作填充剂的大体积的色谱柱,一次分离千克级的高光学纯度（>99％）对映体的装置也已问世。因为拆分底物的适用面很广,已逐渐成为制备各类高光学纯对映体的强有力手段。

但由于设备成本较高,目前主要用于新手性化合物的分离合成及高光学纯度的标准品的制备生产。

3. 手性源合成

天然手性化合物通常为光学纯专一的物质,在有机合成过程中可利用原有的手性中心,在分子的适当部位引入需要的官能团,可制得多种手性化合物。由天然的（＋）-樟脑、（＋）-酒石酸、（－）-薄荷醇等大量易得的天然手性化合物可衍生多种不同的手性试剂,均已投入产业化生产。

近几十年来,开展了大量利用自然界中最丰富的糖类化合物为起始原料合成各种有生物活性的手性化合物的研究工作。有的是保持糖类化合物原有的多个手性碳原子的构型,仅作官能团的改变,也有利用糖类化合物的立体位阻关系进行不对称合成研究,得到不等量的差向异构体。此类合成也称为天然产物的立体控制性半合成。

```
        CHO
    H ——— OH
   HO ——— H      HCN     位阻关系得到不等量的氰羟化合物
    H ——— OH    ———→     异构体
    H ——— OH
        CH₂OH
```

4. 不对称合成

在传统的有机合成反应中,目标产物需通过拆分得到所需的光学异构体,而这种方法得到产物的同时,有一半的产物是废弃的,即使通过外消旋化反应对其再利用也很繁琐。因此不对称合成在制备光学活性化合物时起着非常重要的作用。

不对称合成是在手性物质的影响下,以潜手性的化合物为原料建立一个或多个手性中心的过程,是制备手性化合物的最佳途径。"以非手性的化合物为起始物制备光学活性物质的反应,反应过程中可以使用光学活性物质为中间体,但不包括使用任何拆分过程为手段。"[9]

在不对称合成中手性物质可以是手性底物、手性助剂或手性试剂,也可以是手性催化剂或手性溶剂（手性环境）。其中手性溶剂控制的不对称合成反应成本过高,在精细有机不对称合成中很少应用。手性底物或手性试剂由于在反应时需使用化学计量的光学纯物质,也是高成本的反应。而手性催化剂诱导非手性底物直接生成光学纯的手性产物是最有意义的,其中酶和手性金属有机配合物最为普通,尤其适用于工业化的生产。

利用酶或含酶的动植物组织、细胞作为催化剂实现有机合成的生物合成和生物催化，是一门以有机合成为主，与生物学密切联系的交叉学科是当今有机化学研究的热点，也将是21世纪生物有机化学和生物技术研究的新生长点。酶催化的反应可以提供许多常规化学合成不能或不易获得的化合物，而且这种反应常具有比纯化学方法明显的优点，如反应条件温和、反应的选择性强、环境友好。其中酶催化剂的立体专一性是高选择性不对称合成的基础，产率高，产物的分离纯化容易。据不完全统计，已发现并定性的酶已经超过 3 000 种，主要分为水解酶、氧化-还原酶、转移酶、裂解酶、异构化酶、连接酶六大类。其中氧化-还原酶、水解酶和裂合(加成)酶与不对称合成关系较大。但其工业化生产还受到一些限制：① 可以利用的酶制剂品种有限，用于手性化合物工业制备的更少；② 酶易被破坏，保存和使用过程要特别注意。高温、酸、碱、重金属离子、特定溶剂都有可能使酶失活；③ 酶制剂的价格还比较贵，生产成本高。

利用合理设计的手性金属有机配合物(也有一些催化剂体系中不含金属元素，如手性氨基醇、手性硼烷化合物等)来精确地区分左、右手两种进攻方式，从而产生高度对映纯的化合物，是目前工业上不对称合成的主要手段。它仅用少量的手性催化剂就可以得到大量特定的光学活性产物，既避免了用一般合成方法得到的外消旋体的繁琐拆分又不像化学计量不对称合成那样需要大量的手性物质。氢化、氢甲酰化、环氧化、环丙烷化、烷基化、氢硅烷、格氏化交联、D-A 加成、氢转移等反应现在都可以通过手性金属有机配合物催化做到不对称合成，取得较理想的 *ee* 值。

实现催化不对称反应的高效率、高对映选择性，其关键在于选择合适的手性催化剂和反应条件。手性金属催化剂包含手性配体和中心离子，所以这两者的选择是反应立体选择性优劣的关键。

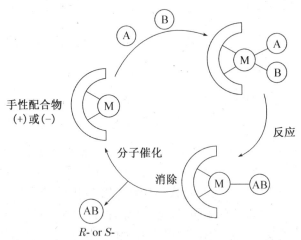

图 4-3　手性金属有机配合物催化不对称合成反应的过程

第二节　不对称催化单元反应举例

现今关于不对称催化反应的研究飞速发展，不断地涌现新的成果。在本章我们仅介绍部分已广泛应用于手性精细有机化学品合成的有代表性的不对称催化单元反应。

一、不对称催化氢化反应

烯烃、烯胺、羰基的双键均可以通过催化氢化的方法进行还原,由于其几乎定量的高产率,被广泛应用于工业生产中。目前的工业化生产中,催化剂自成一相的非均相催化氢化占催化氢化的主要地位,很多情况下氢化结束后,过滤除去催化剂即可得到高收率的产物。但由于非均相催化氢化反应的低立体选择性,在不对称合成中无用武之地。不对称氢化反应是世界上第一个在工业上使用的不对称催化反应。1965 年,Wilkinson 发现均相催化剂 Rh (PPh₃)₃Cl 具有一定的不对称催化氢化能力后,不对称合成工作者们把目光聚焦为均相催化剂——手性过渡金属配合物,得到了数以百计的新型手性膦配体,如 DIPAMP[10]、DIOP[11]、BINAP[12]、BPE[13] 和 DuPHOS[14]、ChiraPhos[15]、BPPM[16] 等。这些配体用于各种含双键化合物的不对称催化氢化反应,得到了高立体选择性和高催化活性。

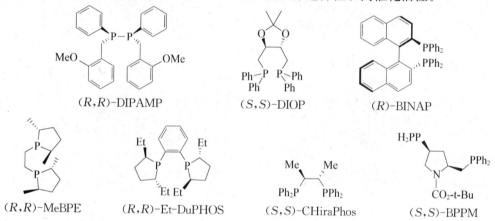

图 4-4　几种手性膦配体

1. 烯烃 C=C 双键的不对称催化氢化反应

烯烃中 sp^2 杂化的 C 原子,是很好的前手性 C 原子。使用手性催化剂将烯烃通过氢化制得高光学纯的目标化合物是不对称合成领域迄今取得的最重大的成果之一。在烯烃的不对称催化氢化反应中手性膦配体-Rh(Ⅰ)显示了很好的选择性。其中 R-BINAP-Rh(Ⅰ)催化 α-乙酰氨基丙烯酸不对称氢化得到的 S-构型的产物 ee 值可达 100%。

3-取代的 α-乙酰氨基丙烯酸氢化后得到的产物可以很方便地转化成各种不同结构的 α-氨基酸。这类底物的不对称催化氢化反应是制备各种天然的、非天然的氨基酸的有效途径。因此,以 3-取代的 α-乙酰氨基丙烯酸为底物的不对称催化氢化研究是最早开展并获得成功的。

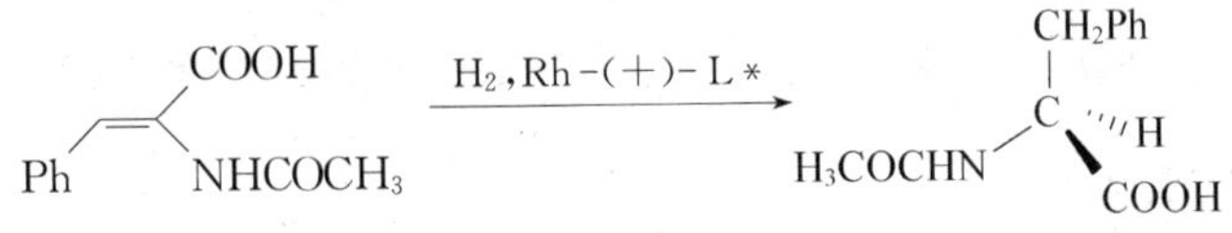

α-乙酰胺基肉桂酸　　　　　　　　　$S-\approx 100\%\ ee$ [18]

Halpern 等人通过核磁共振、X 射线衍射及动力学研究,提出了手性膦-铑配合物催化不对称氢化的反应机理。[19]

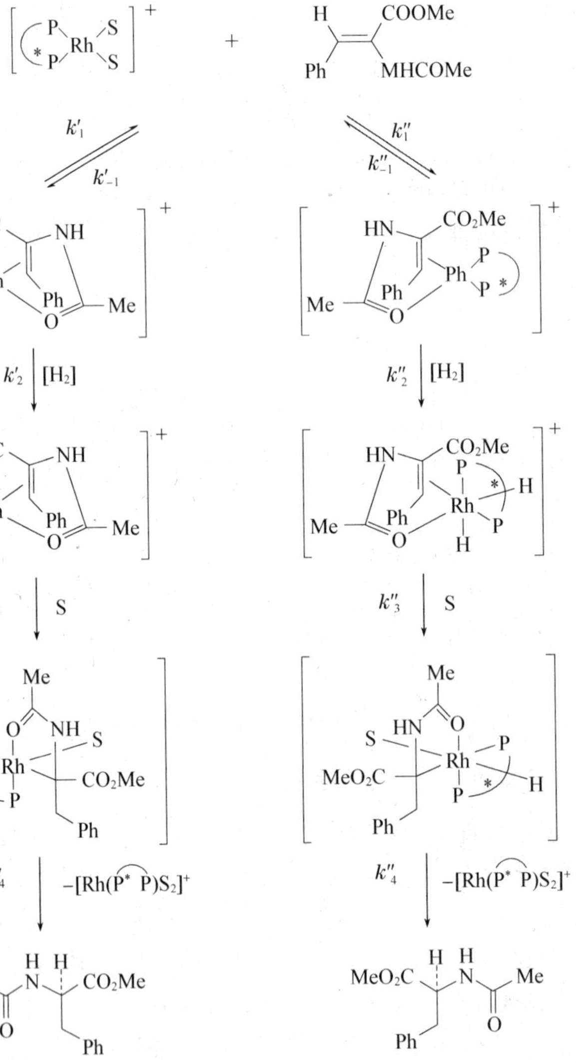

图 4-5　手性膦-铑配合物催化不对称氢化的反应机理

催化剂前体中的溶剂分子(用 S 表示)被烯烃底物取代,形成螯合的 Rh 配合物,其中 C=C 双键和羰基氧与 Rh(Ⅰ)中心相互作用(反应速率 k_1)。然后氢气经氧化加成至金属,形成 Rh(Ⅲ)二氢化物中间体(反应速率 k_2),这是整个氢化反应的决速步骤。然后,在金属上的一个负氢通过无缘螯合烷基-Rh(Ⅲ)中间体的方式转移至配位的 C=C 双键的缺电子的 β-位上(反应速率 k_3)。最后,还原消除(反应速率 k_4)得到产物,同时释放出催化剂,完成催化反应。

2. C＝O 双键的不对称催化氢化反应

手性仲醇类化合物是一类重要的有机化合物,可以通过亲核试剂向醛进行立体选择性的亲核加成得到。酮羰基的不对称氢化是制备手性仲醇的另一种重要方法。

β-酮酸衍生的 β-酮酸酯、β-酮酸酰胺是很好的合成原料,通过 EAA 合成法可以得到多种碳骼结构。再将酮羰基还原,就可以得到各种手性仲醇类化合物。BINAP-Ru(Ⅱ)类配合物在这种不对称催化氢化反应中显示了高效的选择性。

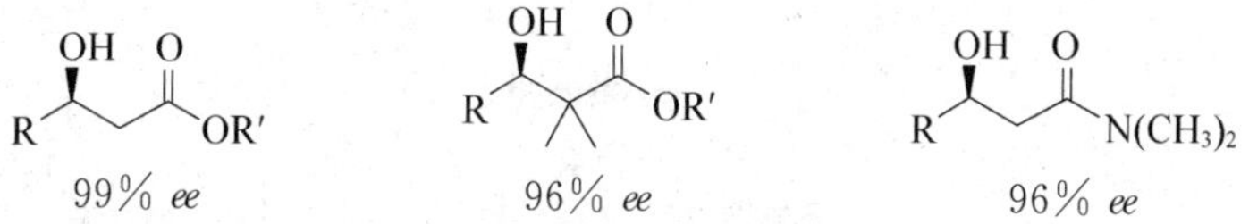

Noyori[20]、Jacobsen[21]、Seki[22] 等人先后报道了 BINAP-RuX$_2$ 在 β-酮酸甲酯不对称催化氢化中的高选择性,产率可达 99%,产物 ee 值也可达 99%。

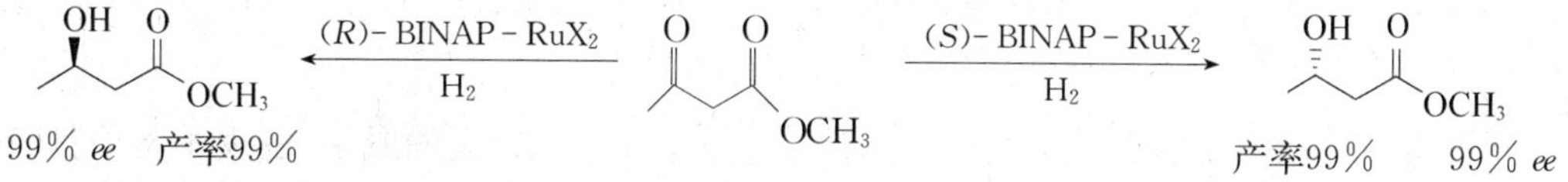

该催化剂用于 β-酮酸酰胺的不对称催化氢化也取得了理想的结果。[23]

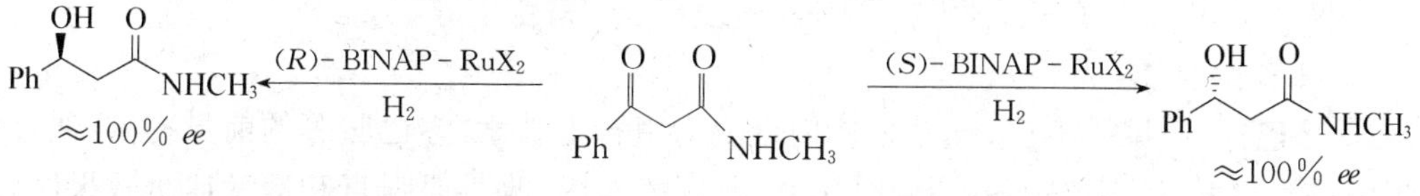

当 β-酮酸酯的 α 位连有取代基时,催化剂的不对称选择性略有下降。[24]

BINAP-Ru 催化下 β-酮酸的氢化反应通过单氢化物机理进行。如图 4-6,通过 H$_2$ 的作用,Ru 配合物中失去一个氯原子生成强酸 HCl 和 RuHCl(中间体 A),这样有利于氢原子从 RuHCl 上向羰基部分的转移。因为后者可逆的形成酮酸酯配合物 B,底物中的酯部分与 Ru 中心的配位作用,对氢化反应的高活性和高选择性是必需的,然后 B 中的氢从 Ru 上移向配位酮羰基上形成 C,接着 D 与氢气反应,完成了催化循环,B→C 中氢的转移取决于手性 C2-BINAP 与 Ru 在 B 中形成的稳定结构形态。[25]

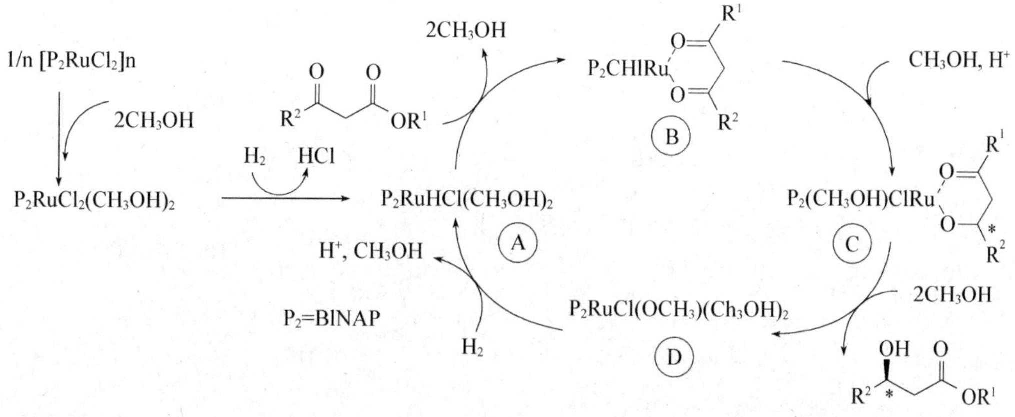

图 4-6　BINAP-Ru 催化下 β-酮酸酯氢化反应的催化循环

3. C＝N 双键的不对称催化氢化反应

C＝N 双键的不对称加氢也是不对称氢化的重要研究内容,它是合成手性胺的重要途径,但至今这方面的研究还不多。[26] 由于 $\diagdown$C＝N$\diagup$ 有 Z、E 异构体,所以此反应较复杂。Burk 等是最早实现高选择性 C＝N 加氢的研究者之一,其做法是先将酮转变成酰基腙,再用 Rh-(R,R)-Et-DuPHOS 催化 C＝N 双键的不对称氢化,产物的选择性达 97％ ee。[27]

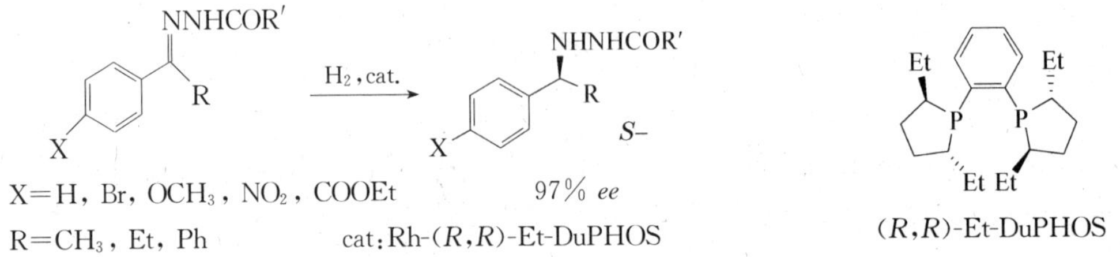

X＝H, Br, OCH₃, NO₂, COOEt
R＝CH₃, Et, Ph

97％ ee
cat:Rh-(R,R)-Et-DuPHOS

(R,R)-Et-DuPHOS

4. 实例

近年来不对称催化氧化、不对称催化还原等研究取得了较大的成果,发现了若干具有良好应用前景的潜在手性药物及其中间体的合成方法。应用不对称催化氢化技术生产的手性药物有很多,其中最具有代表性的药物是 L-多巴、S-萘普生等。

(1) L-多巴的合成

L-多巴即 α-甲基多巴,该药是体内合成去甲肾上腺素、多巴胺等的前身物质,通过血脑屏障进入中枢,经多巴脱羧酶转化成 DA 而发挥作用,改善肌强直和运动迟缓效果明显,持续用药对震颤、流涎、姿势不稳及吞咽困难有效,临床用于震颤麻痹。对轻、中度病情者效果较好、重度或老年人效果差可使肝昏迷病人清醒、症状改善。治疗帕金森病的药物[28-30]美国孟山都公司在 20 世纪 70 年代中期就成功应用不对称氢化反应合成 L-多巴,使用的催化剂为 Rh-DIAMP,n(底物)∶n(催化剂)＝20 000∶1,得到 94％单一对映体。

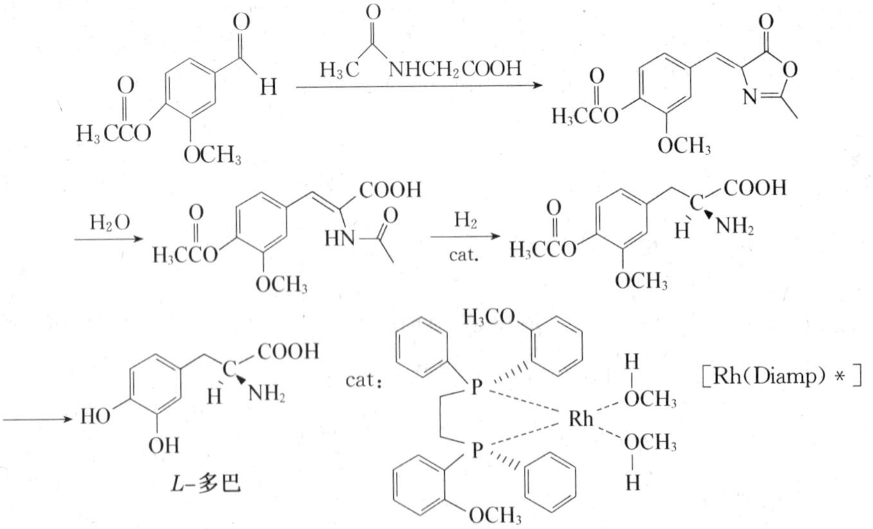

L-多巴

[Rh(Diamp)＊]

(2) S-萘普生的合成

20 世纪 80 年代抗炎镇痛药 S-萘普生年销售额达 10 亿美元。有很多研究者成功地采用不同的不对称方法合成了 S-萘普生。下面是 A. S. C. Chan 等人所采用的合成工艺和催化体系。[31]该法获得了高立体选择性($e.e.\geqslant 97\%$)和高催化活性(反应物与催化剂的物质的量之比重复使用计算在内可达到 20 万~40 万)。通过对 BINAP 进行结构修饰及改进,可进一步提升其催化效果及立体选择性,近年来此类研究常见于报道。[32-34]

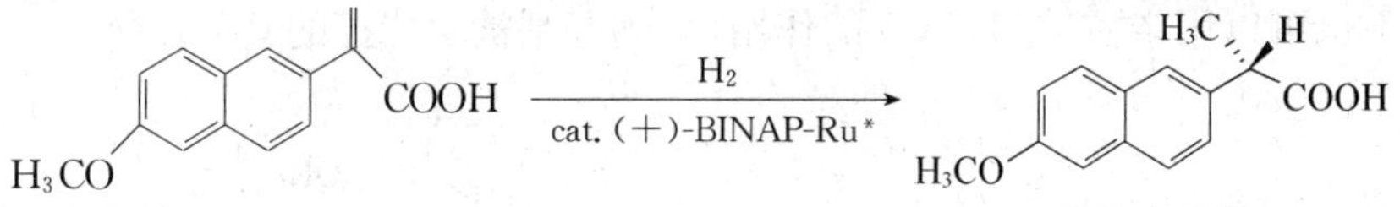

$$\text{H}_3\text{CO}\text{—naphthalene—}\text{COOH} \xrightarrow[\text{cat. (+)-BINAP-Ru*}]{\text{H}_2} \text{H}_3\text{CO—naphthalene—C(CH}_3\text{)(H)COOH}$$

S-萘普生97% ee

二、不对称催化氧化反应——烯丙醇的环氧化反应

　　烯烃在过氧化氢、过氧醇、过氧酸存在下均可氧化成环氧化合物。1980 年 Sharpless 等第一个在烯烃不对称环氧化反应中取得了突破性的成果。[35]反应中使用酒石酸二酯与 Ti(Oi-Pr)$_4$的配合物作催化剂,过氧化叔丁醇(TBHP)作氧化剂,对烯丙基伯醇进行不对称环氧化,得到的环氧化物产率 $70\%\sim90\%$,产品的光学纯度$>90\%$ ee。此外在分子筛的存在下,用四异丙基钛酸酯和酒石酸二乙酯($5\sim10$ mol $\%$)对烯丙基醇进行氧化,也实现了不对称环氧化反应。[36]

　　Sharpless 环氧化反应的机理如图 4-7 所示,可通过酒石酸的构型预测产品构型。[37]并且 Sharpless 不对称环氧化反应还具有反应的对映选择性高,ee 值一般都大于 90%;适用面广,对多种结构的烯丙醇都能取得好的结果;使用的试剂价格便宜的特点。得到的不对称环氧醇类化合物是非常重要的活泼的精细有机合成中间体,通过选择性开环或官能团转换,可以合成许多重要的手性化合物。

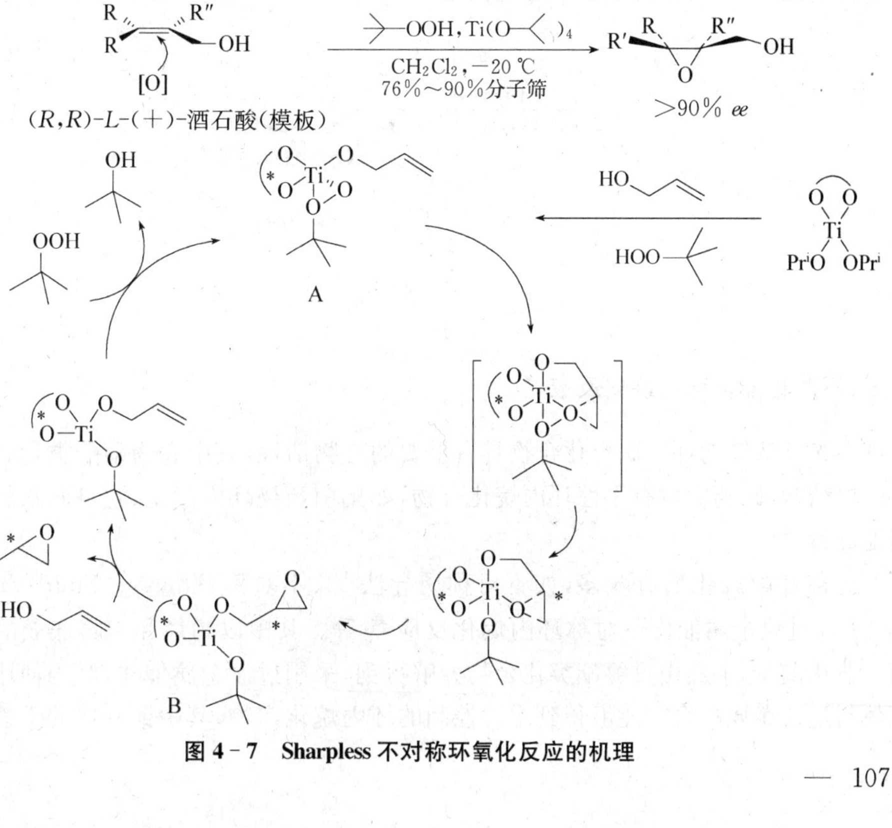

图 4-7　Sharpless 不对称环氧化反应的机理

当亲核试剂存在时,可以分别向 C2、C3 进攻使环氧开环。大多数亲核试剂在使环氧结构开环时主要进攻 C3,得到 1,2 二醇,同时 C2 的手性构型不变。烷基金属化合物作为亲核试剂进行开环反应具有很好的区域选择性和立体选择性。二烷基铜锂、Grignard 试剂主要进攻 C2,生成相应的 1,3 -二醇,且有很高的产率和立体选择性。此外,在保持环氧结构不变的情况下也可以用亲核试剂同 C1 的作用,得到羟基被取代掉的其他产物。

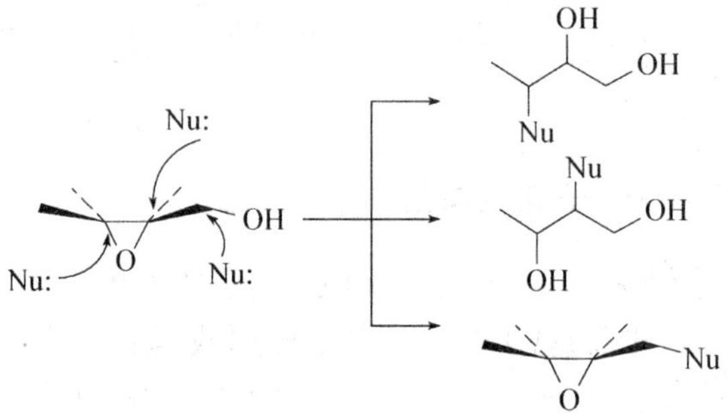

这个反应很快就被用于现实药物 S -心得安(S -普萘洛尔)[38] 和 S -阿替洛尔[39] 的合成。在 β -受体阻断剂 S -心得安的合成中,在 L -(+)-酒石酸存在下用过氧化叔丁醇氧化丙烯醇,得到 S -缩水甘油,再以 α -萘酚作为亲核试剂进攻 S -缩水甘油的 C3,保持 C2 的 S -构型得到 S -1,2 -二醇。再用对甲苯磺酰氯(TsCl)在吡啶溶液中使二羟基分子内脱水形成新的环氧结构,且保持原 C2 的 S -构型不变。最后用异丙胺再进攻环氧结构中的 C1 使之开环得到目标产物 S -心得安。整个反应过程中经过一次不对称环氧化反应确定了手性中心的 S -构型,在后续的两次环氧开环及一次分子内环合反应中手性碳原子上的四个键均不发生反应,从而保持手性中心的构型。

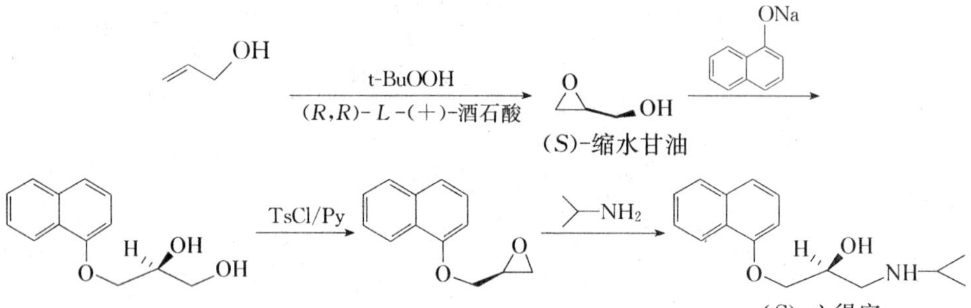

三、不对称催化环丙烷化反应

许多光学活性的环丙烷类化合物具有重要的生物活性,其中农药菊酸类化合物均有手性环丙烷结构,医药中也有手性环丙烷化合物,如抗菌药物环丙沙星、脱氢肽水解酶抑制剂西司他汀等。

不对称环丙烷化反应较多,如不对称诱导法[40]、不对称 Simmous-Smith 环丙烷化反应[41]、手性过渡金属催化不对称环丙烷化反应[42] 等。其中以烯烃和卡宾加成的环丙烷化较有工业化前景,卡宾由重氮酯类化合物分解得到,采用过渡金属催化剂,当使用适当的手性配体与过渡金属配合就能够得到手性控制的环丙烷化产物,其中铜和铑的手性配合物是最常用的不对称环丙烷化反应的催化剂。

　　Aratani 用手性 β-氨基醇与水杨醛制备了一系列手性席夫碱,其中配合物 A 具有非常好的催化活性[43],在实际工业生产中以异丁烯同重氮乙酸酯在配合物 A 的催化下得到手性的 2,2-二甲基-环丙基羧酸酯 ee 值 92%,其是药物西司他汀的重要中间体[44]。

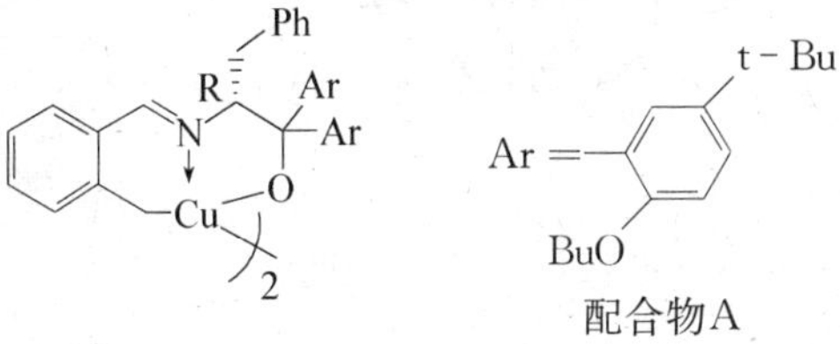

配合物A

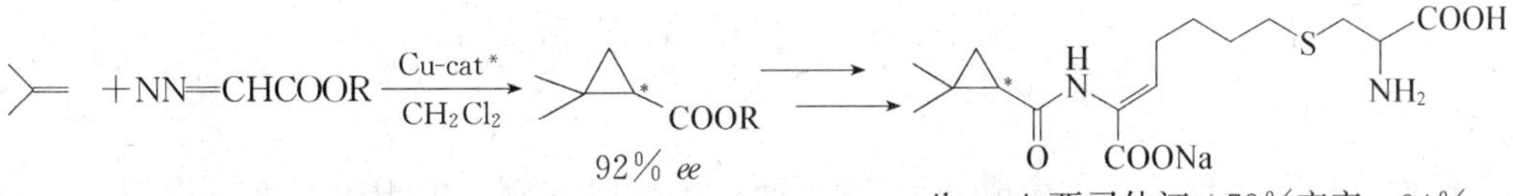

cilastatin西司他汀　72%产率　94% ee

四、手性相转移催化烷基化反应

　　随着相转移催化技术的迅速发展,使用手性相转移催化剂诱导进行的不对称相转移催化反应也应运而生。由于使用手性相转移催化剂不仅具备相转移催化反应的优点,而且同时达到不对称合成的目的,因而对不对称合成技术的发展有着重要意义。1975 年 Fiaud 首次报道了以 D-(−)-麻黄碱季铵盐催化的不对称烷基化反应。[45] 1989 年 O'Donnell 等人报道了金鸡纳碱季铵盐及其结构改造物在手性相转移催化反应中的优良选择性。[46]

　　L-苯丙氨酸是人体所需的八大氨基酸之一,在医药、食品领域中具有广泛的应用。在医药领域里通常用于生产氨基酸输液和氨基酸营养品,也用于抗病毒和抗癌新药的生产。在食品领域里,它是生产新型甜味剂阿斯巴甜的关键原料。化学合成苯丙氨酸可以利用更多的起始原料如苯甲醛、苯乙醛、氯苄、苯胺、甘氨酸等,获得更高的生产效率,历来受到人们关注。由苯甲醛与丙酮、马尿酸、乙内酰脲、甘氨酸等进行缩合反应制取苯丙氨酸,以苯甲醛计总收率为 57%,但此法合成的产物为外消旋苯丙氨酸。

　　采用甘氨酸为原料先将甘氨酸的羧基和氨基加以保护,合成苯亚甲氨基乙酸乙酯,然后利用手性相转移催化剂进行烷基化反应,得到有手性的烃基化物。经水解后得到有一定旋光纯度的 L-苯丙氨酸,该反应用 L-肉碱作手性相转移催化剂产率 40%,ee 值 53%[47],采用(+)-N-苄基氯化辛可尼丁作催化反应产率可达 46%,ee 值 63%[48]。

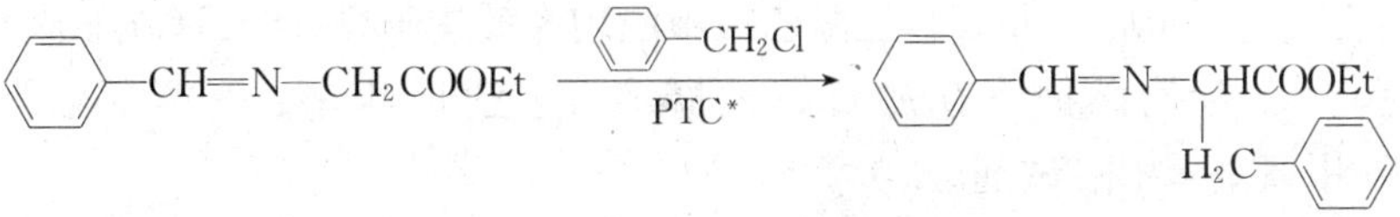

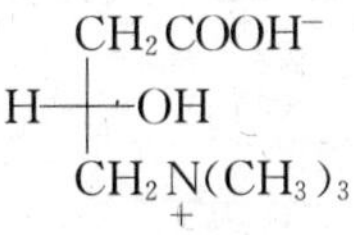

L-肉碱

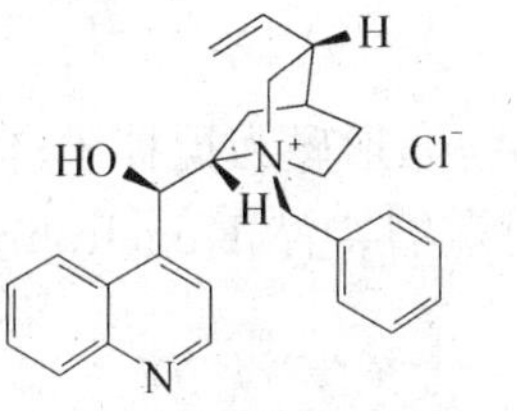

（+）-N-苄基氯化辛可尼丁

CH₂COOH / NH₂ → (SOCl₂) → CH₂COCl / ⁺NH₃·Cl⁻ → (EtOH) → CH₂COOEt / ⁺NH₃·Cl⁻ → (⬡—CHO) → ⬡—CH=NCH₂COOEt

→ (⬡—CH₂Cl / PTC*) → ⬡—CH=N·CHCOOEt / CH₂—⬡ → (H₃O⁺) → ⬡—CH₂—CHCOOH / NH₂

53.5% ee
L-苯丙酸

第三节 小试工艺示范

前面介绍了多种不对称合成的反应,下面列举一些实例。由于很多不对称合成中使用手性金属配合物作不对称催化剂,而这些手性金属配合物多对氧气或水汽敏感,在有水有氧的条件下,其催化活性大受影响。因此很多不对称合成反应需要在无水无氧条件下进行实验。另外由于过渡金属的价格较高,其手性金属配合物随之成本水涨船高,在初期研究中通常仅进行微量反应实验。所以在不对称合成中对实验设备、实验仪器及实验操作均有一定的要求。关于无水无氧操作、Schlenk 仪器使用等方面的知识,在第八章将进行专门介绍。

一、酮的不对称催化氢化

以下介绍金属催化剂[Ru(-)- BINAP]用于 β-羰基酯的不对称催化氢化反应。[49-51]

O O / OMe → (RuBr₂[(—)-BINAP] / MeOH,H₂) → H OH O / OMe

1. 试剂与原料

[Ru(allyl)(COD)ₙ]烯丙基环辛二烯钌 6 mg(0.019 mmol);(—)- 2,2′-二(二苯基膦)-1,1′-联萘[(—)-BINAP]21 mg(0.033 mmol);无水丙酮(用氮气)脱除空气 30 min,30 mL;无水甲醇(用氮气)脱除空气 30 min,30 mL。

由于催化剂对氧很敏感,因此溶剂在使用前要用氮气脱除空气。氢溴酸(48%)1.0 mL;氢溴酸甲醇溶液(0.6 mol/L),由 9 mL 脱气甲醇和 1 mL 氢溴酸(48%)混合配得;乙酰乙酸甲酯 100 μL(0.93 mmol),乙酰乙酸甲酯用硫酸镁干燥(硫酸镁在 500 ℃活化 2 h,在真空下冷却,在氮气保护下存放);石油醚、乙酸乙酯、甲醇;硅胶 60(0.063 mm ± 0.04 mm);对甲氧基苯甲醛试剂。

2. 实验仪器

50 mL Schlenk 管;卵形磁力搅拌子;低压氢化装置,配有气体量管系统以测量消耗的氢;旋转蒸发仪;球-球蒸馏装置(Kugelrohrapparatus)。

3. 实验步骤

(1) 将 50 mL Schlenk 管置于烘箱中,在 150 ℃下过夜干燥,在真空下冷却,用氮气吹洗。

（2）Schlenk 管装有[Ru(allyl)(COD)n](6 mg)和[(一)- BINAP](21 mg)，并用真空/氮气循环吹洗 2 次。加入无水丙酮(2 mL)，得白色悬浮液。将上述溶液在室温下搅拌 30 min。

（3）向上述悬浮液中加入 HBr 甲醇溶液(0.6 mol/L，0.11 mL)。将悬浮液在室温下搅拌 30 min。15 min 后出现黄色沉淀。

（4）用高真空 3 h 蒸出溶剂，得黄色粉末，可用作催化剂，而不需要进一步提纯。

（5）在氮气保护下，向装有催化剂的 Schlenk 管加入脱气甲醇(20 mL)和乙酰乙酸甲酯(100 μL)，得棕色溶液。

（6）将 Schlenk 管接到配有测量氢气消耗量的气体计量管系统的低压氢化装置。Schlenk 管循环吹洗 3 次(减压/氢气)，然后冲入常压氢气。气体计量管装有 200 mL 氢气。(使用氢气时，附近绝对不能有明火。避免形成空气-氢气混合物。附近使用的任何电器必须是防火花的。最好将该装置放在专门设计的应用于氢化的独立房间内)。

（7）将溶液强烈搅拌，以提高反应物与氢气的接触面。溶液变为棕色。48 h 后，反应停止(不再消耗氢气)，通过减压排除氢气。

（8）反应用 TLC 监测(展开剂:石油醚:乙酸乙酯＝75:25)。乙酰乙酸甲酯没有紫外吸收，用对甲氧基苯甲醛试剂处理斑点显黄色，$R^1 = 0.5$。48 h 后，无起始原料残留。

（9）将溶液用硅胶填充层过滤，除去催化剂，残渣用甲醇洗涤。用旋转蒸发仪在减压下蒸出溶剂(水浴，在 30 ℃)，得棕色油状物。

（10）将上述油状物用球-球蒸馏装置在真空下蒸馏(0.002 MPa，140 ℃)得(S)-3-羟基丁酸甲酯(105 mg，99%)。

ee 值(＞98%)用手性 GC 色谱仪测定(Lipodex®E 柱，25 m，0.25 mm 内径，温度:柱温 90 ℃，恒温，进样口 250 ℃，检测器 250 ℃，载气为氦气)。R-对映体:保留时间 13.5 min，S-对映体:保留时间 15.2 min。

4. 结论

使用 Noyori 的[Ru(BINAP)Cl₂](NEt₃)催化剂，对于多数底物，需要特制的高压氢化装置才能给出好的结果。Genet 改良的催化剂[Ru(BINAP)Br₂](丙酮)不需要高压，催化剂可当场制备，使反应很容易进行。

二、丙烯醇的不对称催化环化

以下介绍(E)-2-己烯-1-醇的环氧化反应。[52-54]

1. 试剂与原料

L-(＋)-酒石酸二乙酯[(＋)- DET]，250 mg，1.2 mmol;二氯甲烷(在预活化的 3A 分子筛干燥下保存)，40 mL;活化的粉状 4A 分子筛，600 mg;四异丙氧基钛 2.97 mL，1 mmol;

叔丁基过氧化氢在异辛烷中的 5.5 M 无水溶液(在分子筛干燥下保存),7.2 mL,40 mmol;(E)-2-己烯-1-醇,2 g,20 mmol;七水硫酸亚铁溶液,6.6 g,24 mmol;酒石酸,2 g,12 mmol(溶于 20 mL 去离子水中);在饱和食盐水中的 30%氢氧化钠水溶液,50 mL;硫酸钠;硅胶 60(0.063 mm±0.04 mm);(R)-(+)-α-甲氧基-α-(三氟甲基)苯乙酰氯(MTPA 酰氯)或其(S)-对映体,5 mg,0.04 mmol;正己烷、乙酸乙酯、乙醚、三乙胺;对甲氧基苯甲醛试剂。

2. 实验仪器

50 mL 两口烧瓶,带磁力搅拌子;磁力搅拌器;丙酮/干冰冷浴,装有接触温度计,-20 ℃;注射器;烧杯,100 mL;分液漏斗,250 mL;旋转蒸发仪。

3. 实验步骤

(1) 将装有磁力搅拌子的 50 mL 两口烧瓶在烘箱中 120 ℃过夜,在真空下冷却,用氮气吹洗。

(2) 向烧瓶中加入无水二氯甲烷(30 mL)、活化的粉状 4A 分子筛(600 mg)和 L-(+)-酒石酸二乙酯(250 mg)。

(3) 将混合物冷至-20 ℃,加入异丙基钛(297 μL)。将混合物在-20 ℃下搅拌,用注射器以中等速度(约 5 min)加入叔丁基过氧化氢(在异辛烷中,5.5 mol/L,7.2 mL),将混合物在-20 ℃再搅拌 30 min。

(4) 将(E)-2-己烯-1-醇(2 g)在无水二氯甲烷中的溶液(10 mL)用注射器在约 20 min 内滴入,维持反应温度在-20 ℃~-15 ℃。

(5) 将反应混合物在-20 ℃再搅拌 2.5 h。反应用 TLC 监测(展开剂:正己烷∶乙酸乙酯=7∶3),产物用对甲氧基苯甲醛试剂显色处理;2-己烯-1-醇斑点显紫色,R_f 0.49,环氧化物斑点显深蓝色,R_f 0.22。

(6) 反应结束后,将含有硫酸亚铁-酒石酸的水溶液(20 mL)的 100 mL 烧杯,用冰水浴预冷至 0 ℃。将环氧化反应混合物升温至 0 ℃,然后慢慢地倒入预冷的、搅拌的硫酸亚铁溶液中。将两相混合物搅拌 5~10 min。水层变棕色。

(7) 将反应混合物放入分液漏斗中,分层。水层用乙醚(2×50 mL)萃取。然后将合并的有机层用预冷的在饱和食盐水中的 30%氢氧化钠水溶液(50 mL)处理。

(8) 将两相混合物在 0 ℃强烈搅拌 1 h,然后用 50 mL 水稀释。将混合物放入分液漏斗中,分层。水层用乙醚(2×50 mL)萃取。将合并的有机层用硫酸钠干燥,过滤,用旋转蒸发仪减压浓缩,得无色油状物。

(9) 粗产品用淋洗硅胶(100 g)色谱柱提纯,用 1%三乙胺作缓冲溶液,用正己烷-乙醚(3∶1)作淋洗剂,得无色油状物的(2S,3S)-3-丙基-2,3-环氧-1-丙醇(2 g,15.3 mmol,80%)ee 值(93%)用 GC 测定(Lipodex®E 柱,25 m,0.25 mm 内径,温度:柱温 70 ℃,恒温,进样口 250 ℃,检测器 250 ℃,载气为氮气)。(2S,3S)-对映体:R_t 53.6 min,(2R,3R)-对映体:R_t 52.6 min。ee 值也可用(+)-MTPA 酰氯的酯衍生物测定[19Fnmr(250 MHz,CDCl$_3$)]:δ-70.8[s,(2R,3R)-对映体];-72.0[s,(2S,3S)-对映体]。

4. 结论

该方法特别是对于烯丙醇的环氧化,如果在严格无水的条件下,可得到很好的结果;否则,收率或对映体过量值可能降低,有时会显著降低。

三、手性相转移催化剂催化的 C-烷基化反应

以下介绍 L-苯丙氨酸的合成[47,48]。

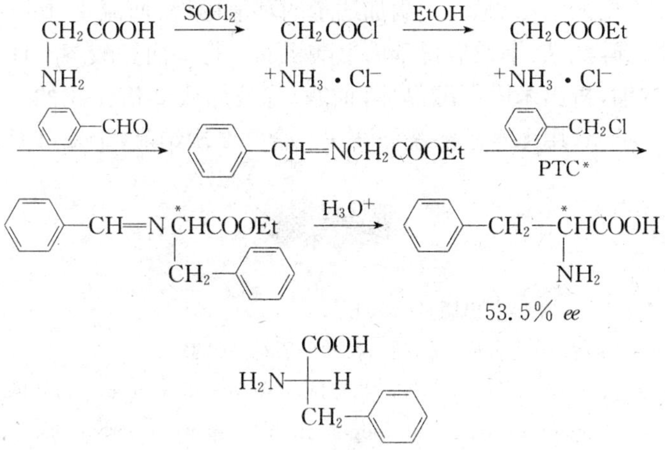

L-苯丙酸

1. 仪器

磨口玻璃反应装置;磁力搅拌器;凯氏定氮仪;旋光仪,TX-4 型双目显微熔点仪;LC-10ATVP 液相色谱仪;752 紫外分光光度计。

2. 试剂

氯化亚砜,无水硫酸镁,苯甲醛,乙醚,氯化苄,二氯乙烷,无水碳酸钾,溴化苄,环氧丙烷,甲醇,浓硫酸,硒粉,硼酸,以上均为 CP;L-肉碱,无水乙醇,甘氨酸,以上均为 AR。

3. 合成步骤

(1) 甘氨酸乙酯盐酸盐的制备

在装有回流冷凝管、搅拌器及温度计的三颈瓶中加入 100 mL 无水乙醇,用冰盐浴冷却至 -10 ℃~-5 ℃。在搅拌下缓慢滴加 21.9 mL(0.3 mol)氯化亚砜,15 g(0.2 mol)甘氨酸,反应 0.5 h,升温至 80 ℃反应 4 h 后,趁热过滤,在冰箱中冷却 1 h 后,抽滤,用乙醇洗涤、干燥,得到大部分甘氨酸乙酯盐酸盐。将滤液减压蒸干,结晶,又可得到一部分甘氨酸乙酯盐酸盐。

(2) 苯亚甲氨基乙酸乙酯的制备

在装有回流冷凝管、搅拌器的三颈瓶中,加入 40 mL 无水二氯甲烷,4.65 g(0.03 mol)甘氨酸乙酯盐酸盐,6 g(0.05 mol)无水硫酸镁。在搅拌下将 3.45 mL(0.03 mol)苯甲醛、5.23 mL(0.03mol)三乙胺,10 mL 无水二氯甲烷的混合液滴加入三颈瓶中。室温反应 8~16 h。抽滤,滤液减压蒸干,得到的油状物用乙醚萃取。乙醚萃取液用饱和食盐水洗涤,无水硫酸镁干燥,减压蒸出乙醚后得到苯亚甲氨基乙酸乙酯(简称 Schiff 碱)。

(3) 苯丙氨酸的合成

在锥形瓶中加入 Schiff 碱和苄卤(物质的量之比为 1∶1.2)和相转移催化剂 2%,充分

混合均匀。加入定量的无水碳酸钾(高温煅烧,粉碎),混匀。置于电热包上进行回流反应,一定时间后,停止反应,冷却至室温。也可用微波反应。反应完后用乙醚萃取,将萃取液减压蒸去乙醚后得到 Schiff 碱的烃基化物。用适量 6 mol/L 盐酸,在 90 ℃水解 8 h,分出油层,用乙醚萃取水层,水层经蒸馏去水,再加两次蒸馏水加热脱除盐酸,加入乙醇共沸蒸馏脱除参与水分。固体物用无水乙醇热溶,滴加适量的环氧丙烷,回流 15 min,产生大量的白色沉淀,过滤,用无水乙醇洗涤,干燥后得苯丙氨酸粗品。将苯丙氨酸溶于计量蒸馏水中,滤去不溶物,滤液减压浓缩,析出苯丙氨酸晶体,抽滤,滤液加入 2 倍体积的 95％乙醇醇析。置入冰箱中冷却结晶,抽滤,用无水乙醇洗涤 2 次。合并 2 次结晶,干燥,即得苯丙氨酸纯品。

参考文献

[1] 尤田耙,林国强. 不对称合成. 科学出版社,2006..

[2] 林国强,孙兴文,陈耀全等. 手性合成. 第五版. 科学出版社,2013.

[3] J. F Larrow, E. N Jacobsen(R,R)- N,N′- bis(3,5 - di - tert - butylsalicylidene)- 1,2 - cyclohexanediamino manganese(Ⅲ) chloride, a highly enantioselective epoxidation catalyst Org. Synth. , 1998,75:1 - 11.

[4] Schanz, Hans - Jorg, Linseis, Michael A. , Gilheany, Declan G. Improved resolution methods for(R, R)- and(S,S)- cyclohexane - 1,2 - diamine and(R)- and(S)- BINOL Tetrahedron:Asymmetry, 2003,14(18):2763 - 2769.

[5] W. Leuchtenberger, K. Huthmacher, K. Drauz Appl. Microbiol. Biotechnol. , Biotechnological production of amino acids and derivatives:Current status and prospects,2005,69:1 - 8.

[6] M. Wakayama, K. Yoshimune, Y. Hirose, et al. Production of d-amino acids by N-acyl-d-amino acid amidohydrolase and its structure and function. 2003, 23:71 - 85.

[7] Yamaguchi, H. Komeda, Y. Asano Appl. Environ. Microbiol. New enzymatic method of chiral amino acid synthesis by dynamic kinetic resolution of amino acid amides:Use of stereoselective amino acid amidases in the presence of α-amino-ε-caprolactam racemase. 2007, 37:5370 - 5373.

[8] Andresen O, Poulsen P b. Application of Enzyme to Organic Synthesis. Enzyme Technology, 1983:184.

[9] Marckwald W. Asymmetric synthesis,Ber. Dtsch. Chem. Ges. ,1904,37:1368.

[10] Groves, Brandon R. ;Arbuckle, D. Ian;Essoun, Ernestet al. Chiral Induction at Octahedral Ru(Ⅱ) via the Disassembly of Diruthenium(Ⅱ,Ⅲ) Tetracarboxylates Using a Variety of Chiral Diphosphine Ligands Inorganic Chemistry, 2013, 52(19):11563 - 11572.

[11] Koshevoy, Igor O. ;Chang, Yuh-Chia;Chen, Yi-Anet al. Luminescent Gold(Ⅰ) Alkynyl Clusters Stabilized by Flexible Diphosphine Ligands Organometallics 2014,33(9):2363 - 2371.

[12] Ma, Baode; Deng, Guojun; Liu, Jiet al. Synthesis of dendritic BINAP ligands and their applications in the asymmetric hydrogenation:exploring the relationship between catalyst structure and catalytic performance. Qinghua Huaxue Xuebao, 2013,71(4):528 - 534.

[13] Fox, Martin E. ;McCague, Identifying stereoisomers of the asymmetric hydrogenation catalyst〔Me-BPE-Rh(COD)〕＋BF4 -. Raymond Chirality, 2005,17(4):177 - 185.

[14] Li, Lanning;Chen, Bin;Ke, Yuanyuanet al. Highly Efficient Synthesis of Heterocyclic and Alicyclic

β2-Amino Acid Derivatives by Catalytic Asymmetric Hydrogenation. Chemistry-An Asian Journal 2013, 8(9): 2167 - 2174.

[15] Beghetto, Valentina; Matteoli, Ugo; Scrivanti, Alberto Synthesis of Chiraphos via asymmetric hydrogenation of 2, 3-bis (diphenylphosphinoyl) buta-1, 3-diene. Chemical Communications (Cambridge) 2000, (2): 155 - 156.

[16] Jin, Xin; Xu, Xin-fu; Zhao, Kun. Amino acid-and imidazolium-tagged chiral pyrrolidinodiphosphine ligands and their applications in catalytic asymmetric hydrogenations in ionic liquid system. Tetrahedron: Asymmetry, 2012, 23(14): 1058 - 1067.

[17] Hopkins JM1, Dalrymple SA, Parvez M, Keay BA.. 3,3'-disubstituted BINAP ligands: synthesis, resolution, and applications in asymmetric hydrogenation. Organic Letters, 2005, 7(17): 3765 - 3768.

[18] Matteoli, Ugo; Beghetto, Valentina; Scrivanti, Alberto, Asymmetric hydrogenation by an in situ prepared (S)-BINAP-Ru(II) catalytic system,Journal of Molecular Catalysis A: Chemical, 1999, 140 (2): 131 - 137.

[19] Halpern J. PureMechanism and stereochemistry of asymmetric catalysis by metal complexes Appl. Chem. ,1983,55:99.

[20] Noyori R, Ohkuma T,Kitamura M. Equilibrium thermodynamics to form a rhodium formyl complex from reactions of CO and H₂: metal σ donor activation of CO. J. Am. Chem. Soc. ,1987, 109:5856.

[21] Lebel H. Jcobsen E NA scalable synthesis of the (S)-4-(tert-butyl)-2-(pyridin-2-yl)-4, 5-dihydrooxazole ((S)-t-BuPyOx) ligandJ. Org. Chem. ,1998,9:1637 - 1642.

[22] Seki, Tomohiro et al. Enantioselective catalysis with a chiral, phosphane - containing PMO material Chemical Communications (Cambridge, United Kingdom), 2012, 48(51): 6369 - 6371.

[23] Huang H-L,Liu L-T, Chen S-F et al. The synthesis of a chiral fluoxetine intermediate by catalytic enantioselective hydrogenation of benzoylacetamide Tetrahedron: Asymmetry, 1998,9:1637.

[24] Cuetos, Anibal et al. Access to Enantiopure α-Alkyl-β-hydroxy Esters through Dynamic Kinetic Resolutions Employing Purified/Overexpressed Alcohol Dehydrogenases Advanced Synthesis & Catalysis, 2012, 354(9): 1743 - 1749.

[25] Short R P, Kennedy R M, Masamune S. An improved synthesis of (-)-(2R, 5R)-2,-5-dimethylpyrrolidine J. Org. Chem, 1989,54:1755.

[26] Tararov V I, Börner A, Synlett 2005, 2203.

[27] BurkeMJ, Feaster J E, Harlow R L et al. Preparation and use of C2-symmetric bis(phospholanes): production of α-amino acid derivatives via highly enantioselective hydrogenation reactions. J. Am. Chem. Soc, 1993,115:10125.

[28] Hernandez Valdes, Ricardo; Puzer, Luciano; Gomes, Marlito; Marques, Carlos E. S. ,Production of L-DOPA under heterogeneous asymmetric catalysis. Catalysis Communications, 2004, 5(10): 631 - 634.

[29] Tolstikov, A. G. ; Karpyshev, N. N. ; Tolstikova, O. V. et al. Derivatives of L-pimaric acid in the synthesis of chiral organophosphorus ligands from decahydrophenanthrene series. Russian Journal of Organic Chemistry, 2001, 37(8): 1134 - 1148.

[30] Pugni, Paolo,Perfumes and beakers. Organic chemistry serving the perfume industry. Tecnologie Chimiche, 1989, 9(1): 110 - 13, 115.

[31] Chan A S C et alA Novel Synthesis of 2-Aryllactic Acids via Electrocarboxylation of Methyl Aryl

KetonesJ. Org. Chem, 1995, 60:742.

[32] Qiu, Liqin; Kwong, Fuk Yee; Wu, Jing et al. A new class of versatile chiral-bridged atropisomeric diphosphine ligands: remarkable efficient ligand syntheses and their applications in highly enantioselective hydrogenation reactions. Journal of the American Chemical Society, 2006, 128(17): 5955－5965.

[33] Ma, Hong Zhu; Wang, Bo, Asymmetric hydrogenation synthesis of（S)-(＋)-2-(6′-methoxy-2-naphthyl) propionic acid by cinchona modified Pd(0)-α-FeOOH catalyst. Chinese Chemical Letters, 2003, 14(11): 1101－1104.

[34] Qiu L, Qi J, Chen A S C et al. Synthesis of novel diastereomeric diphosphine ligands and their applications in asymmetric hydrogenation reactions. Org. Lett. , 2002,4:4599.

[35] Katsuki T, Shrpless K B. J. The first practical method for asymmetric epoxidation. J. Am. Chem. Soc, 1980,102:5974.

[36] Y Gao, R M Hanson, J M Klunder, et al. Catalytic asymmetric epoxidation and kinetic resolution: modified procedures including in situ derivatization. J Am Chem Soc, 1987, 109(19): 5765－5780.

[37] Sharpless K B, Woodard S S, Finn M G. Pure Appl. Chem. , 1983,55: 1823.

[38] J M Klunder, T Onami, K B Sharpless. Arenesulfonate derivatives of homochiral glycidol: versatile chiral building blocks for organic synthesis. J Org Chem, 1989, 54(6): 1295－1304.

[39] A Pearson, E T Gaffney. A stereoselective central hypotensive action of atenolo. Pharmacol Exp, 1989, 250: 759－764.

[40] Hassan Abadallah, René Gree, Robert Carrie. Syntheses asymetriques a l'aide d'oxazolidines chirales derivees de l'ephedrine. Preparation de formyl cyclopropanes chiraux. Tetrahedron Lett, 1982, 23 (5): 503－506.

[41] H B Charette, J-F. The Asymmetric Cyclopropanation of Acyclic Allylic Alcohols: Efficient Stereocontrol with Iodomethylzinc Reagents. Marcoux Synlett, 1995: 1197.

[42] A Monpert, J Martelli, R Grée, et al. Synthese de cyclopropanes electrophiles chiraux par l' intermediaire de complexes butadiene－fer tricarbonyle optiquement actifs. Tetrahedron Lett, 1981, 22(21): 1961－1964.

[43] Aratani T. Yoneyoshi Y. Nagase T. Asymmetric synthesis of chrysanthemic acid. Application of copper carbenoid reaction. Tetrahedron Lett. ,1975,21:1707; 1977,18: 2599; 1982,23:685.

[44] Aratani T. Mechanism and stereochemistry of asymmetric catalysis by metal complexes,Pure Appl. Chem, 1985,57: 1839.

[45] Fiaud J. Tetrahedron Lett. 1975,3495.

[46] O'Donnell MJ, Bennett WD. The stereoselective synthesis of α-amino acids byphase transfer catalysis.. J. Am. Chem. Soc. , 1989,111(6): 2353－2355.

[47] Zhou, Fenger and Wei, Yunyang Synthesis of L－phenylalanine in the presence of a chiral phase-transfer catalyst Jingxi Shiyou Huagong, 2007, 24(2): 33－35.

[48] Wu, Jianyi and Xie, Yajie. New chiral phase transfer supported catalyst for asymmetric synthesis of L-phenylalanine Jingxi Shiyou Huagong, 2004,（1): 14－17.

[49] Sun, Xianfeng et al. Axial Chirality Control by 2,4-Pentanediol for the Alternative Synthesis of C3*- TunePhos Chiral Diphosphine Ligands and Their Applications in Highly Enantioselective Ruthenium-Catalyzed Hydrogenation of β-Keto Esters. Advanced Synthesis & Catalysis, 2009, 351(16): 2553－2557.

[50] Oechsner，Eva et al. Highly enantioselective Ru-catalyzed asymmetric hydrogenation of β-keto ester in ionic liquid/methanol mixtures. Applied Catalysis，A：General，2009，364(1-2)：8-14.

[51] McDonald，Aidan R.；Mueller，Christian；Vogt，Dieter；van Klink，Gerard P. M.；van Koten，Gerard，BINAP-Ru and-Rh catalysts covalently immobilized on silica and their repeated application in asymmetric hydrogenation McDonald. Green Chemistry，2008，10(4)：424-432.

[52] Reed NN1，Dickerson TJ，Boldt GE，Janda KD.，Enantioreversal in the Sharpless Asymmetric Epoxidation Reaction Controlled by the Molecular Weight of a Covalently Appended Achiral Polymer. Journal of Organic Chemistry，2005，70(5)：1728-1731.

[53] Maj，Anna M.；Suisse，Isabelle；Meliet，Catherine；Agbossou-Niedercorn，Francine，First stereoselective total synthesis of (-)-stagonolide A. Tetrahedron：Asymmetry，2010，21(1)：106-111.

[54] Weckerle B，Schreier P，Humpf HU.，A New One-Step Strategy for the Stereochemical Assignment of Acyclic 2-and 3-Sulfanyl-1-alkanols Using the CD Exciton Chirality Method. Journal of Organic Chemistry，2001，66(24)：8160-8164.

习　题

1. 通过参考书或文献资料阅读，总结第一节中例举的手性药物现有的合成路线，并讨论哪一条路线是比较合理的，目标分子的手性是如何获得的？

2. 通过参考书或文献资料阅读，试列举几项不对称催化反应在天然产物合成中的应用。

第五章　医药及其中间体的合成反应与工艺研究

第一节　概　述

一、药物及其中间体的类别

1. 药物

无论是天然药物(动植物提取物、细菌发酵产物等)还是合成药物,其均是由 C、H、O、N、S 等化学元素组成的化学品。它们是用来预防、治疗和诊断疾病的物质。人或动物的机体因各种原因失调或外来致病因素侵入就会得病,而药物对纠正机体失调或消灭外来致病因素可提供有益的帮助。药物可分为两大类:一类是治疗外源性疾病的,包括抗寄生虫病药物、抗肿瘤药物(又称肿瘤化疗药物)、抗菌药及抗病毒药等;第二类是治疗内源性疾病的,包括治疗神经系统疾病的、解热镇痛药及非甾体抗炎药、维生素、治疗心血管系统疾病的药物、镇痛催眠药物、激素类药物、抗组胺类及抗消化道溃疡药物等。

2. 中间体

药物中间体是指专门生产药品的关键原料。药物按不同的用途可分为抗心血管药、抗肿瘤药、调节内分泌系统药、抗生素药物等,而每类药品中又含有多种不同结构的药物。如抗生素类包括 β-内酰胺类、大环内酯类、喹诺酮、氯霉素等。如生产头孢菌素的关键中间体为 6-APA(6-氨基青霉烷酸)、7-ACA(7-氨基头孢烷酸)、7-ADCA(7-氨基去乙酰氧基头孢烷酸)、各种头孢菌素侧链等。这就是药物中间体的研究范畴。

二、药物及其中间体工业的特点

药物品种繁多,生产工艺复杂。药物中间体品种更多,而且生产方法差异都很大。

(1) 药品需求弹性较小,受宏观经济影响小。无论社会经济发生怎样的变化,多数疾病的发病率并不会产生太大的波动,治疗此类疾病药物的市场需求量也就不会有太大的起伏。

(2) 随着科学事业的发展,新的疾病不断被发现,随着环境的变化,新的疾病又会产生,因此要求药品必须跟上其发展速度。

(3) 长期使用一种药物会产生一定抗药性,要求药物不断更新,而且这种更新换代要快。一个产品一般面市 3~5 年后,其利润率便大幅度下降,这迫使企业必须不断开发新产品或不断改进生产工艺,才能保持较高的生产利润。

(4) 药品研发费用大,利润率高,是一种高投入高回报的产业。而药物中间体不需要药品的生产许可证,在普通的化工厂即可生产,只要达到一定的级别,即可用于药品的合成。生产企业多为私营企业,经营灵活,投资规模不大,基本上在数百万到一两千万元之间。与原料药相比,生产中间体利润率偏低,而原料药与医药中间体的生产过程又相似,因此,部分企业已不仅仅生产中间体,还利用自身优势,开始生产原料药。总的来说药剂成品的利润率原料药(医药)高于药物中间体,有专利权的专利药物其利润远高于非专利药物。

(5) 药物及中间体市场规模庞大。药物及其中间体的品种已多达 2 000 多种,总需求量达 250 万吨以上。除了青霉素、扑热息痛、阿司匹林、维生素 C、维生素 E、布洛芬、萘普生等外,绝大部分的年交易量不超过 100 吨,所以药物及其中间体的生产向专利药、新药和小品种发展,定制产品是方向。

三、药效动力学

任何一个药物的研究和使用都离不开药效动力学。药效动力学包括药效学和药动学。药物效应学简称药效学,药物动力学简称药动学。药动学包括药物剂量与效应之间的关系,药效学主要包括药物浓度与效应的关系。药动学研究一定剂量的药物摄入体内后吸收药物在体内循环的浓度,药物在组织内的分布及药物在作用部位的浓度;药剂学则主要研究一定浓度的药物对机体的作用及其规律,阐明药物防治疾病的机制。药物都具有双重性即治疗性和不良反应。综合考虑,理想药物应具备以下特点:

(1) 自身的药物选择性较高,无毒性,能避免不良反应,与其他药物联合应用可增加疗效。

(2) 长期服用不易产生抗药性。

(3) 具有优良的药物效应动力学,最好为速效和长效药。速效药物尤其适合发病时的急救用药,此外学生和上班族由于不易请假等因素,速效药物也常是其首选。长效药物对记忆力不佳的老年人、工作繁忙的上班族来说,其服用次数少,起效时间长的优点是显而易见的。

(4) 性状稳定,不易被酸、碱、光、热及酶等破坏,便于运输、储存,不会导致药物有效成分含量下降甚至有害成分增加。

(5) 使用、服用方便,价格低廉。根据不同类型的患者选择合适的剂型是非常重要的,如婴幼儿的药物通常做成滴剂或颗粒剂,方便使用滴管、勺子等工具喂药。

(6) 药物在治疗疾病的同时,通常会产生不利于机体的反应(即不良反应),包括副作用、毒化反应、变态反应、停药反应、后遗效应、致畸作用等,好的药品要使这些不利作用尽可能降到最低,同时发挥最好的疗效。

四、药物结构与药理活性

根据药物化学结构对生物活性的影响程度及药物在分子水平上的作用方式不同,可将药物分为非特异性结构药物和特异性结构药物。非特异性结构药物的生物活性不依赖于化学结构,其药理作用主要与药物的物理化学性质,如表面张力、溶解性、解离度、表面活性、蒸气压等性质有关,如药物必须有一定的溶解度才能被组织吸收,而溶解的速率又影响着吸收的效率和达到作用部位的速度,如甘露醇脱水是利用其渗透压而达到脱水目的的。绝大多数药物属于特异性结构药物,它们通过与生物体受体分子间的相互作用而发挥药效。作用的特异性依赖于药物分子内化学基团的一种精确组合和空间排列。

药物呈现生物活性须到达体内的某作用部位(这一部位称为"靶点"或受体,它们由生物大分子组成),药物模拟体内小分子与这些靶点结合使这些靶点大分子受到激发或者抑制,从而调节失衡,治疗因失衡引起的疾病。结构特异性药物的生物活性与分子的理化性质直接有关。药物对靶点的作用由一般结构和立体化学特征两方面对生物活性产生影响。药物的药理作用主要依赖于分子整体性,药物一般结构分为化学功能部分和生物功能部分。化学功能部分是通过各种力的键合作用,使药物与受体结合。生物功能部分分为主要和非主要两部分,前者要求高度结构特异性,才能与受体结合形成复合物产生药理作用,这部分即药效的基本结构或主要生物功能基团,不能将这部分化学结构进行较大改变,非主要部分并不参与药物与受体的复合作用。

立体化学因素是结构特异性药物活性的一个关键因素。受体具有严格的空间结构,药物要与受体形成复合药物,在立体结构上必须互相适应,即立体结构的互补性。药物的互补性越大,其特异性越高,生物活性也越强。在生物体中,具有重要意义的有机化合物绝大多数都是旋光性物质,并仅以一个对映体存在。如构成蛋白质的 α-氨基酸都是 L-构型。天然存在的单糖则多为 D-构型,DNA 都是右螺旋结构。影响生物结构的立体化学因素主要有旋光异构、几何异构和构象异构。旋光异构在体内吸收、分布、代谢和排泄常有明显的差异,有些异构体药理活性有高度的专一性。如(+)-环己巴比妥是催眠药,而(−)-对映体几乎没有催眠作用。几何异构体的理化性质不同,各基团之间的距离也不同,因而与受体相互作用和在体内运作均有差异。如抗神经病药反式泰尔登比顺式异构作用强 5~10 倍。同样,受体只能与药物分子多种构象中的一种结合,这种构象成为药效构象,即药物分子中与受体相应部位结合基团的空间排列,要完全适应受体的立体构象要求,才能产生药效。如抗震颤麻痹药多巴胺只有以反式构象存在时才有作用,而顺式 α-偏转体是无效的。

药效团是特征化的三维结构要素的组合,通常具有相同药理作用的类似药物,都具有某种基本结构,即相同的化学结构部分,如磺胺类药物、局麻药、β-受体阻断剂、拟肾上腺素药物等;另一类是一组化学结构完全不同的分子,但它们以相同的机理与同一受体键合,产生同样的药理作用,如己烯雌酚的化学结构比较简单,但其立体结构与雌二醇相似,也具有雌激素的作用。

磺胺类药　　　局麻药X=O,S,NH　　　β-受体阻断剂 $n=0,1$

拟肾上腺素　　　己烯雌酚　　　雌二醇

五、基本有机化学反应在药物及其中间体合成中的应用

无论是多么复杂的药物结构，在合成过程中都是以一个个基本有机化学反应一步步搭建而成的。在这里以几个常见药物为例，展示各药物合成中用到的基本有机反应。

1. 对乙酰氨基酚的合成

对乙酰氨基酚（paracetamol），商品名扑热息痛，化学名为 N -（4 -羟基苯基）乙酰胺（N-(4-hydroxylphenyl)acetamide），苯胺类解热镇痛药，1893 年上市，至今仍广泛应用于发热、头痛、风湿痛、神经痛及痛经等，为高效低毒的解热镇痛药物，也是药坛三大经典药物之一。我国已成为世界上最大的解热镇痛药生产国，阿司匹林、扑热息痛、安乃近等品种的产量均超万吨。随着解热镇痛药的增长，其中间体也获得了长足的发展。2003 年国内扑热息痛消费量快速增加，出口也呈迅猛增长势头，出口量为 28 163 吨，全年出口量同比增幅达 1 倍左右。对氨基苯酚是合成扑热息痛的重要中间体，近年来也增长迅速。

对乙酰氨基酚的合成路线如下：以对氯硝基苯为起始原料，先在碱性水溶液中加压水解，得到对硝基苯酚，此步反应为硝基卤苯的亲核取代反应；再催化氢化还原，得到对氨基苯酚，最后经乙酸酐酰化，得到目标产物对乙酰氨基酚。[1]

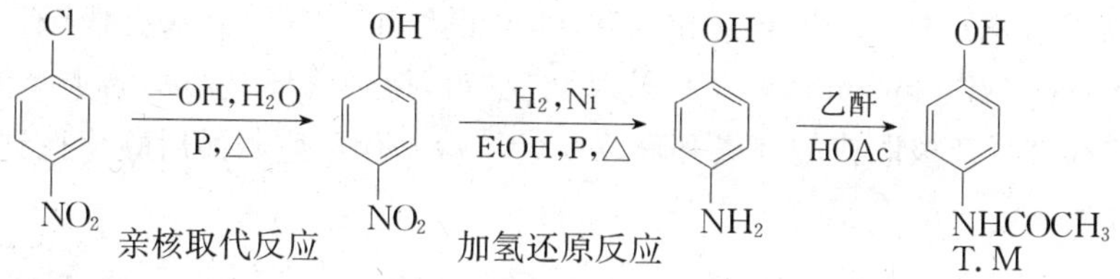

2. 普鲁卡因的合成

盐酸普鲁卡因（procaine hydrochloride），化学名为 4 -氨基苯甲酸- 2 -（二乙氨基）乙酯盐酸盐，1904 年开发出来，至今仍在临床上广为使用的局部麻醉药，毒性低，无成瘾性，用于局部浸润麻醉、蛛网膜下腔阻滞、腰麻、表面麻醉和局部封闭疗法。以对硝基苯甲酸为原料，酯化得硝基卡因，再经还原、成盐即制得盐酸普鲁卡因。[2]

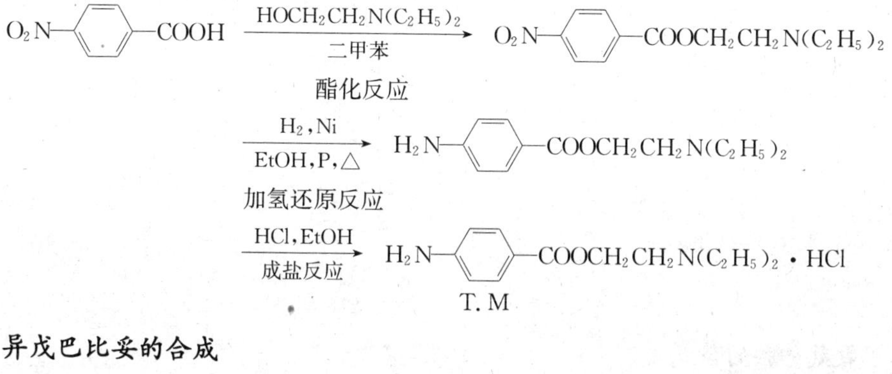

3. 异戊巴比妥的合成

异戊巴比妥（amobarbital），化学名为 5 -乙基- 5 -（3 -甲基丁基）- 2,4 - 6 -（1H,3H,5H)-嘧啶三酮。本品为 5 -位被乙基和异戊基取代的环丙二酰脲（巴比妥酸）衍生物，主要用于镇静、催眠和抗惊厥，久用可致依赖性，对严重肝、肾功能不全者禁用。其母核结构巴比妥酸由丙二酸酯同脲发生氨解反应环合得到，其 5 -位的二取代需在环合前引入到丙二酸酯

的 2-位上。其总的合成路线如下：利用 EM 合成法，向丙二酸二乙酯的 2-位上先后引入异戊基和乙基，其中先上位阻大的后上位阻小的，得到二取代丙二酸二乙酯，再同脲氨解成环，最后用碱作用成钠盐。[3]

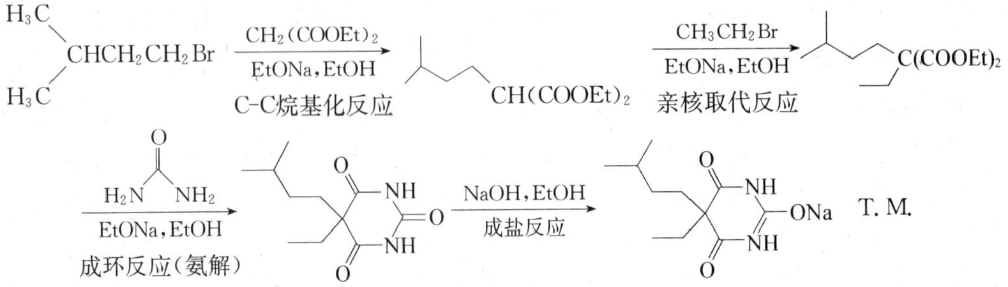

4. 美多心安（美托洛尔）的合成

盐酸美托洛尔（metoprolol hydrochloride），化学名为 1-异丙氨基-3-（4-（2-甲氧基乙基）苯氧基）-2-丙醇盐酸盐，β-受体阻滞剂药物，用于治疗心绞痛、窦性心动过速、心房扑动及颤动等室上性心动过速，也可用于房性或室性早搏及高血压等病的治疗。其合成路线如下：以 2-苯基乙醇为起始原料，经 O-甲基化反应得到（2-甲氧基乙基）苯，再经硝化、还原得到 4-（2-甲氧基乙基）苯胺，再经重氮化、水解得到 4-（2-甲氧基乙基）苯酚，在相转移催化剂存在下进行 Williamson 成醚（O-烷基化反应），得到含环氧结构的中间体，再用异丙基胺对环氧结构进行亲核取代的环氧开环反应（N-烷基化反应），最后酸化得到美托洛尔盐酸盐。

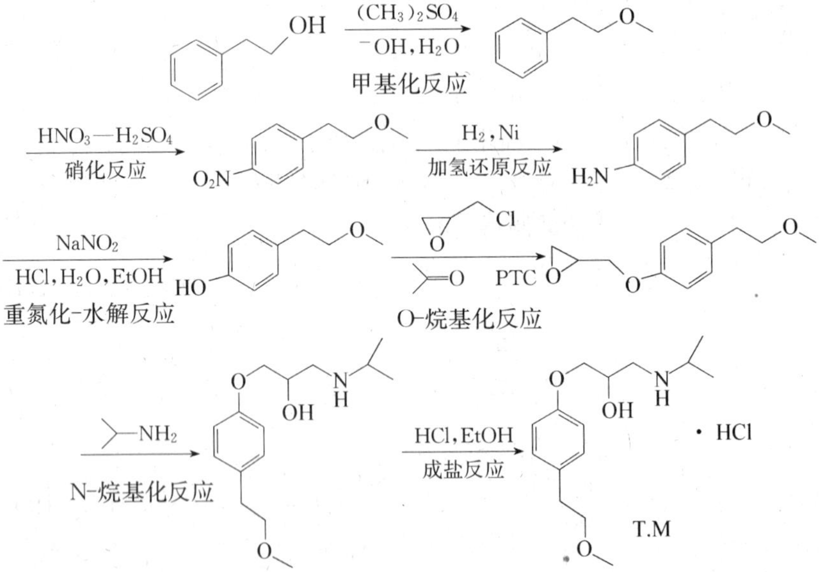

5. 甲氧氯普胺的合成

盐酸甲氧氯普胺（metoclopramide），化学名为 N-[（2-二乙氨基）乙基]-4-氨基-2-甲氧基-5-氯-苯甲酰胺二盐酸盐，又名胃复安、灭吐灵。本品是中枢性和外周性多巴胺 D2 受体拮抗剂，具有促动力作用和止吐作用，于 20 世纪 60 年代上市，是第一个用于临床的促动力药物。其制备方法以 4-氨基-2-羟基苯甲酸甲酯为起始原料，先对 4-位氨基进行酰化保护,然后通过 O-烷基化反应将 2-位羟基封头成甲氧基,再对苯环进行亲电取代,利用定位规则得到中间体 4-乙酰氨基-2-甲氧基-5-氯苯甲酸甲酯,完成母核部分的合成。接下来用 N,N-二乙基-乙二胺对中间体进行氨解 N-[(2-二乙氨基)乙基]-4-乙酰氨基-2-甲氧基-5-氯苯甲酰胺,最后水解脱去氨基的保护基团,再酸化成盐得到目标产物盐酸甲氧氯普胺。[4-5]

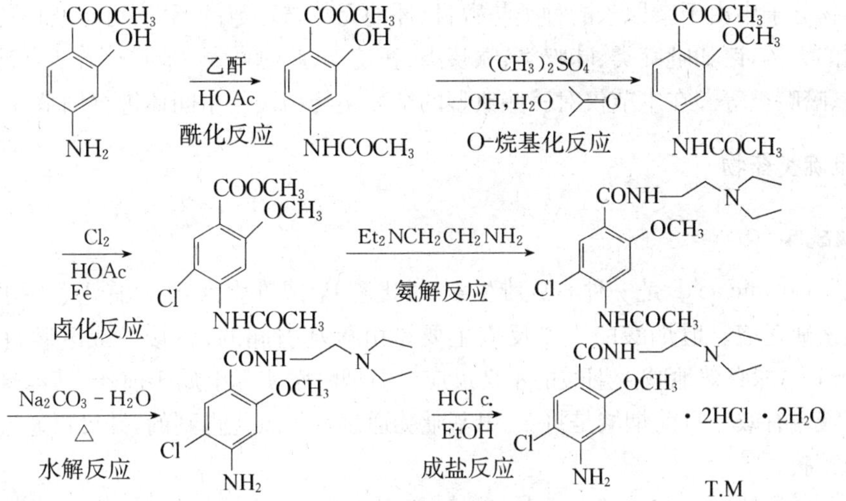

6. 喷托维林的合成

喷托维林(pentoxyverine),化学名为 1-苯基环戊烷-1-羧酸-β-(β-二乙胺基乙氧基)乙酯,其枸橼酸盐又名咳必清、维静宁,非麻醉性中枢镇咳药,无成瘾性,用于治疗上呼吸道感染引起的急性、轻度咳嗽和百日咳。本品合成是由四氢呋喃经亲核取代开环得到 1,4-二溴丁烷,然后在碱性条件下由苯乙腈形成的 C 负离子同其发生类 EM 合成法的环合,得到 1-苯基-1-氰基环戊烷,在氰基水解后得到相应的羧酸。在下一步酯化反应中如采用通常的由羧酸同醇直接酯化的方法其转化率较低,产率更差,因此在这里先将羧酸转化成酰氯,再进行醇解成酯,虽然增加了反应步骤,但各步产率都很高,对提升总产率有很大帮助。最后同枸橼酸成盐而得目标产品。[6]

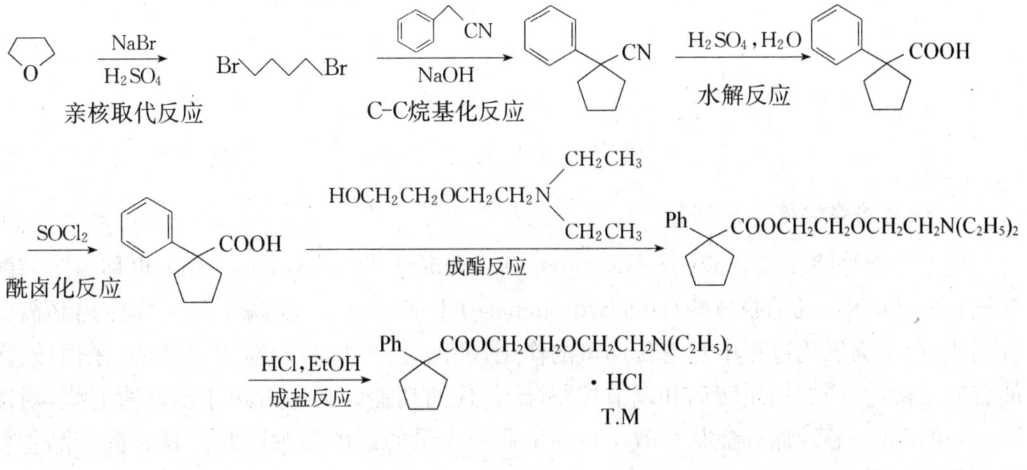

第二节　杂环类药物及其中间体合成例举

杂环化合物种类繁多,数量庞大,在自然界分布很广,如某些生物碱、维生素、抗生素等。杂环类药物分子中由于杂原子的种类与数目、环的元数与环数的不同,可将杂环类药物分成许多不同的大类,诸如吡啶类、咪唑类、哌嗪类、托烷类、吩噻嗪类、苯并二氮杂卓类、呋喃类、吡唑酮类、嘧啶类等。在本节仅对一些典型的杂环类药物及其中间体进行例举。

一、吡啶类药物

1. 烟酰胺

烟酸(nicotinic acid)是一种 B 族维生素(维生素 B_5 或维生素 PP),临床上用于糙皮症及类似维生素缺乏症。但烟酸的不良反应主要是由羧基引起的,将羧基成酰胺得到烟酰胺(nicotinamide)能有效地减少烟酸的不良反应。但烟酰胺实际上属于前药,其本身需在体内转化成烟酸才有效。目前烟酸是将 3-甲基吡啶通过空气氧化得到的,并可再通过羧酸的氨解得到烟酰胺。[7-10]

2. 尼可刹米:(N,N-二乙基烟酰胺)

尼可刹米(nikethamide)是酰胺类中枢兴奋药,用于中枢性呼吸及循环衰竭、麻醉药、其他中枢抑制药的中毒急救,由烟酸酰胺化得到。羧基的酰化在合成过程中有多种方法,可将其先转化为活性更高的酰氯,再进行相应的氨解,但此过程中使用过量的氯化亚砜对环境有一定的危害。尼可刹米也可先用烟酸同等量的二乙胺先成盐,再在三氯氧磷的作用下去水转化成酰胺,由于吡啶环呈碱性,此时酰胺是以盐酸盐形式存在,再经过碱化即可得到尼可刹米。[11]

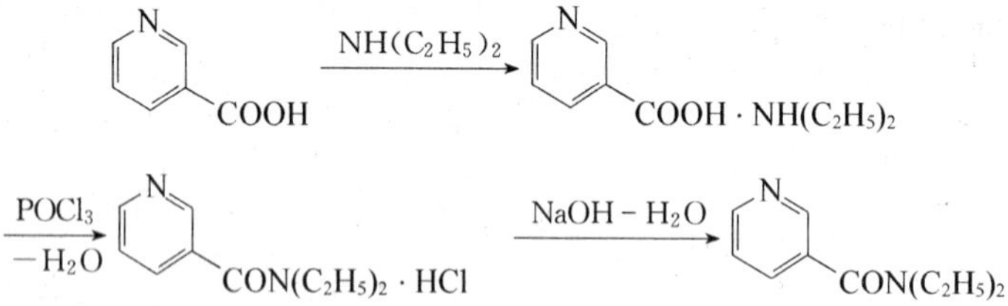

3. 烟酰胺腺嘌呤二核苷酸

烟酰胺腺嘌呤二核苷酸(β-Nicotinamide adenine dinucleotide,NAD)也称为二磷酸吡啶核苷酸(DPN),或辅脱氢酶(codehydrogenase)Ⅰ或辅酶Ⅰ,辅酶Ⅰ是生物体内必需的一种辅酶,在生物氧化过程中起着传递氢的作用,能活化多种酶系统,促进核酸、蛋白质、多糖的合成及代谢,增加物质转运和调节控制,改善代谢功能。临床可用于治疗冠心病,对改善冠心病的胸闷、心绞痛等症状有效。目前工业中大量的烟酰胺腺嘌呤二核苷酸产品主要为从酵母中提取分离获得。该过程虽然工艺成熟,但是耗费能源和材料巨大,产品昂贵,限制了生产和其后续应用过程的开发。[12]

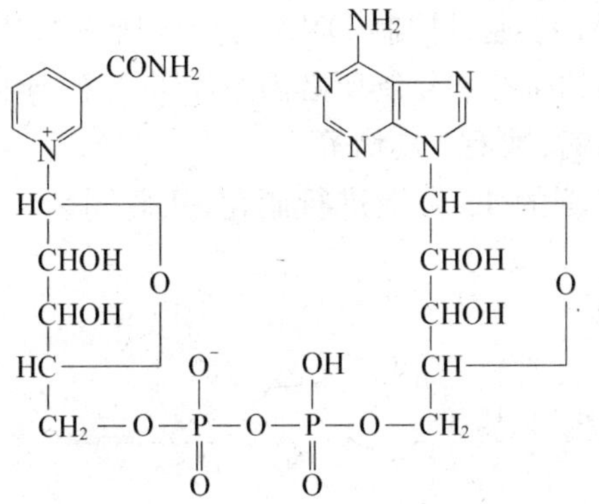

4. 雷米封(异烟肼)

异烟肼(isoniazid),化学名为 4 -吡啶甲酰肼,别名雷米封(rimifon)。1952 年研究具有—NH—CH ═S 基团抗结核药物时意外发现异烟肼对结核杆菌显示出强大的抑制和杀灭作用,并对细胞内外的结核杆菌均显示出明显的抗菌效果。其与醛缩合得到腙类衍生物也具有一定的抗结核活性。如异烟肼与香草醛进一步作用可得到的异烟腙(ftivazide),其抗结核活性与异烟肼相似,但毒性略低,无肝损伤,常与乙胺丁醇、乙硫酰胺联合用药。[13-15]

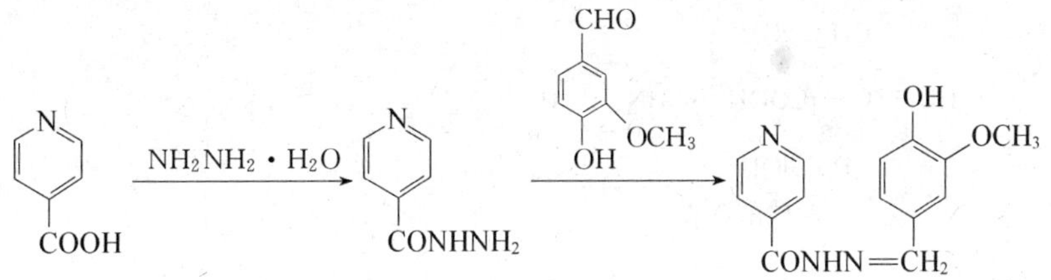

二、咪唑类药物

1. 西咪替丁

西咪替丁(cimetidine),化学名为 N'-甲基- N″-[2[[(5 -甲基-1H -咪唑- 4 -基)甲基]硫代]乙基]- N -氰基胍,又名甲氰咪胍、泰胃美。1976 年上市,是第一个 H2 受体拮抗剂药物。有显著抑制胃酸分泌的作用,对因化学刺激引起的腐蚀性胃炎有预防和保护作用,对应激性胃溃疡和上消化道出血也有明显疗效,它一问世很快就成了治疗溃疡的首选药物。其合成由 4 -甲基-5 -羟甲基-1 -氢咪唑为起始原料,先同氨基乙硫醇成硫醚,再同 N -氰基二硫代亚胺碳酸二甲酯发生亲核取代,最后用甲胺取代甲硫基得西咪替丁。[16-18]

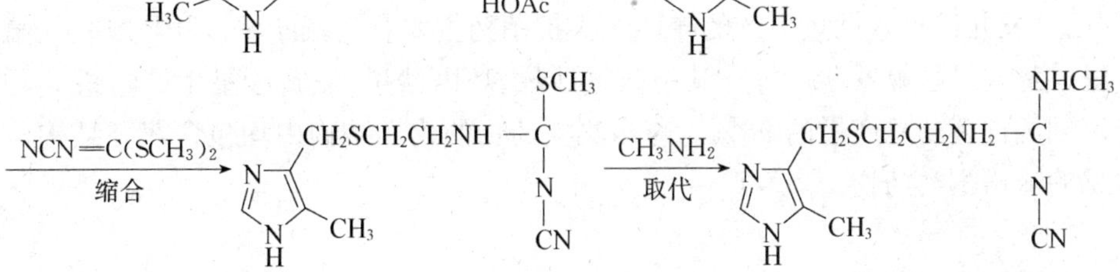

2. 硫唑嘌呤

抗肿瘤药物中抗代谢药物,通过抑制 DNA 合成中所需的叶酸、嘌呤、嘧啶以及嘧啶核苷途径,从而抑制肿瘤细胞的生存和复制所必需的代谢途径,导致肿瘤细胞死亡。其抗瘤谱略窄,临床多用于治疗白血病、绒毛上皮瘤等。

先在 1-甲基-5-氯咪唑的 4-位上进行硝化,然后同巯基嘌呤发生亲核取代得硫唑嘌呤。

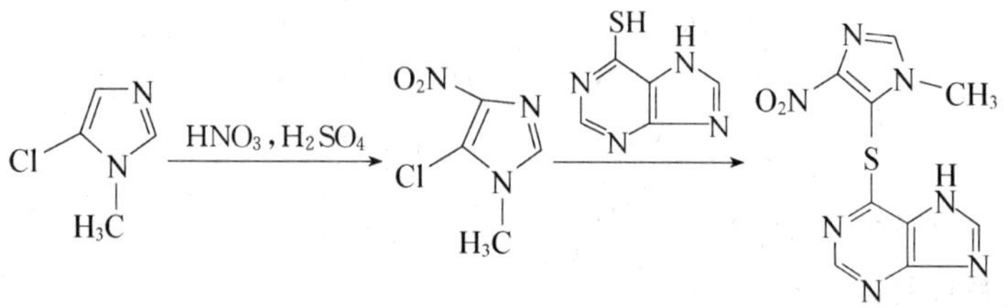

三、哌嗪类

1. 驱蛔灵

哌啶的枸橼酸盐,又名驱蛔灵,具有麻痹蛔虫肌肉的作用,可用于驱除蛔虫、蛲虫。以其代替早期的天然驱蛔药物山道年,后者毒性较高。

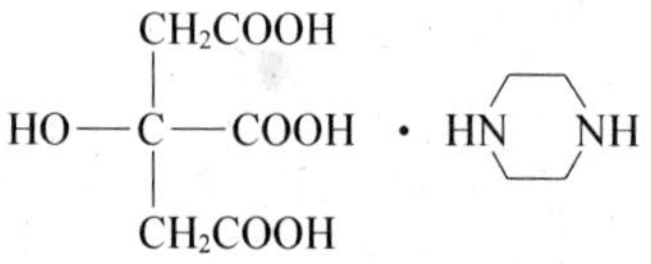

枸橼酸哌啶

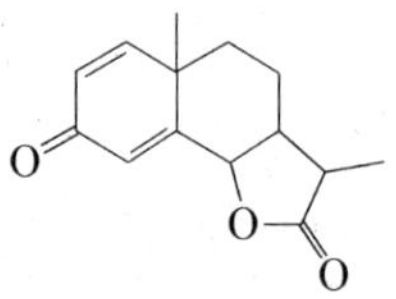

山道年

2. 氟奋乃静

氟奋乃静(fluphenazine),以哌啶环取代侧链二甲氨基的吩噻嗪类抗精神病药。其合成上在母核吩噻嗪的 N 原子上发生亲核取代反应,引入含哌啶环的侧链,最后用盐酸成盐增强产品的稳定性及溶解性。[19]

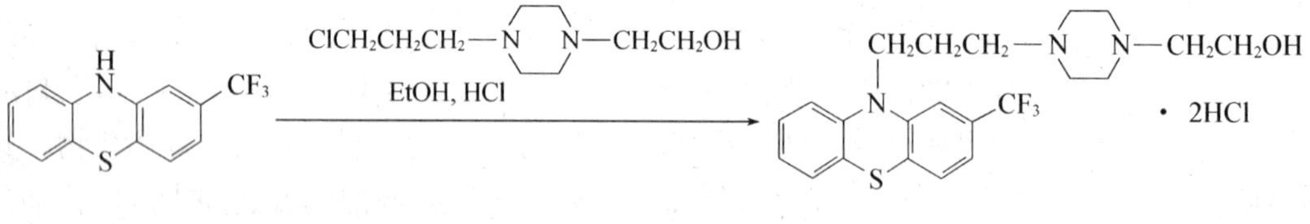

四、抗菌类药物——喹诺酮类药物

喹诺酮类一般由含氟苯环合成含氟喹啉类化合物后与哌嗪(或甲基哌嗪)缩合而得。目前,我国已开发并已投入批量生产的喹诺酮类抗菌药主要有诺氟沙星、环丙沙星、氧氟沙星、依诺沙星、洛美沙星、氟罗沙星等。其中诺氟沙星、环丙沙星、氧氟沙星生产量最大,约占国内氟喹诺酮类抗菌药总产量的 98%。喹诺酮类药物的化学结构中均包含双环结构,下面是几个常见的喹诺酮类药物。

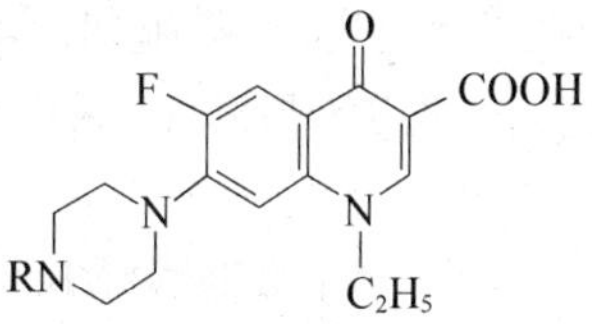

R＝H诺氟沙星(norfloxacin)
R＝CH₃培氟沙星(pefloxacin)

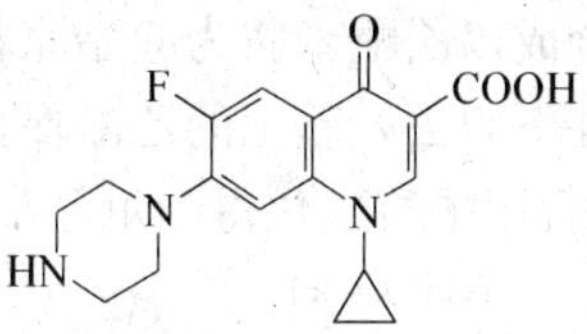

环丙沙星(ciprofloxacin)

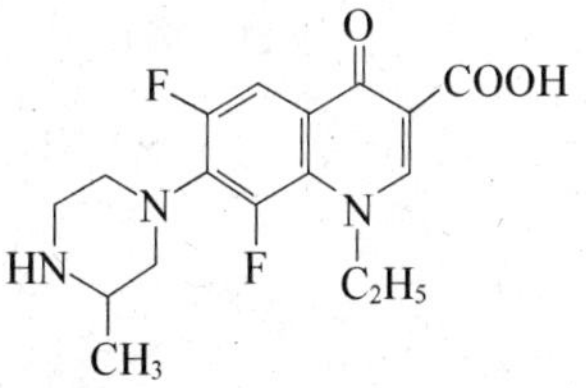

洛美沙星(lomefloxacin)

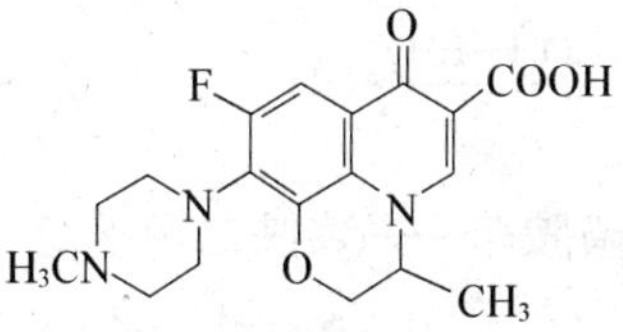

氧氟沙星(ofloxacin)

喹诺酮类药物中诺氟沙星和培氟沙星分别是 6-位氟取代和 7-位哌嗪取代的化合物。诺氟沙星对革兰阴性菌和革兰阳性菌的作用特强,还可用于毛囊炎、咽喉炎、扁桃体炎、膀胱炎及肠道感染。培氟沙星(甲氟哌酸)为在诺氟沙星分子中哌嗪基被 N-甲基哌嗪取代的衍生物,其体外抗菌性不如诺氟沙星,但体内吸收好,可进入很多组织,如可进入脑脊液和骨组织,有望治疗心内膜疾病。环丙沙星是诺氟沙星 1-位的乙基换成环丙基后得到的化合物,其抑菌浓度很低,其疗效明显优于同类药物及头孢菌素和氨基糖苷类抗生素。洛美沙星是培氟沙星在 8-位氟代的产物,其半衰期长,抗菌谱更广,药代动力学发生变化,抗感染的防御效果增强。氧氟沙星是在培氟沙星的 8-位引入氧原子,并经有支链的乙基与 1-位氮原子相连所得。其药代动力学性质明显优于诺氟沙星,其体内抗菌活性为诺氟沙星的 2～4倍,而且毒性小,副作用低。

第三节　磺胺类药物及其中间体的合成例举

磺胺类药物的发现,开创了化学治疗的新纪元,使死亡率很高的细菌性传染疾病得到控制。按其作用时间长短可分为三类:短效磺胺、中效磺胺、长效磺胺。无论那种磺胺药物均有相同的母核结构对氨基苯磺酰胺。

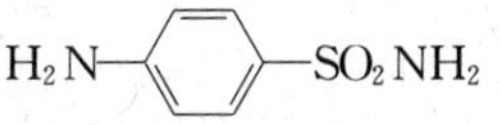

$$H_2N-\underset{\text{对氨基苯磺酰胺}}{\underline{\hspace{1.5cm}}}-SO_2NH_2$$

一、对氨基苯磺酰胺

对氨基苯磺酰胺又称磺胺,早在 1908 年就被合成,但直到 1932 年 Domagk 发现百浪多息用于治疗葡萄球菌引起的败血症后,经研究才确认磺胺的抗菌作用。为了扩大磺胺药物的抗菌谱和增加其抗菌活性,药物工作者进行了长期研究,筛选出 30 多种药效好、毒性低的磺胺药。[20]

磺胺的合成以乙酰苯胺为起始原料,先用氯磺酸在苯环上引入磺酰氯,氨解成磺酰胺,再在碱性条件下脱去氨基上的乙酰保护基,由于磺酰胺上的质子呈酸性,碱性条件下以盐的形式存在,最后用盐酸酸化得到对氨基苯磺酰胺。

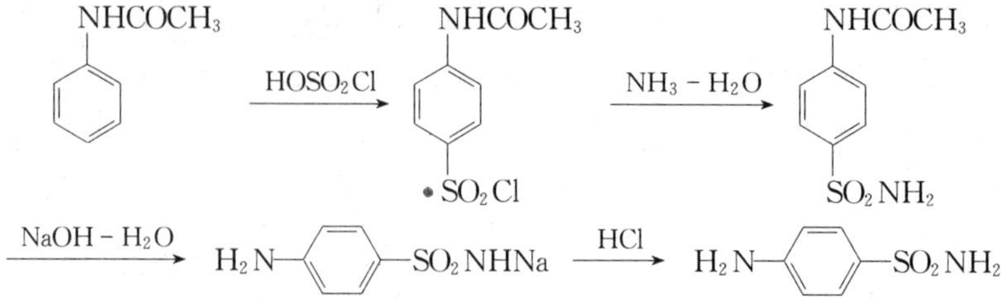

二、短效磺胺药——磺胺二甲嘧啶

磺胺二甲嘧啶(Sulfadimidine)是传统应用的抗菌药和抗球虫药,曾在国内广泛用于禽畜的球虫病,也用于防治葡萄球菌及链球菌的感染。由对氨基苯磺酰胺同胍发生氨基交换得到磺胺胍,再同乙酰丙酮缩合得到。中间体磺胺胍也是重要的磺胺类药物,最早应用于治疗肠道感染。[21]

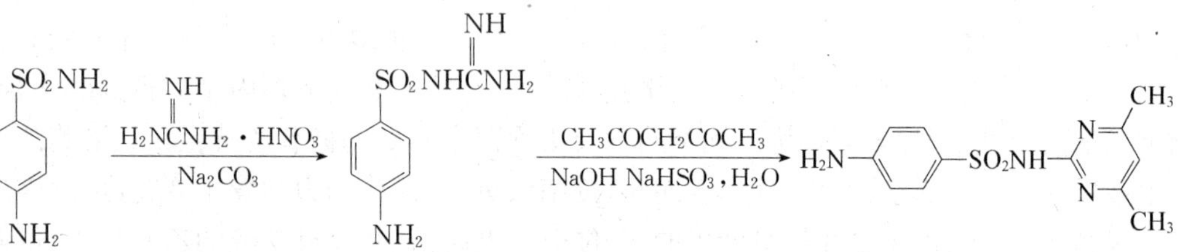

三、中效磺胺药

磺胺甲噁唑(sulfamethoxazole)是 1962 年问世的磺胺药物,半衰期 11 小时,抗菌作用较强,与抗菌增效剂甲氧苄啶(trimethoprim)合用的复方制剂被称为复方新诺明,临床广泛用于泌尿道、呼吸道感染及伤寒等。

磺胺嘧啶(sulfadiazine),化学名为 N-2-嘧啶基-4-氨基苯磺酰胺。1946 年上市,由于其强抗菌,疗效好,吸收好,排泄慢,在脑脊髓液中浓度较高,对预防和治疗流行性脑炎有突出作用。磺胺嘧啶的合成过程中采用丙炔醇作起始原料发生氨化氧化反应,得到的中间体再同磺胺胍缩合得到磺胺嘧啶。[22-23]

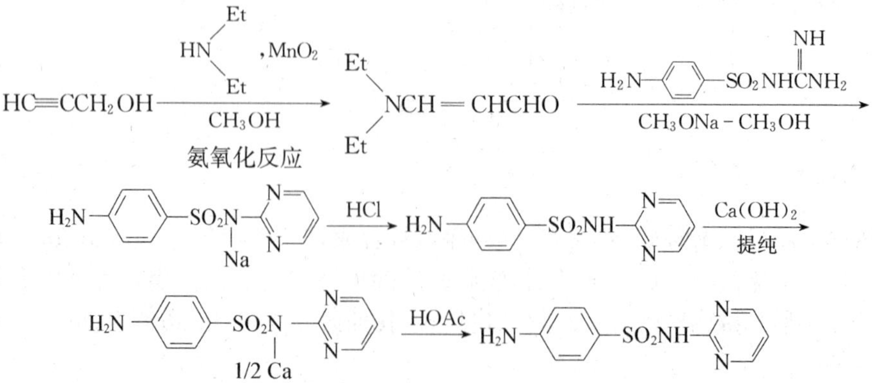

四、长效磺胺药——磺胺甲氧嘧啶

磺胺甲氧嘧啶(sulfamethoxydiazine)主要用于防治溶血性链球菌、肺炎球菌及脑膜炎球菌引起的感染,治疗球虫病、泌尿道及呼吸道感染等疾病。其由乙醛经甲醇缩合得二甲缩乙醛,再经氯化醚化得中间体三甲氧基乙烷,其在碱性条件下用 PCl₃、DMF 作用同磺胺胍环合得到磺胺甲氧嘧啶。[23]

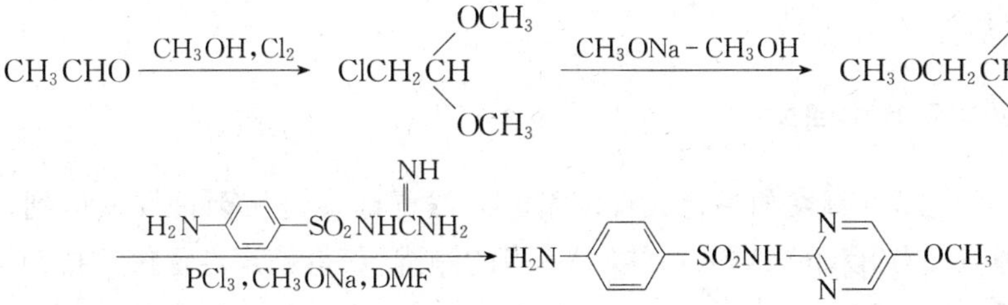

五、磺胺增效剂——甲氧苄氨嘧啶

甲氧苄氨嘧啶(trimethoprim),化学名为 5 -[(3,4,5 -三甲氧基苯基)-甲基]- 2,4 -嘧啶二胺,又名甲氧苄啶。其本身也是广谱抗菌药,对革兰阳性菌和革兰阴性菌均具有广泛的抑制作用。与磺胺类药物联用,使细菌的代谢受到双重阻断,从而使得抗菌作用增强数倍至数十倍,同时,对细菌的耐药性减少。常与磺胺嘧啶或磺胺甲噁唑联用,治疗呼吸道感染、尿路感染、肠道感染、脑膜炎、败血症等。用 3,4,5 -三甲氧基苯甲醛同甲氧基丙腈缩合得苯基丙烯腈的衍生物,再同硝酸胍环合得到甲氧苄氨嘧啶。[24]

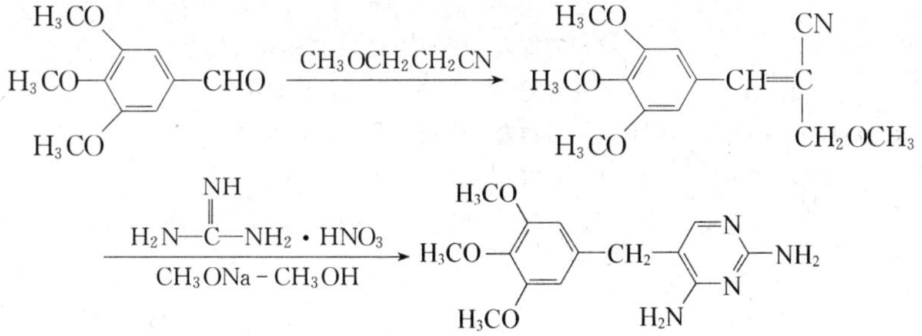

第四节　β-内酰胺类抗生素药物及其中间体简述

一、β-内酰胺类抗生素的结构与活性

临床上常用的β-内酰胺类抗生素包括青霉素、头孢菌素、非典型的β-内酰胺类抗生素和β-内酰胺酶抑制剂。从化学结构分析,β-内酰胺类抗生素的基本母核有青霉烷、青霉烯、碳青霉烯、头孢烯和单环β-内酰胺。各母核结构如下:

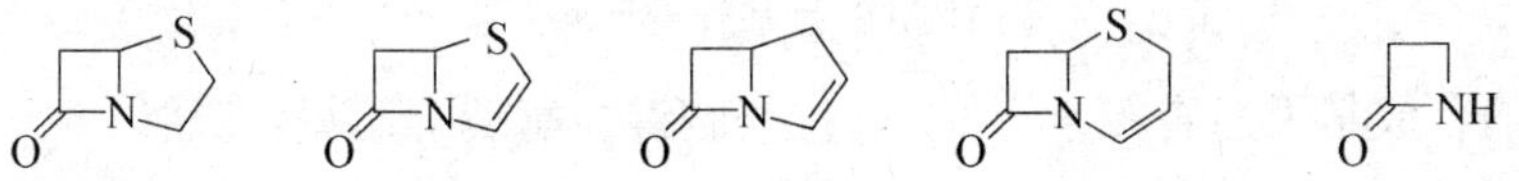

青霉烷　　　青霉烯　　　碳青霉烯　　　头孢烯　　　单环β-内酰胺

其中,β-内酰胺环是该类抗菌素获得生物活性的必需基团。在和细菌作用时,β-内酰胺环开环与细菌发生酰化作用,从而抑制细菌的生长。该类抗生素的抑菌机理为干扰细菌细胞壁的合成。β-内酰胺类抗生素可以通过抑制黏肽转肽酶而发挥抗菌作用。黏肽是细菌细胞壁的主要成分,黏肽在黏肽转肽酶的催化下进行转肽反应,完成细胞壁的合成。β-内酰胺类抗生素可抑制黏肽转肽酶的活性,使细菌不能生长繁殖。

β-内酰胺类抗生素的主要缺点是分子中的四元环张力比较大,化学性质不稳定,易发生开环而导致失活。

二、青霉素药物及其中间体

青霉素类包括天然青霉素和半合成青霉素。天然青霉素是从菌种发酵得到,半合成青霉素是在6-氨基青霉烷酸(6-APA)上接上适当的侧链,获得稳定性更好或抗菌谱更广、耐酸、耐酶的青霉素。

1. 发酵而得的天然青霉素

由发酵而得的天然青霉素有如下几种,但各有不同的缺陷,主要体现在抗菌谱窄及对酸的稳定性方面。基于产量等原因,在临床中应用的天然青霉素是青霉素 G 和青霉素 V。青霉素 G 的钠盐在胃酸存在下会导致酰胺侧链水解和内酰胺环开环而失去活性,因此不能口服。青霉素 V 的 6 位侧链部分引入了电负性强的氧原子,从而阻止了侧链羰基电子向 β-内酰胺环的转移,增加了对酸的稳定性,可供口服。其抗菌谱、抗菌作用、适应症、不良反应等同青霉素 G 相当。

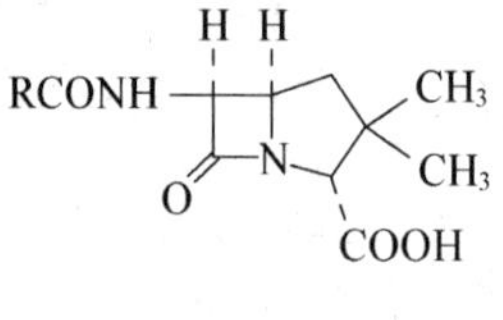

青霉素 G R＝$C_6H_5CH_2$—
青霉素 X R＝p-$HOC_6H_4CH_2$—
青霉素 K R＝$CH_3(CH_2)_6$—
青霉素 V R＝$C_6H_5OCH_2$—
青霉素 N R＝D-$HOOCCH(CH_2)_3$—
　　　　　　　　　　　　NH_2

窄谱不抗酸

2. 半合成青霉素衍生物

半合成青霉素的开发主要基于扩宽抗菌谱、耐酸、耐酶稳定性方面的考量。通过大量研究发现内酰胺结构四元环及五元环的并合结构是活性必需的,羧基也是保持活性必需的,简单酯化可导致失活,但也可考虑做成前药。6-位侧链是结构修饰的主要部位,此处的变化可产生各式各样的作用。因此改良青霉素均从中间体 6-APA 半合成而得。

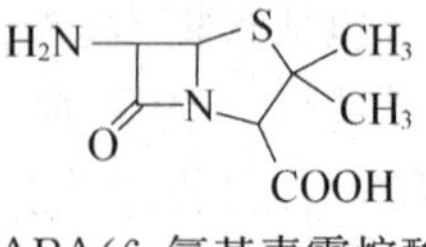

6-APA(6-氨基青霉烷酸)

6-APA 的合成是天然青霉素 G 的 6-位酰胺键经酶裂解而得,然后以 6-APA 为母核进行改造而得功能有所专一的半合成青霉素。[25-26]

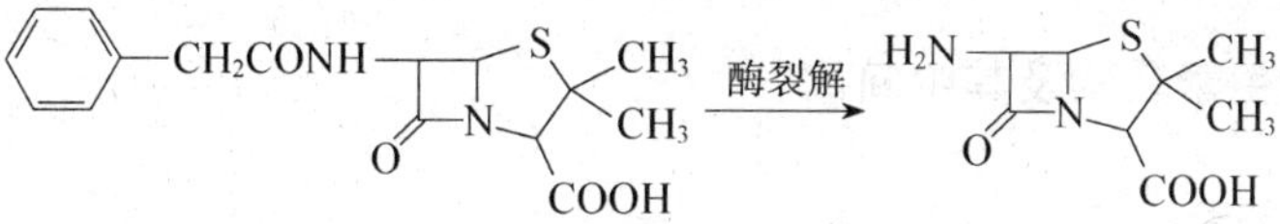

（1）苯唑西林

苯唑西林（oxacillin），其侧链为 5-甲基-3-苯基-4-异噁唑甲酰胺基，其不仅能耐酶、耐酸，抗菌作用也较强，可通过口服和注射给药，用于治疗败血症、肺炎、脑膜炎等疾病。[27-28]

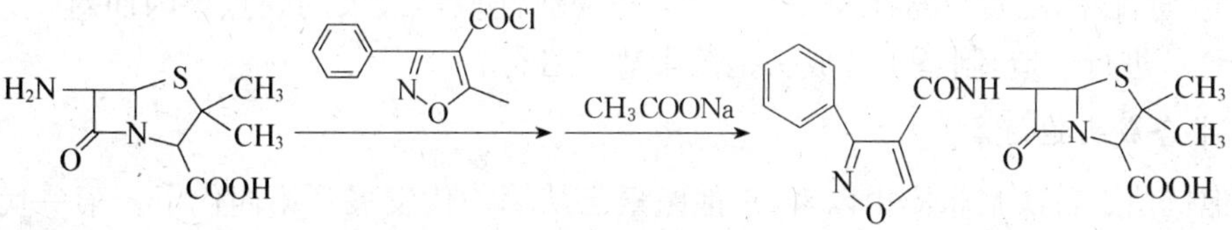

（2）氨苄西林——氨苄青霉素

氨苄西林（ampicillin），其侧链部分是苯甘氨酸，属第一代青霉素，抗菌谱较宽，毒性低，对流感杆菌、痢疾杆菌、伤寒杆菌等均有效，用于心内膜炎、脑膜炎、败血症等。在耐酸稳定性方面有大大提高，但仍不耐酶。

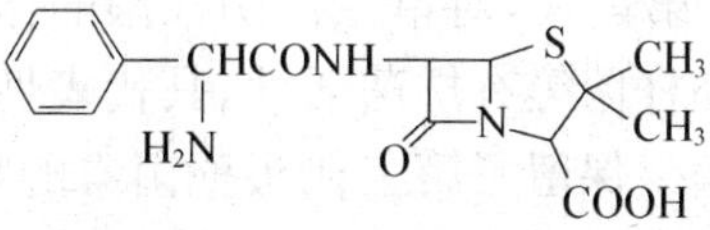

（3）哌拉西林——氧哌嗪青霉素

哌拉西林（piperacillin），广谱、低毒青霉素，杀菌优于现有半合成青霉素，属第三代青霉素。哌拉西林实际是将氨苄西林的侧链中氨基进一步酰化，其侧链合成路线如下：乙醇胺经卤化得溴代乙胺，再同乙胺作用，得到 N-乙基-1,2-乙二胺，用草酸二乙酯环合得到 N-乙基-2,3-哌嗪二酮，用光气在 N′ 上引入酰氯基后再同苯甘氨酸钠的氨基发生酰化得到氨基酰化的苯甘氨酸。最后用侧链中苯甘氨酸的羧基部分同 6-APA 酰化即得哌拉西林。[29-31]

$$HOCH_2CH_2NH_2 \xrightarrow{HBr} BrCH_2CH_2NH_2 \xrightarrow{CH_3CH_2NH_2} CH_3CH_2NHCH_2CH_2NH_2$$

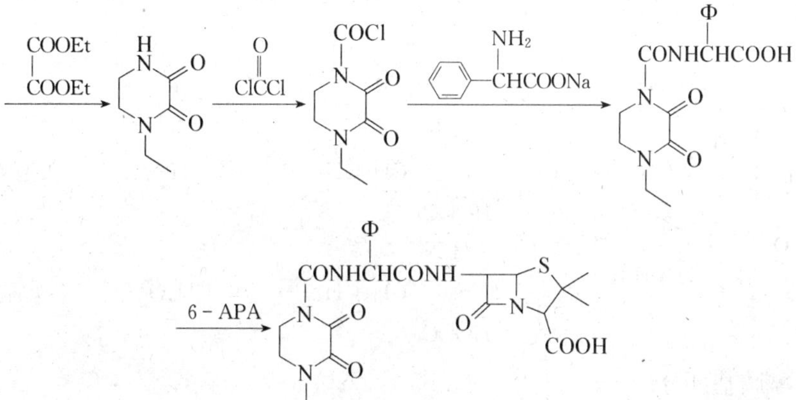

三、头孢类抗生素药物及其中间体

1. 天然头孢菌素

天然头孢菌素主要有头孢菌素 C 和甲氧头孢菌素。头孢菌素 C 是由青霉素近缘的头孢菌属真菌所产生的,其抗菌效力较低,可能是由于亲水性的 α-氨基己二酰胺侧链所致,甲氧头孢菌素是由链霉菌产生的。天然头孢菌素类药物对酸稳定,毒性小,与青霉素无交叉反应,但药物活性低是最大的缺点。因而对头孢菌素 C 进行改造,制备半合成头孢菌素势在必行。

头孢烯

2. 半合成头孢菌素

头孢抗菌素首次临床应用以来,头孢菌素已从第一代发展到第四代了。第一代头孢菌素只能抑制革兰氏阳性菌和葡萄球菌,对革兰氏阴性菌的 β-内酰胺酶的抵抗力较弱,其代表性产物有头孢噻吩等。第二代头孢菌素对革兰氏阳性菌的抗菌活性和第一代接近,而对革兰氏阴性菌的作用较为优异。其特点为抗酶性较强,抗菌谱广,可用于对第一代头孢菌素产生耐药性的一些革兰氏阴性菌,其代表产物有头孢孟多、头孢呋辛等。第三代头孢菌素对革兰氏阳性菌的抗菌活性低于第一代,对革兰氏阴性菌的作用比第二代更强,而且耐酶性强,对绿脓杆菌、沙雷杆菌、不动杆菌等有抗菌活性,其代表性药物主要有头孢噻肟、头孢哌酮、头孢克肟等。第四代头孢菌素保留了第三代头孢菌素的特点,扩大了抗菌谱,增强了对耐药菌株的作用能力。目前品种还不多,主要有头孢克定、头孢匹罗等,由于 3 位有四价氮,可增加药物对细菌细胞膜的穿透力。头孢菌素和青霉素相比,过敏反应发生率极低,而且彼此不引起交叉过敏反应。因为 β-内酰胺环开环后不能形成稳定的头孢噻嗪基,而是生成以侧链(R)为主的各异的抗原簇,因此头孢菌素间和青霉素间,只要侧链(R)不同,就不可能发生交叉过敏反应。

3. 头孢菌素的结构与活性

头孢菌素的化学结构如下:从天然头孢菌素出发,对其结构进行改造后得到半合成头孢菌素。可进行结构改造的位置有四处:① 7-酰胺基部分;② 7-α 氢原子;③ 环中的硫原子;④ 3-取代基。

$$
\begin{array}{cc}
& R \qquad\qquad R' \\
\text{RCONH} & \text{H}_2\text{N-CH(CH}_2)_3\text{-} \qquad \text{H-} \qquad \text{头孢菌素 C} \\
& \text{HOOC} \\
& \text{H}_2\text{N-CH(CH}_2)_3\text{-} \qquad \text{CH}_3\text{O-} \qquad \text{头霉素 C} \\
& \text{HOOC}
\end{array}
$$

(1) 7-酰胺基部分

7-酰胺基部分是抗菌谱的决定基团,通过对该基团的改造,可改善抗菌谱,提高抗菌活性。如在 7-位侧链引入亲脂性基团,如苯环、双烯环、噻吩或其他杂环等基团,同时对 3-位取代基进行改造,可得抗菌谱较广的产物。如第一代产物头孢噻吩(cefalotin)、头孢唑啉

(cefazolin)等。

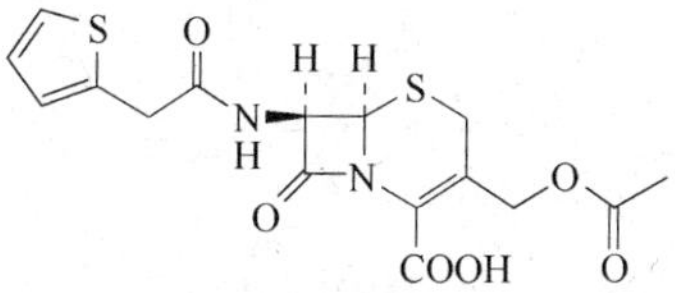

头孢噻吩

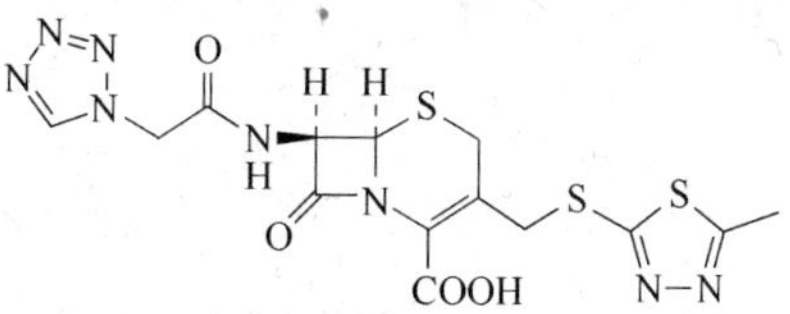

头孢唑啉

（2）7-α位

7-α位可引入亲水性基团如—COOH、—NH$_2$、—OH、—SO$_3$H 等，同时改变3-位取代基（如用—Cl、—CH$_3$ 或含氮杂环取代），也可较好地扩大抗菌谱。如头孢哌酮（cefoperazone）、头孢羟氨苄（cefadroxil）等。如在7-位引入甲氧肟基和氨基噻唑基团，可增强其对β-内酰胺酶的稳定性，如第三代头孢菌素衍生物头孢噻肟（cefotaxime），其7-位侧链上，α位是顺式甲氧肟基，其β-位是2-氨基噻唑基团。2-氨基噻唑基团可以增加药物与细菌青霉素结合蛋白的亲和力，甲氧基可阻止酶接近内酰胺环同时增加了对革兰氏阴性菌外膜的渗透。这两个基团的结合使该药物具有耐酶和广谱的特点。

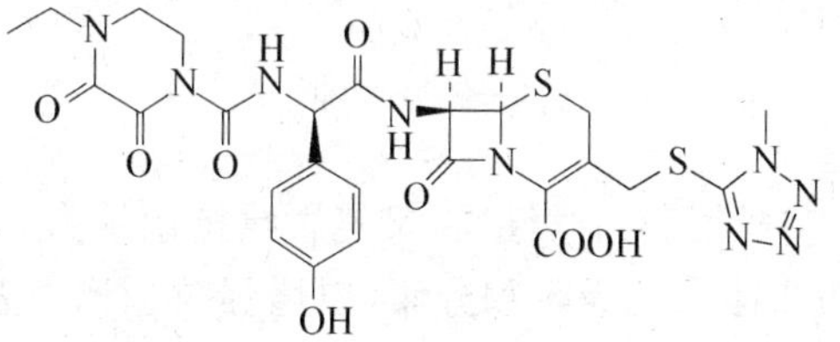

头孢哌酮

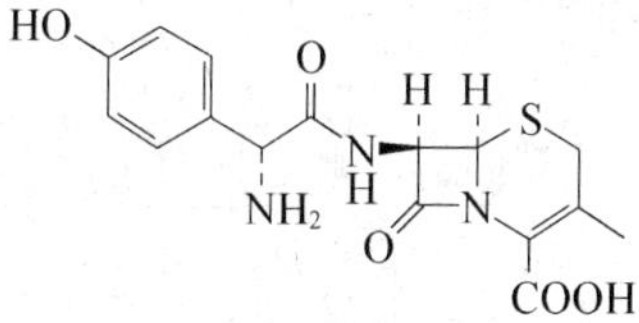

头孢羟氨苄

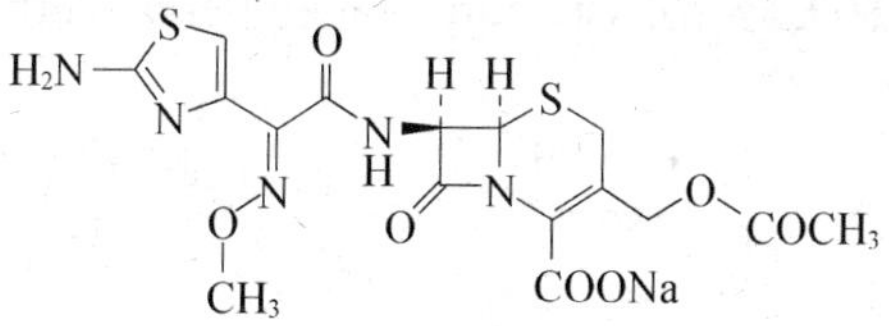

头孢噻肟钠

（3）7-位α-H用甲氧基取代

7-位α-H用甲氧基取代可得头霉素类抗菌药，其特点是抗菌谱广，如对β-内酰胺酶的稳定性高，对革兰氏阴性菌的作用强，对厌氧菌活性高。代表性产物有头孢西丁（cefaxitin）等。

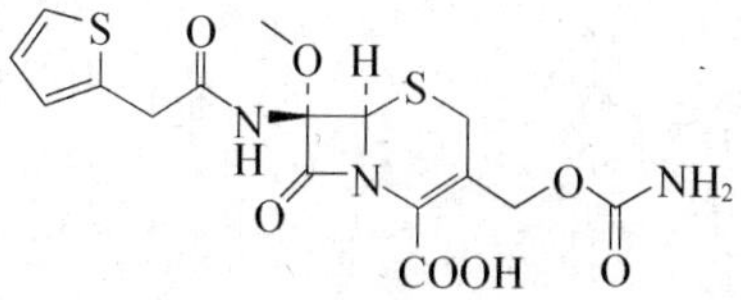

头孢西丁

（4）5-位的硫原子

5-位的硫原子可影响抗菌活性。5-位 S 用生物电子等排体 O、CH$_2$ 等取代可改善药代动力学性质，使药物具有广谱、耐酶和血液浓度高及半衰期长等特点。代表性产物有氧头孢烯类中的拉氧头孢（latamoxef）、碳头孢烯类中的氯碳头孢（loracarbef）等。

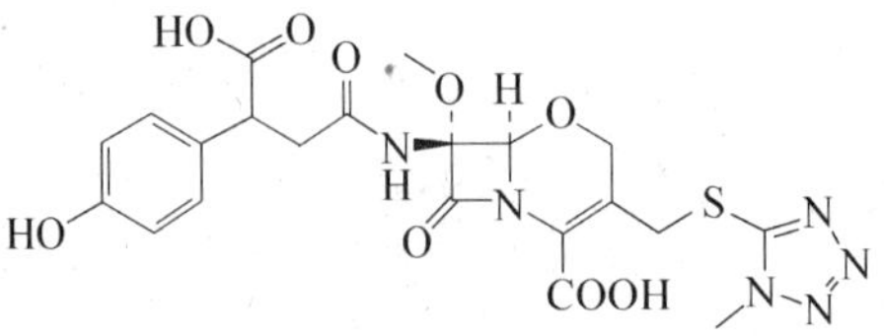

拉氧头孢

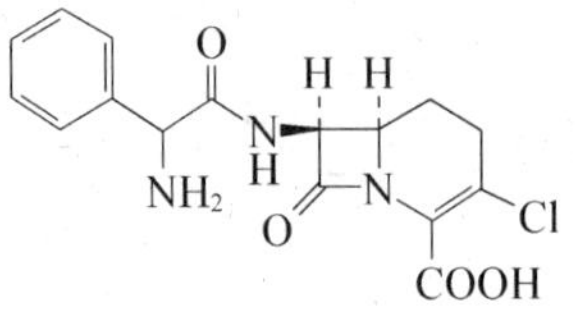

氯碳头孢

(5) 2-位羧基

2-位羧基是头孢菌素必需的抗菌基团,当羧基被酯化后,可能几乎完全失活。但将羧基制成适当形式的酯基后,可改善其口服吸收效果,改善药代动力学性质,提高生物利用度,如第三代头孢菌素大多是酯型前药,在体液酶作用下迅速水解,释放出原药。如头孢呋辛酯(cefuroxim)等。

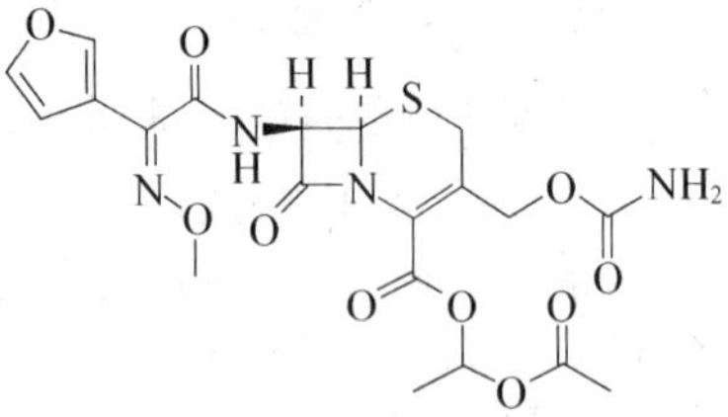

头孢呋辛酯

(6) 3-位取代基改造

3-位取代基,既能影响药代动力学性质,又能影响抗菌效力。如前所述,用甲基和氯原子取代乙氧基可改善药物在体内的吸收和分布,以增强抗菌谱。若引入带正电荷的季铵离子,可增加药物对细菌细胞膜的穿透力,增强药物活性。这是第四代头孢菌素的结构特点,代表性产物有头孢克定(cefclidin)、头孢匹罗(cefpirome)。

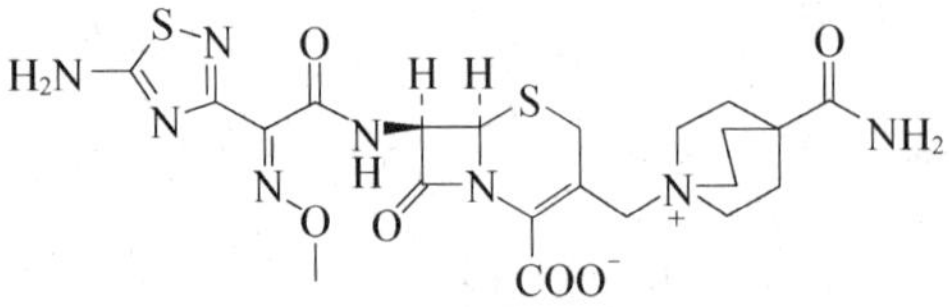

头孢克定

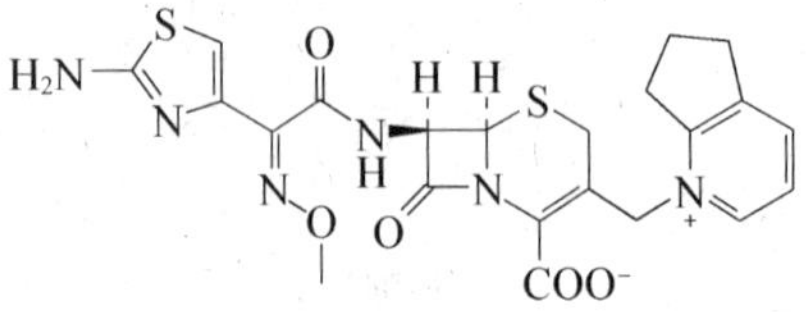

头孢匹罗

4. 中间体合成例举

(1) 7-氨基头孢烷酸(7-ACA)

生产过程是通过生物发酵、化学提炼制取头孢菌C,再由头孢菌C化学裂解或酶解成7-ACA。[32-33]

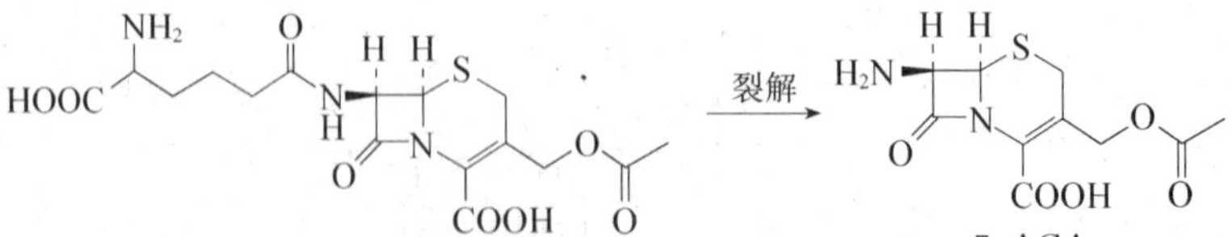

天然头孢菌素C

裂解 →

7-ACA

(2) 7-氨基脱乙酰氧基头孢烷酸(7-ADCA)

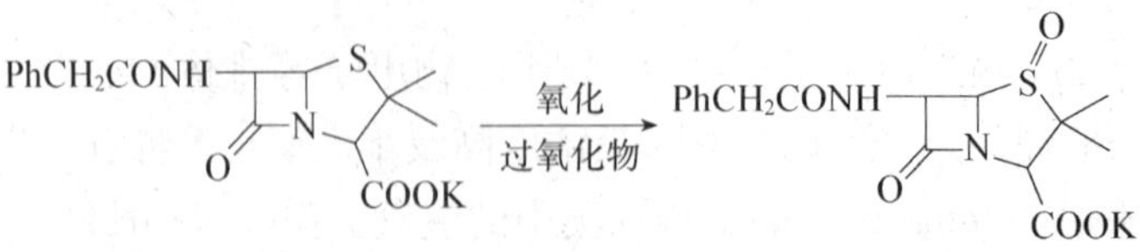

$PhCH_2CONH$

氧化
过氧化物 →

$PhCH_2CONH$

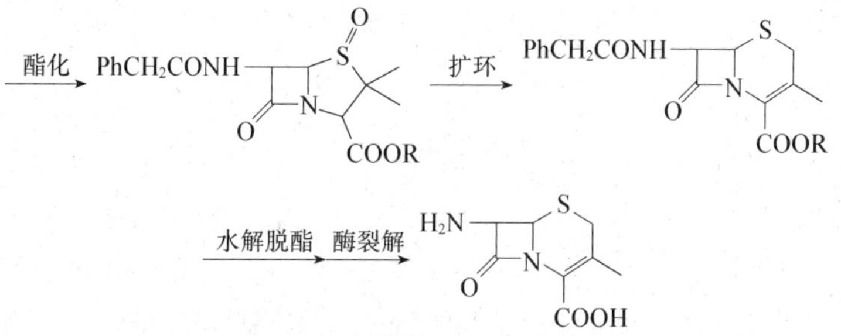

用青霉素 G 钾盐作起始原料，用过氧化物将其氧化成青霉亚砜，再酯化保护游离羧酸基，在一定条件下二氢噻唑环 S—C 键先断裂再扩环成较稳定的 7-苯乙酰氨基-3-去乙酰氧基头孢烷酸酯，水解脱去酯基，再酶解去掉 7-位侧链得到 7-氨基脱乙酰氧基头孢烷酸。

第五节 甾族药物及其中间体例举

甾族药物是一类四环烃化合物，具有环戊烷并氢化菲母核，广泛存在于自然界。很多甾族化合物具有特殊生理效能。例如，激素、维生素、毒素和药物等是重要的生物调节剂。其中甾族激素是在研究哺乳动物内分泌系统时发现的内源性物质，在维持生命、调节性功能、对机体发育、免疫调节、皮肤疾病治疗及生育控制等方面有极重要的作用。

甾族化合物具有的环戊烷并氢化菲（称为甾核或甾体）环系结构，在 C13 和 C10 上各有一角甲基，C17 上有一个侧链或含氧基团。甾族分子的 4 个环处于同一均等平面，甾族环系可以是完全饱和的，或在不同位置含有不同数目的双键。某些甾族的 A 环和 B 环含有一个、两个或三个双键（芳环）。甾族化合物失去角甲基或环缩小时，称为降甾族化合物；角甲基换为乙基或环扩大时，称为高甾族化合物；甾环裂开时，称为开环甾族化合物。甾族化合物在生物来源方面与萜类化合物等有密切关系。它们的生物合成途径不仅微妙，而且条件十分温和。同位素示踪研究表明，含 C 的乙酸可以通过生物转化而形成胆甾醇等甾族物质。在生物体内，乙酸在酶作用下经过法尼醇焦磷酸酯的头-头相接可形成角鲨烯，再经角鲨烯的 2,3-环氧化物的环化，可生成羊毛甾醇。羊毛甾醇在体内再经过一系列转化即形成胆甾醇和性激素等甾族物质。获得甾族化合物的途径有：① 从天然资源分离、提取和纯制；② 甾族的部分合成，即将甾族物质经化学反应或微生物转化成所需的甾族化合物；③ 甾族的全合成，即从元素或非甾族化合物经一系列化学反应或微生物转化，建造甾族环系，引入角甲基，在不同位置引入特定构型的官能团。多年来，从天然资源所能提供的甾族化合物不能满足人们的需要，从而极大地促进了甾族的部分合成和全合成。

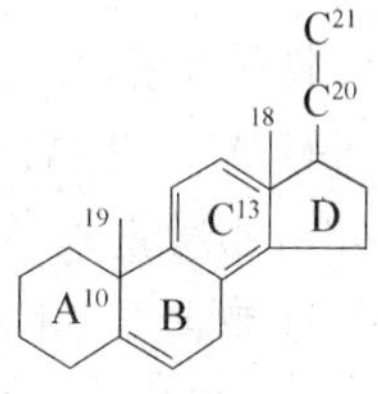

一、维生素 D_2

Vitamin D_2，植物油和酵母中含有不被人体吸收的麦角甾醇 ergosterol，在日光或紫外线照射下，转变为可被人体吸收的维生素 D_2。以上过程在实验室中也可通过合成完成。人工合成过程中多次涉及周环反应，有多种副产物需经柱层析分离提纯。

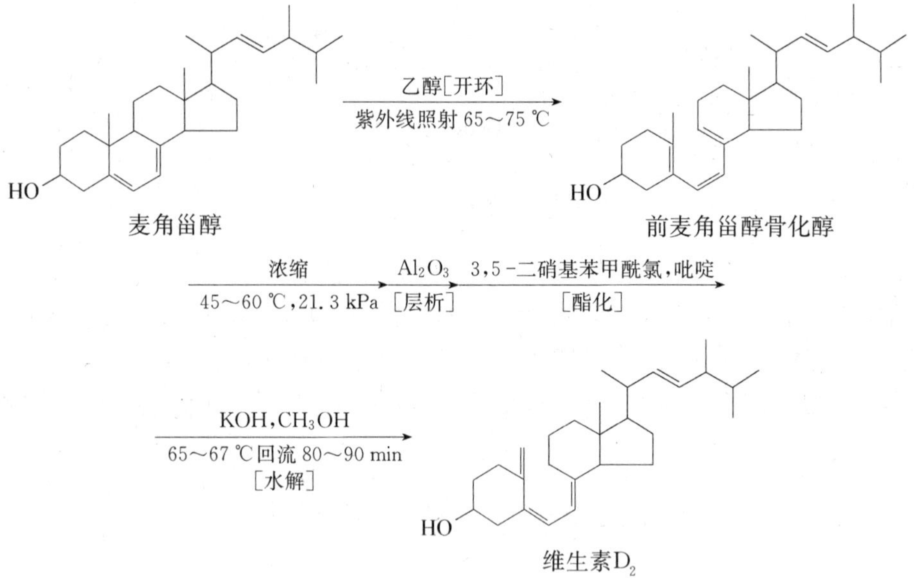

麦角甾醇 —乙醇[开环]，紫外线照射 65～75 ℃→ 前麦角甾醇骨化醇

—浓缩 45～60 ℃，21.3 kPa→ Al₂O₃[层析] 3,5-二硝基苯甲酰氯，吡啶[酯化]→

—KOH，CH₃OH 65～67 ℃回流 80～90 min[水解]→

维生素D₂

二、肾上腺皮质激素

肾上腺附于肾脏上端，由髓质和皮质组成，髓质产生和贮藏肾上腺素，皮质则合成大量甾体激素。约有 30 种肾上腺皮质激素已被分离和鉴定，其中约 10 种有生物活性。缺乏这些激素可引起肌无力、糖和蛋白质代谢失常以及电解质平衡失调等，最后导致死亡。肾上腺皮质合成和分泌的一类甾体化合物，主要功能是调节动物体内的水盐代谢和糖代谢，在各种脊椎动物中普遍存在。从肾上腺皮质中可提取出数十种甾醇类结晶。肾上腺皮质激素在治疗风湿性关节炎及其在免疫调节上的重要价值，使甾族药物成为医院中不可缺少的药物。

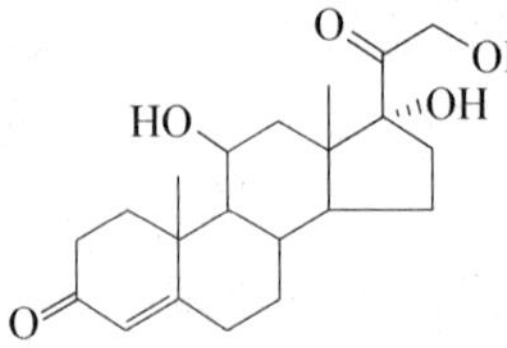

氢化可的松（hydrocortisone、cortisol），化学名为 11β,17α,21-三羟基孕甾-4-烯-3,20-二酮，是皮质激素类药物的基本活性结构。内源性氢化可的松由胆固醇经 17α-羟基黄体酮在酶促下生物合成形成。

氢化可的松

三、性激素

性激素指由动物体的性腺，以及胎盘、肾上腺皮质网状带等组织合成的甾体激素，具有促进性器官成熟、副性征发育及维持性功能等作用。雌性动物卵巢主要分泌两种性激素——雌激素与孕激素，雄性动物睾丸主要分泌以睾酮为主的雄激素。

性激素有共同的生物合成途径：以胆固醇为前体，通过侧链的缩短，先产生 21 碳的孕酮或孕烯醇酮，继而去侧链后衍变为 19 碳的雄激素，再通过 A 环芳香化而生成 18 碳的雌激素。

性激素的生物合成途径

1. 雄甾酮

2. 黄体酮

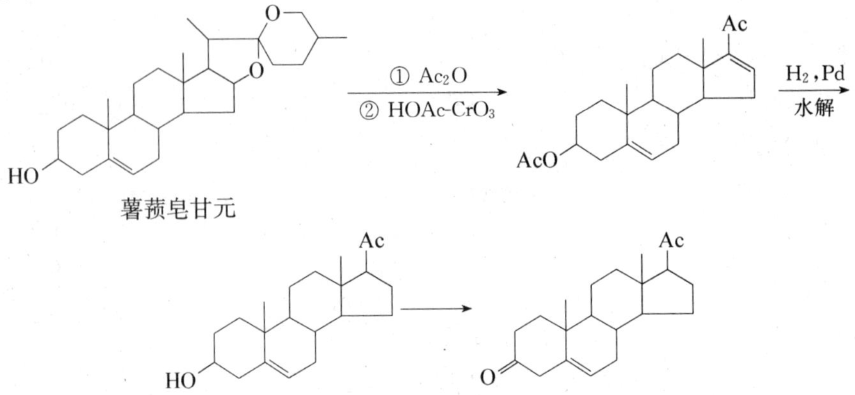

薯蓣皂甙元

3. 雌酮(estrone)[34]

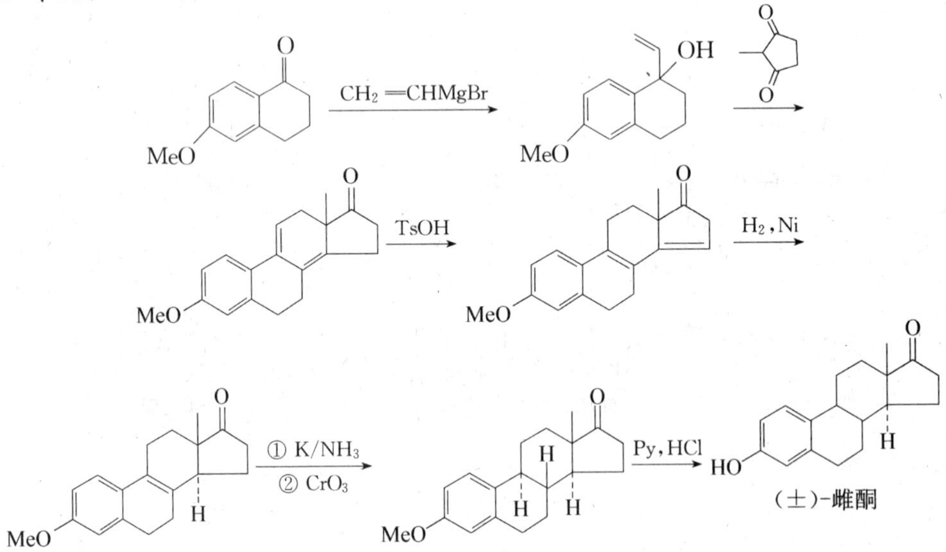

（±）-雌酮

第六节　药物合成小试工艺研究

一、药物介绍

氯吡格雷(clopidogrel)，一种血小板凝固抑制剂，由法国塞诺菲(Sanofi)公司于1986年研究开发成功，临床用其硫酸盐，商品名 Plavix(波立维)。该产品1998年3月率先在美国上市，2001年8月在中国上市。化学名为(S)-α-(2-氯苯基)-6,7-二氢噻吩并[3,2-c]吡啶-5(4H)乙酸甲酯，英文名为(S)-α-(2-chlorophenyl)-6,7-dihydrothieno[3,2-c]pyridine-5(4H)acetic acid methylser, as. 120202-66-6，分子式 $C_{16}H_{16}ClNO_2S$，相对分子质量321.83，性状为无色油状物。

硫酸氯吡格雷：$C_{16}H_{16}ClNO_2S \cdot H_2SO_4$，CAS. 135046-48-9，白色晶体，熔点84 ℃。

临床上应用于治疗动脉粥状硬化疾病、急性冠状动脉综合征、预防冠状动脉内支架植入术后支架内再狭窄和血栓性并发症等。氯吡格雷结构如下：

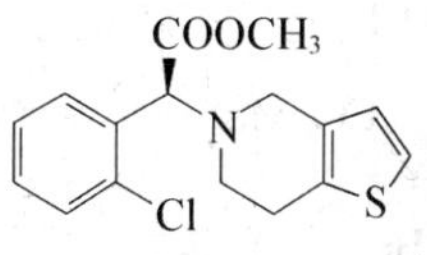

氯吡格雷

分子结构中有一个手性碳，为 S 构型。（＋）-氯吡格雷显示出血小板凝聚的抑制作用活性，而（-）-异构体没有活性。

二、现有合成路线与工艺

1. 合成路线一[35]

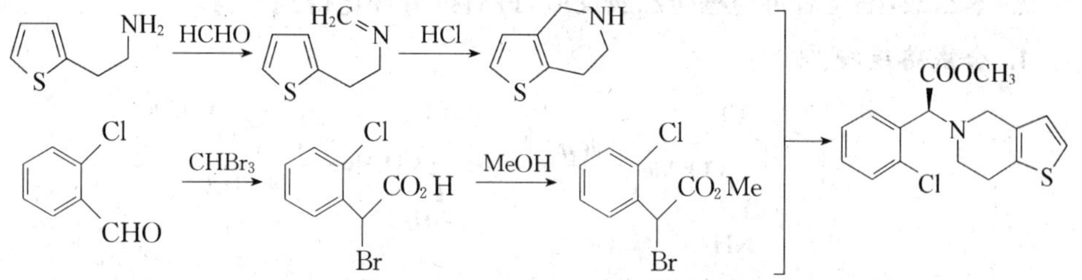

该路线为氯吡格雷的早期合成方法。在 Sanofi 公司发表的专利上，是用 4,5,6,7-四氢噻吩并[3,2-c]吡啶与 α-氯（2-氯）苯乙酸甲酯在碳酸钾和四氢呋喃存在下反应生成氯吡格雷的外消旋体，然后进行拆分。后改用 α-溴（2-氯）苯乙酸甲酯代替 α-氯（2-氯）苯乙酸甲酯进行反应，产率有较大提高。该法工艺比较简单，原料价廉易得，其中中间体 4,5,6,7-四氢噻吩并[3,2-c]吡啶也是生产噻氯匹定的重要中间体，比较适合于生产噻氯匹定的药厂，虽然其工艺比较简单，原料价廉易得，但是收率还不是很理想，另外放在最后进行手性拆分，目标产物的收率最多仅为产物的 50%。

此路线的缺点是使用了 2-（2-噻吩基）乙胺，它的制备成本较高，且难以制备。

2. 合成路线二[36]

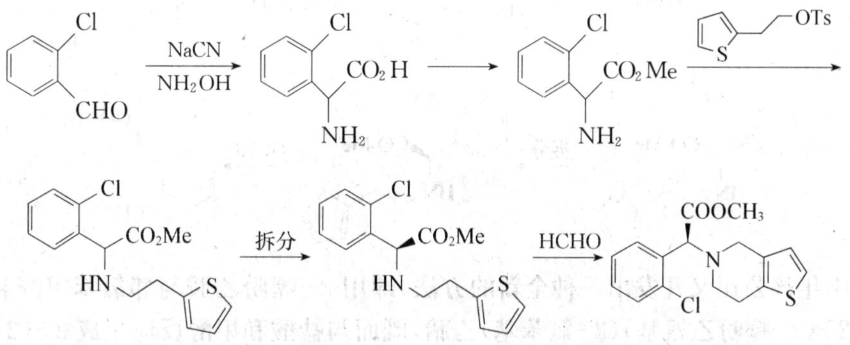

1993 年，Sanofi 公司发表的路线是用邻氯苯甲醛与氰化钠和羟胺反应生成 α-胺基（2-氯）苯乙酸，酯化后与对甲苯磺酸噻吩-2-乙酯反应，然后进行手性拆分。该路线拆分条件的选择很重要，否则，拆分不彻底。

3. 合成路线三[36]

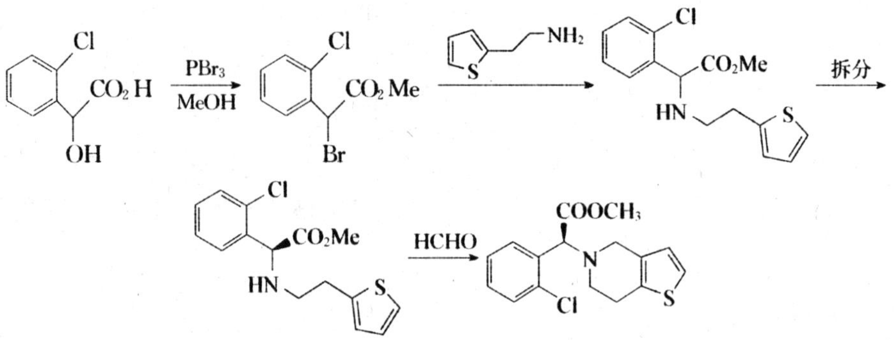

同时 Sanofi 公司发表的另一条路线是由邻氯扁桃酸为原料与溴化磷反应生成 α-溴(2-氯)苯乙酸,酯化后再与噻吩乙胺反应,最后拆分环化得到产物。

4. 合成路线四[37]

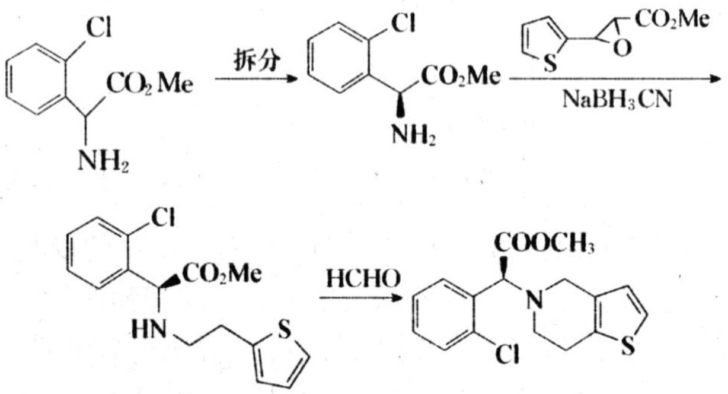

Sanofi 公司 2000 年发表的专利先将邻氯苯甘氨酸甲酯拆分,然后再与噻吩 2-环氧丙酸钠还原,环化后得到产物。

5. 合成路线五[38]

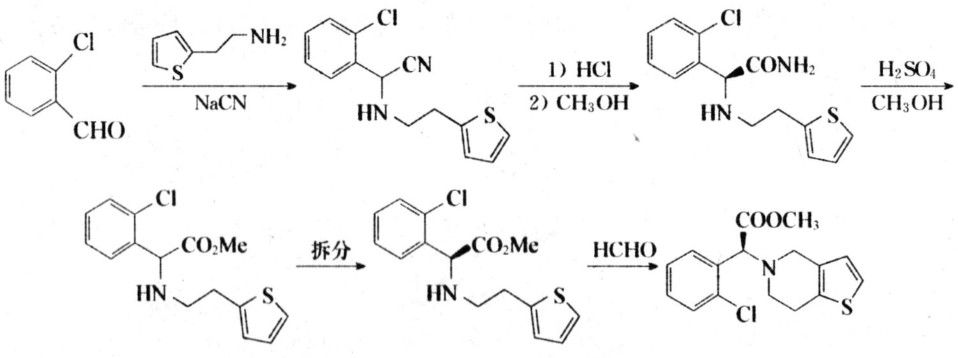

2001 年该公司又开发出一种全新的方法,即用 2-噻吩乙胺与邻氯苯甲醛和氰化钠反应生成 2-(2-噻吩乙氨基)(2-氯苯基)乙腈,既而与盐酸和甲醇反应生成 2-(2-噻吩乙氨基)(2-氯苯基)乙酰胺,再用硫酸的甲醇溶液水解成噻吩乙氨基氯苯基乙酸甲酯。用(+)-樟脑-10-磺酸或(+)-酒石酸拆分得到该中间体。

6. 合成路线六[39,40]

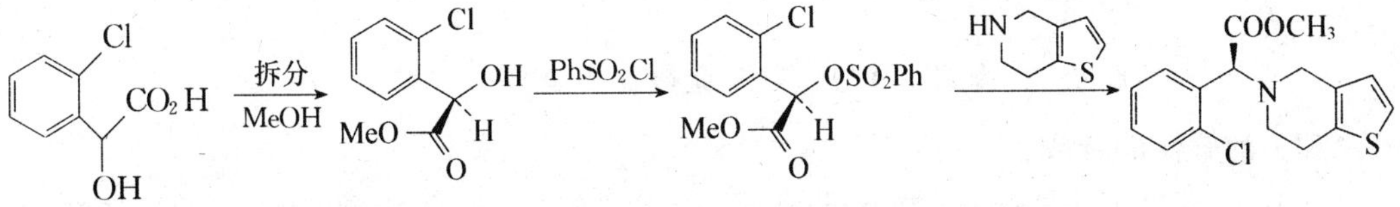

该方法以邻氯扁桃酸为原料,首先进行拆分,甲酯化后与苯磺酰氯反应生成具有强的离去基团的手性中间体,然后与4,5,6,7-四氢噻吩并[3,2-c]吡啶在碳酸钾的催化下,发生双分子亲核取代反应,构型翻转生成氯吡格雷。专利报道该路线中甲酯化反应、生成磺酸酯的反应和最后一步的亲核取代反应,每步的收率都在90%以上。

三、逆合成分析

从结构来看,苯环和噻吩部分可以利用的原料很多,哌啶环需要重新合成,从哌啶环切断比较合理。此化合物合成设计中,手性中心的构建是一个关键因素。主要切断方式如下所示:

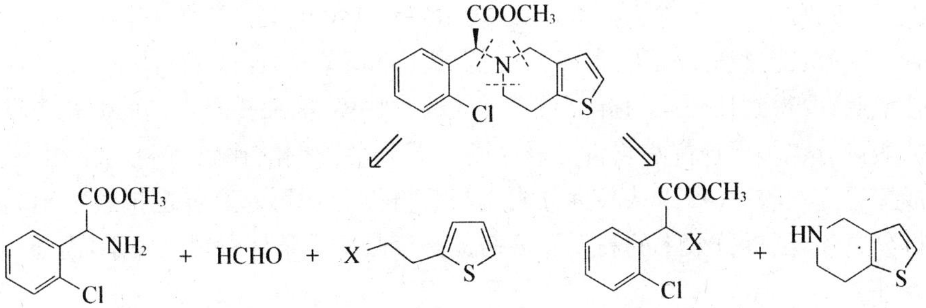

四、工艺路线的确定

分析文献方法和反合成分析方法,我们认为选择如下合成路线比较合理。

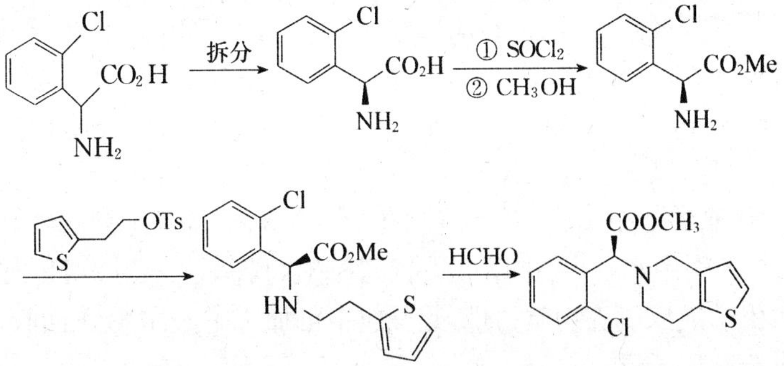

该路线的主要优势在于采用汇聚合成方式,反应步骤较短,邻氯苯甘氨酸价格便宜,拆分方法比较成熟,且拆分步骤放在前面有利于最终产物收率的提高,环化过程采用一锅法,收率较高。

五、小试工艺研究过程

1.（＋）-α-氨基(2-氯苯基)乙酸甲酯盐酸盐的合成

（1）消旋体的合成

－10 ℃温度下将 33 g(0.28 mol)SOCl₂ 加入到装有 75 mL 甲醇的 500 mL 圆底烧瓶中，慢慢加入 24.5 g(0.13 mol)邻氯苯甘氨酸，室温搅拌 24 h，产生的挥发性组分减压抽入碱液的吸收塔。加入 100 mL 甲醇，通过活性炭过滤，将滤液倒入过量的异丙醚沉淀，干燥，得到 29 g 固体，收率 95%，熔点 198 ℃。

（2）（＋）-α-氨基(2-氯苯基)乙酸甲酯盐酸盐的合成

将 64 g(0.34 mol)邻氯苯甘氨酸加入 1 000 mL 水中，加热溶解，回流条件下向体系中加入 80 g(0.34 mol)（＋）-10-樟脑磺酸，反应 5 h 后冷却到室温结晶 48 h，沉淀过滤，滤液浓缩到 150 mL，产生的沉淀与前面的沉淀合并，合并的固体在水中重结晶，得到 45 g(＋)-邻氯苯甘氨酸樟脑磺酸盐，测得比旋光度 $[\alpha]_D^{22} = +92°$。将所得的盐溶于 100 mL 甲醇中，加入等量碳酸氢钠，－10 ℃温度下滴加 33 g(0.28 mol)氯化亚砜到反应混合物中，混合物升温到室温，反应 48 h。减压除去溶剂，残余物溶解在 100 mL 甲醇中，将溶液倒入 800 mL 异丙醚中，产生的沉淀过滤干燥得到（＋）-α-氨基(2-氯苯基)乙酸甲酯盐酸盐。

工艺说明：要得到比较好的拆分收率和纯的对映体，需要摸索不同的实验条件。文献报道可以从酸拆分也可以成酯后再拆分。原则上拆分前面的酸比较有利，实际上由于从酸到酯的合成接近定量收率，所以从酸拆分或成酯后再拆分均可。文献也报道了用酒石酸或其他一些拆分方法，因拆分效率的高低与溶剂、拆分剂、反应条件有很大关系，需通过实验去摸索反应条件。

2.（＋）-α-(2-噻吩乙氨基)(2-氯苯基)乙酸甲酯盐酸盐的合成

（1）对甲苯磺酸噻吩乙酯合成

500 mL 三口瓶内加入 2-噻吩乙醇 128 g(1 mol)与 100 mL 二氯乙烷电磁搅拌，在冰水冷却下滴加对甲苯磺酰氯 210 g(1.2 mol)与 200 mL 二氯乙烷，滴加时控制温度低于 5 ℃。滴加完毕后，升温至 20～25 ℃，反应至 2-噻吩乙醇反应完全(TLC 检测)。反应完毕后，将反应液加入到 1 000 mL 三口瓶内，加入水 200 mL，二氯乙烷 300 mL，搅拌洗涤 10 min 后静置分层。干燥有机层，减压回收二氯乙烷。

工艺说明：① 滴加对甲苯磺酰氯应有 HCl 气体放出，需用水进行吸收；② 反应中生成的 HCl 可以用三乙胺中和，以促进反应进行同时提高收率，三乙胺可以与噻吩乙醇同时加入，加入量与对甲苯磺酰氯等物质的量，此反应中可加 111 g；③ 减压回收二氯乙烷后，最好使产物结晶，进行减压干燥。

（2）（＋）-α-(2-噻吩乙氨基)(2-氯苯基)乙酸甲酯盐酸盐的合成

① 邻氯苯甘氨酸甲酯制备 128 g 邻氯苯甘氨酸甲酯酒石酸盐(0.367 mol)与 1000 mL 二氯乙烷加入到 2 000 mL 三口瓶内。在冰水冷却，搅拌条件下滴加碳酸钠水溶液(58 g＋500 mL 水)，搅拌使邻氯苯甘氨酸甲酯酒石酸盐全部溶解。转移到 2 000 mL 分液漏斗中，静置分层，减压回收二氯乙烷，所得油状物即为邻氯苯甘氨酸甲酯。

② (＋)-α-(2-噻吩乙氨基)(2-氯苯基)乙酸甲酯盐酸盐制备将上步所得邻氯苯甘氨酸甲酯油状物,加入 1500 mL 已经搅拌溶解,加入对甲苯磺酸噻吩乙酯 130 g。加热升温至 73～77 ℃反应 60 h(用 TLC 检测跟踪),反应结束后,减压回收乙腈。冷却,加入水 700 mL,用乙酸乙酯萃取(1 000 mL×2)。用盐酸中和至 pH 为 1～2,有白色结晶析出。减压抽滤,将滤饼烘干。熔点 186～188 ℃,比旋光度＋105°(甲醇溶液)。

工艺说明:① 减压回收二氯乙烷时,内温不超过 50 ℃。如温度太高可能会有副反应物产生。与对甲苯磺酸噻吩乙酯进行胺交换时,反应时间长,可以用 TLC 检测法确定反应是否完成,也可用 HPLC 跟踪。② 反应时对甲苯磺酸噻吩乙酯有过量,过量的部分在反应结束后可以考虑回收。

3. 氯吡格雷的合成

(＋)-α-(2-噻吩乙氨基)(2-氯苯基)乙酸甲酯盐酸盐 120 g(0.35 mol)与 500 mL 二氯乙烷加入到 2000 mL 三口瓶内,在搅拌和水冷却下,滴加 37 g(0.35 mol)碳酸钠与 400 mL 水配成的溶液。搅拌使(＋)-α-(2-噻吩乙胺基)(2-氯丙基)乙酸甲酯盐酸盐全溶,水相 pH 在 10～12 之间。分液漏斗中分出的下层有机相,并用 300 mL 二氯乙烷萃取水相一次,合并有机相。有机相减压回收二氯乙烷至干。加入无水甲酸 500 g,然后加热至回流反应 6 h(可用 TLC 检验)。反应结束后,减压回收甲酸。用水冷却到内温至 35～40 ℃,加入冰水 500 g。二氯乙烷300 mL×2 萃取。合并有机相,并用水 200 mL 洗涤一次。冷却至−10 ℃左右。开始滴加 20 g 浓硫酸,控制滴加时内温−10～−5 ℃之间。滴加完毕后,在 0～5 ℃保温搅拌 30h。过滤,并用乙酸乙酯 50 mL×4 洗涤,在 50～55 ℃真空干燥,得 60 g 硫酸氯吡格雷。成品比旋光度为＋53～＋55°(甲醇溶液),熔点 182～183 ℃,收率 60%。

参考文献

[1] CN 100391922C 2008-06-04.

[2] CN 1233620C 2005-12-28.

[3] CN 101318936A, 2008-12-10.

[4] Deng, Xin et al. Synthesis and biological evaluation of berberine derivatives as IBS modulator Letters in Drug Design & Discovery, 2012, 9(5): 489-493.

[5] Halimehjani, Azim Ziyai et al. An improved method for the synthesis of metoclopramide. International Journal of Pharmacy and Pharmaceutical Sciences, 2011, 3(Suppl. 5): 379-380.

[6] US 6455727 B1 2002-09-24.

[7] Hoelderich, W. F. "One-pot" reactions: a contribution to environmental protection Applied Catalysis, A: General, 2000: 194-195, 487-496.

[8] Hamano, Masaya et al. Continuous flow metal-free oxidation of picolines using air. Chemical Communications (Cambridge, United Kingdom), 2012, 48(15): 2086-2088.

[9] WO 2005118545, 2005-12-15.

[10] Vorobyev, P. B. et al. Oxidation of 3-and 4-methylpyridines on modified vanadium oxide catalysts. Russian Journal of General Chemistry, 2013, 83(5): 972-978.

[11] RUS 2182903，2002 - 05 - 27.

[12] CN 102605026 2013 - 11 - 18.

[13] Gaonkar, Santosh L. et al. Microwave-assisted solution phase synthesis of novel 2 -{4 -[2 -(N - methyl - 2 - pyridylamino) ethoxy] phenyl} - 5 - substituted 1, 3, 4 - oxadiazole library Organic Chemistry International, 751894, 5 pp. ; 2011.

[14] Nikalje, Anna Pratima G. et al. Synthesis and QSAR study of novel N -(3 - chloro - 2 - oxo - 4 - substituted azetidin - 1 - yl) isonicotinamide derivatives as antimycobacterial agents. Pharmacia Sinica, 2012, 3(2): 229 - 238.

[15] Thorat, B. R. et al. Synthesis and fluorescence study of novel Schiff bases of isoniazide. Journal of Chemical and Pharmaceutical Research, 2011, 3(6): 1109 - 1117.

[16] U. S. , 5750714, 1998 - 5 - 12.

[17] CN101838241, 2010 - 10 - 22.

[18] Villani, A. J. et al. Synthesis of [14C]imidazole ring labeled metiamide, cimetidine and impromidine. Journal of Labelled Compounds and Radiopharmaceuticals, 1989, 27(12): 1395 - 1402.

[19] Sardessai, M. S. et al. Synthesis of deuterium labeled fluphenazine utilizing borane reduction. Journal of Labelled Compounds and Radiopharmaceuticals, 1986, 23(3): 317 - 327.

[20] Ashnagar, A. et al. Synthesis of a series of sulfa drugs. International Journal of Chemical Sciences, 2007, 5(3): 1321 - 1331.

[21] CN102304093 (A) 2012 - 01 - 04.

[22] Chen, Xiaochen. Production of sulfadiazine from acetal. Zhongguo Yiyao Gongye Zazhi, 1992, 23 (12): 537 - 538.

[23] CN101817789, 2010 - 09 - 01.

[24] Lokeswari, N. et al. Production of an antibacterial drug trimethoprim using novel biotechnological approach. Drug Invention Today, 2010, 2(5): 268 - 270.

[25] Zhang, Ye-Wang et al. One-pot, two-step enzymatic synthesis of amoxicillin by complexing with Zn^{2+}. Applied Microbiology and Biotechnology, 2010, 88(1): 49 - 55.

[26] Abian, Olga et al. Improving the Industrial Production of 6-APA: Enzymatic Hydrolysis of Penicillin G in the Presence of Organic Solvents Biotechnology Progress, 2003, 19(6): 1639 - 1642.

[27] Nottingham, Micheal et al. Modifications of the C6-substituent of penicillin sulfones with the goal of improving inhibitor recognition and efficacy. Bioorganic & Medicinal Chemistry Letters, 2011, 21 (1): 387 - 393.

[28] WO2012164355 (A1) 2012 - 12 - 06.

[29] EP0820999 (A1) 1998 - 01 - 28.

[30] CN1508132 2004 - 06 - 30.

[31] CN1224619 (C)2005 - 10 - 26.

[32] Wang, Ying et al. Overexpression of synthesized cephalosporin C acylase containing mutations in the substrate transport tunnel. Journal of Bioscience and Bioengineering, 2012, 113(1): 36 - 41.

[33] Terreni, Marco et al. nfluence of substrate structure on PGA-catalyzed acylations. Evaluation of different approaches for the enzymatic synthesis of cefonicid. Advanced Synthesis & Catalysis, 2005, 347(1): 121 - 128.

[34] K. C. Nicolaou, Dionisios Vourloumis et. al. The Art and Science of Total Synthesis at the Dawn of the Twenty-First Century(Angew. Chem. Int. Ed. 2000, 39, 44±122).

［35］US 4529596 1985 - 07 - 16.

［36］US 5204469 1993 - 04 - 20.

［37］US 6080875 2000 - 07 - 27.

［38］US 6180793 2001 - 01 - 30.

［39］US 5132435，1992 - 07 - 21.

［40］US 6573381 2003 - 06 - 03.

习　题

选取一种你近期使用过的药物，分析其有效成分的合成路线，并设计其合成工艺。

第六章 农药及其中间体的合成反应与工艺研究

第一节 农药的发展

农药(pesticide),广义的定义是指用于预防、消灭或控制危害农业、林业的病、虫、草和其他有害生物以及调节植物、昆虫生长的化学合成或者来源于生物、其他天然物质的一种物质或者几种物质的混合物及其制剂。狭义的定义特指在农业上用于防治病虫以及调节植物生长、除草等药剂。

农药是确保农作物丰收丰产的重要农业生产资料,在一定的历史时期内,农药的使用仍将是人类与植物的病、虫、草、鼠害斗争的重要手段。农药的使用可追溯到公元前1000多年。在古希腊,已有用硫磺熏蒸害虫及防病的记录,中国也在公元前7~前5世纪用莽草、蜃炭灰、牧鞠等灭杀害虫。而作为农药的发展历史,大概可分为两个阶段:在20世纪40年代以前以天然药物及无机化合物农药为主的天然和无机药物时代,从20世纪40年代初期开始进入有机合成农药时代,并从此使植物保护工作发生了巨大的变化。

早期人类常常把包括农牧业病虫草害的严重自然灾害视为天灾。到17世纪,通过长期的生产和生活过程,逐渐认识到防治农牧业中有害生物的性能,陆续发现了一些真正具有实用价值的农用药物。他们把烟草、松脂、除虫菊、鱼藤等杀虫植物加工成制剂作为农药使用。1763年,法国用烟草及石灰粉防治蚜虫,这是世界上首次报道的杀虫剂。1800年,美国人Jimtikoff发现高加索部族用除虫菊粉灭杀虱、蚤,其于1828年将除虫菊加工成防治卫生害虫的杀虫粉出售。1848年,T. Oxley制造了鱼藤根粉。在此时期,除虫菊花的贸易维持了中亚一些地区的经济。这类药剂的普遍使用,是早期农药发展史的重大事件,并至今仍在使用。

有机合成杀虫剂的发展,首先从有机氯开始,在20世纪40年代初出现了滴滴涕、六六六。二次大战后,出现了有机磷类杀虫剂。50年代又发展氨基甲酸酯类杀虫剂,这时期的杀虫剂用药量为0.75~3 kg/ha(千克/公顷),而上述的三大类农药成了当时杀虫剂的三大支柱。

除草剂的发展是各大类农药中最为突出的。这是由于农业机械化和农业现代化推动了它们的发展,使之雄踞各类农药之首,有效地解决了农业生产中长期存在的草害问题。这些除草剂具有活性高、选择性强、持效适中及易降解等特点。尤其是磺酰脲类和咪唑啉酮类除草剂的开发,可谓是除草剂领域的一大革命。它们通过阻碍支链氨基酸的合成而发挥作用,用量为2~50 g/ha。较之前期的有机除草剂,提高了两个数量级。它们对多种一年或多年生杂草有效,对人畜安全,芽前、芽后处理均可。此时期主要除草剂品种有绿磺隆、甲磺隆、阔叶净、禾草灵、吡氟乙草灵、丁硫咪唑酮、灭草喹、草甘膦等。同时在此阶段也出现了除草抗生素——双丙氨膦。

在当代，由于高残留农药的环境污染和残留问题，引起了世界各国的关注和重视。从20世纪70年代开始，许多国家陆续禁用滴滴涕、六六六等高残留的有机氯农药和有机汞农药，并建立了环境保护机构，以进一步加强对农药的管理。未来农药的发展将严格受到环境和生态的制约，很多为农业生产做出重大贡献的高残留、剧毒、高毒以及抗药性严重的农药品种已经逐步被禁用和淘汰。21世纪的农药科学是创新化学和生物技术的有机结合，其开发的目标是开发环境友好、高效、低毒、选择性好的农药新品种。

我国现代合成农药的研究从1930年开始，当时在浙江植物病虫防治所建立了药剂研究室，这是最早的农药研究机构。到1935年，中国开始使用农药防治棉花、蔬菜蚜虫，主要是植物性农药，如烟碱（3%烟碱）、鱼藤酮（鱼藤根），现在也用。1943年在四川重庆市江北建立了中国首家农药厂，主要生产含砷无机物——硫化砷和植物性农药。1946年开始小规模生产滴滴涕。新中国成立后，中国农药工业才得以发展。1950年中国能够生产六六六，并于1951年首次使用飞机喷洒DDT灭蚊，喷洒六六六治蝗。1957年中国成立了第一家有机磷杀虫剂生产厂——天津农药厂，开始了有机磷农药的生产。对硫磷（1605）、内吸磷（1059）、甲拌磷、敌百虫的生产。在60～70年代主要发展有机氯、有机磷及氨基甲酸酯的杀虫剂品种。

20世纪70年代，我国农药产量已经能够初步满足国内市场需要，年年成灾的蝗虫、粘虫、螟虫等害虫得以有效控制。在解放前和解放初期，正因为农药的开发，对保证人们的生产生活及人们的身体健康起到了重要作用，一些大面积流行的传染病才得以控制。70年代后期我国生产的农药满足国内需求后，1983年停止了高残留有机氯杀虫剂六六六、DDT的生产。到1998年，全国已能生产农药两百多种（有效成分），农药总产量近40万吨（以折100%有效成分计），全国农药生产能力达75.7万吨。

农药的主要下游是农林牧渔等行业，这些行业的发展与农药发挥的作用息息相关。据有关资料报道，全世界由于病、虫、草、鼠害而损失的农作物收获量相当于潜在收购量的三分之一，如果一旦停止用药或严重的用药不当，一年后将减少收成25%～40%，两年后将减少40%～60%，甚至绝产。而据农业部统计，由于使用农药，我国平均每年挽回粮食2500万吨、棉花40万吨、蔬菜800万吨、果品330万吨，减少经济损失约300亿元，农药对农业的发展有很大的推进作用。

随着我国人口的增长，以及城市建设和工业用地的增加，耕地面积在不断减少。为了满足不断增长的人口的需求和人民生活水平的提高，提高单位面积产量是解决我国粮食问题的重要出路之一，而使用农药防治病、虫、草、鼠害是保障农业丰产的重要手段。资料显示，受病虫害及杂草影响，农作物在不使用农药时，减产率是惊人的。通过农药的使用，每年将挽回大量的粮食和经济损失。因此，在全球范围内形成对各类农药的刚性需求，而且随着人口增长和生物新能源的不断开发，农药在提高农作物产量方面的作用变得越来越重要。[1-7]

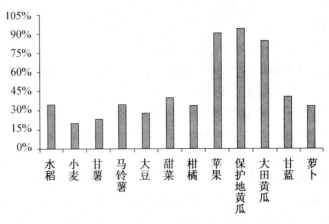

图 6-1 不使用农药时由于病虫害导致的作物减产率(%)

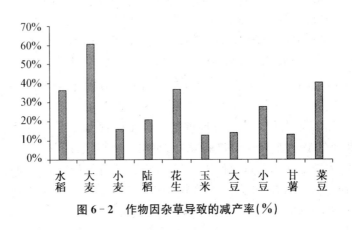

图 6-2 作物因杂草导致的减产率(%)

第二节 农药的分类

　　农药的品种很多,目前世界已生产的农药约有 420 多种,其中杀虫剂杀螨剂 160 多种,除草剂 160 多种,杀菌剂 50 多种,植物生长调节剂 40 多种。此三大类农药销售额占总销售额 93.8%。随着对农药管理工作的加强以及科技水平的发展,人们把对新农药开发的目标转向易降解、低残留、高活性及对非靶标生物比较安全的方向。由于农药的品种很多,分类的方法也各式各样。

　　按防治对象分类,可分为杀虫剂、杀螨剂、杀菌剂、杀线虫剂、除草剂、植物生长调节剂、杀鼠剂、杀鸟剂、杀软体动物剂、杀卵剂、脱叶剂、干燥剂、种子处理剂等。

　　按照生产方法和来源分类,则又可分为矿物农药、化学合成农药及生物农药。

　　按化学结构分类,又可分为有机农药和无机农药,而有机农药是现代农药的主体,它可分为:有机氯、有机磷、氨基甲酸酯、拟除虫菊酯、有机氟、酰胺、季铵类、取代脲等,其中也有不少几种结构兼具的药剂。

　　按用途将农药简单的分为杀虫剂、杀菌剂、除草剂、植物生长调节剂等。但这种按用途的简单分类不能体现出农药的化学结构特征。

本书对于存在共同功能化学结构单元，已经形成体系的农药还按化学结构分类方式，而对于数量较少、功能结构单元特征不显著，尚未形成体系的品种，特别是新品种，则采用按用途分类。

根据以上农药的分类方法，可将农药分类列于表 6-1。

表 6-1　农药的分类

按防治对象	分类根据	类别		
杀虫剂	作用方式	胃毒剂、触杀剂、熏蒸剂、内吸剂、昆虫激素等		
	来源及化学组成	合成杀虫剂	无机杀虫剂（无机磷等）	
			有机杀虫剂（有机磷等）	
		天然产物杀虫剂（除虫菊酯等）		
		矿物油杀虫剂		
		微生物杀虫剂（细菌、真菌等）		
杀螨剂	化学组成	有机磷、有机氰、有机锡氨基甲酸酯、杂环类等		
杀鼠剂	作用方式	速效杀鼠剂、缓效杀鼠剂、趋避剂、熏蒸剂等		
	化学组成	无机杀鼠药		
		有机杀鼠剂（脲类、醚类、杂环类等）		
杀软体动物剂	化学组成	无机药剂		
		有机药剂		
杀线虫剂	化学组成	卤代烃、氨基甲酸酯、有机磷、杂环类		
杀菌剂	作用方式	内吸剂、非内吸剂		
	防治原理	保护剂、铲除剂、治疗剂等		
	使用方法	种子处理剂、土壤消毒剂等		
	来源及化学组成	合成杀菌剂	无机杀菌剂（硫制剂、铜制剂）	
			有机杀菌剂（有机汞、铜、锡；有机磷、砷；二硫代氨基甲酸类，取代苯类，杂环类、硫氰酸类等）	
		细菌杀菌剂（抗生素）		
		天然杀菌剂以及植物防卫素		
除草剂	作用方式	触杀剂、内吸传导剂		
	作用范围	选择性除草剂、非选择性除草剂		
	使用方法	土壤处理剂、叶面喷洒剂		
	使用时间	播种除草剂、芽前除草剂、芽后除草剂		
	化学组成	无机除草剂		
		有机除草剂（有机磷、砷；脲类，羧酸类，醛、酮、醚类，杂环类；烃类等）		
植物生长调节剂	来源及化学组成	合成植物生长调节剂（羧酸衍生物、取代脲类、杂环类、有机磷等）		
		天然植物激素（赤霉素、细胞分裂素、脱落酸和乙烯等）		

一、有机磷类农药

有机磷类农药[8]发展于 20 世纪 50～60 年代,由于其药效高、应用范围广、作用方式好、无积累中毒等特点成为目前杀虫剂生产中最大的品种,具有使用价值的有 200 多种,成为商品的有 60 多种。有机磷农药在我国已有厚实的生产基础,是目前我国最主要的农药品种,尽管某些品种急性毒性高、抗性问题和迟发性神经毒性问题受到人们的关注,但这类农药仍然是主要的品种之一。各国农药研究者对不对称磷酸酯、环状磷酸酯或将有机基团与其他活性基团结合在一起的结构研究逐渐成为热点。

有机磷化合物的优点在于,它可以通过改变磷原子上的取代基团和基团之间的互相搭配,来寻找具有各种生物活性的化合物。这种变化的可能性是非常巨大的。除此之外,有机磷杀虫剂由于药效高,易于被水、酶以及微生物降解,很少残留毒性等,因此在 20 世纪 50 年代得到了飞速发展,在世界各地被广泛应用,有 140 多种化合物被用作农药。但是有机磷杀虫剂也存在抗性问题,某些品种毒性过高。特别是在拟除虫菊酯类农药发展以后,有机磷杀虫剂[9]的研究和开发速度大大放慢,但在目前杀虫剂的使用方面,有机磷类杀虫剂仍是主要产品。

有机磷农药[10]的基本化学结构式为 $(RO)_2P(O)X$ 或 $(RO)_2P(S)X$,RO 大多为甲氧基或乙氧基,X 为烷氧基、芳香基、卤基或杂环取代基。本类农药多为油状液体,易挥发,有异臭,大多数不溶于水或微溶于水,而溶于多种有机溶剂;一般对光、热及氧较稳定,但遇碱性物质易分解破坏。进入市场的成品剂型有乳剂、油剂、粉剂、喷雾剂和颗粒剂等。

按照化学结构的不同,有机磷杀虫剂可以分为以下几个主要类型:磷酸酯类农药、硫逐磷酸酯类、硫赶磷酸酯类、硫逐硫赶磷酸酯类等。

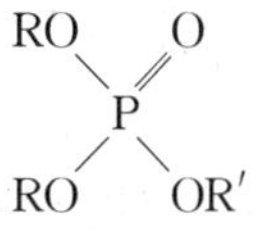

磷酸酯类 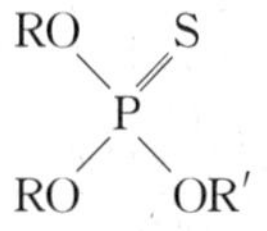　　　　硫逐磷酸酯类 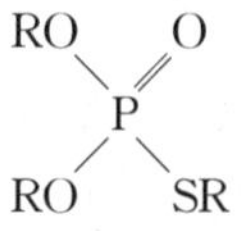　　　　硫赶磷酸酯类 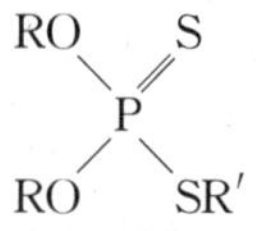　　　　硫逐硫赶磷酸酯类

1. 磷酸酯类农药

磷酸酯类农药通常分子中含有 $O{=}P(OR)_3$ 特征结构单元,常见的磷酸酯类农药如下:

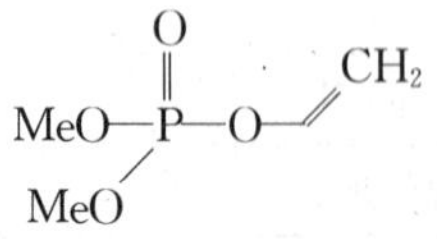

敌敌畏 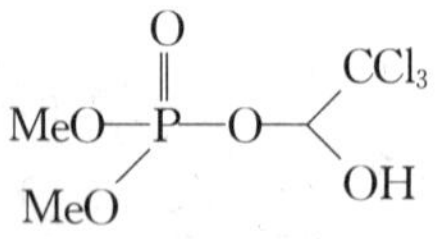　　　　　　　　敌百虫 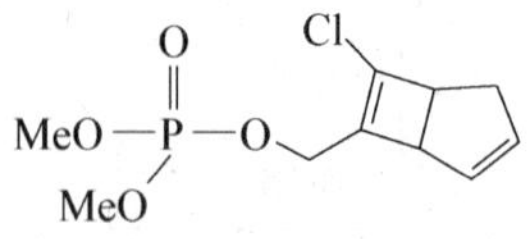　　　　　　　　　庚烯磷

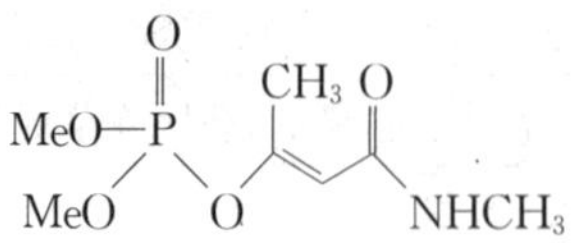

久效磷 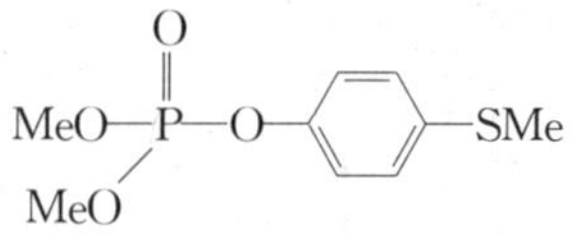　　　　　　　　　甲硫磷

2. 硫逐磷酸酯类农药

分子中含有 $S{=}P(OR)_3$ 特征结构单元,常见的硫逐磷酸酯类农药如下:

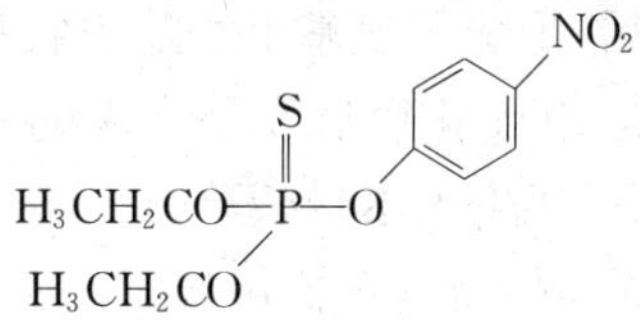

对硫磷 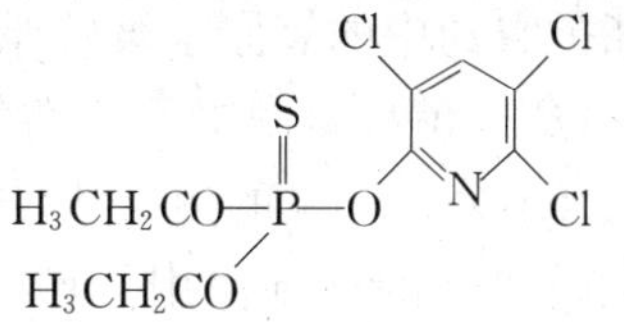　　　　　　　毒死蜱 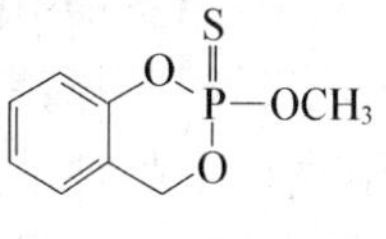　　　　　　　蔬果磷

3. 硫赶磷酸酯类农药

分子可用通式表示，$(RO)_{sn} \sim P(=O)(SR')_n$，R 为烷基，R′可以为烷基或芳基，常见硫赶磷酸酯类农药如下：

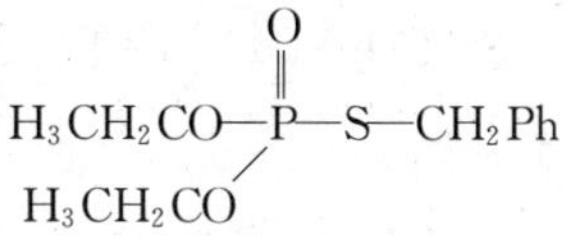

稻瘟尽 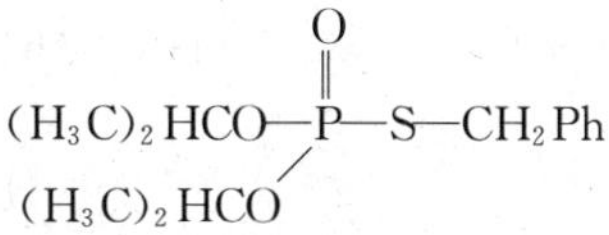　　　　　　　异稻瘟尽 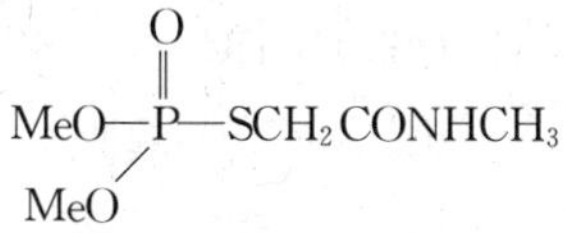　　　　　　　氧乐果

4. 硫逐硫赶磷酸酯类农药

当磷酸酯类农药中的酰氧和烷氧同时被硫取代，形成二硫代的磷酸酯，被称为硫代磷酸酯类农药，常见的硫逐硫赶磷酸酯类农药如下：

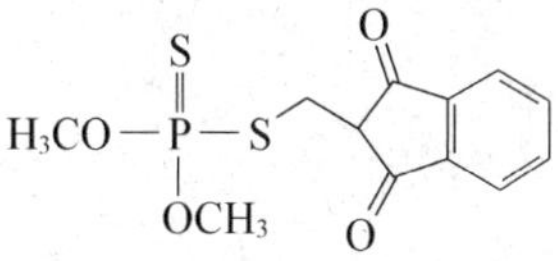

亚胺硫磷 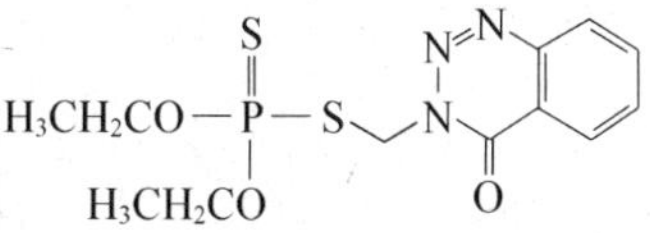　　　　　　　乙基谷硫磷

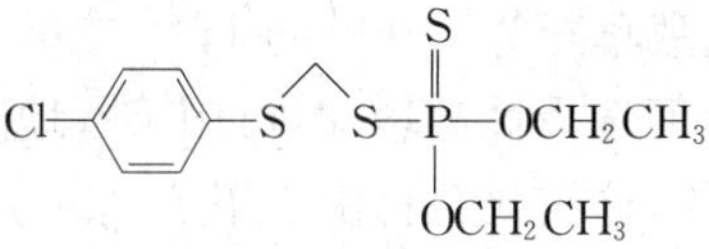

三硫磷 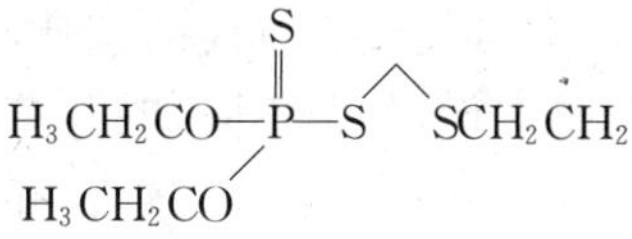　　　　　　　甲拌磷

二、甲酸衍生物类农药

早在 1864 年，人们就发现了豆科植物毒扁豆，它含有一种剧毒物质，后来被称为毒扁豆碱，后来通过合成验证了其结构氨基甲酸酯类化合物，这也是首次发现天然的氨基甲酸酯类化合物。毒扁豆碱作为药物用途，还可以使瞳孔收缩、降低眼压、治疗青光眼以及解除肌肉无力等症状。在生物学上、毒扁豆碱在研究哺乳动物神经冲动的传递机制上起过重要作用，从而肯定它是胆碱酯的一种强抑制剂。对毒扁豆碱的这些研究成果，引起后来许多氨基甲酸酯类似物作为杀虫剂的应用。灭多威为内吸广谱杀虫剂，并且具有触杀和胃毒作用，叶面处理可防止多种害虫，对蚜虫、粘虫以及棉铃虫等十分有效，此外还可以防治水稻螟虫以及果树害虫等。农药中常使用的氨基甲酸酯类农药如下：

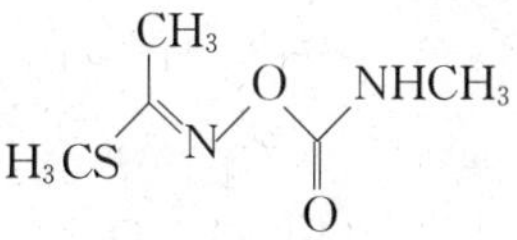

灭多威 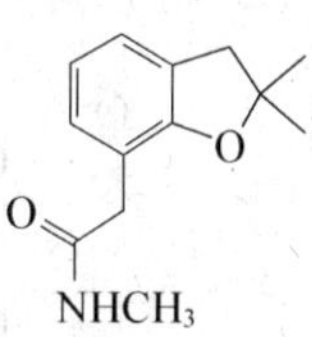　　　　　　　克百威 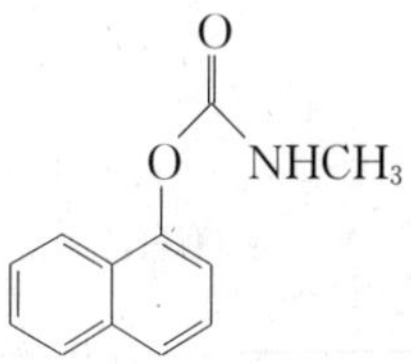　　　　　　　甲萘威

其中,当氨基甲酸酯类农药中的氧原子被硫原子取代后,形成了氨基甲酸酯类农药的衍生物硫代氨基甲酸酯类农药。硫代氨基甲酸酯类化合物是 1954 年以后发展起来的一类除草剂,第一个品种是 Staaffer 公司开发的菌灭达,用于防除一年生禾本科杂草以及多种阔叶草,低剂量时对香附子也有明显的抑制作用。1960 年左右,Monsanto 公司开发了燕麦敌,1965 年日本成功研发出了杀草丹,在除草剂市场上具有举足轻重的地位。关于这类农药的构效关系研究表明,硫代氨基甲酸酯化合物的除草活性比二硫代的衍生物高,而亚砜类衍生物的活性要比硫代氨基甲酸高。常见的硫代氨基甲酸酯类农药如下:

$$((H_3C)_2HC)_2N-\overset{\overset{O}{\|}}{C}-SCH_2C=CHCl \qquad \qquad ((H_3C)_2HC)_2N-\overset{\overset{O}{\|}}{C}-S-CH_2-\underset{}{\bigcirc}-Cl$$

燕麦敌   杀草丹

三、脲类农药

取代脲类除草剂是二次大战后期发展起来的。1951 年杜邦公司开发了第一个脲类除草剂-灭草隆。现在市场上大约有 20 多种产品在售,化学工作者合成了其数以千计的衍生物,并对其除草活性进行测定。这类除草剂最早商品化的是如下的结构的脲类衍生物:

$$Ar-\overset{H}{\underset{N}{N}}-\overset{\overset{O}{\|}}{C}-\overset{CH_3}{\underset{CH_3}{N}}$$

其中,Ar 为氯代或非氯代的苯基,如绿麦隆、敌草隆等。在脲的1,1-二甲基部分用1-甲基或1-丁基取代,如草不隆,其除草活性降低,但选择性却增加,可用于谷地除草。

当用1-甲氧基取代1-甲基后,开发出利谷隆,这类化合物由于甲氧基的引入,与1,1-二甲基脲的活性有了很大差别,如1-甲基1-甲氧基衍生物利谷隆对某些作物有极好的选择性,在土壤中的持效期短,但像敌草隆则为灭生性除草剂,在土壤中持效期相对较长。

用甲氧基取代敌草隆苯环上的氯原子,则引起除草活性的降低,选择性增加,持效期缩短。

$$H_3CO-\underset{Cl}{\bigcirc}-\overset{H}{\underset{N}{N}}-\overset{\overset{O}{\|}}{C}-\overset{CH_3}{\underset{OCH_3}{N}}$$

在结构上可以进一步变化,用饱和的环烷烃或者杂环化合物来取代苯环,该类化合物则具有良好的选择性。常见的脲类农药以及结构如下:

敌草隆   草不隆   灭幼脲

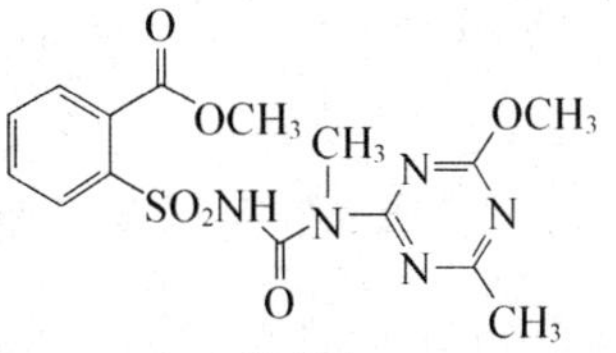

苯磺隆 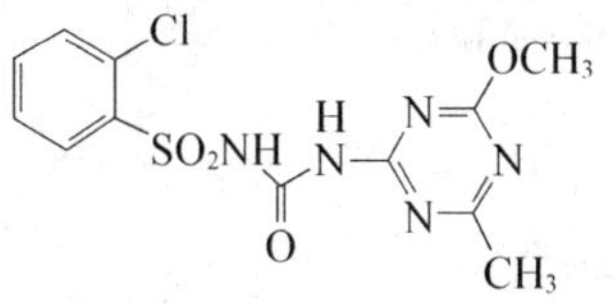　　　　　　　　　　氯磺隆

四、拟除虫菊酯类农药

早在 16 世纪初,已有人发现除虫菊的花朵具有杀虫作用,直到 19 世纪中期,这种植物才在欧洲种植和应用。由于除虫菊适宜于高海拔地区生长,后来在非洲肯尼亚高原地区发展。到 70 年代后期,全世界的除虫菊的总产量仍有 2.5 万吨。

由除虫菊提取的除虫菊素是一种杀虫力很强的广谱、低毒、低残留的杀虫剂,但是由于它在光照和空气中不稳定,不适于农业生产使用。直到 20 世纪 50 年代,天然除虫素的化学成分才得以确定。之后人们开始通过人工合成除虫菊素,目的在于寻找结构简单,有效、适用于农业生产的除虫菊素。这种新型的人工合成的除虫菊酯称为拟除虫菊酯[11]。1947年,合成了第一个除虫菊酯-烯丙菊酯。由于当时有机氯、有机磷杀虫剂正处于发展时期,而合成除虫菊酯生产工艺复杂、成本高,未能对其研究引起高度的重视。1973 年第一个对日光稳定的拟除虫菊酯-苯醚菊酯开发成功,开创了除虫菊酯用于农业的先河。之后拟除虫菊酯得到了迅猛的发展。目前该类化合物的衍生物很多,已经成为农业杀虫剂的支柱之一。

拟除虫菊酯的一些优良品种具有低毒、广谱等特点,特别对防止棉花虫害效果突出,在有机磷、氨基甲酸酯出现抗性的情况下,其优点更为明显。但是和天然除虫菊酯一样,它们的杀螨性都很低,而且在施药过程中,因螨类天敌被大量消灭,使螨类危害更加严重。在菊酯中引入氟原子,能提高杀虫以及杀螨活性。常见的拟除虫菊酯类农药以及结构如下:

1. 第一菊酸类拟除虫菊酯类农药

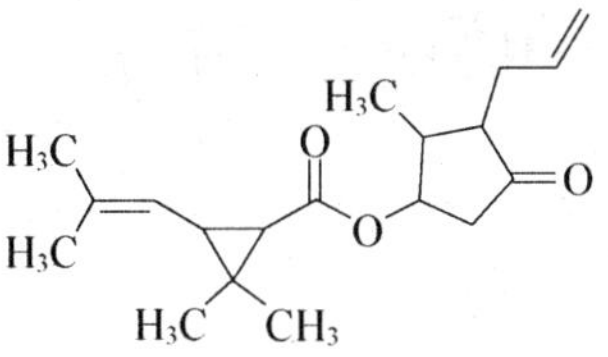

烯丙菊酯 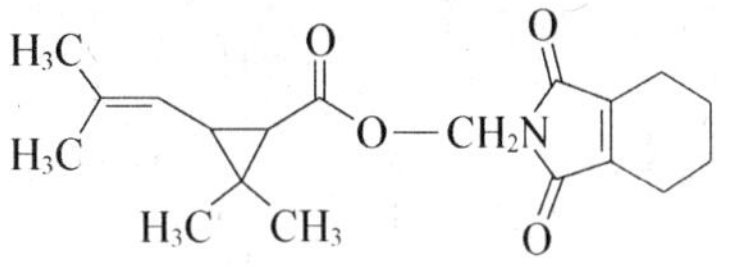　　　　　　　　　胺菊酯

2. 二卤代菊酸类拟除虫菊酯类农药

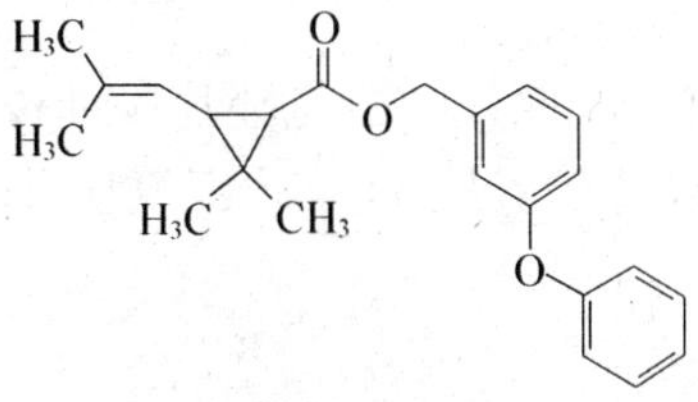

二氯苯醚菊酯 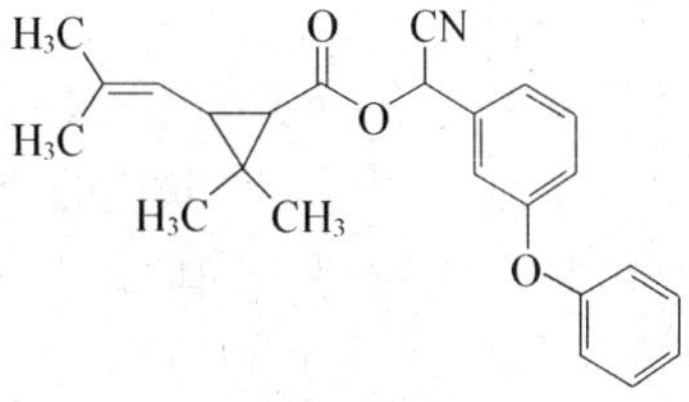　　　　　　　氯氰菊酯

五、杂环化合物农药

杂环类化合物农药[12]主要包含吡啶杂环农药、嘧啶杂环农药以及三唑类杂环农药。

1. 吡啶杂环农药

吡啶类杀菌剂大都为内吸杀菌剂,其分子结构特点是均含有吡啶环,主要的化合物有吡氯灵、吡虫啉、啶虫脒等。其中吡氯灵是 1966 年发现的世界上第一个真正的共质体内吸杀菌剂,它较易被叶子吸收,并迅速地输送到地下部分,使用于处理种子,根部浇灌,尤其是叶面喷洒来防止根部病虫害。常见的吡啶类农药如下:

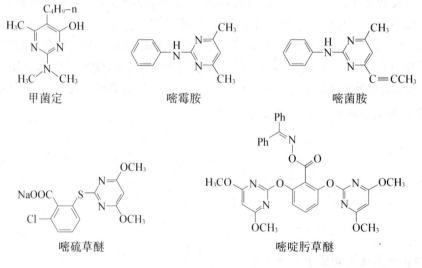

吡虫啉　　　　　　　　　啶虫脒　　　　　　　　　吡氯灵

2. 嘧啶杂环农药

嘧啶类杀菌剂的分子结构中均含有一个嘧啶环,此类杀菌剂中的重要的商品有甲菌定、磺菌定等。甲菌定是英国 ICI 公司研发的嘧啶类农药,主要来防治瓜类白粉病,随着产品的广泛的使用,后期出现了抗药性的白粉病菌株。随着农药技术的发展,后期出现了多种嘧啶类的农药,现已被广泛应用,如嘧霉胺、嘧菌胺、嘧硫草醚等。常见的嘧啶类农药如下:

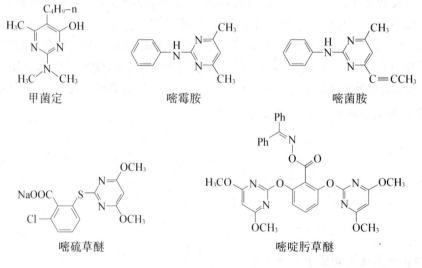

甲菌定　　　　　　　　　嘧霉胺　　　　　　　　　嘧菌胺

嘧硫草醚　　　　　　　　　　　　　　　嘧啶肟草醚

3. 三氮唑类农药

三氮唑类杀菌剂是在分子结构中均含有一个 N-取代的三氮唑片段母核,由于三氮唑环中氮原子的相对位置以及 N-取代的位置不同,又有 1H-1,2,3-三氮唑、1H-1,2,4-三氮唑、1H-1,3,4-三氮唑等不同形式的衍生物。

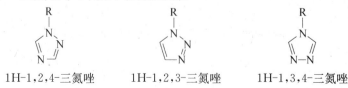

1H-1,2,4-三氮唑　　　　　1H-1,2,3-三氮唑　　　　　1H-1,3,4-三氮唑

多数三氮唑杀菌剂具有如下的特点：强内吸性，具有保护和治疗作用，具有较强的抑菌活性；广谱性，三氮唑杀菌剂对多种真菌均有很高的抑菌活性，此外还具有优良的生理活性，对植物的生长调节活性等，有些三氮唑化合物还有除草和杀虫作用；长效性和高效性，这类农药持效期较长，并且药剂用量较其他同类农药少。常见的三氮唑类农药如下：

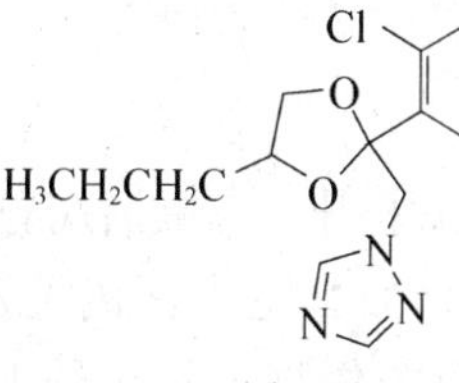

丙环唑 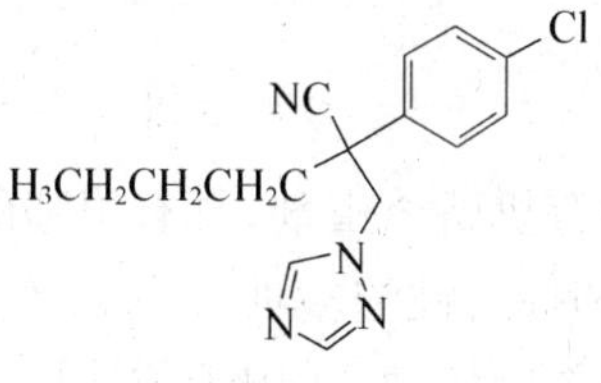　　　　　　　　腈菌唑 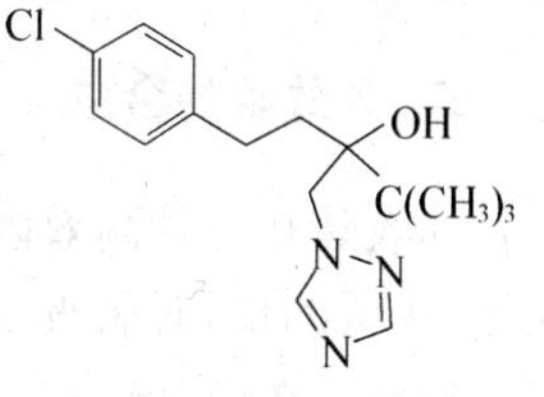　　　　　　　　戊唑醇

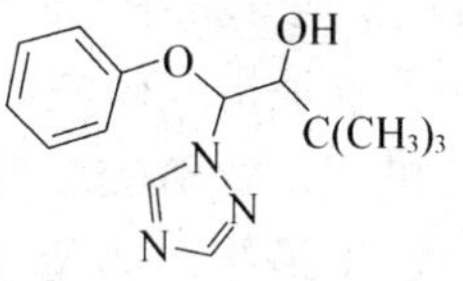

三唑醇 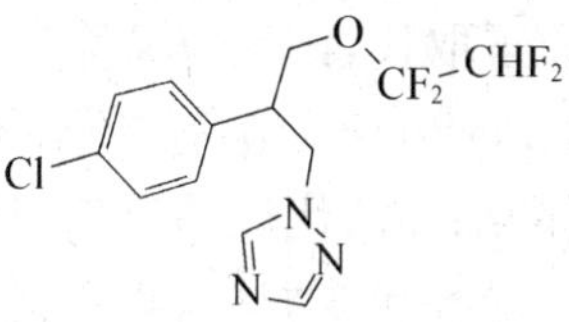　　　　　　　　四氟醚唑 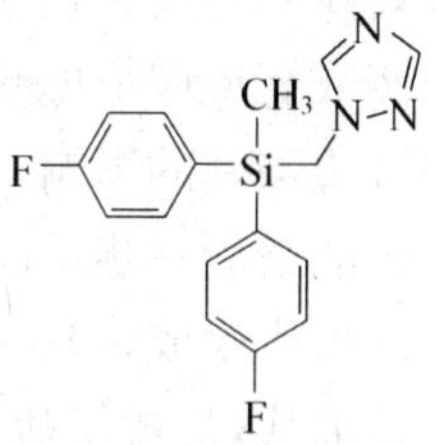　　　　　　　氟硅唑

第三节　基本有机化学反应在农药以及中间体合成中的应用

农药是精细化学化工品，农药化学合成是有机合成的重要分支，从某种意义上说，农药化学合成的发展与研究依赖于有机合成的发展与研究，同时农药化学具有独特的方法与规律，对其研究的深入以及普遍性应用又可以促进有机合成的发展。有机合成化学已经得到深入发展，农药化学合成也将成为当代化学研究的主流，因为农药已经成为关系到国计民生的精细化工产品。在农业合成化学，用到了很多基本的有机化学反应，本节主要介绍基本有机化学反应在农药以及中间体合成中的应用。

一、对氧磷的合成

对氧磷是一种有机磷化合物，是一种有机磷酸盐胆碱脂酶抗化剂杀虫剂，由于其对人类和其他动物有毒害风险，近年来已极少使用。对氧磷也被当作对抗青光眼的一种眼科药物使用。对氧磷通过皮肤容易被吸收，也曾被用为化学武器。

对氧磷的合成使用了阿瑟顿-托德磷酸化反应（Atherton-Todd 反应），它是指亚磷酸二烷基酯和羟基化合物（酚钠、醇钠）在四氯化碳及碱性物质存在下进行反应。该方法是一种常用的磷酸化方法，在磷酸酯类化合物的合成中起到了重要的作用。

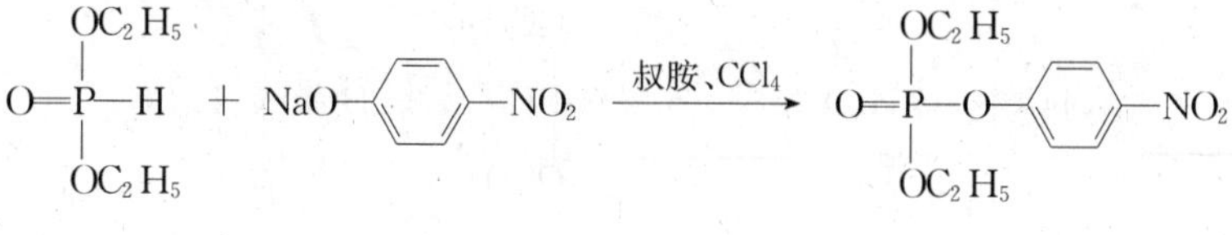

甲基对硫磷的工业合成也是采用了类似阿瑟顿-托德磷酸化的方法。

$$H_3CO-\overset{\overset{S}{\|}}{\underset{\underset{OCH_3}{|}}{P}}-Cl + NaO-\!\!\!\left\langle\begin{array}{c}\end{array}\right\rangle\!\!\!-NO_2 \longrightarrow H_3CO-\overset{\overset{S}{\|}}{\underset{\underset{OCH_3}{|}}{P}}-O-\!\!\!\left\langle\begin{array}{c}\end{array}\right\rangle\!\!\!-NO_2 + NaCl$$

二、久效磷的合成

久效磷是一种高效内吸性有机磷杀虫剂,具有很强的触杀和胃毒作用。杀虫谱广,速效性好,残留期长,对刺吸、咀嚼和蛀食性的多种害虫有效。作用机制为抑制昆虫体内的乙酰胆碱酯酶。久效磷还有一定的杀卵作用,适用于防治棉花、水稻、大豆等作物上的多种害虫。

久效磷的合成过程中,利用甲胺对酯中的羰基进行亲核加成反应形成酰胺,该反应是利用酯与胺或氨反应形成酰胺,又称为酯的氨解反应。所生成的酰胺中亚甲基中的氢原子由于受到旁边羰基的影响,易被氯原子取代,该反应又称为 α-氢卤代反应。其中,在久效磷的合成关键的最后一步反应是通过 Perkow 反应完成的。Perkow 反应是指亚磷酸三烷基酯与卤代酮反应生成烯基二烷基磷酸酯和卤代烃的反应,该反应的机理是亚磷酸酯对卤代酮发生亲核取代,生成鏻盐,发生酮-烯醇互变异构,再受卤离子进攻,得最终产物磷酸酯。工业上利用 Perkow 反应合成的农药很多,例如敌敌畏、速灭磷、杀螟畏等。

三、稻瘟净的合成

稻瘟净是一种有机磷杀菌剂,对水稻各生育期的稻病有较好的保护和治疗作用。在水稻上有内吸渗透作用,抑制稻瘟病菌乙酰氨基葡萄糖的聚合,使组成细胞壁的壳质无法形成,阻止了菌丝生长和孢子产生,起到保护和治疗作用。另外,对水稻小粒菌核病、纹枯病、颖枯病也有一定的效果,可兼治水稻飞虱、叶蝉。

$$PCl_3 + 3C_2H_5OH \longrightarrow O\!\!=\!\!\overset{\overset{OC_2H_5}{|}}{\underset{\underset{OC_2H_5}{|}}{P}}H + 2HCl + C_2H_5Cl$$

$$O=\overset{\underset{\displaystyle OC_2H_5}{|}}{\underset{\displaystyle OC_2H_5}{P}}H + S \xrightarrow[\text{甲苯}]{Na_2CO_3} O=\overset{\underset{\displaystyle OC_2H_5}{|}}{\underset{\displaystyle OC_2H_5}{P}}SNa + \underset{\displaystyle}{\text{苯}}-CH_2Cl \longrightarrow C_2H_5O-\overset{\underset{\displaystyle OC_2H_5}{|}}{\overset{\displaystyle O}{P}}-S-CH_2-\text{苯} + NaCl$$

稻瘟净的合成原料亚磷酸二乙酯是通过三氯化磷和乙醇发生取代反应制备的,亚磷酸酯通过碱性条件下的硫化生成了硫代磷酸酯。苄基氯是一种活泼的化学试剂,很容易与碱发生亲核取代反应,稻瘟净就是利用硫负离子与苄氯发生亲核取代反应制备。

四、甲萘威的合成

甲萘威是氨基甲酸酯类杀虫剂中第一个大量生产的品种,又名西维因。甲萘威具有触杀及胃毒作用,能抑制害虫神经系统的胆碱酯酶使其致死。通常加工成粉剂和可湿性粉剂(见农药剂型)使用。由于杀虫谱广和毒性较低,在农业上应用颇广,常用于稻、棉、果林、茶桑等作物上。

甲萘威的合成是用 1-萘酚与光气发生亲核取代反应生成氯甲酸萘酯,该反应的历程为亲核加成-消除过程,首先是亲核试剂在羰基碳上发生亲核加成,形成四面体中间体,然后再消除一个负离子,但总的结果是取代。后者再在碱的存在下与甲胺发生进一步的亲核取代反应得到甲萘威,其中醇、酚或胺与酰氯的反应又称酰化反应。此法工艺比较安全、简单,适于中小规模生产。

五、菌达灭的合成

$$\text{方法一:} (CH_3CH_2CH_2)_2N\overset{\underset{\displaystyle}{\displaystyle\parallel}}{\overset{\displaystyle O}{C}}Cl + CH_3CH_2SH \longrightarrow (CH_3CH_2CH_2)_2N\overset{\underset{\displaystyle}{\displaystyle\parallel}}{\overset{\displaystyle O}{C}}SC_2H_5 + HCl$$

$$\text{方法二:} (CH_3CH_2CH_2)_2NH + C_2H_5S\overset{\underset{\displaystyle}{\displaystyle\parallel}}{\overset{\displaystyle O}{C}}Cl \longrightarrow (CH_3CH_2CH_2)_2N\overset{\underset{\displaystyle}{\displaystyle\parallel}}{\overset{\displaystyle O}{C}}SC_2H_5 + HCl$$

$$\text{方法三:} (CH_3CH_2CH_2)_2NH + COS + (C_2H_5)SO_4 \longrightarrow (CH_3CH_2CH_2)_2N\overset{\underset{\displaystyle}{\displaystyle\parallel}}{\overset{\displaystyle O}{C}}SC_2H_5 + C_2H_5SO_4H$$

菌达灭是一种硫代氨基甲酸酯类农药,用来防治危害农林牧业生产的有害生物(害虫、害螨、线虫、病原菌、杂草及鼠类)和调节植物生长的化学药品。

菌灭达合成方法主要有三种:第一种方法是采用硫醇和酰氯发生的亲核取代反应;第二种方法的反应机理是类似的,采用胺和酰氯的亲核取代反应;第三种方法则是酰基化、乙基化的过程制备,两者同时进行。硫酸二甲酯或硫酸二乙酯是一种很好的甲基化或乙基化试剂,硫酸二甲酯最常用于对酚、胺和硫醇进行甲基化,反应通常以 S_N2 机理进行,它与所有的强烷基化试剂类似,具高毒性,皮肤接触或吸入均有严重危害。在有机化学中的应用已逐渐被低毒的碳酸二甲酯和三氟甲磺酸甲酯所取代。

六、杀草隆的合成

杀草隆是一种取代脲类除草剂,但它不像其他类取代脲类能抑制植物的光合作用,而是细胞分裂抑制。抑制根和地下茎的伸长,主要用于水稻、棉花、玉米、小麦、大豆等杂草的防治。

杀草隆的合成有两种方法:方法一采用胺与酰氯的亲核加成-消除反应形成取代脲;方法二则先采用对甲苯胺与尿素发生取代反应脱除氨气,生成的脲再与2-氯异丙苯发生亲核取代反应制备,2-氯异丙苯属于取代的苄氯,活泼性较高,易于发生亲核取代反应。

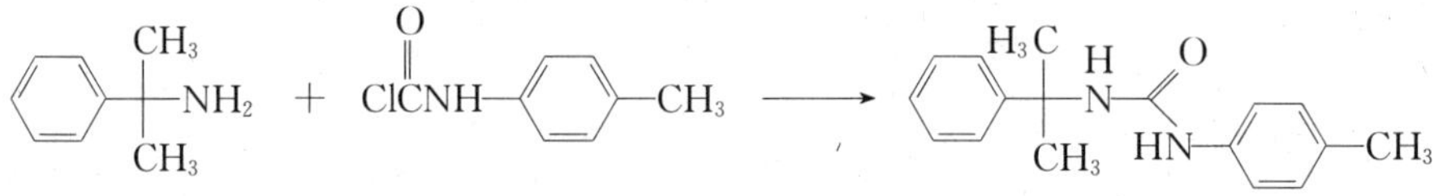

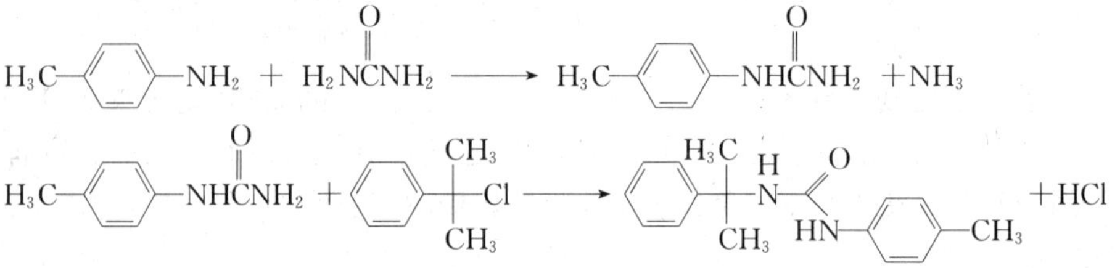

七、戊氰菊酯的合成

戊氰菊酯是一种广谱、高效、快速拟除虫菊酯类杀虫剂,以触杀和胃毒作用为主,无内吸作用,对螨类无效,对鳞翅目幼虫、直翅目、半翅目、双翅目害虫有效。广泛用于棉花、茶树、蔬菜、大豆等农作物及林牧业和卫生害虫的防治。

戊氰菊酯的合成步骤较多,使用到的基本有机化学反应也较多,首先4-氯苯乙腈由于受到腈基的影响,亚甲基活性增强易形成碳负离子,而对甲苯磺酸异丙酯中的对甲苯磺酸基是一个很好的离去基团,在碱性条件下极易受到碳负离子的进攻发生亲核取代反应;由于腈类化合物在酸或者碱作用下可水解为羧酸,这是制备有机羧酸的重要方法之一;生成的羧酸化合物再在五氯化磷的作用下生成酰氯,通过三氯化磷、五氯化磷是羧酸酰基化的重要手段,利用醛和氰化钠发生亲核加成反应,制备了含取代基的α-羟基苯乙腈;最后,通过酰氯和醇的亲核取代反应制备戊氰菊酯。

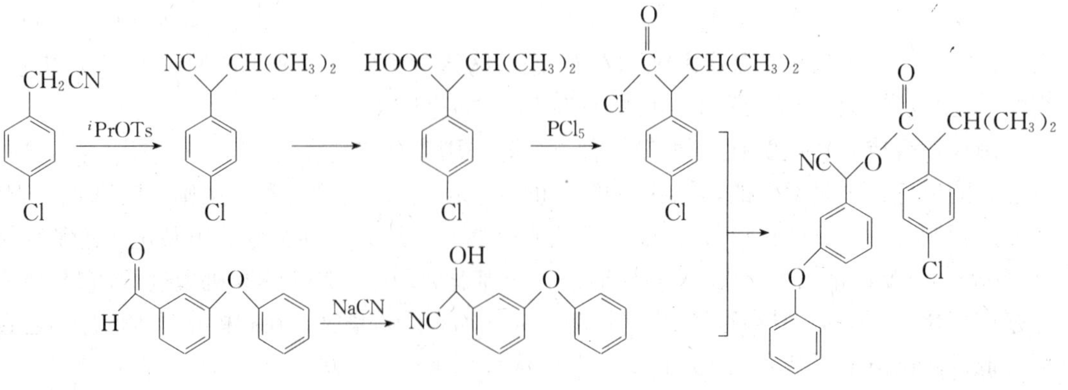

八、茚虫威的合成

茚虫威是一种取代脲类杀虫剂,属于钠通道抑制剂,主要是阻碍害虫神经细胞中的钠离子通道,具有良好的亲脂性,具有触杀和胃毒作用,无内吸作用。该类农药对鱼类、哺乳动物、天敌昆虫安全,是一种用于害虫综合性防治和抗性治理的理想药物。

茚虫威的合成用到了多种基本有机合成反应,主要有五氯茚酮与碳酸二甲酯的亲核取代反应;羰基与胺基亲核加成反应形成亚胺,又称为席夫碱;亚胺化合物中分子中的羟基以及碳酰胺上的胺基与二乙氧基甲烷发生亲核取代反应关环。钯碳是一种重要的催化剂,使用广泛,该反应中利用钯碳催化,氢气还原可以脱除苄基,这也是苄基脱除的好办法,该方法脱除苄基的收率高,产品易纯化。最后,脱苄基后的产物与酰氯发生亲核取代反应制备茚虫威。其中,中间体氯羰基[4 -(三氟甲氧基)苯基]氨基甲酸甲酯的合成是通过对三氟甲基苯胺依次与氯甲酸甲酯的亲核取代反应、光气的亲核取代反应两次胺基的酰基化完成的。

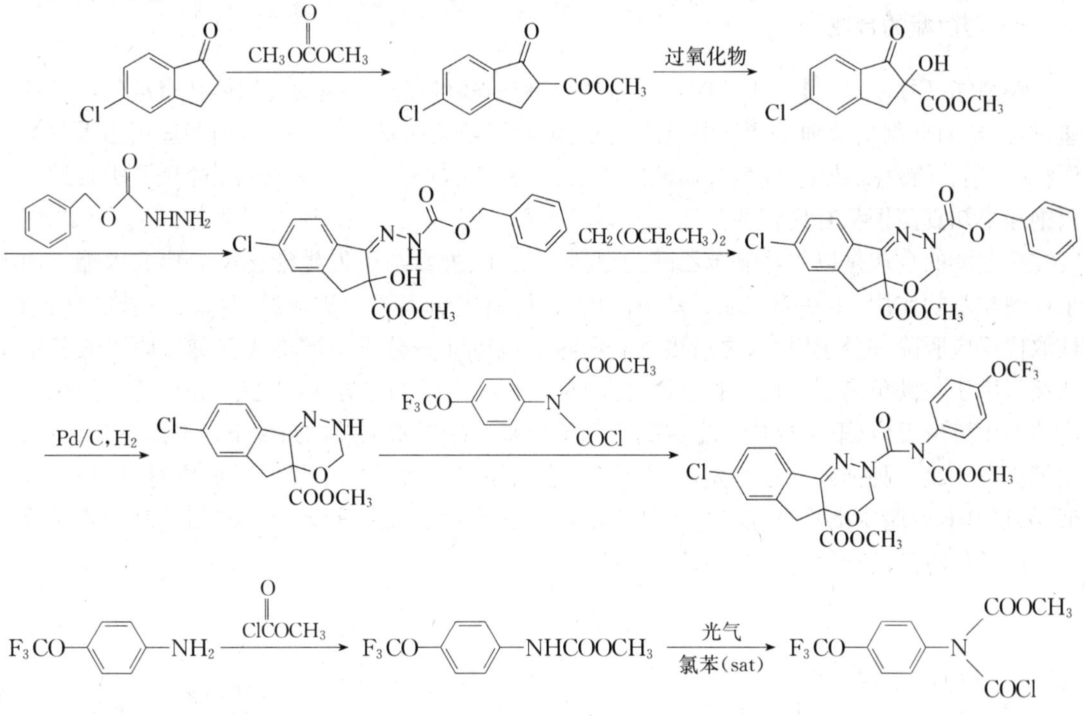

九、吡蚜酮的合成

吡蚜酮又称吡嗪酮,属于吡啶类或三嗪酮类杀虫剂,具有很强的内吸性,能很好地被作物吸收,通过内吸传导作用散布到作物各个部位,吡蚜酮具有高度的选择性,只对刺吸口器昆虫有效,对哺乳动物、鸟类、鱼虾等有很好的安全性,适用于蔬菜、小麦、水稻、棉花、果树等害虫的防治。

吡蚜酮的合成是以 5 -甲基- 1,3,4 -噁二唑酮为原料,在碱性条件下易形成氮负离子进攻氯代丙酮,发生亲核取代反应,制备丙酮取代的 5 -甲基- 1,3,4 -噁二唑酮。在水合肼的作用下,依次发生酯的氨解形成酰肼,接着酰肼中的末端氨基再与分子内的羰基发生亲核加成反应关环,形成亚胺。酰胺键在盐酸条件下水解形成氨基,胺基再与 3 - 醛基吡啶发生亲核取代反应形成新的席夫碱即为吡蚜酮。该反应过程中使用的主要是胺与羰基的亲核加成反应以及酯的氨解反应。

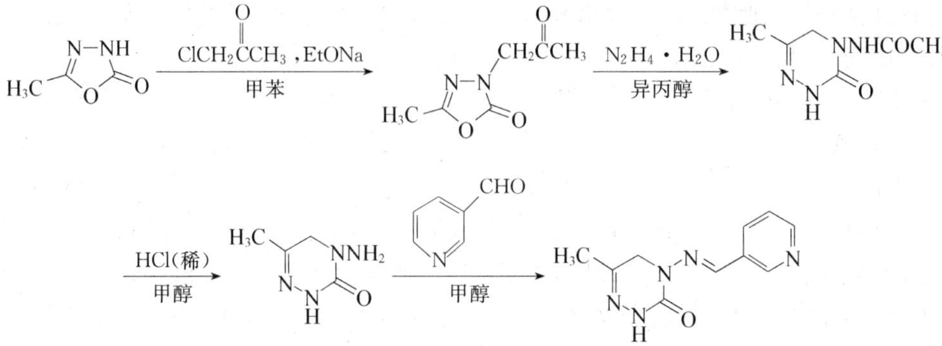

十、嘧菌酯的合成

嘧菌酯又称翠贝,属于线粒体呼吸抑制剂,嘧菌酯可以阻断病菌线粒体呼吸链的电子传递过程,从而抑制病菌细胞能量的供应,病菌细胞因缺乏能量而死亡。嘧菌酯适用于禾谷类作物、水稻、马铃薯、花生、葡萄等病菌的防治。嘧菌酯具有广谱的杀菌性,对几乎所有的真菌纲和半知真菌纲都有良好的活性。

嘧菌酯的合成是以邻羟基苯乙酸为原料,在乙酸酐参与下发生酯化反应形成内酯。由于受到酯基的作用,羰基邻位亚甲基被活化,易形成碳负离子去进攻原甲酸三甲酯,发生亲核取代反应脱除一分子甲醇,之后再发生消除反应脱除一分子甲醇形成双键。原甲酸三甲酯经常用于与碳负离子作用增长碳链,是一种增长一个碳的好办法。之后,在甲醇钠作用下内酯发生醇解反应(取代反应),生成酯键和酚羟基。酚羟基在碱性条件下形成酚氧负离子,酚氧负离子是一种强的亲核基团,去进攻 4,6 - 二氯嘧啶脱除一个氯原子形成醚键;与此类似,邻羟基苯甲腈中酚羟基在碱性条件下形成酚氧负离子后去进攻 4,6 - 二氯嘧啶脱除另外的氯原子后得到的产物即为嘧菌酯。

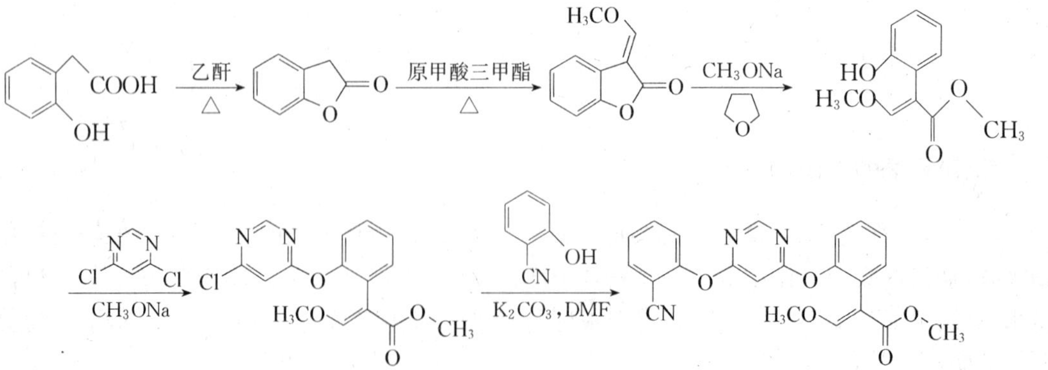

十一、噻呋酰胺的合成

噻呋酰胺又名宝穗,是一种新型的噻唑羧酸 N - 苯酰胺类杀菌剂,可防治多种植物病害,特别是担子菌丝核菌属真菌所引起的病害。具有很强的内吸传导性,适用于水稻、棉花、花生、甜菜等多种作物的病害。

噻呋酰胺的合成是通过2-氯三氟乙酰乙酸乙酯和硫代乙酰胺为原料,硫代乙酰胺存在硫醇式,在碱性条件与2-氯三氟乙酰乙酸乙酯发生亲核取代反应,之后氨基与羰基发生亲核加成反应,脱水生成2-甲基-4三氟甲基-5-噻唑甲酸乙酯,可能的反应机理如下:

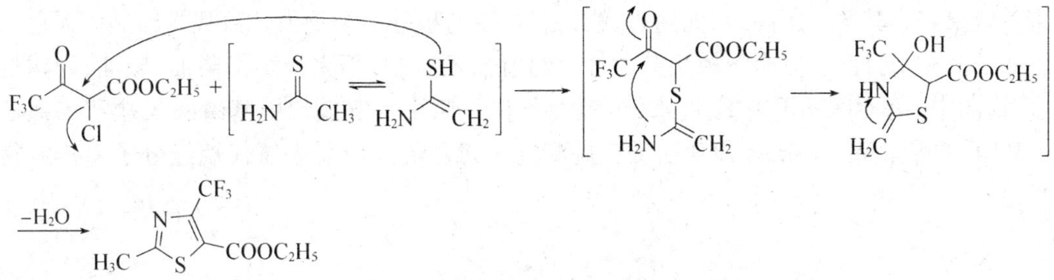

形成的酯在碱性条件下水解成酸,用亚硫酰氯进行酰化制备酰氯,亚硫酰氯是一种常用的制备酰氯的试剂,反应条件比较温和,分离提纯方便。生成的酰氯再与对三氟甲氧基邻二溴苯胺发生亲核取代反应制备噻呋酰胺。噻呋酰胺的合成如下:

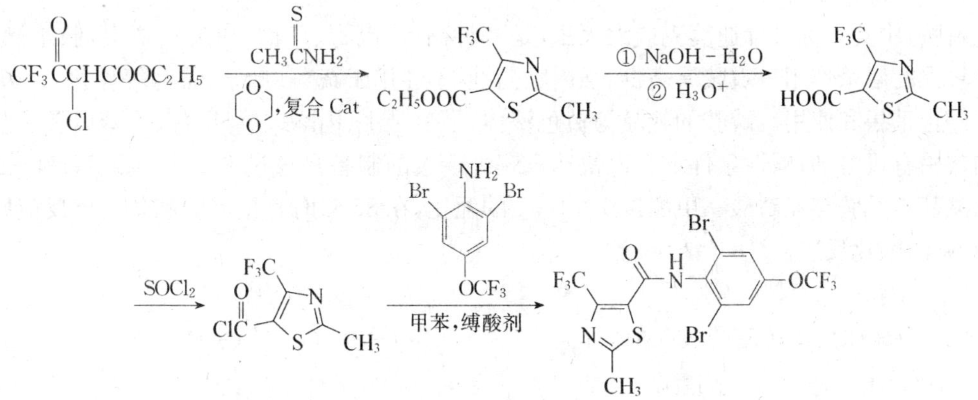

第四节 农药及其中间体类别合成

一、有机磷农药

1. 磷酸酯类农药

（1）速灭磷的合成

速灭磷,中文名称又称磷君,它是一种胆碱酶抑制剂,水溶性触杀兼具内吸作用的有机磷杀虫杀螨剂,杀虫广谱,残效期短。速灭磷的纯品为无色液体,几乎与水以及大多数的有机溶剂混溶,如乙醇、酮类、芳香烃、氯代烷等,微溶于脂肪族烷烃、石油醚和二硫化碳。室温下稳定,但在碱性溶液中易分解。速灭磷通常是通过烷基磷酰氯与3-羟基-丁烯酸甲酯反应制备。

$$H_3CO-\overset{\overset{O}{\|}}{\underset{\underset{OCH_3}{|}}{P}}-Cl + NaO-\overset{\overset{CH_3}{|}}{C}=CHCOOCH_3 \longrightarrow H_3CO-\overset{\overset{O}{\|}}{\underset{\underset{OCH_3}{|}}{P}}-\overset{\overset{CH_3}{|}}{C}=CHCOOCH_3 + NaCl$$

（2）敌敌畏的合成

敌敌畏是一种胃毒、触杀、熏蒸和渗透作用的有机磷杀虫剂[13]。对咀嚼式和刺吸式口器害虫效果好。其蒸气压高,对同翅目、鳞翅目昆虫有极强的击倒力。敌敌畏纯品为无色有芳香味的液体,易挥发,完全溶解于芳香烃、氯代烃、乙醇中,不完全溶于柴油、煤油、异构烷烃、矿物油中。水和酸介质中缓慢水解,碱性条件下急剧水解成二甲基磷酸氢盐和二氯乙醛。1951 年德国 W. Perkow 以亚磷酸三烷酯与三氯乙醛反应脱去氯代烷经分子重排制得敌敌畏。

$$H_3CO-\overset{\overset{}{}}{\underset{\underset{OCH_3}{|}}{P}}-OCH_3 + Cl_3C-\overset{\overset{O}{\|}}{C}H \xrightarrow[60\sim80\,℃]{\text{二甲苯}} H_3CO-\overset{\overset{O}{\|}}{\underset{\underset{OCH_3}{|}}{P}}-O-CH=CCl_2 + CH_3Cl$$

（敌敌畏,收率92%～98%）

（3）磷胺的合成

磷胺,中文名称又称迪莫克或大灭虫,是一种高效、高毒、广谱、内吸式杀虫剂、杀螨剂,也有较强的触杀作用。磷胺属高毒、强内吸药剂,不能用于蔬菜、烟草、茶叶等作物,2007 年起已停止销售和使用。磷胺的纯品为黄色液体,易溶于水、丙酮、二氯甲烷、甲苯以及一些其他的常用有机溶剂,碱性条件下可以快速水解。磷胺的制备是通过 2,2-二氯-N,N-二乙基乙酰基乙酰胺与亚磷酸三甲酯按 1:1.07 的配比,在 85 ℃时直接反应制备。该反应属于 Perkow 磷酸化反应。

$$H_3CO-\overset{\overset{}{}}{\underset{\underset{OCH_3}{|}}{P}}-OCH_3 + Cl-\overset{\overset{Cl}{|}}{\underset{\underset{COCH_3}{|}}{C}}-CON(C_2H_5)_2 \xrightarrow[5h]{85\,℃} H_3CO-\overset{\overset{O}{\|}}{\underset{\underset{OCH_3}{|}}{P}}-O-\overset{\overset{CH_3}{|}}{\underset{\underset{Cl}{|}}{C}}=C-CON(C_2H_5)_2 + CH_3Cl$$

2. 硫代磷酸酯类农药

（1）硫逐磷酸酯类农药

① 内吸磷的合成

内吸磷与异内吸磷的混合物称为 1 059,其中,内吸磷又称为硫逐 1 059。它是一种磷酸酯类高毒类农药,具有触杀作用,无内吸和熏蒸作用,属于胆碱酶抑制剂。内吸磷为淡黄色微溶于水的油状液体,带有硫醇臭味,是一异构体混合物,市场上出售的药剂含 70% 的硫酮式和 30% 的硫醇式。该类化合物在水中稳定,但在碱性条件下易水解。内吸磷的合成是通过磷硫代酰氯与羟基乙硫醚发生取代反应制备,该反应用碳酸钾作缚酸剂。

$$H_3CH_2CO-\overset{\overset{S}{\|}}{\underset{\underset{OCH_2CH_3}{|}}{P}}-Cl + HOCH_2CH_2SC_2H_5 \xrightarrow[70\sim80\,℃]{K_2CO_3} H_3CH_2CO-\overset{\overset{S}{\|}}{\underset{\underset{OCH_2CH_3}{|}}{P}}-OCH_2CH_2SC_2H_5 + HCl$$

② 杀螟硫磷的合成

杀螟硫磷,中文名称又称杀螟松、杀虫松等,残效期中等,杀虫广谱。它是一种有机磷杀虫剂,具有触杀、胃杀、胃毒作用,无内吸和熏蒸作用。杀螟硫磷的纯品为黄棕色液体,易溶于醇、酯、酮芳香烃、氯代烃等有机溶剂,难溶于水。杀螟硫磷的制备是通过间甲酚经过亚硝化、氧化制得,亚硝化反应是将间甲酚和亚硝酸水溶液在 $15\%\sim20\%$ 的硫酸中反应,控制温度 $10\sim15\ ℃$。氧化反应是将亚硝基间甲酚用稀硝酸进行氧化,加酸速度先慢后快,反应温度 $35\sim38\ ℃$,加完后保温,经离心水洗制得 4 - 硝基间甲酚。再通过 4 - 硝基间甲酚与二甲基硫代磷酰氯缩合生成杀螟硫磷。

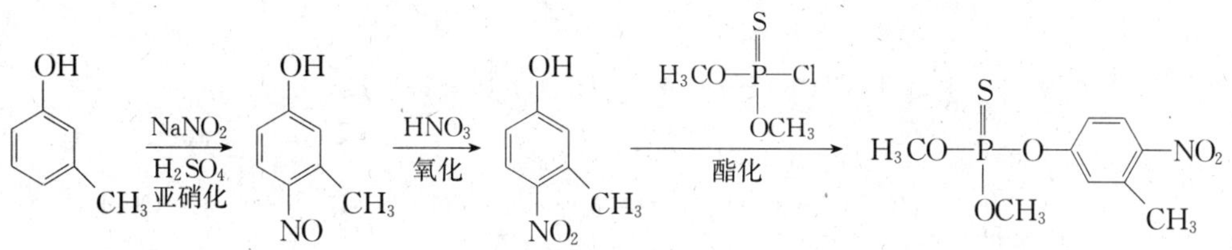

(2) 硫赶磷酸酯类农药

① 异内吸磷的合成

内吸磷与异内吸磷的混合物称为 1 059,其中,异内吸磷又称为硫赶 1 059。异内吸磷的合成和内吸磷的合成条件相似,碳酸钠为缚酸剂,采用磷酰氯与羟基乙硫醚发生取代反应制备。

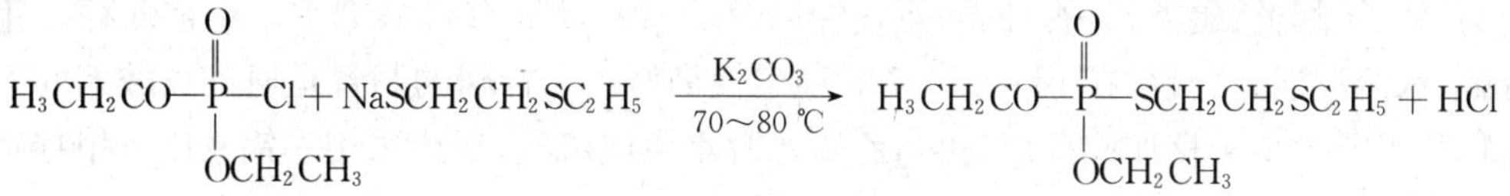

② 克瘟散的合成

克瘟散,中文名称又称稻瘟散、敌瘟磷等,属于有机磷酸酯类杀菌剂。对水稻稻瘟病有良好的预防和极佳的防治作用。克瘟散纯品为黄色带有硫醇的臭味,能溶于二氯甲烷、异丙醇、甲苯等,在水中的溶解性为 $56\ mg/L(20\ ℃)$。克瘟散的制备是通过苯为原料与氯磺酸反应制备苯磺酰氯,再用铁粉还原为苯硫酚,苯硫酚与二氯亚磷酸乙酯反应制备克瘟散。

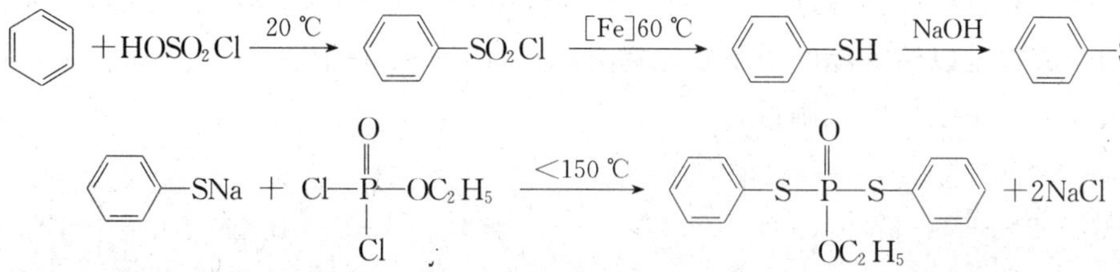

③ 绿稻宁的合成

绿稻宁是一种水稻杀菌剂,此类药剂中有对各种白粉病、水稻病害和各种卵菌有效的内吸性杀菌剂。绿稻宁的合成是通过亚磷酸和硫化物的亲核取代反应进行的。

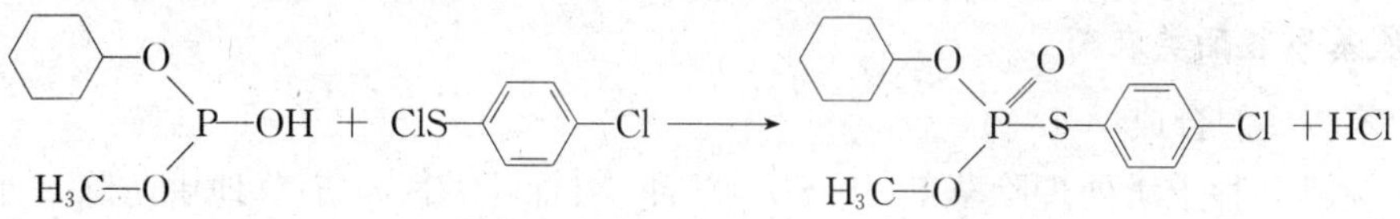

（3）硫逐硫赶磷酸酯类农药

① 马拉硫磷的合成

马拉硫磷，中文名称又称马拉松、粮泰安等，是一种低毒，残留期短，内吸的广谱杀虫剂，有良好的触杀和熏蒸作用。马拉硫磷的纯品为透明的琥珀色液体，与大多数有机物互溶，如醇类、酯类、酮类、醚类以及芳香烃类；不溶于石油醚和某些矿物油，在水中的溶解性为 145 mg/L（25 ℃）；在中性溶液中稳定，强酸强碱条件下易分解。

马拉硫磷通常采用甲醇和五硫化二磷反应生成甲基硫化物（O,O-二甲基二硫代磷酸酯），后者再与顺丁烯二酸二乙酯在三甲胺作用下，发生加成反应生成马拉硫磷。

$$P_2S_5 + 4CH_3OH \longrightarrow 2(H_3CO)_2\overset{S}{\underset{\|}{P}}-SH + H_2S$$

$$(H_3CO)_2\overset{S}{\underset{\|}{P}}-SH + \begin{matrix} HC-C-OC_2H_5 \\ HC-C-OC_2H_5 \end{matrix} \xrightarrow[60\sim70\,℃,24\,h]{三甲胺} (H_3CO)_2\overset{S}{\underset{\|}{P}}-S-\overset{H}{\underset{}{C}}-C-OC_2H_5$$

② 甲拌磷的合成

甲拌磷，中文名称又称 3911，它是一种高毒、高效、广谱的内吸性杀虫剂、杀螨剂，有触杀、胃毒、熏蒸作用。甲拌磷的纯品为无色液体，在水中的溶解度为 50 mg/L（25 ℃），易溶于醇类、酯类、酮类、醚类、芳香烃类、氯代烃以及二氧六环等有机溶剂中。正常贮存 2 年内不分解，水溶液遇光分解，在 pH＝5～7 时稳定性最好。甲拌磷的制备是通过磷酸酯的乙基硫化物与甲醛发生亲核加成反应，再与乙硫醇脱水生成硫醚，反应采用一锅煮制备甲拌磷。

$$(C_2H_5O)_2\overset{S}{\underset{\|}{P}}-SH + HCHO + C_2H_5SH \longrightarrow (C_2H_5O)_2\overset{S}{\underset{\|}{P}}-S-CH_2-SC_2H_5 + H_2O$$

③ 亚胺硫磷的合成

亚胺硫磷，中文名称又称亚氨硫磷。该类农药是一种非内吸性杀虫剂、杀螨剂。亚胺硫磷的纯品为无色结晶固体，在水中的溶解度为 25 mg/L（25 ℃），能溶于丙酮、苯、甲苯、二甲苯以及甲醇等，遇碱易分解，酸性介质中相对稳定，100 ℃以上分解，其水溶液遇光易分解。亚胺硫磷的合成也是以磷酸酯的甲基硫化物为原料，以碳酸氢钠为缚酸剂的条件下，氯甲基邻苯二甲酰亚胺发生亲核取代制备。

$$(H_3CO)_2\overset{S}{\underset{\|}{P}}-S-H + ClH_2C-N\overset{O}{\underset{O}{}} \xrightarrow{NaHCO_3} (CH_3O)_2\overset{S}{\underset{\|}{P}}-S-CH_2-N\overset{O}{\underset{O}{}} + HCl$$

二、甲酸衍生物类农药

1. 氨基甲酸酯类农药

（1）苯胺灵的合成

苯胺灵是一种土壤处理除草剂，用于大豆、甜菜、棉花、蔬菜、烟草地中防除一年生禾本科杂草等。苯胺灵的纯品无色结晶，熔点 $87 \sim 88\ ℃$。$20\ ℃$时在水中的溶解度为 $250\ mg/L$，可溶于大多数有机溶剂。在室温储存下稳定，无腐蚀性。制剂有 50%、75%可湿性粉剂，20%乳油，48%水悬剂。苯胺灵的合成可由苯基异氰酸酯与异丙醇反应制备，还可以由氯甲酸异丙基酯与苯胺反应制备。

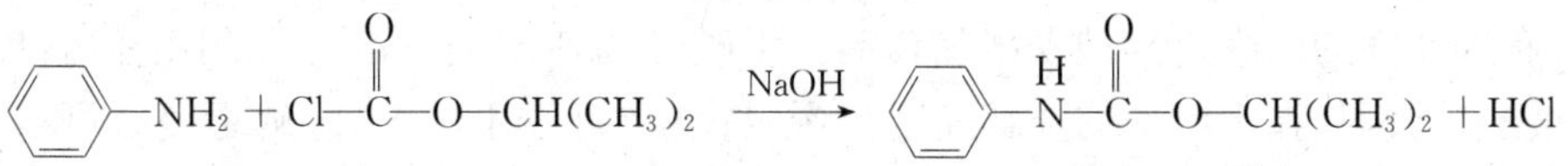

（2）甜菜宁的合成

甜菜宁，中文名称又称苯敌草、凯米丰。对甜菜田中的许多阔叶杂草有良好的防除效果，对甜菜的安全性高。甜菜宁的纯品为无色晶体，在有机溶剂中溶解性良好，在水中的溶解度为 $4.7\ mg/L(25\ ℃)$。在 $200\ ℃$以上可以稳定存在，酸性条件下较稳定，碱性条件下容易水解。甜菜宁的合成可以用间甲基苯基异氰酸酯和间羟基苯基氨基甲酸甲酯反应，该反应的时间短，收率和纯度都较高，工业化程度也较高。

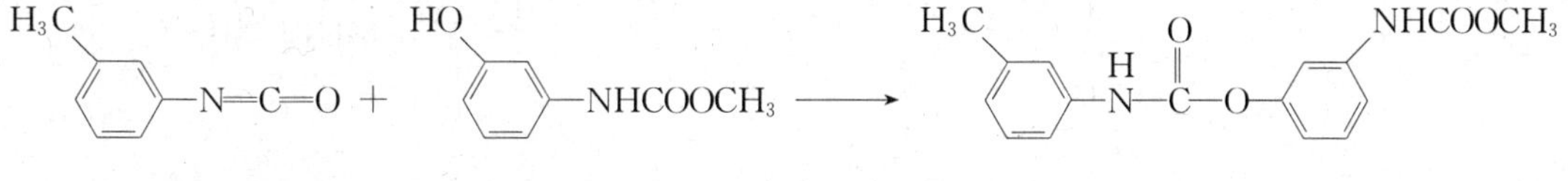

2. 硫代氨基甲酸酯类农药

（1）杀草丹的合成

杀草丹，中文名称又称禾草丹，它是一种硫代氨基甲酸酯类[14-15]选择性内吸传导型土壤除草剂。此类除草剂能迅速被土壤吸附，因而随水分的淋溶性小，能被土壤微生物降解，主要防治对象有鸭舌草、雨久花、陌上菜、稗草、千金子等。杀草丹的合成方法有很多，可以使用酰氯和硫醇钠反应制备，还可以采用酰氯与胺反应制备，还有人以胺为原料和氧硫化碳以及 4-氯苄氯反应制备，此外以胺为原料与二硫化碳以及 4-氯苄氯在氢氧化钠条件下也可以制备杀草丹。

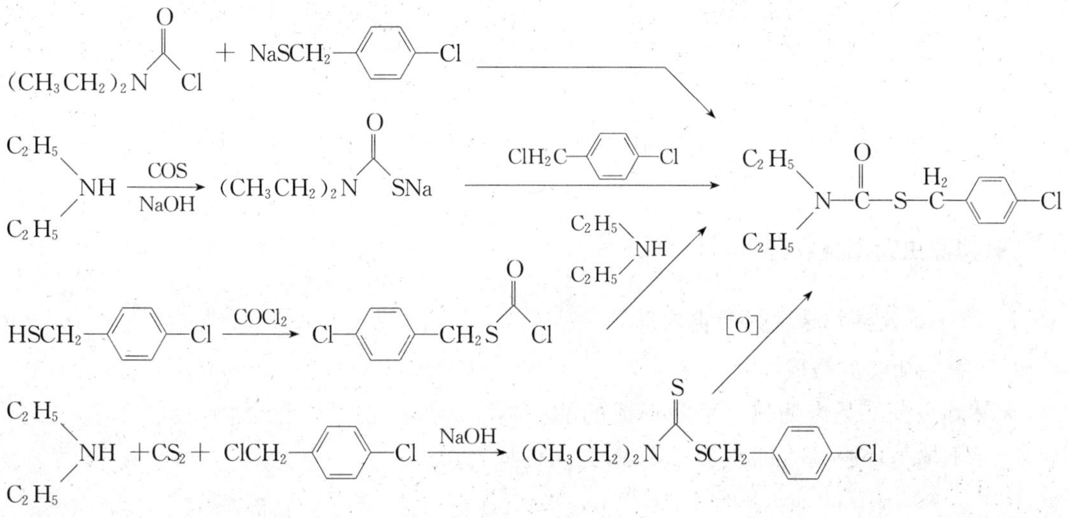

三、脲类农药

1. 甲磺隆的合成

甲磺隆,中文名称又称合力,属于磺酰脲类除草剂,侧链氨基酸合成抑制剂,为高活性、广谱、具有选择性的内吸传导型麦田除草剂。甲磺隆的使用剂量小,在水中的溶解度很大,可迅速被土壤吸附,在土壤中的降解速度很慢,特别在碱性土壤中,降解更慢。可有效防治婆婆纳、繁缕、荠菜、碎末荠、水花生等杂草。甲磺隆的纯品为无色晶体,易溶于有机溶剂,碱性条件下在水中的溶解度较大,对光稳定。

甲磺隆的合成用糖精为原料,在甲醇和浓硫酸的作用下制备磺酰胺,再与光气反应制备异氰酸酯,最后异氰酸酯与 2-氨基-4-甲基-6-甲氧基均三嗪中的氨基发生加成反应制备甲磺隆。

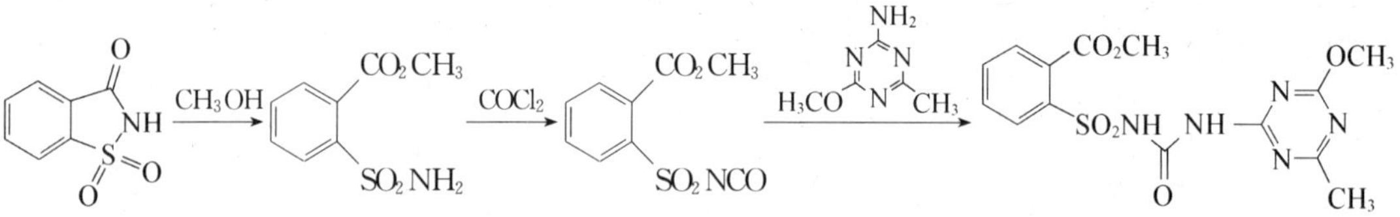

2. 绿麦隆的合成

绿麦隆是一种广谱性的除草剂,能有效地防除麦田常见的禾本科,通过植物根部吸收,并有叶面触杀作用,是植物光合作用电子传递抑制剂。绿麦隆的纯品为无色晶体,在水中的溶解度为 65 mg/L,可溶于有机溶剂,如甲醇、二氯甲烷、丙酮等,在二甲苯、苯以及正己烷中的溶解度较小,在酸性、碱性条件下稳定,强碱条件下加热易水解。绿麦隆的合成是通过 3-氯-4-甲基苯胺与光气反应制备异氰酸酯,再通过异氰酸酯和二甲胺反应制备脲类化合物绿麦隆。

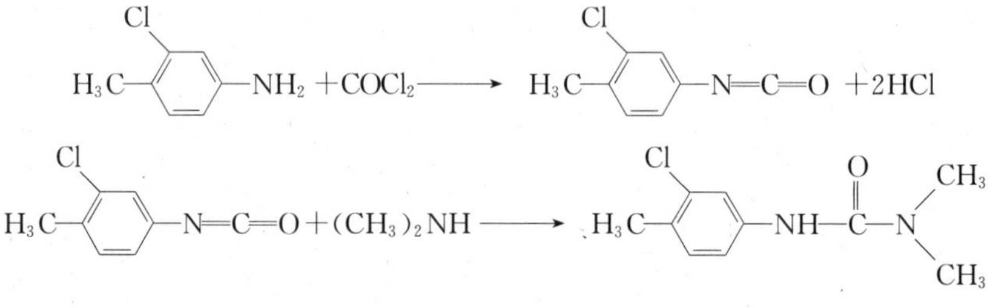

四、拟除虫菊酯类农药

1. 第一菊酸类拟除虫菊酯类农药

（1）第一菊酸的合成

天然除虫菊酯是由菊酸与菊醇形成的酯。菊酸为环丙烷酸类化合物,其中 2,2-二甲基-3-异丁烯基环丙烷酸称为第一菊酸,其结构如下:

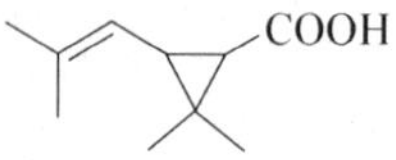

第一菊酸是合成丙烯氯菊酯、胺菊酯、苯醚菊酯、丙炔菊酯等杀虫剂的关键中间体,第一菊酸的合成通常是以氨基乙酸为原料,依次和乙醇酯化、与亚硝酸钠重氮化形成重氮乙酸乙酯,加热条件下脱除氮气形成碳卡宾,再与2,5-二甲基-2,4-己二烯中的双键发生加成反应制备第一菊酸乙酯,再通过水解制备第一菊酸。

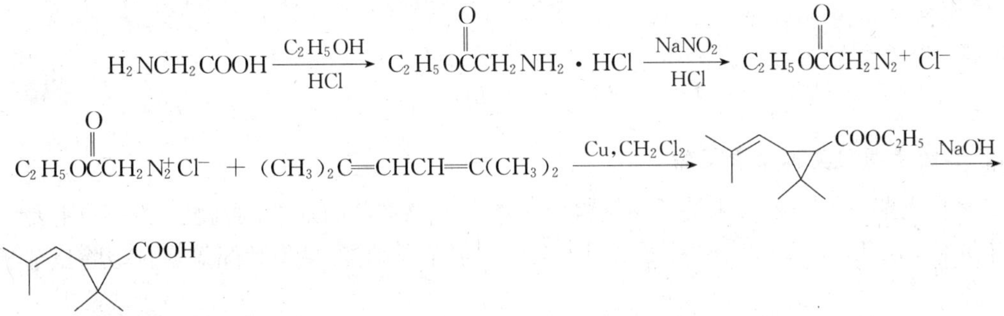

$$H_2NCH_2COOH \xrightarrow[HCl]{C_2H_5OH} C_2H_5OCCH_2NH_2 \cdot HCl \xrightarrow[HCl]{NaNO_2} C_2H_5OCCH_2N_2^+Cl^-$$

$$C_2H_5OCCH_2N_2^+Cl^- + (CH_3)_2C=CHCH=C(CH_3)_2 \xrightarrow{Cu,CH_2Cl_2} \text{（图）} \xrightarrow{NaOH}$$

(2) 烯丙菊酯的合成

利用第一菊酸可以合成一种重要的菊酸类衍生物烯丙菊酯,以第一菊酸为原料,先于二氯亚砜反应制备酰氯,酰氯再与烯丙醇酮中的羟基反应生成酯即为烯丙菊酯。

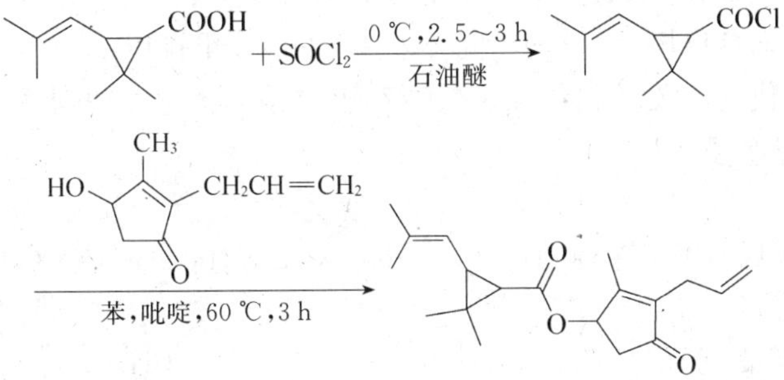

其中,烯丙菊酯存在多种异构体,其中右旋烯丙菊酯是制造蚊香和电热片的原料;中文名称又称强力毕那命,是一种拟除虫菊酯类杀虫剂,也是主要用于家蝇和蚊子等害虫的防治,具有很强的击倒作用,主要用于制作蚊香、气雾剂等,还可以用于牲畜的体外寄生虫的防治。两者在强酸强碱中均不稳定,紫外光下易分解。合成过程中主要是先将外消旋的第一菊酸进行拆分,之后进行反应制备不同的烯丙菊酯。

(3) 胺菊酯的合成

胺菊酯,中文名称又称四甲菊酯、肽胺菊酯等,它属于拟除虫菊酯类农药,胺菊酯对蚊、蝇等卫生害虫具有快速击倒作用,但致死能力差,有复苏现象,因此常与其他杀虫能力高的药剂如丙烯菊酯、氯菊酯等配合使用。胺菊酯的纯品为无色晶体,工业品为无色到黄色的液体,有淡淡的除虫菊的气味,可溶于丙酮、乙醇、甲醇、正己烷等有机溶剂,在水中几乎不溶,约为1.83 mg/L,对酸、碱敏感。胺菊酯的合成是利用菊酸钠与N-氯甲基-3,4,5,6-四氢化邻苯二甲酰亚胺在三乙胺催化下回流进行,发生亲核取代反应。

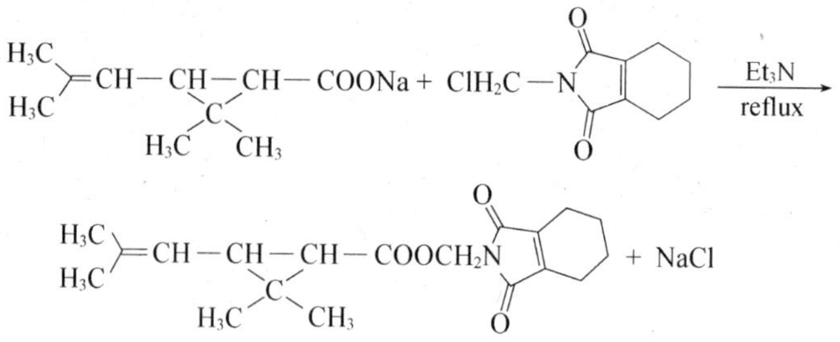

$$H_3C-C=CH-CH-CH-COONa + ClH_2C-N \qquad \xrightarrow[\text{reflux}]{Et_3N}$$

$$H_3C-C=CH-CH-CH-COOCH_2-N \qquad + NaCl$$

2. 二卤代菊酸类拟除虫菊酯

二卤代菊酸是第一菊酸末端的甲基被卤素取代后的产物,该类化合物也是一种重要的农药中间体,如以二氯菊酸为原料可以用来合成二氯苯醚菊酯、氯氰菊酯等多种拟除虫菊酯类杀虫剂。

(1) 二氯菊酸的合成

二氯菊酸的合成有两种方法:第一种方法是以第一菊酸乙酯为原料,通过臭氧氧化双键成醛,再通过 Wittig 反应制备二氯菊酸乙酯,最后在碱性条件下水解得到二氯菊酸;第二种方法是以三氯乙醛为原料,依次异丁烯发生羟醛缩合反应、在对甲苯磺酸作用下异构化、与三乙氧基乙烷发生缩合反应,生成的中间体发生 Claisen 重排以及 1,3-迁移,最后在乙醇钠作用下发生亲核取代反应关环制备二氯菊酸乙酯,二氯菊酸乙酯再水解便得到二氯菊酸。

① Wittig 反应途径

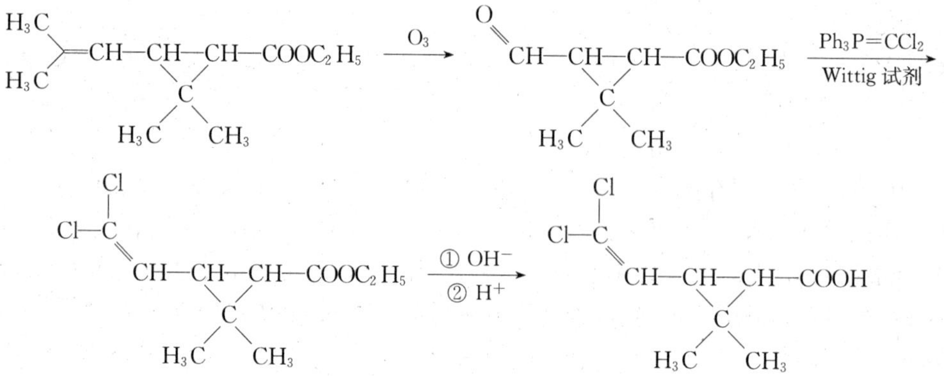

$$H_3C-C=CH-CH-CH-COOC_2H_5 \xrightarrow{O_3} CH-CH-CH-COOC_2H_5 \xrightarrow[\text{Wittig 试剂}]{Ph_3P=CCl_2}$$

$$Cl_2C=C-CH-CH-CH-COOC_2H_5 \xrightarrow[\text{②}H^+]{\text{①}OH^-} Cl_2C=C-CH-CH-CH-COOH$$

② 三氯乙醛途径

$$Cl_3CCHO+(CH_3)_2C=CH_2 \xrightarrow[0\sim20\ ℃]{AlCl_3} Cl_3C-CHCH_2-C=CH_2 \xrightarrow[\text{异构化}]{H_3C-\!\!\!\!\bigcirc\!\!\!\!-SO_3H}$$

$$Cl_3C-CHCH=CH(CH_3)_2 \xrightarrow[\text{缩合}]{CH_3C(OC_2H_5)_3} \left[\begin{array}{c} CH_3CH_2 \\ C=CH_2 \\ O \\ Cl_3C-CH-CH=CH(CH_3)_2 \end{array} \right] \xrightarrow{\text{克莱森重排}}$$

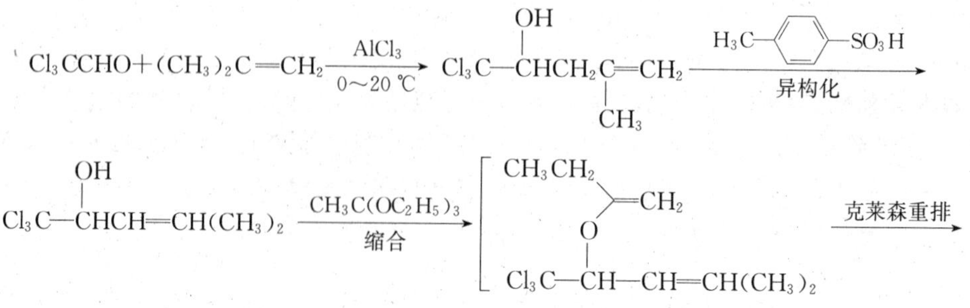

$$\begin{array}{c} \underset{CH_2}{\overset{\overset{\displaystyle O}{\parallel}\overset{\displaystyle C}{-}OCH_2CH_3}{|}} \\ Cl_3C-CH=CHC-CH_3 \\ \underset{CH_3}{|} \end{array} \quad \xrightarrow{1,3-迁移} \quad \begin{array}{c} \overset{Cl}{|} \\ Cl_2C=CHCHC(CH_3)_2 \\ \underset{CH_2COOC_2H_5}{|} \end{array} \quad \xrightarrow[40\sim50\ ℃]{C_2H_5ONa}$$

$$\begin{array}{c} \overset{Cl}{\underset{Cl}{\diagup}}C \\ \parallel \\ CH-CH-CH-COOC_2H_5 \\ \diagdown C \diagup \\ H_3C \quad CH_3 \end{array} \quad \xrightarrow{OH^-} \quad \begin{array}{c} \overset{Cl}{\underset{Cl}{\diagup}}C \\ \parallel \\ CH-CH-CH-COOH \\ \diagdown C \diagup \\ H_3C \quad CH_3 \end{array}$$

（2）二氯苯醚菊酯的合成

二氯苯醚菊酯，中文名称又称苄氯菊酯、除虫精以及氯菊酯等。氯菊酯是两个异构体的混合物，通常情况下，顺/反异构体比例约为 1∶3。本品为广谱触杀性杀虫剂，具有拟除虫菊酯类农药的一般特性，如触杀和胃毒作用，无内吸熏蒸作用。对光较稳定，在同等使用条件下，对害虫抗性发展也较缓慢，对鳞翅目幼虫高效。二氯苯醚菊酯工业品为黄棕色液体，在室温下有时析出部分晶体。在水中几乎不溶，能溶于甲苯、正己烷以及甲醇等多种有机溶剂，在酸性介质中比在碱性介质中稳定。对热较稳定。二氯苯醚菊酯的合成是利用二氯菊酸钠为原料和氯化间苯氧基苄基三乙胺（季铵盐）进行酯化反应制备。

$$\begin{array}{c} \overset{Cl}{\underset{Cl}{\diagup}}C \\ \parallel \\ CH-CH-CH-COONa \\ \diagdown C \diagup \\ H_3C \quad CH_3 \end{array} + \begin{array}{c} \overset{+}{CH_2N(C_2H_5)_3Cl^-} \end{array} \quad \xrightarrow[110\ ℃]{Toluene}$$

$$\begin{array}{c} \overset{Cl}{\underset{Cl}{\diagup}}C \\ \parallel \\ CH-CH-CH-COOCH_2 \\ \diagdown C \diagup \\ H_3C \quad CH_3 \end{array} + N(C_2H_5)_3 + NaCl$$

（3）氯氰菊酯的合成

氯氰菊酯，中文名称又称兴棉宝、灭百可等，氯氰菊酯为具触杀和胃毒作用的杀虫剂，无内吸和熏蒸作用，杀虫范围较广。该产品为无味晶体，在水中几乎不溶（0.004 mg/L），在丙酮、氯仿、环己酮、二甲苯等有机溶剂中溶解度较大，在中性和弱酸性条件下相对稳定，在碱性条件下易分解，光照条件下相对稳定。氯氰菊酯的合成通常是采用二氯菊酰氯和间苯氧基羟基苯乙腈发生取代反应制备。

$$\begin{array}{c} \overset{Cl}{\underset{Cl}{\diagup}}C \\ \parallel \\ CH-CH-CH-COCl \\ \diagdown C \diagup \\ H_3C \quad CH_3 \end{array} + \begin{array}{c} \overset{CN}{|} \\ HC-OH \end{array} \quad \longrightarrow \quad \begin{array}{c} \overset{Cl}{\underset{Cl}{\diagup}}C \\ \parallel \\ CH-CH-CH-COOCH \\ \diagdown C \diagup \\ H_3C \quad CH_3 \end{array} \overset{CN}{\underset{}{|}}$$

3. 非环丙烷类羧酸酯类拟除虫菊酯类农药

（1）杀灭菊酯的合成

杀灭菊酯，中文名称又称氰戊菊酯、敌虫菊酯等，广谱杀虫剂。杀灭菊酯原药为黏稠黄色或棕色液体。在室温下，有时会析出部分晶体。在水中的溶解度小于 $10\ \mu g/L(25\ ℃)$，在二甲苯、正己烷以及甲醇中可溶，在水溶液以及酸性介质中稳定，在碱性条件下迅速水解。

杀灭菊酯的合成通常是以 4-氯苯乙腈为原料，与 2-溴丙烷发生取代反应；生成产物在酸性或者碱性条件下水解成酸，生成的酸再与二氯亚砜反应制备酰氯；最后，所制备的酰氯再和间苯氧基苯甲醛以及氰化钠在相转移催化剂作用下制备杀灭菊酯。

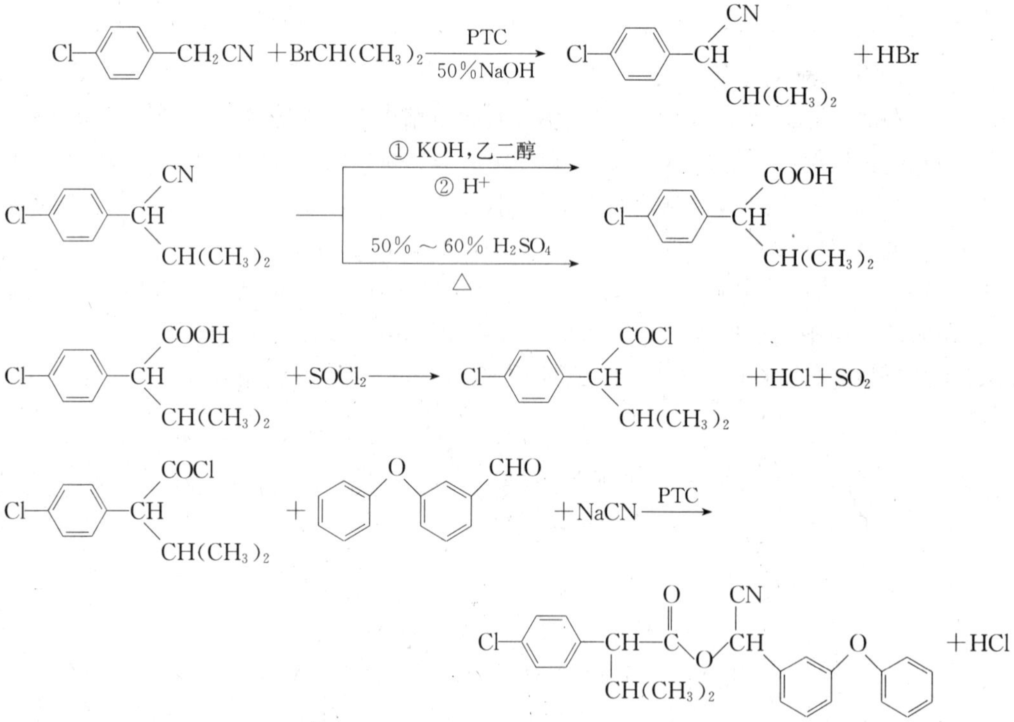

五、杂环化合物类农药

杂环化合物农药虽然种类很多，但主要分为以下几种杂环结构：啶类，包括吡啶和嘧啶；唑类，包括吡唑、咪唑、三唑、噁唑、噻唑等；嗪类，包括哒嗪、四嗪、嗪酮等；还有一些简单的杂环，如吡咯等。

1. 吡啶杂环农药——吡虫啉的合成

吡虫啉，中文名称又称高巧或咪蚜胺等，硝基亚甲基类内吸杀虫剂。主要用于防治刺吸口器害虫，以及抗性品系，如蚜虫、叶蝉、飞虱等有良好的防治作用。该农药为无色晶体，具有轻微特殊气味。在水中的溶解度为 $0.61\ g/L$，在有机溶剂如二氯甲烷中有一定的溶解性，在正己烷、甲苯中难溶。吡虫啉的合成以 2-氯-5-甲基吡啶与氯气发生取代反应制备 2-氯-5-氯甲基吡啶；再与乙二胺发生亲核取代制备胺，所得的胺再与溴甲腈关环制备亚胺，最后再利用硝酸硝化制备吡虫啉。

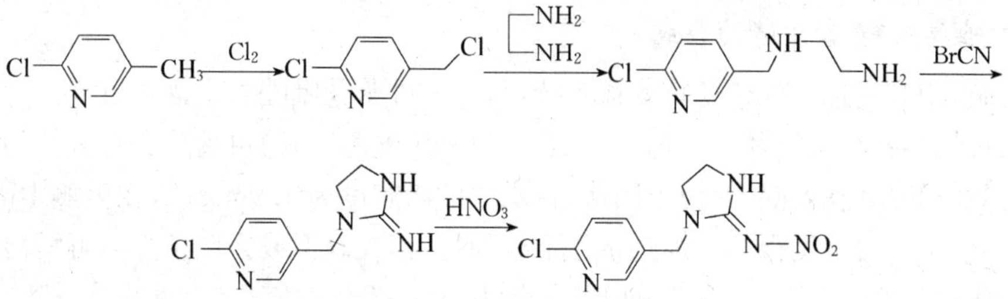

2. 嘧啶杂环农药——双草醚的合成

双草醚，中文名称又称水杨酸双嘧啶、一奇等，嘧啶水杨酸类除草剂。主要用于防治水稻田稗草等禾本科杂草和阔叶杂草，可在秧田、直播田、小麦移栽田和抛秧田使用。双草醚的纯品为无色晶体，在水中的溶解度为 0.3 mg/L，易溶于大多数的有机溶剂如丙酮、乙酸乙酯、煤油以及二甲苯等，在高温下不稳定，易分解。双草醚的合成可以通过硫脲与丙二酸二甲酯在醇钠作用下发生亲核反应发生关环，再与硫酸二甲酯进行甲基化制备硫醚，硫醚通过双氧水氧化成易脱除的甲磺酰基。最后，2,6-二羟基苯甲酸中的酚羟基取代甲磺酰基制备双草醚。

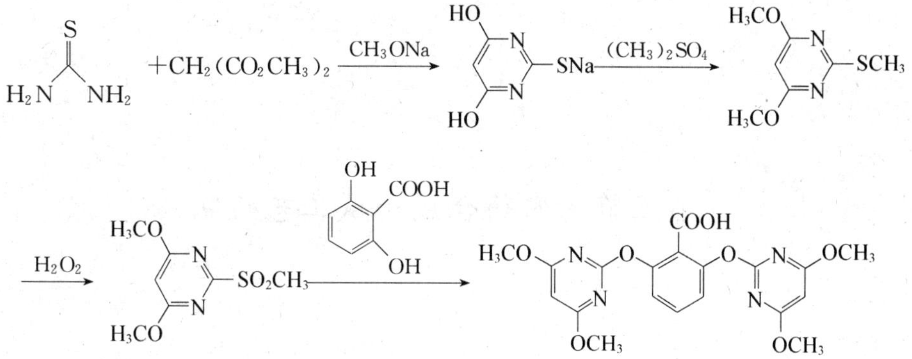

3. 三唑类农药——特效唑的合成

特效唑，中文名称又称烯效唑，广谱、高效植物生长调节剂，具有杀菌和除草作用，是赤霉素合成抑制剂。特效唑的合成是以 2,2-二甲基丁酮为原料，与溴的醋酸溶液发生取代反应生成溴代丁酮，利用三氮唑进行亲核取代制备三氮唑取代的丁酮，再利用羰基邻位活化的亚甲基与对氯苯甲醛发生羟醛缩合反应，之后再还原羰基成醇制备特效唑。

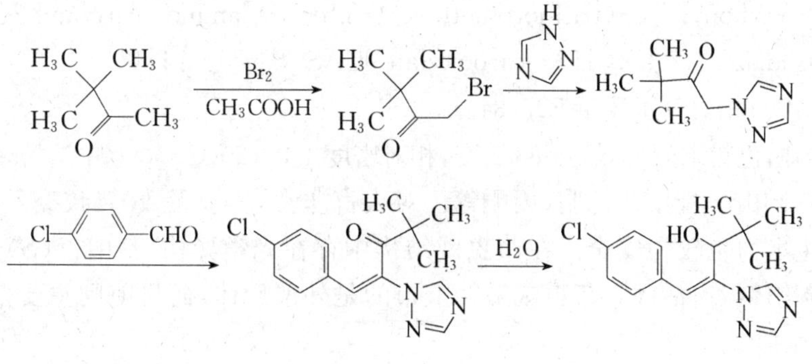

4. 吡唑类农药-氟虫腈的合成

氟虫腈,中文名称又称锐劲特或氟苯唑等,是一种苯及吡唑类广谱杀虫剂。与现有杀虫剂无交互抗性,对有机磷、环戊二烯类杀虫剂、氨基甲酸酯、拟除虫菊酯等有抗性的或敏感的害虫均有效。氟虫腈的纯品为白色固体,在水中的溶解度为 1.9 mg/L,在丙酮中溶解较大,在甲苯、乙烷中的溶解度很小。加热条件下较稳定,但在碱性或光照条件下可缓慢降解。氟虫腈的合成是以 2,6-二氯-4-三氟甲基苯胺为原料,发生重氮化,生成的重氮盐与 2,3-二腈基丙酸乙酯中活泼的次甲基发生亲电取代反应,接着在氨气参与下发生分子内关环生成吡唑环,再利用三氟甲基硫氯与吡唑环发生亲电取代反应,最后再利用过氧酸氧化制备氟虫腈。

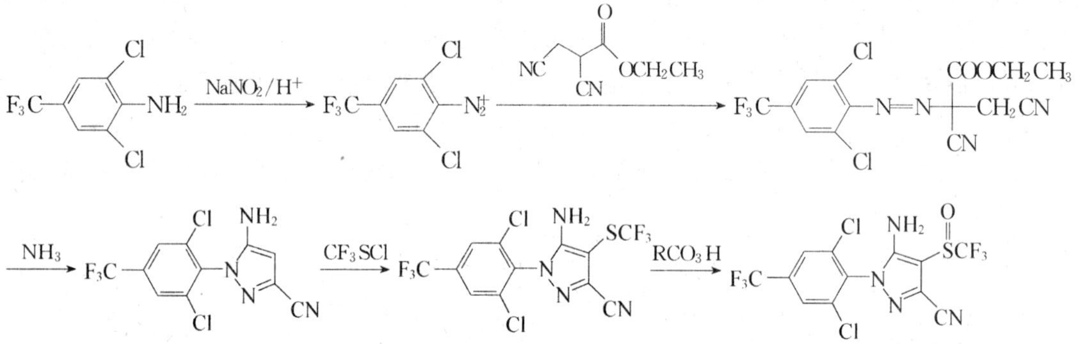

第五节　农药合成小试工艺研究

一、茚虫威

1. 概述

茚虫威[16]是美国杜邦公司 1992 年开发的噁二嗪类杀虫剂,于 2001 年登记上市,其通用名为 Indoxacard,商品名有 Ammate(全垒打,30％水分散剂)、Vatar(安打,15％悬浮剂)等。化学名称为 7-氯-2,5-二氢-2-[[(甲氧羰基)[4-(三氟甲氧基)-苯基]氨基]羰基]茚并[1,2-e[1,3,4]]噁二嗪-4a(3H)-羧酸甲酯;英文名为(S)7-chloro-2,3-dihydro-2-[[(methoxy-carbonyl)[4-(trifluoromethoxy)-phenyl]amino] carbonyl]-indeno[1,2-e][1,3,4]oxadiazine-4a(3H)-carboxylate;CAS 登录号 144171-61-9;分子式为 $C_{22}H_{17}ClF_3N_3O_7$;相对分子质量 527.84。

茚虫威为白色粉末固体,熔点 88.1 ℃,相对密度 1.03(20 ℃),在水中溶解度约 0.5 mg/L(20 ℃),难溶于甲醇,能溶于乙腈、丙酮等。对人畜非常安全,无致畸、致癌及致突变性,对鸟类以及水生生物也较为安全。在茚虫威结构中存在光学异构,其中仅(S)-异构体有活性,而(R)-异构体没有活性。茚虫威最初上市的是外消旋体,而目前则主要以具有活性的(S)-异构体为主。

2. 现有合成工艺路线

茚虫威的合成工艺路线较多[17-24],但大部分合成路线是先合成关键中间体(＋)-5-氯-2,3-二氢-2-羟基-1-氧-2H-茚-2-羧酸甲酯(A)以及氯羰基[4-(三氟甲氧基)苯基]氨基甲酸甲酯(B),再由 A 和 B 通过不同的工艺路线合成目标产品茚虫威。

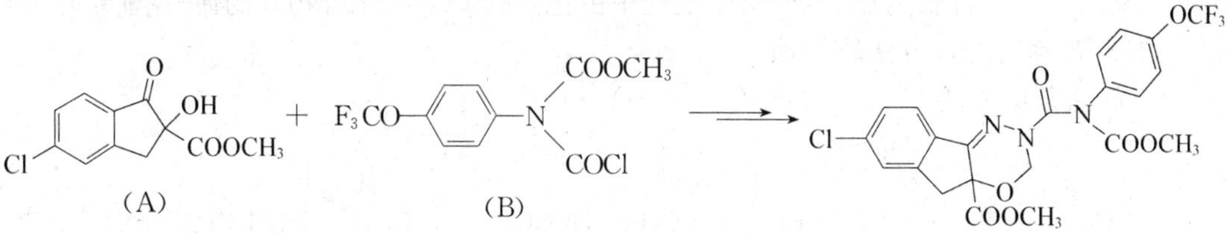

茚虫威

(1) (＋)-5-氯-2,3-二氢-2-羟基-1-氧-2H-茚-2-羧酸甲酯(A)的合成

(＋)-5-氯-2,3-二氢-2-羟基-1-氧-2H-茚-2-羧酸甲酯的合成是茚虫威合成过程中的关键步骤,因为该反应步骤中产生手性分子,其不对称选择性的高低直接影响目标产品茚虫威的杀虫活性。目前现有的合成路线主要有:

① 3-氯丙酰氯法

该方法是以 3-氯丙酰氯和氯苯为原料,通过傅-克酰基化反应生成化合物 1;然后通过傅-克烷基化反应环合成化合物 2(5-氯茚酮);化合物 2 在氢化钠存在下与碳酸二甲酯反应生成化合物 3(5-氯-1-氧代-2,3-二氢茚-2-羧酸甲酯);最后,在催化剂和过氧化物作用下合成中间体(＋)-5-氯-2,3-二氢-2-羟基-1-氧-2H-茚-2-羧酸甲酯(A)。

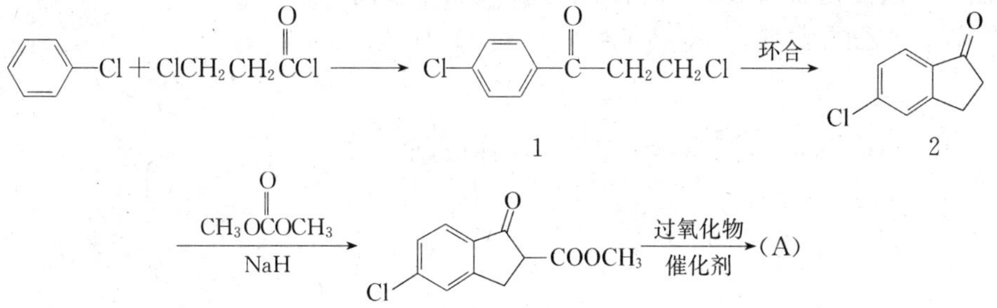

该反应路线在制备化合物 1 时反应定位效应差,副产物较多且分离困难,收率较低。

② 间氯氯苄法

该合成路线以间氯氯苄和丙二酸二甲酯为原料反应生成化合物 4,然后水解成酸(化合物 5);生成的酸再与氯化亚砜进行酰氯化(化合物 6),之后在三氯化铝存在下经傅-克酰基化反应得到化合物 3,最后在过氧化物和催化剂存在下合成中间体化合物 A。

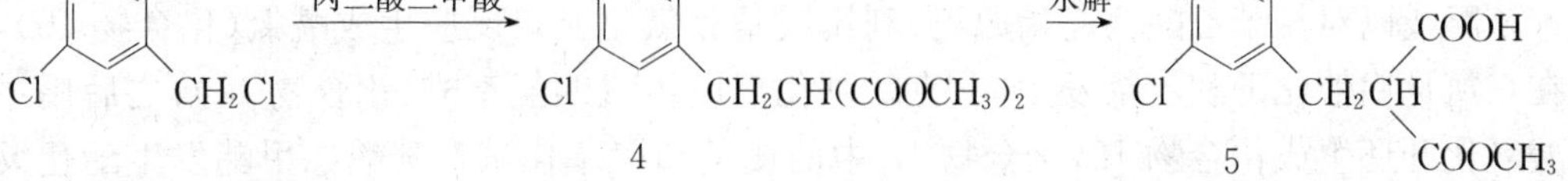

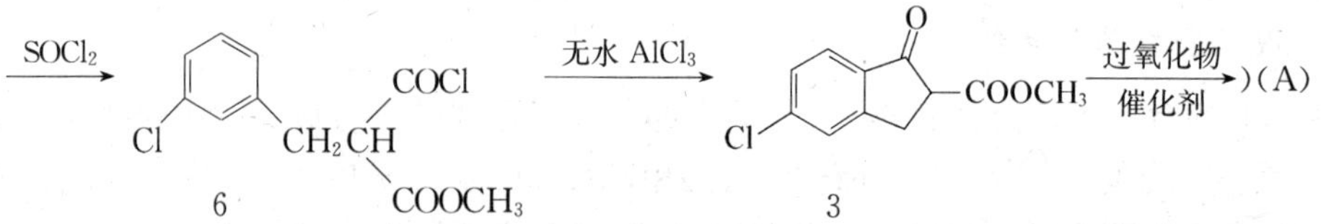

6　3

该路线反应条件较为温和，但实验过程中由化合物6生成化合物3的傅-克酰基化反应副产物较多，且后处理方法较繁琐。

③ 间氯苯甲醛法

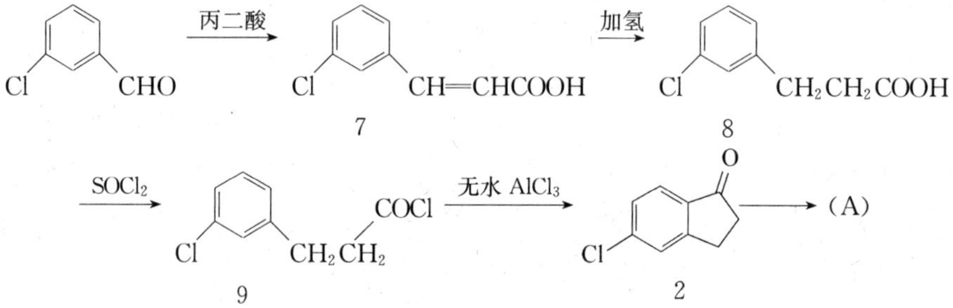

7　8　9　2

该路线首先以间氯苯甲醛和丙二酸为原料通过诺文葛尔反应(Knoevenagel 反应)缩合成化合物7，然后利用钯-碳氢化还原碳碳双键生成化合物8；化合物8再与氯化亚砜发生酰氯化生成化合物9，之后在三氯化铝催化下发生傅-克酰基化反应环合成化合物2，最后使用与①中相同的方法合成中间体A。

该合成路线虽然步骤较多，但各步反应效率良好，收率较高。然而，由于起始原料间氯苯甲醛和钯-碳催化剂价格昂贵，所以整条路线成本较高。

④ 对氯苯乙酸法

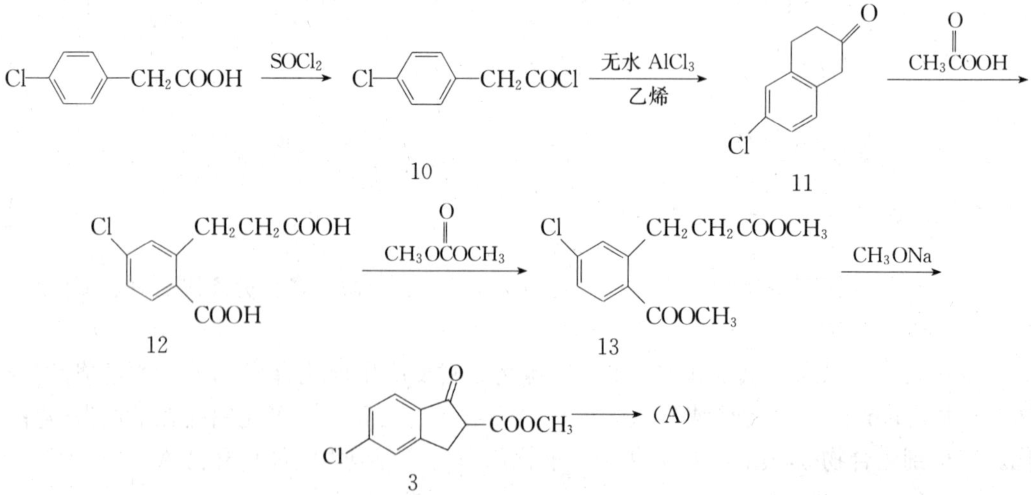

10　11　12　13　3

该路线以对氯苯乙酸为起始原料，利用羧基和氯化亚砜反应生成酰氯(化合物10)，然后在三氯化铝催化下和乙烯发生傅-克酰基化反应生成四氢萘酮(化合物11)；之后用过氧乙酸氧化开环生成化合物12，化合物12中的羧基和甲基化试剂碳酸二甲酯发生酯化反应生成化合物13；化合物13在甲醇钠作用下发生狄克曼缩合反应生成(Dieckmann 缩合反应)化合物3，最后使用与①中相同的方法合成中间体A。

该路线步骤较多,但每步反应均为成熟的经典反应,反应的选择性、专一性、重现性较好。反应条件温和安全,各步收率均较高,因此具有较好的应用前景。

⑤ 2-氨基-4-氯苯甲酸法

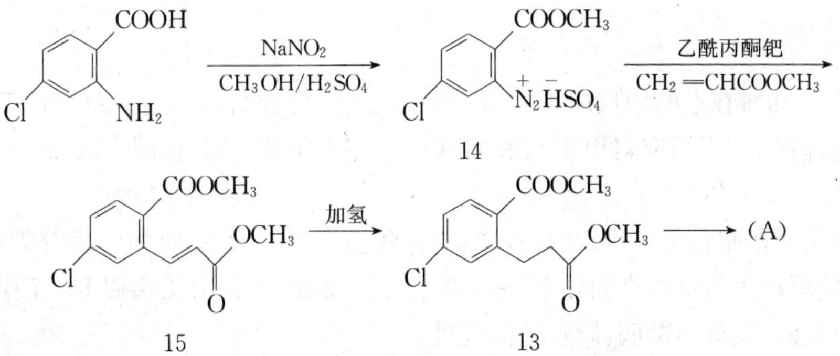

该路线以2-氨基-4-氯苯甲酸为原料先经重氮化反应成盐,然后在乙酰丙酮钯的催化下与丙烯酸甲酯反应,生成的化合物15在高压加氢还原生成化合物13,最后使用与①中相同的方法合成中间体A。

该路线中的起始原料2-氨基-4-氯苯甲酸和催化剂乙酰丙酮钯价格都较高,且乙酰丙酮钯催化剂不易回收;重氮化反应过程中产生废水量较大,处理费用增加,整条反应路线的成本较高。

(2) 氯羰基[4-(三氟甲氧基)苯基]氨基甲酸甲酯(B)的合成

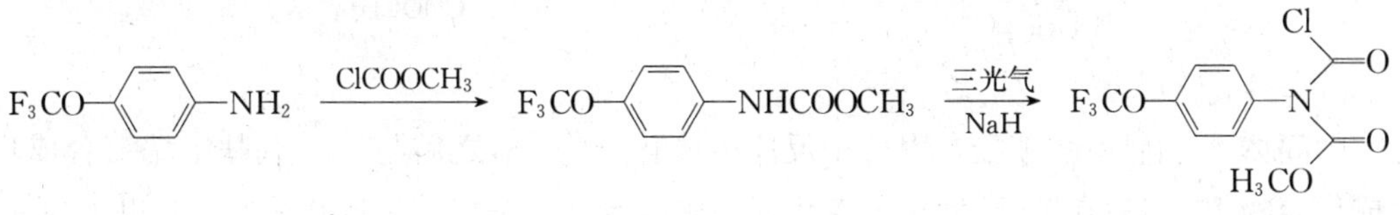

氯羰基[4-(三氟甲氧基)苯基]氨基甲酸甲酯(B)的合成通常以4-三氟甲氧基苯胺为原料,与氯甲酸甲酯反应生成4-三氟甲氧基苯基氨基甲酸甲酯,之后在氢化钠存在下与二(三氯甲基)碳酸酯(俗称三光气,BTC)反应制得。

该反应路线均为经典反应类型,反应条件温和,操作工艺成熟。三光气作为光气的替代品,虽然反应活性和反应收率较光气略低,但使用更安全、更方便,来源多更广泛。

(3) 茚虫威的合成

由中间体(+)-5-氯-2,3-二氢-2-羟基-1-氧-2H-茚-2-羧酸甲酯(A)和氯羰基[4-(三氟甲氧基)苯基]氨基甲酸甲酯(B)为原料合成茚虫威的方法主要有两种,主要的区别在于生成的席夫碱中间体(化合物16、18)进行酰胺化反应和缩合闭环生成噁二嗪环的先后次序的不同。

① 先缩合后环合

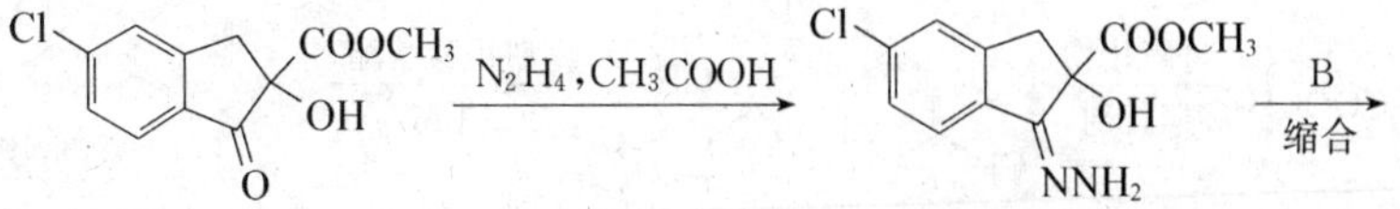

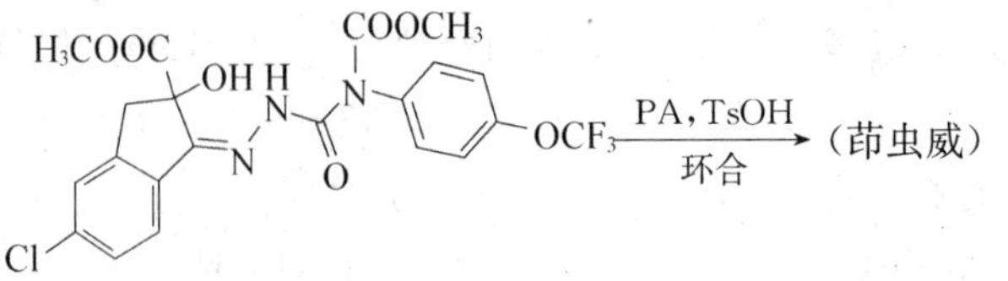

17

中间体 A 和肼在乙酸中反应生成席夫碱化合物 16,化合物 16 与中间体 B 缩合得到缩氨基脲类化合物 17,然后在对甲苯磺酸(TsOH)、多聚甲醛(PA)作用下进行环合,得到目标产品茚虫威。

该反应路线在制备化合物 16 过程中,为避免副产物的产生,肼和乙酸需要大大过量;其次,过早地使用较为昂贵的中间体 B,不仅原料成本增加,而且由化合物 16 与 B 缩合成噁二嗪环的效率较低,反应不彻底,影响产品纯度。

② 先环合再缩合

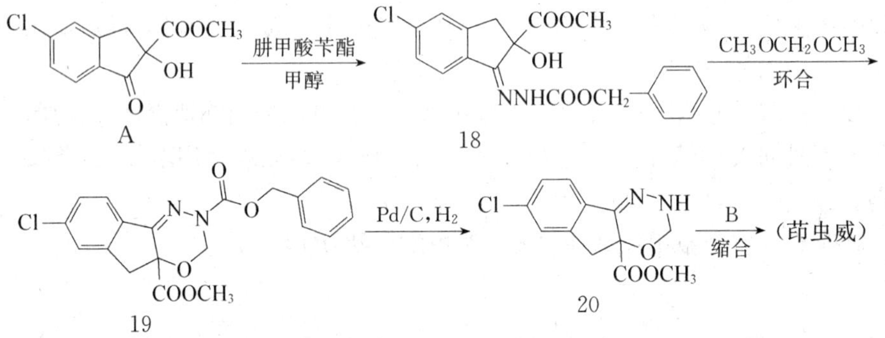

中间体 A 和肼甲酸苄酯在甲醇中反应生成化合物 18,之后与二甲氧基甲烷缩合成环,生成化合物 19;然后在钯-碳催化下氢化还原脱去苄氧羰基保护生成化合物 20,再中间体 B 缩合成目标产物产品茚虫威。

该路线中化合物 18 先缩合生成噁二嗪环,再脱去保护基,最后才使用较昂贵的原料 4-三氟甲氧基苯胺制备的中间体 B 缩合,制得茚虫威产品,整条路线较为合理,反应条件温和、易操作,各步收率、纯度均较高。

3. 工艺路线的确定

通过产品的反合成分析以及对多种不同合成方法借鉴,我们选择了如下的合理的合成路线:

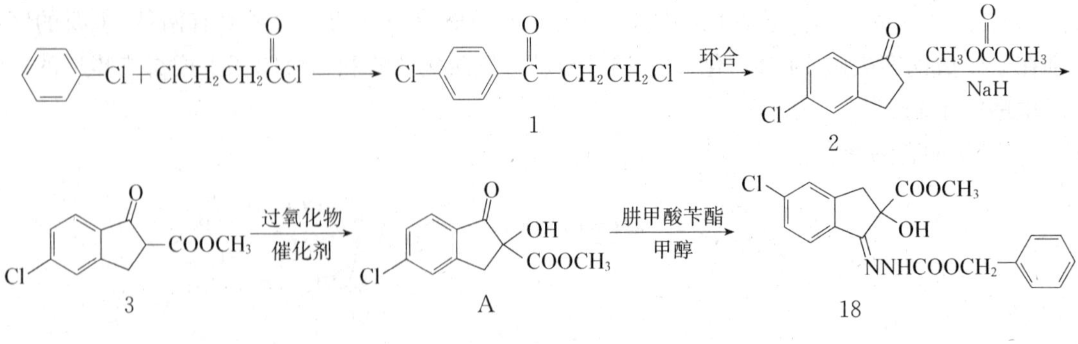

该路线综合了多种高效的反应路线,整体较为合理,且每一步反应选择性都较好。通过初步实验验证,依据此工艺生产的茚虫威产品符合其质量标准,原药含量大于94%(S:R≥3:1),产品的各项技术指标处于国内领先水平,工艺路线更趋于经济性和绿色化。

4. 小试工艺

在选择合适的工艺合成路线以后,下面进行小试工艺实验,确定小试工艺的参数和条件,验证路线的可实施性。

(1)仪器和设备

电热套、电动搅拌器一套、增力无极恒速搅拌器、循环水真空泵、三颈瓶、四颈瓶、球型冷凝管、滴液漏斗、分水器、玻璃仪器一套、四氟搅拌棒及搅拌头、温度计、布氏漏斗、吸滤瓶、圆底烧瓶、红外灯、旋转蒸发仪、液相色谱仪、红外光谱仪、紫外-可见分光光度计。

(2)实验步骤

① 5-氯茚酮-2-甲酸甲酯(化合物3)的合成

将24g(0.6 mol)氢化钠(60%)加入至200 mL DMF中,冷却至10 ℃以下,滴加50 g(0.3 mol)5-氯-2,3-二氢-1-茚酮的150 mL DMF溶液。滴加完毕后,混合物机械搅拌30 min,然后滴加38 mL(0.45 mol)碳酸二甲酯,15 min滴完。室温搅拌3 h,TLC显示原料消失后,室温下继续搅拌过夜。反应结束后,将反应混合物小心倾入100 mL浓盐酸和100 mL冰水的混合物中,加入500 mL氯仿,萃取分液,水层再用氯仿100 mL萃取两次,合并有机层。有机层用水100 mL洗涤三次,分出有机层,旋转蒸发除去氯仿,得66 g棕色固体,收率97.8%。

② 5-氯茚酮-2-羟基-2-甲酸甲酯(化合物A)的合成

先将32.7 g(0.146 mol)5-氯茚酮-2-甲酸甲酯加入至450 mL二氯甲烷中,再加入45 g(0.221 mol)间氯过氧苯甲酸(85%),机械搅拌下反应1.5 h后,溶液混浊,TLC显示反应完全。将反应物冷却到0 ℃,缓慢加入饱和碳酸钠溶液200 mL淬灭反应,分出有机层。有机层用饱和碳酸钠溶液100 mL洗涤两次,再用饱和亚硫酸氢钠溶液100 mL洗涤一次,分出有机层,旋转蒸发除去二氯甲烷,得18.3 g黄色固体,收率52.1%。

③ (5-氯-2,3-二氢-2-羟基-2-甲氧基羰基-1H-茚)肼羧酸苯甲酯(化合物18)的合成

向反应瓶中加入17.5 g(0.073 mol)5-氯茚酮-2-羟基-2-甲酸甲酯,14 g(0.084 mol)肼基甲酸苄酯,0.4 g(0.002 mol)一水合对甲苯磺酸和60 mL甲醇。加热回流反应24~

28 h后,将反应物冷却至5℃左右,过滤,滤饼用20 mL冷甲醇洗涤,真空干燥后得黄色粉末19.1 g,收率67.7%。

④ 2-(苯甲基)-7-氯茚并[1,2-e][1,3,4]噁二嗪-2,4a(3H,5H)-二羧酸4a-甲基酯(化合物19)的合成

在装有分馏反应装置的250 mL三口反应瓶中加入4 mL(0.032 mol)二乙氧基甲烷和40 mL甲苯,加热至回流,三口反应瓶内温度为110℃,分馏柱顶端温度为102℃。向滴液漏斗中加入0.3 g(0.0016 mol)一水合对甲基苯磺酸、5.8 g(0.015 mol)(5-氯-2,3-二氢-2-羟基-2-甲氧羰基-1H-茚)肼羧酸苯甲酯、6.8 mL(0.055 mol)二乙氧基甲烷以及45 mL甲苯,温热使固体全部溶解后,间歇性缓慢滴加;当分馏柱顶端温度80℃左右时,从分水器中分出少量液体,分馏柱顶端温度会开始上升,待体系温度稳定后,再继续滴加;循环反复操作,约3~4 h滴完。滴加完毕后,继续回流反应4 h。反应结束后,反应液减压蒸出甲苯,加入30 mL甲醇,冷却,过滤析出的固体,用冷的甲醇洗涤,干燥后到固体4.1 g,收率68%。

⑤ 7-氯-2,5-二氢茚并[1,2-e][1,3,4]二嗪-4a(3H)-羧酸甲酯(化合物20)的合成

向100 mL三颈瓶中加入0.054 g(0.00066 mol)乙酸钠、1.8 g(0.0045 mol)2-(苯甲基)-7-氯茚并[1,2-e][1,3,4]噁二嗪-2,4a(3H,5H)-二羧酸4a-甲基酯以及40 mL乙酸甲酯。待完全溶解后,冷却至10~15℃,快速加入约0.12 g钯碳(5%),向溶液中通入氢气。机械搅拌反应3~4 h后,TLC显示反应完成后,过滤,滤液直接用于下一步反应。

⑥ 茚虫威的合成

在上述滤液中加入15 mL饱和碳酸氢钠溶液,分批加入2 g(0.0067 mol)氯羰基[4-(三氟甲氧基)苯基]氨基甲酸甲酯(化合物B),10~15℃下机械搅拌反应1 h。反应结束后,分出有机相,有机相用无水硫酸钠干燥。抽滤除去干燥剂,溶剂蒸干后加入30 mL甲醇,将混合物冷却至5℃,过滤,滤饼用冷甲醇洗涤,真空干燥,得白色固体2.0 g,收率84.2%。

二、嘧菌酯

1. 概述

嘧菌酯是由先正达公司开发的甲氧基丙烯酸酯(B-methoxyacrylates)杀菌剂。通用名称为azoxystrbin,化学名称为(E)-2-{2-[6-(2-氰基苯氧基)嘧啶-4-基氧]苯}-3-甲氧基丙烯酸甲酯,英文名为methyl(E)-2-{2-[6-(2-cyanophenoxy)pyrimidin-4-yloxy]phenyl}-3-methoxyacrylate。分子式$C_{22}H_{17}N_3O_5$,相对分子质量403.4。结构式如下:

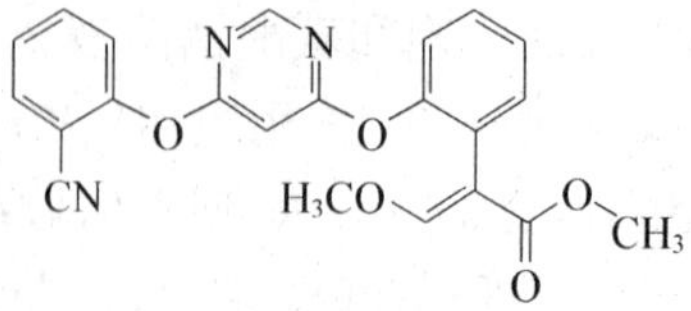

纯净的嘧菌酯为白色结晶固体,熔点118~119℃,密度1.33 g/cm³。在水中溶解度为6 mg/L(20℃)。微溶于己烷、正辛醇,溶于甲醇、甲苯、丙酮,易溶于乙酸乙酯、乙腈、二氯甲烷。

2. 现有合成工艺路线

目前,工业上合成嘧菌酯的路线主要有两种[25-28],两种方法的起始原料都是2-羟基苯乙酸,且关键都在于中间体5的合成。两种方法的不同点在于一种是先合成中间体(E)-3-甲氧基-2-(2-羟基苯基)-丙烯酸甲酯5,然后再分别与4,6-二氯嘧啶、2-腈基苯酚(别名:水杨腈)反应生成嘧菌酯;路线二是4,6-二氯嘧啶先与2-腈基苯酚反应后再与中间体5反应得到嘧菌酯。其中中间体5的合成是最为关键的,文献报道合成中间体的5路线如下:

（1）路线一

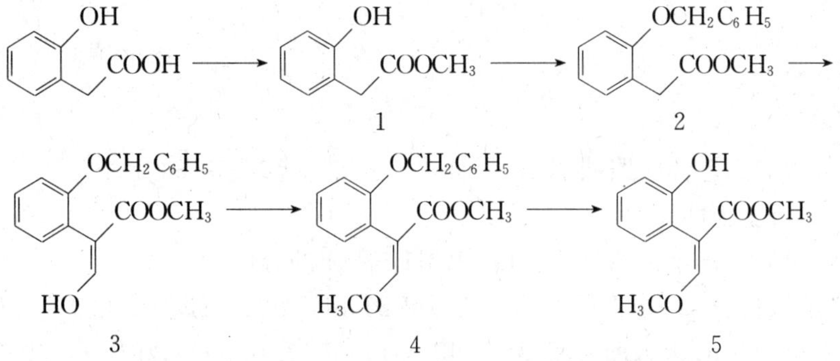

该合成路线反应总共五步,其中由中间体2-苄氧基苯乙酸甲酯2反应制备(E)-3-甲氧基-2-[(2-苄氧基)苯基]丙烯酸甲酯5的反应收率仅有17%,况且在制备中间体3和制备中间体4过程中使用氢化钠和毒性较大硫酸二甲酯进行甲基化,整条路线的可工业化程度较小。

（2）路线二

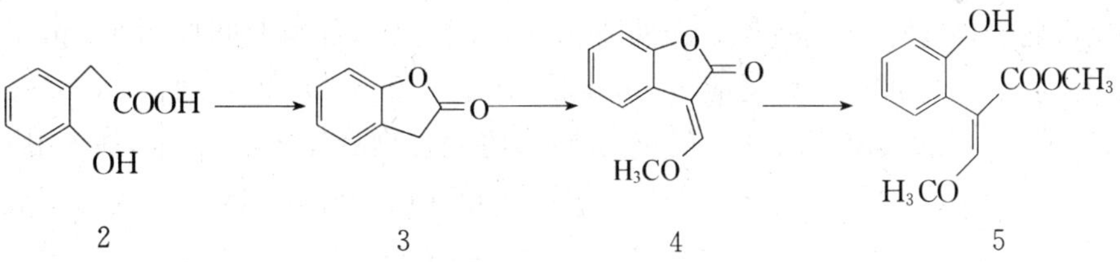

该路线反应步骤较少,以2-羟基苯乙酸2为起始原料通过分子内酯化成环得到中间体3,中间体3在原甲酸三甲酯、乙酸酐反应得到中间体化合物4,中间体4直接开环就可得到(E)-3-甲氧基-2-[(2-羟基)苯基]丙烯酸甲酯5,此路线的合成步骤仅有三步,各步收率都较高,反应中使用的各种反应试剂易得且毒性较小,适宜于工业化生产。

3. 工艺路线的确定

通过上述中间体5的两条合成路线分析,路线二更适宜工业化生产,我们选择路线二制备中间体5。该路线以2-羟基苯乙酸2为原料,加入乙酸酐,待反应完成后,直接加入原甲酸三甲酯"一锅煮"制备化合物4,这样既减少了操作步骤,同时还提高了收率。由于中间体5的稳定性较差,在分离提纯的过程中,会发生变质,导致反应中副产物增加。通过实验发现,中间体5在制备完成后,不需要进一步提纯,直接与4,6-二氯嘧啶进行反应也可以较高收率的制备化合物6,且不影响产品质量。综上所述,所选用的嘧菌酯合成路线为:

4. 小试工艺

在选择合适的工艺合成路线以后,下面进行小试工艺实验,确定小试工艺的参数和条件,验证路线的可实施性。

(1) 3-(-甲氧基)-亚甲基苯并呋喃-2(3H)-酮 4 的合成

将 2-羟基苯乙酸 7.6 g(0.05 mol)、乙酸酐 25 mL(0.25 mol)加入到 150 mL 三颈瓶中,在 80~100 ℃反应 2 h,然后加入原甲酸三甲酯 11 mL(0.10 mol),在 90~100 ℃反应 24 h。反应过程中,低沸点的物质可通过分水器分出。反应结束后,将混合物减压蒸馏除去乙酸酐,向残余的红黑色油状物中加入 10 mL 甲醇,加热至回流 30 min,然后冷却结晶,过滤得 4.5 g 中间体 4,收率 51%。

(2) (E)-3-甲氧基-2-[2-(6-氯嘧啶-4-氧)苯基]丙烯酸甲酯 6 的合成

将甲醇钠 1.05 g(0.019 mol)、四氢呋喃 15 mL、甲醇 0.54 g(0.019 mol)加入到 100 mL 三颈瓶中,将混合物冷却至 0~5 ℃。分批加入 3 g 化合物 4,加料时间控制在 1 min 以内,控制温度不超过 5 ℃。在 0~5 ℃反应 35 min 后,升温至 20~25 ℃,再加入 4,6-二氯嘧啶 2.45 g(0.016 mol),继续反应 48 h。反应完成后,将混合物冷却到 0~5 ℃,加入甲醇 0.19 g(0.006 mol),甲醇钠 0.32 g(0.006 mol)。反应 15 min 后,升温至 20~25 ℃,再加入 4,6-二氯嘧啶 2.45 g(0.016 mol),继续反应 24 h。反应结束后,减压蒸馏除去溶剂,得红色油状物。向油状物中加入 30 mL 甲苯,0.28 g 活性炭,加热回流搅拌 30 min,趁热过滤,滤饼用 8 mL 甲苯洗涤。旋转蒸发除去甲苯,得红色油状物。向油状物加入 0.03 g 硫酸氢钾,水泵减压蒸馏 2h,油浴温度 160 ℃。向残余物中加入 30 mL 甲苯,用 30 mL 水洗涤,分出甲苯层,旋转蒸发除去甲苯,得 3.5 g 红黑色油状物(E)-3-甲氧基-2-[2-(6-氯嘧啶-4-氧)苯基]丙烯酸甲酯 6。

(3) 嘧菌酯的合成

向圆底烧瓶中加入 3.2 g(0.01 mol)化合物 6、2-腈基苯酚 1.3 g(0.011 mol)、碳酸钾 2.3 g(0.015 mol)、氯化亚铜 0.036 g(0.000 36 mol)、DMF 26 mL,混合均匀后在 120 ℃反应 1.5 h。反应完成后,过滤,滤饼用 7 mL DMF 洗涤。减压蒸馏除去 DMF,向固体残留物中加入 25 mL 甲醇、0.28 g 活性炭,加热回流 15 min,然后趁热过滤。滤液旋转蒸发除去甲醇,得深褐色粗产品 2 g。加入 10 mL 甲醇,加热至全溶后转移至烧杯中,放置过夜,挥发析出固体。过滤,用石油醚(3 mL×2)洗涤,在红外灯下干燥,得嘧菌酯成品土黄色粉末 1.64 g,产率 41%。

三、吡蚜酮

1. 概述

吡蚜酮又名吡嗪酮,是瑞士诺华公司 1988 年开发的新型杂环类杀虫剂,具有高效、低毒、高选择性、环境友好等特点。1997 年起,该药先后在土耳其、德国、捷克、美国、日本等国家和地区登记,并陆续上市。通用名为 Pymetrozine,商品名有 Chess、Plenum 等,化学名称为 4,5 -二氢- 6 -甲基- 4 -(3 -吡啶亚甲基氨基)- 1,2,4 - 3(2H)-酮,英文名称为(E)- 6 - methyl - 4 -(pyridin - 3 - ylmethyleneamino)- 4,5 - dihydro - 1,2,4 - triazin - 3(2H)- one。分子式 $C_{10}H_{11}N_5O$,相对分子质量 217.23。结构式如下:

纯净的吡蚜酮为白色结晶粉末,熔点 217 ℃,20 ℃溶解度(g/L):水 0.25、乙醇 2.25、正己烷<0.01。

2. 现有合成路线和工艺

目前,吡蚜酮常用的合成方法有两种[29-31],两条路线的起始原料不同,但合成关键均在于氨基三嗪酮 6 的合成,最后再由氨基三嗪酮 6 或盐酸盐与 3 -氰基吡啶高收率的合成吡蚜酮(收率 92.5%)。路线一的起始原料为乙酸乙酯,路线二的起始原料为三氟乙酸乙酯。具体的合成路线如下:

(1) 路线一:乙酸乙酯法

(2) 路线二:三氟乙酸乙酯法

$$5 \qquad\qquad 6 \qquad\qquad 7$$

3. 工艺路线的确定

通过对两条路线的分析,主要区别在于起始原料的不同,路线二中所用起始原料是三氟乙酸乙酯,价格较为昂贵;而方法一所用起始原料乙酸乙酯,价格相对较低;其次,采用乙酸乙酯的方法反应条件较三氟乙酸乙酯法温和,因此采用乙酸乙酯为原料合成吡蚜酮。

4. 小试工艺

(1) 3-氢-5-甲基-2-酮-1,3,4-噁二唑 3 的合成

将 16.2 g(0.22 mol)乙酰肼加热融化后搅拌下,加入至盛有 110 mL 甲苯的烧瓶中。冰水浴冷却至 10 ℃ 以下,往反应瓶中滴加 31 g(0.10 mol)三光气的 90 mL 甲苯溶液,滴加过程中维持溶液反应液温度在 10 ℃ 以下。滴加完毕后,搅拌 3 h,然后升温至回流,继续反应 8 h。反应完成后,趁热将反应溶液倒入至烧杯中,冷却。过滤得 18 g 固体,收率 82%。

(2) 3-丙酮基-5-甲基-2-酮-1,3,4-噁二唑 4 的合成

将 0.8 g(0.033 mol)氢化钠(NaH)加入至盛有 20 mL DMF 的烧瓶中,搅拌片刻,将 20 mL 的 2.5 g(0.025 mol)化合物 3 的 DMF 溶液滴加到上述溶液中,约 0.5 h 滴完,搅拌反应 3 h。将 2.8 g(0.03 mol)氯代丙酮滴入至上述混合溶液中,室温下搅拌 16 h。抽滤除去固体,旋转蒸发除去溶剂(脱尽溶剂),冷却析出固体,所得固体用异丙醇重结晶,得 2.7 g 白色针状化合物 4,收率 84.6%。熔点 49~50 ℃。

(3) 2,5,5-三氢-3-酮-4-乙酰基-6-甲基-1,2,4-三嗪 5 的合成

将 1.2 g(0.007 7 mol)的化合物 4 加入至盛有 20 mL 异丙醇的烧瓶中,70 ℃ 搅拌均匀后,滴加 1 g(0.02 mmol)80%水合肼。滴加完毕后,回流反应 6 h,旋转蒸除去大部分溶剂,冷却到 0~5 ℃,过滤析出的沉淀,得 1.1 g 固体化合物 5,收率 91.8%,熔点 201~203 ℃。

(4) 2,5,5-三氢-3-酮-4-氨基-6-甲基-1,2,4-三嗪 6 的合成

将 0.5 g(0.003 mol)化合物 5 加入至盛有 10 mL 7%的盐酸的烧瓶中,加入 20 mL 甲醇,于 50 ℃ 反应 4 h。反应完成后用氢氧化钠中和至中性,旋转蒸除去溶剂后,加入 5 mL 的无水乙醇,搅拌 15 min,过滤。滤液蒸干,所得固体用乙酸乙酯重结晶,得 0.26 g 固体化合物 6,收率 90.9%。熔点 117.0~119 ℃。

(5) 吡蚜酮 7 的合成

在反应瓶加入 0.518 g(0.004 mol)化合物 6、0.42 g(0.004 mol)3-吡啶甲醛、30 mL 甲醇,搅拌回流反应 4 h。反应完毕后冷却至室温,减压除去约 1/5 体积的溶剂,过滤得类白色固体,用甲醇重结晶后得 0.4 g 吡蚜酮 7,收率 92%,熔点 244~255 ℃。

四、噻氟酰胺

1. 概述

噻氟酰胺又名噻氟菌胺，是美国孟山都公司研制的一种广谱性杀菌剂。1994 年美国罗姆-哈斯公司购买这项专利，开始商品化生产。通用名为 Trifluzamide，商品名为"满穗"（Pltmor），化学名称 2-甲基-4-三氟甲基-5-（2',6'-二溴-4'-三氟甲氧基苯胺羰基）噻唑，英文名 N-（2,6-dibromo-4-（trifluoromethoxy）phenyl）-2-methyl-4-（trifluoromethyl）thiazole-5-carboxamide。分子式 $C_{13}H_6N_2O_2SF_6Br_2$，相对分子质量 528.06。结构式如下：

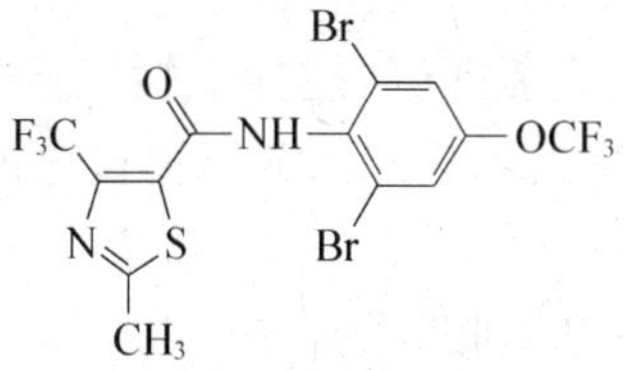

噻氟酰胺纯品为白色粉状固体，熔点 178 ℃，密度 1.930 g/cm³，6 ℃以下储存。熔点 177.9～178.6 ℃，20 ℃时在水中溶解度为 1.6 mg/L，pH 为 5～9 时稳定。

2. 工艺路线的确定

对于噻呋酰胺的合成，国内尚未有文献报道，2-甲基-4-三氟甲基-5-噻唑甲酸是合成噻呋酰胺的重要中间体，因而研究其合成对噻呋酰胺的产业化具有重要意义。关于噻呋酰胺及其中间体的合成，综合国外的文献报道[32-36]，设计其合成路线：以 2-氯-4,4,4-三氟乙酰乙酸乙酯 1 为原料，与硫代乙酰胺在乙腈或 DMF 或乙酸中环合制得 2-甲基-4-三氟甲基-5-乙氧羰酰噻唑 2，之后在碱性条件下水解制得 2-甲基-4-三氟甲基-5-噻唑甲酸 3。最后，化合物 3 依次和二氯亚砜、2,6-二溴-4-三氟甲氧基苯胺反应合成噻氟酰胺 5。合成路线如下：

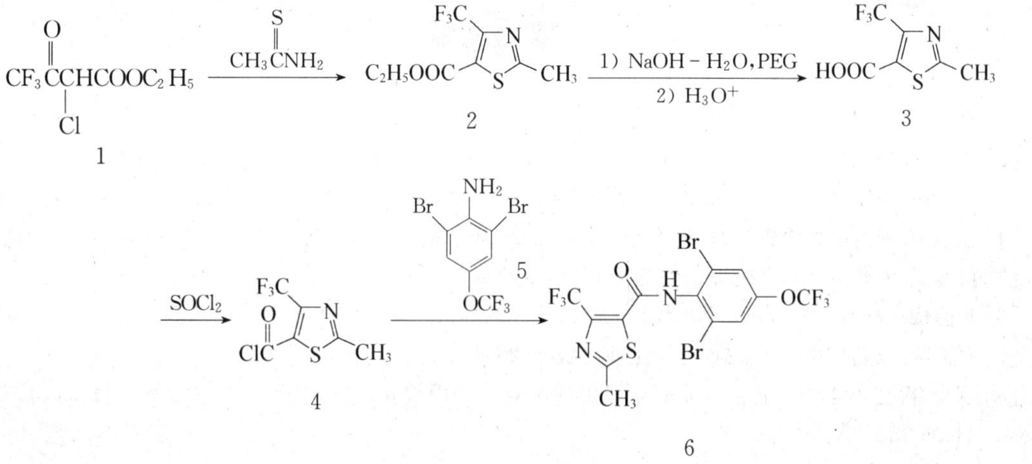

3. 小试工艺

（1）2-甲基-4-三氟甲基-5-乙氧基羰基噻唑 2 的合成

在 150 mL 四颈瓶中加入 4.9 g(0.065 mol)硫代乙酰胺、50 mL 二噁烷和 1 g PTC。室温下,缓慢滴加 11 g(0.05 mol)2-氯-4,4,4-三氟乙酰乙酸乙酯,滴加完毕后,搅拌反应 2.5 h。之后再滴加 14.82 g(0.15 mol)三乙胺,滴加完毕后于 100 ℃下回流 1 h。TLC 监测反应进程。反应完毕后,向反应体系内加入 50 mL 水,用三氯甲烷萃取三次(50 mL×1、25 mL×2),合并有机相,旋转蒸发除去氯仿至干。

(2) 2-甲基-4-三氟甲基-5-噻唑羧酸 3 的合成

向烧瓶中加入 2 g(0.05 mol)氢氧化钠、15 mL 水、化合物 2,加热回流 6 h。TLC 跟踪反应进程。反应完成后,冷却至室温。加入浓盐酸调节 pH 至强酸性,析出固体,过滤得土黄色固体。

(3) 2-甲基-4-三氟甲基-5-氯-氯羰基噻唑 4 的合成

向反应瓶中加入化合物 4 和二氯亚砜,搅拌下缓慢升温至 80 ℃,TLC 跟踪反应进程。反应完成后,冷却至室温。旋转蒸发除去二氯亚砜得黄色油状物,收率大于 62%,含量大于 98%(HPLC)。

(4) 2,6-二溴-4-三氟甲氧基苯胺 5 的合成

向反应瓶中加入 8.85 g(0.05 mol)4-三氟甲氧基苯胺、8.4 g(0.10 mol)乙酸钠、90 mL 冰醋酸以及 16 g(0.10 mol)溴,搅拌均匀后,加热至 60 ℃反应 2 h。之后室温下搅拌反应过夜。反应完成后向反应体系中加入水,过滤,得 16.0 g 灰白色晶体 2,6-二溴-4-三氟甲氧基苯胺(熔点 65~67 ℃)。

(5) 噻氟酰胺 6 的合成

向烧瓶中加入 100 mL 二甲苯、2.07 g(0.009 mol)化合物 5、2.68 g(0.008 mol)2,6-二溴-4-三氟甲氧基苯胺 5,混合均匀后,加热回流反应 8 h。反应完成后,有机相依次用质量分数为 10%盐酸和水洗涤,用硫酸镁干燥有机相,抽滤除去干燥剂后,旋转蒸发除去溶剂。所得固体用乙酸乙酯重结晶得到 2.54 g 白色固体,收率 60%,含量>98%(HPLC)。熔点 172~173 ℃。

参考文献

[1] 刑其毅,裴伟伟. 基础有机化学. 第三版. 高等教育出版社,2005.
[2] 李和平. 精细化工工艺学. 第三版. 科学出版社,2014.
[3] 王利民,邹刚. 精细有机合成工艺. 化学工业出版社,2008.
[4] 张敏恒. 农药品种手册精编. 化学工业出版社,2013.
[5] 陈万义. 农药生产与合成. 化学工业出版社,2000.
[6] 唐除痴. 农药化学. 南开大学出版社,2006.
[7] 孙家隆. 农药化学合成基础. 化学工业出版社,2008.
[8] 赵梨,祝捷,文鹏等. 拟除虫菊酯合成中的不对称环丙烷化研究进展. 安徽农业科学,2011,39(20):12195-12197.
[9] 宣光荣. 三元不对称有机磷合成研究. 农药,2002,43(8):13-14.
[10] Jenna L. Armstrong, Richard A. Fenske, Michael G. Yost, Maria Tchong-French, Jianbo Yu. Comparison of polyurethane foam and XAD-2 sampling matrices to measure airborne

organophosphorus pesticides and their oxygen analogs in an agricultural community. Chemosphere, 2013, 92(4): 451 - 457.

[11] 孙娜波,沈德隆,谭成侠等.含氮五元杂环酮的拟除虫菊酯的合成、结构和生物活性.有机化学,2008, 28(4):713 - 717.

[12] 马军安,黄润秋.含吡啶环拟除虫菊酯的合成及其杀虫杀螨活性.高等学校化学学报,2003,24(4): 654 - 656.

[13] Ying L, Xian J L, Yuan L, Xiang Y Y, Ming T F. Synthesis of three haptens for the class-specific immunoassay of O, O-dimethyl organophosphorus pesticides and effect of hapten heterology on immunoassay sensitivity. Analytica Chimica Acta, 2008, 615, 2(19): 174 - 183.

[14] G. Madhavi Latha and G. Muralikrishna. Purification and Partial Characterization of Acetic Acid Esterase from Malted Finger Millet. J. Agric. Food Chem. , 2007, 55 (3): 895 - 902.

[15] Xiong, Biquan; Zhou, Yongbo; Zhao, Changqiu et al. Systematic study for the stereochemistry of the Atherton - Todd reaction. Tetrahedron ,2013, 69(45): 9373 - 9380.

[16] 李富根,艾国民,李友顺.茚虫威的作用机制与抗性研究进展.农药,2013,52(8):558 - 560.

[17] 李翔,马海军,顾林玲等.茚虫威合成路线研究与比较.现代农药,2009,8(5):23 - 26.

[18] Mccann S F, Annis G D, Shapiro R, et al. The discovery of indoxacarb as an class of pyrazoline - type insecticides. Pest Manag Sci, 2001, 57: 154 - 164.

[19] 胡新根,朱玉青,余生等. 5 -氯- 2 -甲氧羰基- 1 -茚酮的合成.精细化工,2009,2:202 - 204.

[20] 胡新根,朱玉青,余生等.(S)- 5 -氯- 2 -甲氧羰基- 2 -羟基- 1 -茚酮的合成.精细化工,2009,8: 828 - 832.

[21] 刘长今.新型高效杀虫剂茚虫威.农药,2003,42(2):42 - 44.

[22] 段湘生,曾文平,陈明等.高效杀虫剂茚虫威的合成与应用.农药研究与应用,2006,10(2):17 - 20.

[23] Nose, Satoru, Arai-shi Niigata. Novel acid halide derivatives, their production, and production of indanonecarboxylic acid esters using the same: EP, 1508562.

[24] Lange, Walter. Substituted of arthropodicidal Oxadiazines: WO, 9529171.

[25] 董捷,廖道华,楼江松,皮红军.嘧菌酯的合成.精细化工中间体,2007,37(2):25 - 27.

[26] 刘长今,关爱莹,张明星.光谱高效杀菌剂嘧菌酯.世界农药,2002,24(1):46 - 49.

[27] 刘长今.世界农药大全(杀菌剂卷).北京:化学工业出版社,2005:122 - 126.

[28] Gillian B, Ewan B C, Vass J H, et al. Preparation of Azoxystrobin: WO, 2008043978.

[29] 段湘生,曾文平,聂萍.高效杀虫剂吡蚜酮的合成.湖南化工,2000,30(5):25 - 26.

[30] 刘季红,张华,徐强.三嗪酮类衍生物的合成与结构表征.化学通报,2006,(9):674 - 679.

[31] 赵东江,杨彬,王宇,毛春晖.吡蚜酮合成工艺改进研究.2011,15(2):12 - 14.

[32] 肖捷,李巍,周雪嵘,刘东志. 2 -甲基- 4 -三氟甲基- 5 -噻唑甲酸的合成工艺改进.化学工业与工程, 2011,28(4):30 - 33.

[33] 孟山都公司.取代噻唑及其杀真菌剂用途.中国专利,CN1043127A.

[34] 崔凯,马洁洁,丁志远等.杀菌剂噻呋酰胺的合成工艺研究.2013,42(8):1454 - 1456.

[35] 刘安昌,周青,沈乔.新型杀菌剂噻氟菌胺的合成研究.世界农药,2012,34(3):26 - 27.

[36] 潘立刚.含氟芳香族杀菌剂噻氟菌胺.世界农药,2000,22(5):55 - 57.

习 题

1. 写出不少于 5 种类型的具有生物活性的磷酸酯。

2. 毒扁豆碱是什么类型化合物？请写出结构式。

3. 从 α-萘酚开始，分别用光气法和异氰酸酯法合成西维因。

4. 用水解异构法合成甲胺磷。

5. 根据第五节茚虫威的小试工艺回答下列问题：

(1) 写出小试工艺中反应步骤的实验流程图。

(2) 画出步骤④的反应装置图。

(3) 根据该节内容，尝试设计一种茚虫威的合成路线。

第七章　精细有机合成工艺优化

精细有机合成是化学科学中最具有创造性和实用性的一门学科。近几十年来,随着自然科学的进步和社会经济的发展,精细有机合成受到了人们的极大关注和重视,产生了令人瞩目的经济效益和社会效益。可以说20世纪精细有机合成工业的发展对人类寿命的延长、食品供给的增加、生活质量的提高起到了极其重要的作用,但是许多精细化学品的生产和使用对生态环境造成了严重的破坏。为了从源头上制止污染,绿色化学的概念应运而生,精细有机合成的绿色化符合可持续发展的要求,是发展的必由之路。[1-7]

第一节　精细有机合成绿色化

精细化工产品由于品种繁多、合成工艺复杂、反应步骤多,技术密集度高,原材料利用率低等特点,“三废”的排放量大,对生态系统影响严重。例如,精细化工生产废水污染物含量高,COD 含量高,尤其在制药、农药等高污染行业中,由于原料反应不完全、生产过程中大量溶剂使用造成废水的 COD 值在几万乃至十几万 ppm($1\,ppm = 10^{-6}$)。另外,废水中的有害有毒物质含量高,生物处理难以进行。许多有机污染物对生物具有很强的钝化和杀灭作用,如卤素化合物、硝基化合物、有机氮化物、叔胺、季铵盐类化合物以及一些具有杀菌作用的表面活性剂等。此外,精细化工中一些废水盐分含量高,如染料农药行业中的盐析、酸析以及碱析废水中和后形成的含盐废水,同样不利于生物处理。染料、农药生产中的废水的色度一般很高,阻碍光线在水中通过,严重地影响了水生生物的生长和自然水体系基于光化学的自然净化能力。

一、合成原理绿色化

绿色化学的核心就是要利用化学原理从源头消除污染,按照绿色化学的原则,最理想的化工生产方式是:反应物的原子全部转化为期望的最终产物。经过多年的研究和探讨,化学界就精细有机合成的绿色化提出了绿色化学的 12 条原则:

(1) 防止污染优于污染治理。实行“污染预防”新策略,改变传统的化学思维和发展模式,将传统的“先污染,后治理”改变为“从源头上防止污染”,从根本上避免和消除对生态环境有毒有害的原料、催化剂、试剂和溶剂的使用。

(2) 提高合成反应的“原子经济性”。“原子经济性”的概念由美国著名化学家 B. M. Trost 于 1991 年提出改变传统的以产物百分收率评价化学反应优劣的观念,而以反应中反应物原子的利用效率为标准。

(3) 在合成过程中,尽可能不使用和不产生对人体健康和环境有害的物质。试剂和原材料的选择在合成过程中,尽可能不使用挥发性大、腐蚀性高、易燃、易爆、高毒的试剂等,并尽可能避免在反应过程中产生这样的物质。

(4) 设计安全的化学品。根据化学产品的生命周期进行评价。首先该产品的起始原料应尽可能来自可再生资源,然后产品本身必须不会引起人类健康和环境问题,最后当产品使用后,应能再循环或易于在环境中降解为无毒无害的物质。

(5) 使用无毒无害的溶剂和助剂。常用的有机溶剂如:氯仿、四氯化碳、苯和芳香烃被疑为致癌物,而含氯氟烃(CFCs)被认为是破环大气臭氧层的凶手。使用无毒无害的溶剂和助剂,包括超临界流体、液体水、离子液体等,此外还包括一些无溶剂反应和固态反应。

(6) 合理使用和节省能源。减少热反应,开发"冷反应"(光化学反应、电化学反应、生化反应等)。电化学合成技术用电子代替化学反应中的氧化剂和还原剂在清洁合成中独具魅力。

(7) 尽可能利用可再生资源。只要技术上和经济上可行,使用的原材料应是能再生的。

(8) 尽可能减少不必要的衍生步骤。应尽量避免不必要的衍生过程,如基团的保护,物理与化学过程的临时性修改等。

(9) 采用高选择性的催化剂。尽量使用选择性高的催化剂,而不是提高反应物的配料比。

(10) 设计可降解的化学品。设计化学产品时,应考虑当该物质完成自己的功能后,不再滞留于环境中,而可降解为无毒的产品。

(11) 防止污染的快速检测和监控。分析方法也需要进一步研究开发,使之能做到实时、现场监控,以防有害物质的形成。

(12) 防止事故和隐患发生的安全生产工艺。化学过程中使用的物质的种类或物质的形态,应考虑尽量减少实验事故的潜在危险,如气体释放、爆炸和着火等。

按这些原则,化学工作者要更加深入研究,尽可能提出绿色原料、绿色试剂、绿色溶剂、绿色工艺以及绿色产品的合成路线,真正达到精细有机合成的绿色化。[8-10]

二、药物合成绿色化

有机药物经常由数量众多的原子合成,并具有立体异构现象。这一特征意味着有机药物的合成往往是一个多步骤合成的复杂过程。因此,化学制药过程被认为是产污系数最高的化工过程。一般来讲,每生产一吨药物,要产生数十吨乃至上百吨的废物,给环境造成了极大的污染。

如何实现化学制药的绿色化是合成化学家及制药工程师面临的重大挑战。为了实现药物的绿色合成,在合成技术中,应该采用无溶剂合成、固相合成,以及一锅法合成,尽量避免使用大量的溶剂和助剂,尽量避免使用保护技术、去保护技术和分离技术,提高化学的转化率和选择性。

1. 布洛芬

布洛芬[11]是一种非甾体广谱消炎止痛药,用于类风湿关节炎、风湿性关节炎、头痛、牙痛等症状。传统的布洛芬生产技术为英国布茨公司于 20 世纪 60 年代开始采用的 Brown

合成法,从原料到产品需要经过 6 步反应,反应式如下:

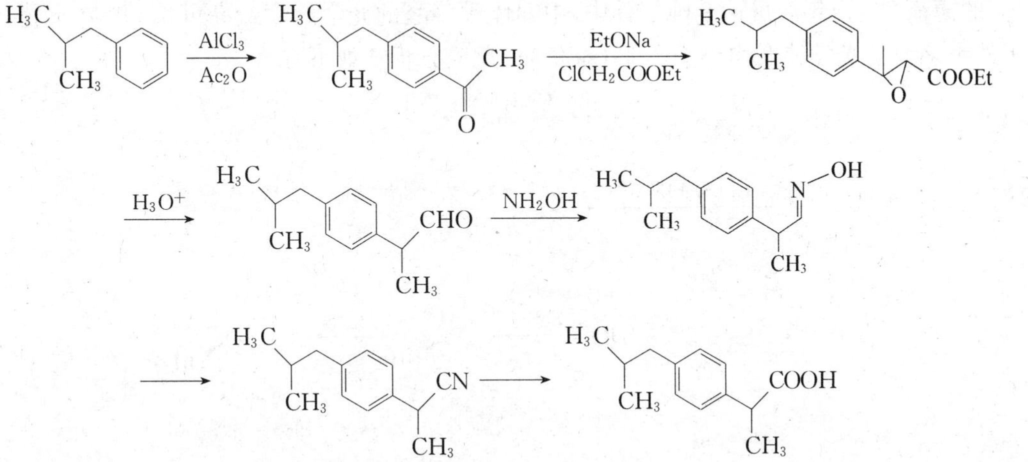

由于每一步反应过程中的原料只有一部分进入产物,所用原料中的原子只有 40% 左右进入最后产品中,原子利用率不高;该反应步骤较多,反应过程中使用到的原料和溶剂较多,对环境污染较为严重。

随着有机化学合成技术的进步,BHC 公司于 20 世纪 80 年代后期采用了羰基化法合成布洛芬[12]。该法以异丁苯为原料,在钯催化剂的作用下与一氧化碳发生羰基化插入反应合成布洛芬,三步反应产率均在 95% 以上。与经典的 Brown 合成法相比,该工艺不但合成简单,原料利用率高,而且溶剂使用量小,避免产生大量的废物,对环境的污染较小。该工艺路线原子利用率高达 77%,比原路线减少废物近 40%。反应方程式如下:

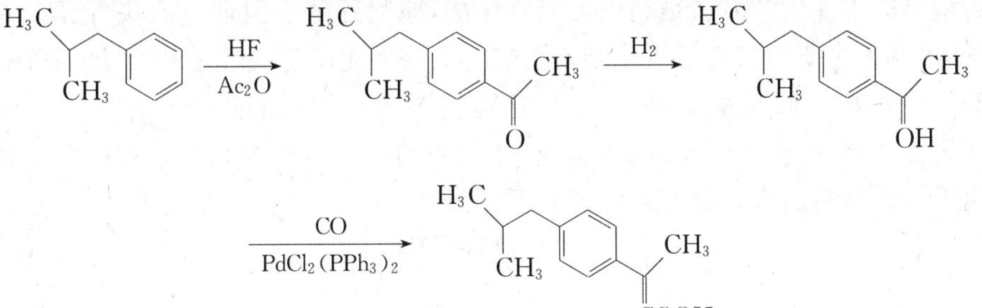

美国乙基公司在 1993 年开发了用异丁基苯乙烯催化加成、羰基化反应合成布洛芬的新工艺,收率高达 95%,该工艺适合大规模生产[13]。该合成方法比 BHC 公司的方法产率更高,并且由于采用含水的高压反应,反应温度更易控制,成本更低。

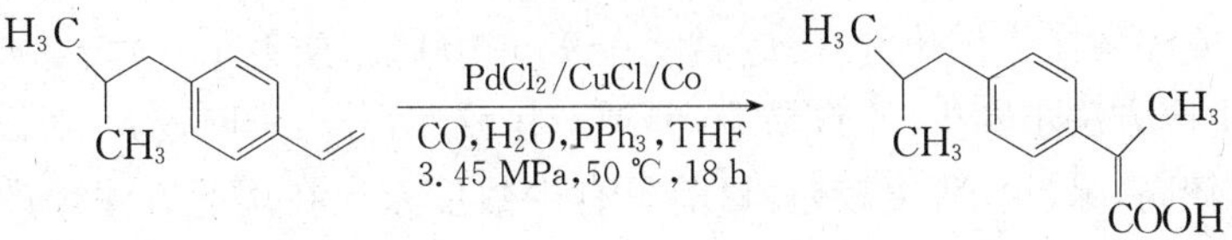

2. 薄荷醇

薄荷醇[14]在制药、香料和糖果等工业中广泛使用。20 世纪 80 年代以前,人们主要依靠从天然薄荷中提取获得。在 1982 年,日本高砂公司利用过渡金属铑的 BINAP 配合物

[Rh(S)- BINAP]作催化剂,催化二乙基香茅胺的异构化合成了光学纯度在 $96\%\sim99\%$(ee 值)的薄荷醇[15],年产量达 9 吨。其中,中间体香茅醛的光学纯度最高可达 99%(ee 值),而天然香茅醛的光学纯度均小于 80%(ee 值)。反应方程式如下:

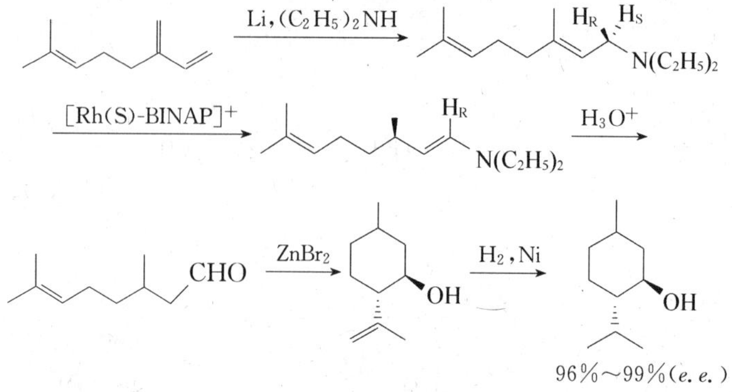

在不对称催化过程中,每使用 1 kg 催化剂,能实现对 300 吨原料的催化,能合成 180 吨薄荷醇。底物与催化剂之比约为 30 万∶1,该反应是不对称合成工业应用成功的典范。

三、中间体合成绿色化

1. 醋酸

醋酸是一类重要的化工中间体和化学反应溶剂,用途极其广泛。醋酸主要用于生产醋酸乙烯单体、对苯二甲酸、醋酸乙酯以及醋酸纤维素等,在化工、轻工、纺织、农药、医药以及染料等领域均有应用。

醋酸最早的工业生产方法是利用乙醛氧化法,原料乙醛一般通过乙炔、乙醇,或者乙烯制得,目前工业上主要通过乙烯氧化制备乙醛。乙醛氧化制备醋酸是利用醋酸锰为催化剂,在含乙醛 $5\%\sim10\%$ 的醋酸溶液中通入空气或氧气,反应温度 $50\sim80$ ℃,压力 $0.6\sim0.8$ MPa,乙醛的转化率在 90% 以上,醋酸选择性大于 95%,整个工艺过程所有设备和管道必须采用不锈钢材料制作。反应方程式如下:

$$CH_3CHO+O_2 \xrightarrow[50\sim80\,℃]{(CH_3COO)_2Mn} CH_3COOH$$

该制备方法工艺落后,原料乙醛制备需要乙烯,生产成本高,且废水、废气对环境污染大。在乙醛氧化生产醋酸时,还要防止过氧醋酸的积累、乙醛与空气混合形成爆炸性混合物的出现,该工艺存在着较大的安全隐患。

第二种方法为丁烷液相氧化法。该方法采用正丁烷或 C5～C7 的轻油作为原料,使用醋酸钴、醋酸铬或醋酸锰作催化剂,反应温度在 $95\sim100$ ℃,压力 $1.0\sim5.47$ MPa,直接氧化生成醋酸。该生产方法步骤少,原料易得,但副产物较多,分离难度较大,对设备和管道腐蚀性大,生产成本较高,绿色化程度较差,目前只有少数厂家还在用此方法生产。反应方程式如下:

$$C_4H_{10}+O_2 \xrightarrow[95\sim100\,℃]{(CH_3COO)_2Mn} CH_3COOH+H_2O$$

第三种方法为甲醇羰基化法。该法有高压法和低压法两种[16],高压法对设备的要求高,材料和动力的消耗较大,目前在工业生产中主要使用低压法。低压法是以铑化合物为催化剂,碘化氢水溶液为助催化剂,压力 3.04～6.08 MPa,在 170 ℃下进行反应,反应选择性高达 99%,基本无副产物。该法是目前生产醋酸的主要方法,约占全球产量的 70%。

$$CH_3OH + CO \xrightarrow[\text{173 ℃, 3 MPa}]{Rh(CO)PPh_3, HI} CH_3COOH$$

甲醇羰基化法制备醋酸是一个典型的原子经济反应,该方法的原子利用率达 100%,消除了氧化法合成乙酸的环境污染问题,而且开辟了可以不依赖石油和天然气等不可再生资源为原料的合成路线。它的原料甲醇可以从自然界的碳和水资源制取的一氧化碳和氢气合成,因此它是一条典型的绿色化学合成路线。

2. 1,2-环氧丙烷

1,2-环氧丙烷主要用于生产聚醚、丙二醇、聚氨酯,表面活化剂、破乳剂等,在食品、烟草、医药行业也有广泛的应用,是一种重要的精细化学品原料。1,2-环氧丙烷的生产主要有氯醇法、过氧化氢法等。[17-18]

氯醇法制备 1,2-环氧丙烷是以丙烯、氯气以及氢氧化钙为原料,氯气溶于水生成次氯酸,次氯酸与丙烯发生加成反应生成氯丙醇,再与氢氧化钙反应生成环氧丙烷,最后精馏得到高纯度产品。氯醇法制备 1,2-环氧丙烷工艺流程短,工业化生产比较安全,但副产物较多,每生产 1 吨环氧丙烷需要消耗 1.4～1.5 吨的氯化钙,产生 40～80 吨的有机废水,原子利用率只有 31%,资源浪费和环境污染较为严重。

过氧化法采用将异丁烷或乙苯液相氧化成过氧化物,再利用生成的过氧化物氧化丙烯得到环氧丙烷。反应方程式如下:

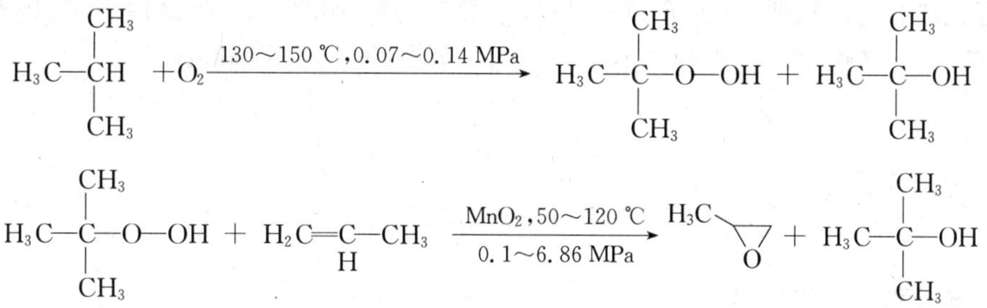

使用该生产工艺制备环氧丙烷,每生产 1 吨环氧丙烷,可产生 3 吨叔丁醇副产物。该方法无需使用氯气,生产成本较低,"三废"排放较氯醇法大大降低,基本无腐蚀,副产物叔丁醇也是一种重要的化工产品,该工艺属于绿色清洁生产工艺。目前国际上投资大型环氧丙烷生产线大都采用此方法。

氧气氧化法是最近开发的一种 1,2-环氧丙烷生产技术。该方法以二氧化碳为溶剂,以钯为催化剂,利用氢气和氧气制备过氧化氢代替上述路线的过氧叔丁醇。在硅酸钛的催化下,利用过氧化氢氧化丙烯生成环氧丙烷,选择性达到 100%。但由于该方法中生产过氧化氢的成本较高,目前无法实现工业化生产。但这种合成技术绿色化程度极高,是一种很有潜力的清洁生产工艺。

第二节　精细有机合成工艺优化

精细有机合成工艺优化是建立在已有的精细合成工艺基础之上的改进与创新,包括最佳工艺条件(参数、溶剂、加料等)的筛选、后处理方法优化以及工艺的整体创新等一系列研究工作的总和。

精细有机合成工艺优化的目标包括四个方面:① 提高质量:包括提高含量、降低杂质、改善外观色泽等;② 降低成本:包括提高收率、更换原材料、缩短反应周期以及回收溶剂等;③ 提高规模化生产能力:在已有的生产工艺条件下进行提高产能的优化,包括批量的调整、规模化生产工艺的微调等;④ 减少废弃物排放:三废的优化处理,包括废气的吸收、废液的回收以及废渣的利用。下面举例说明精细有机合成工艺优化的内容和方法。

一、缩短合成步骤

设计既有高效益又符合绿色原理的有机合成工艺路线是非常必要也是非常困难的。其中,简化反应步骤,减少中间体的数量和用量不失为一种好的途径。在精细有机合成实验中,步骤越多,造成的污染越大,收率越低,成本相应也越高。

例如,4-羟基苯乙醇是医药、香料的中间体,在医药上主要用于合成心血管药物美多心安等。4-羟基苯乙醇最早的生产方法是经过六步反应,后来经过工艺改进缩短为四步,目前最优的生产方法缩短为两步反应,整个反应的成本从原来六步的 80 万元/吨减少到四步的 35 万元/吨,目前只要 18 万元/吨。反应步骤和污染物减少了,产量提高了,生产成本大幅度降低,是一条做到了既有高效益又符合绿色原理的理想工艺路线。

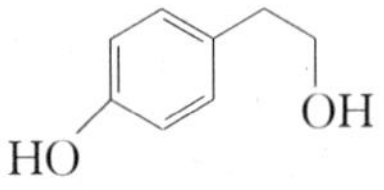

4-羟基苯乙醇

二、选择高效催化剂

在有机化学中,反应速率的快慢不仅与反应物自身的性质有关,还受反应时的压强、温度、反应物的浓度及反应所用催化剂的影响。催化剂是一个比较关键的因素,在反应过程中起着非常重要的作用。绿色精细有机合成化学所追求的目标是实现高选择性、高效的化学反应,极少的副产物,实现"零排放",继而达到高"原子经济性"的反应。显然,相对化学当量的反应物,催化活性高的催化剂更符合绿色有机合成化学的要求。

1. 5-羧基苯并三氮唑的合成

在利用 3,4-二氨基苯甲酸合成 5-羧基苯并三氮唑过程中,为了加快 S_N2 的亲核取代反应和成环反应的进行,引入聚乙二醇(PEG)作相转移催化剂,降低了反应条件,提高了产品纯度,简化了操作过程,产品的收率大于 80%,含量大于 99%[19]。

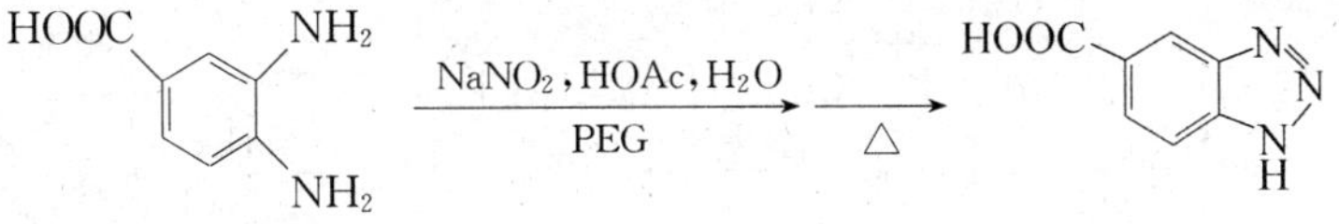

2. 3,5-二氨基苯甲酸的合成

在硝基还原成氨基[20]的反应中，以钯-碳催化加氢还原代替化学还原的方法，可以减少污染，提高产品的收率和质量。例如：在3,5-二硝基苯甲酸的还原中，采用化学还原法如硫化碱、保险粉、铁粉等还原时，产品收率很低，且产生的废弃物对环境的污染较大；而采用钯-碳催化下加氢还原的方法，在15个大气压下，温度90 ℃，3~4 h即可还原完全，收率大于85%，且使用过的钯-碳可以回收反复使用，是一个绿色的清洁反应。

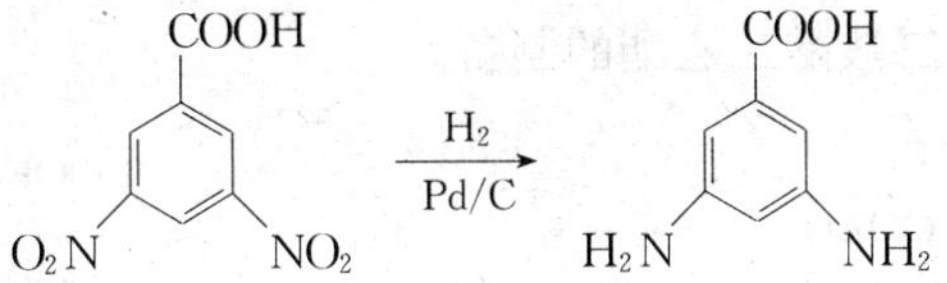

三、准一步反应

所谓准一步反应，是指在一个反应锅里依次完成多步化学反应，几步化学反应相当于一步化学反应所用的反应设备和后处理工序。这种方法简化了反应步骤，不提取中间体，减少了后处理步骤，可以提高反应收率。这种方法能够容易地合成常规方法难以合成的目标分子。

例如4-羟基苯乙酮的制备：

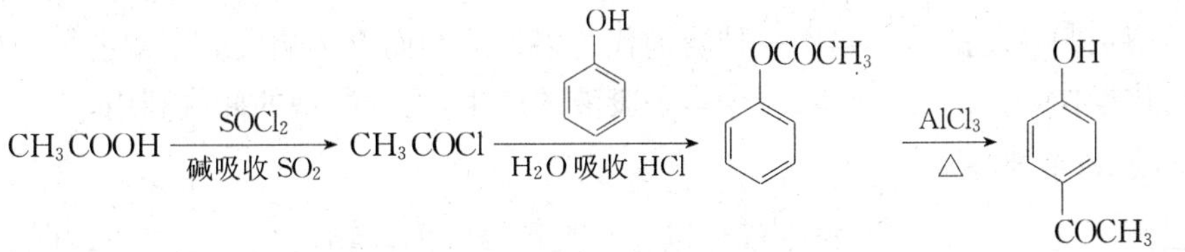

4-羟基苯乙酮

在反应中，少量的原料二氯亚砜、苯酚的残余对产物4-羟基苯乙酮制备无明显影响，将三步反应在同一反应容器内依次进行，产品的收率和质量都较分步反应明显提高。同样，下面几种产品的合成都可以在同一反应设备内采用"准一步法"进行，获得了理想的结果。

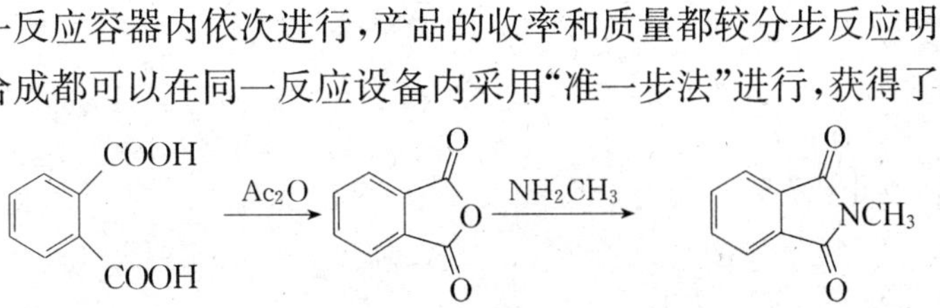

N-甲基邻苯二甲酰亚胺

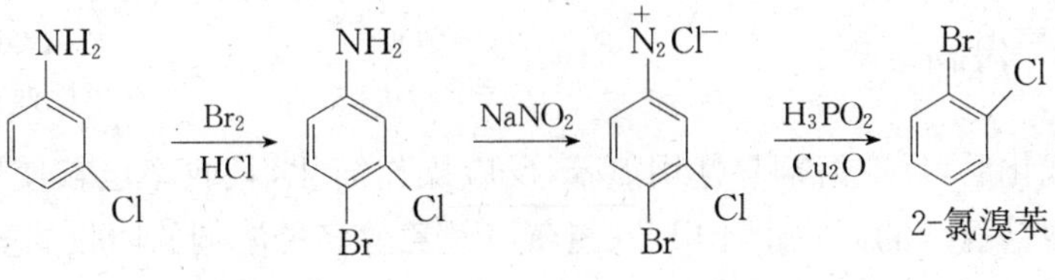

2-氯溴苯

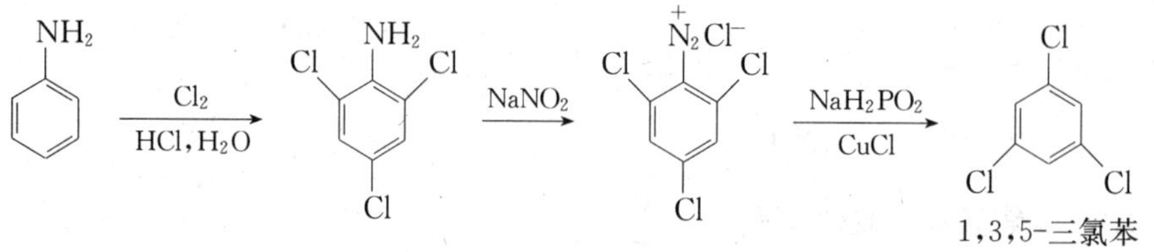

1,3,5-三氯苯

四、一锅煮反应

一锅煮的合成方法就是将一个多步反应和多步操作置于一个反应锅中一次完成,反应过程中不再分离许多中间体。简单地说就是把原料、试剂、催化剂、溶剂一起全部加入一个反应锅中制备目标产物。一锅煮反应具有高效性、高选择性、条件温和以及操作简单等诸多特点。例如,1,1-环丙基二羧酸二乙酯的制备。

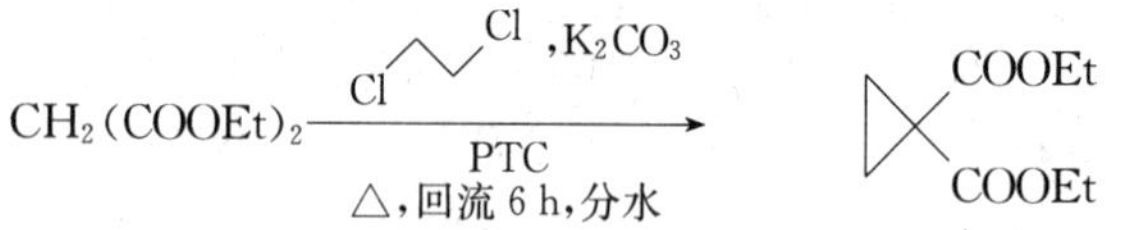

1,1-环丙基二羧酸二乙酯

在反应时,直接将原料丙二酸二乙酯、二氯乙烷、碳酸钾、相转移催化剂聚乙二醇加入同一反应器中,加热回流6h,待反应完成后,过滤,除去溶剂二氯乙烷,减压蒸馏得产品1,1-环丙基二羧酸二乙酯。

五、溶剂归一化

所谓溶剂归一化,就是多步化学反应虽然不可能在一个反应设备中进行,但可选用同一种溶剂。溶剂归一化的前提是用一种溶剂代替多种溶剂而不影响反应正常进行。溶剂归一化可以简化操作,降低生产成本,减少多种废液的产生,便于溶剂的回收利用。

1. 卡巴西平的合成

卡巴西平是一种抗癫痫、抗抑郁症以及三叉神经痛的药物,它是以二苯基氮杂卓为原料经过酰氯化、溴代以及消除等一系列反应制备的,该反应的原始生产工艺使用了甲苯、氯苯以及乙醇等多种溶剂,反应后处理较为复杂,反应方程式如下。

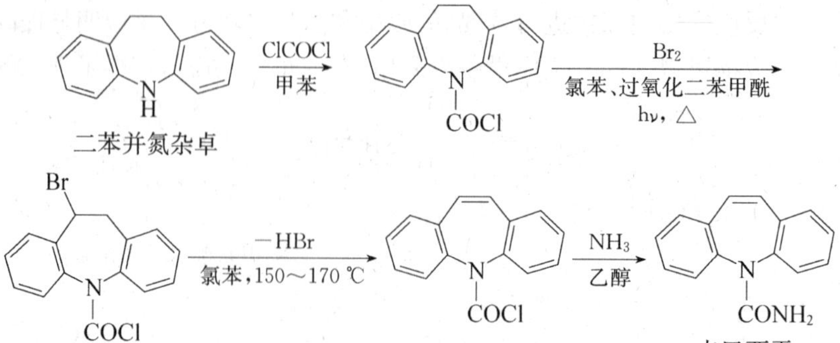

二苯并氮杂卓

卡巴西平

经过工艺优化后,反应溶剂只使用氯苯,反应操作简化,且收率也较使用三种不同溶剂提高了。单一溶剂氯苯的回收也比甲苯、氯苯以及乙醇多种溶剂的回收的操作简化很多。

2. 卤代碳酸酯的合成

在氯代碳酸酯的合成过程中,使用单一溶剂氯苯代替甲苯和氯苯作溶剂,同样后处理操作大大简化,反应收率明显提高。

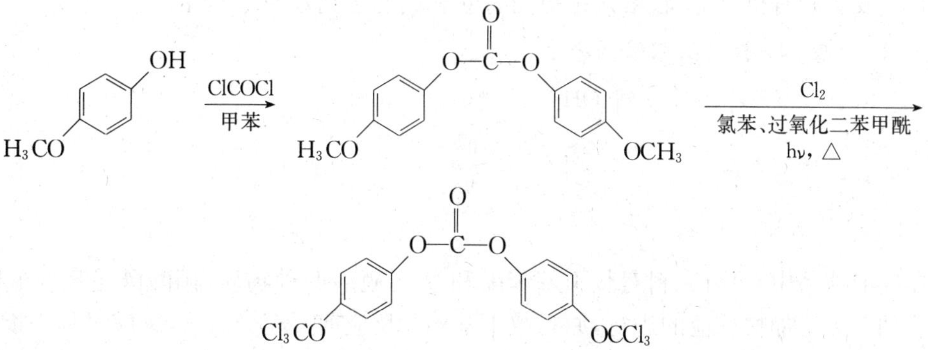

六、不提纯原则

所谓不提纯原则,是指中间体中的杂质只要不影响后续反应的产率和质量,尽可能不提纯而直接投入下一步反应,尽量减少中间体的损失,提高产率,降低生产成本。

1. 3-氯-4-氟苯胺的合成

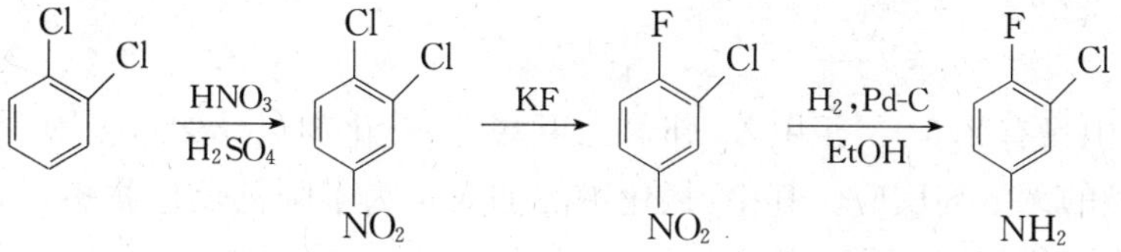

该反应中,硝化反应过程产生的杂质不影响目标产物的氟代反应,氟代反应过程中产生的杂质,无论是酚还是未氟代的氯化物都不影响硝基还原,因而只要在最后将粗产品提纯即可。提纯的方法是用成盐洗涤法,把粗产品加酸中和成盐,过滤、洗涤后,再用碱中和回收纯品。

2. 扁桃酸的合成

在扁桃酸的合成中,也采用了不提纯原则。腈化反应产物中的所有杂质均不影响水解反应,而产物提纯用中和吸附的方法,将粗产品加入碱水中和溶解,再加入活性炭吸附后过滤,滤液酸化后冷却过滤得纯品。

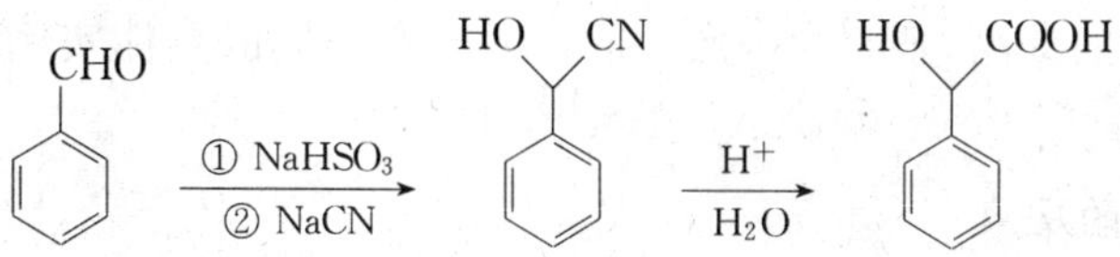

七、无溶剂反应

在有机化学物质的合成过程中,使用有机溶剂是较为普遍的,这些溶剂会散失到环境中造成污染。化学家创造了多种取代传统有机溶剂的绿色化学方法,如以水为介质、以超临界流体为溶剂、以室温离子液体为溶剂等,而最彻底的方法是完全不用溶剂的无溶剂有机合成。

　　无溶剂有机反应最初被称为固态有机反应,因为它研究的对象通常是低熔点有机物之间的反应。反应时,除反应物外不加溶剂,固体物质界面接触发生反应。实验结果表明,很多固态下发生的有机反应,较溶剂中更为有效和更能达到好的选择性。

1. 2-硝基-4-叔丁基苯酚的合成

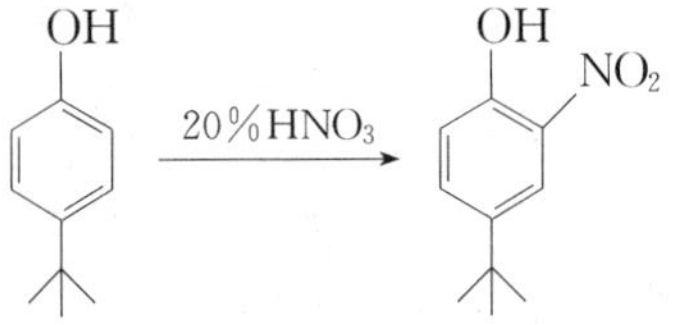

　　在反应体系中,只有原料对叔丁基苯酚和 20％硝酸两种物质,硝酸既是反应底物又是反应溶剂。为了加快反应的进行,原料叔丁基苯酚反应前要充分研磨,反应过程中搅拌要强烈。反应结束后,后处理操作简单,废液硝酸可以回收再利用,大大减少了对环境的污染。

2. 1,3-二氯-2-甲基蒽-9,10-二酮的合成

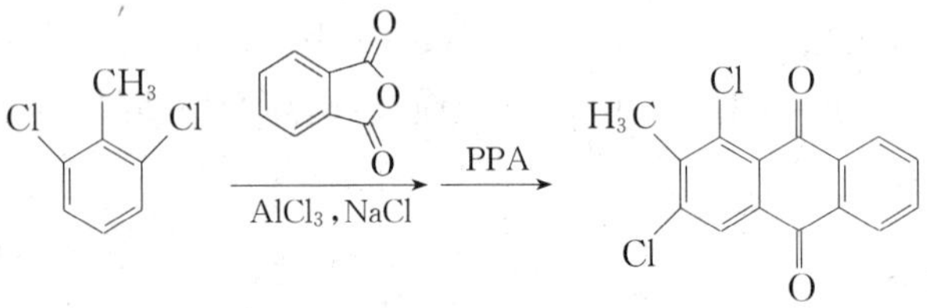

　　反应体系中只有 2,6-二氯甲苯、邻苯二甲酸酐、催化剂氯化铝以及氯化钠等固体反应物,是一个典型的无溶剂反应。其中,氯化钠的加入是为了降低反应物熔点,随着反应温度的升高,反应物融化加快了反应的进行。反应完成后冷却成固体,用水洗涤除去水溶性杂质即得到目标产物。反应过程中不使用有机溶剂,绿色环保,后处理操作简单。

八、改变加料方式

　　在有些有机反应中,加料方式的改变,不仅可以减少副产物的生成,提高产品的质量和收率,而且还可以避免安全事故的发生。

　　一般情况下,我们需要根据副产物的结构。以确定主副反应对某一组分的反应级数的相对大小并确定原料的加料方式。例如滴加的功能有两个:① 对于放热反应,可减慢反应速度,使温度易于控制;② 控制反应的选择性。如果滴加有利于选择性,则滴加时间越慢越好;如不利于选择性的提高,则改为一次性的加入。在不同的具体实例中,必须具体问题具体分析。

1. 金属钠参与的反应

　　在利用金属钠还原 4-羟基苯乙酸乙酯的反应中,为了避免反应过于剧烈导致爆炸事故的发生,不能将钠加入至 4-羟基苯乙酸乙酯的二甲苯溶液中,而是将金属钠先融化到二甲苯中,强烈搅拌下分散成小钠珠,再分批加入酯进行还原。反应方程式如下:

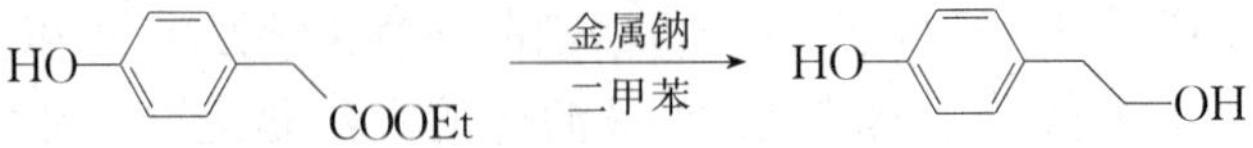

2. Pd‑C 的使用

钯碳(Pd‑C)催化剂在使用时,应当先把其加入到少量溶剂中制成糊状物,再加至反应锅中。不能先把 Pd‑C 加入至反应锅中,再加溶剂和反应物,这样容易发生自燃。

3. 通光气反应

如果要合成酰氯,必须把原料加入饱和光气的氯苯溶液中,光气必须过量。否则,如果将光气通入至反应原料的氯苯溶液中,得到的不是酰氯,而是环合产物,所以加料顺序对产物的生成影响很大。反应方程式如下:

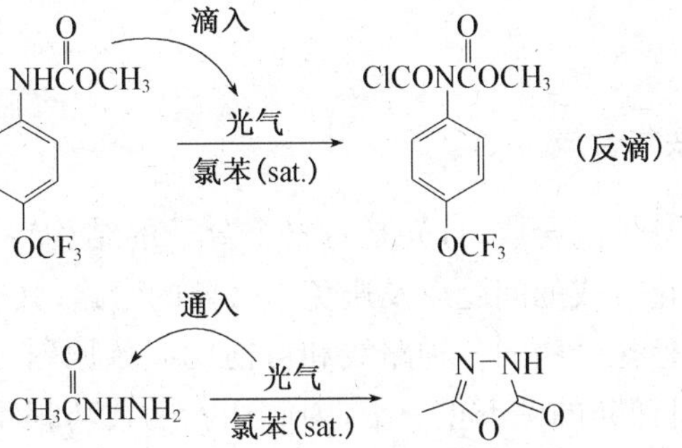

九、改进合成路线

通过对精细化工品常用合成工艺的适当改进,可以使工艺路线更加合理,生产设备和操作得到简化,可提高产品质量和收率。

1. 降低活性,提高选择性

在 5‑氯茚酮与碳酸二甲酯发生取代反应过程中,可以用氢化钠来活化 α 位碳形成碳负离子,但由于氢化钠碱性太强,它还可以将 β 位碳活化,导致副产物的生成。通过使用乙醇‑氢氧化钾作为碱,降低了碱的活化能力,副产物明显减少,大幅度提高了目标产物的收率。反应方程式如下:

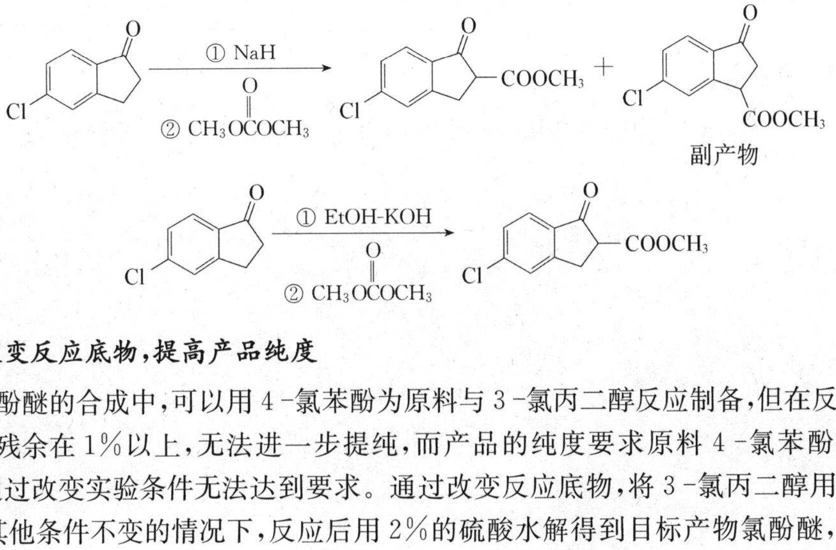

2. 改变反应底物,提高产品纯度

在氯酚醚的合成中,可以用 4‑氯苯酚为原料与 3‑氯丙二醇反应制备,但在反应后产品中的原料残余在 1% 以上,无法进一步提纯,而产品的纯度要求原料 4‑氯苯酚残余小于0.3%。通过改变实验条件无法达到要求。通过改变反应底物,将 3‑氯丙二醇用环氧氯丙烷代替,其他条件不变的情况下,反应后用 2% 的硫酸水解得到目标产物氯酚醚,产品的纯

度大于99%，原料残余远小于0.3%。反应方程式如下：

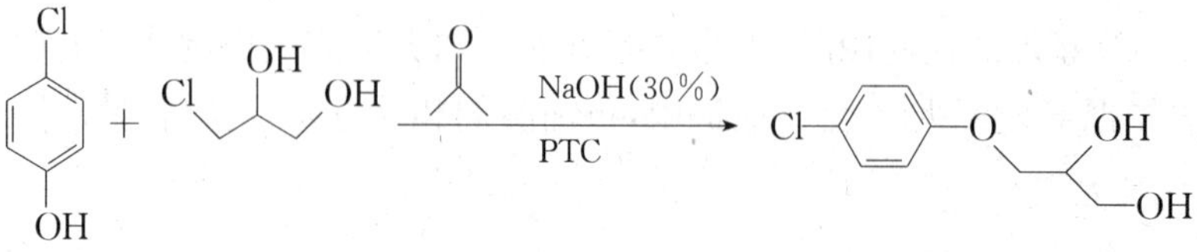

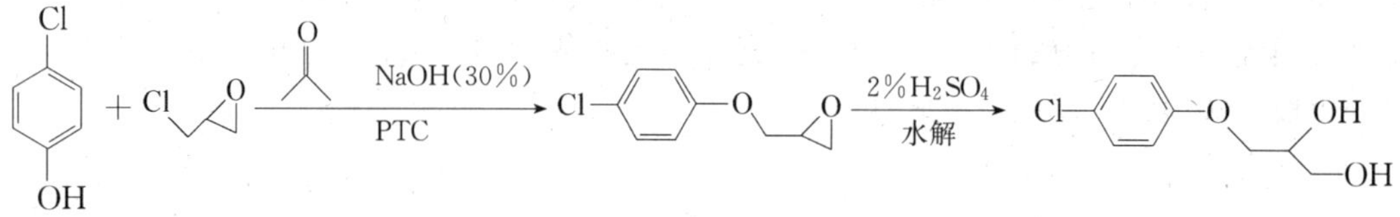

十、变串联式为并联式合成

考虑一个特定目标分子的合成，首先是对整个分子的结构特征和已知的理化性质进行收集、考察，这样可以简化合成的问题以及避免不必要的弯路；其次是在上述分析的基础上，一步步倒推出合成此目标化合物的各种路线和可能的起始原料，这也称逆向合成法。对于一个复杂的有机分子，可切断的键不止一个，因此切断的技巧很重要。在切断时，我们尽量考虑并联式的切断方法，就是指在接近分子中央处进行切断，使其断裂成合理的两部分，这两部分一般为比较易得的原料或较易合成的中间产物，而不是采取从端部切断一或二个碳原子的串联式的切断方法。

1. 依托普瑞特的合成

在依托普瑞特的逆向合成分析中，首先考虑将其从中间的酰胺键切断，其中B为易得的原料，A为易合成的中间体，两者再进行并联合成目标产物。

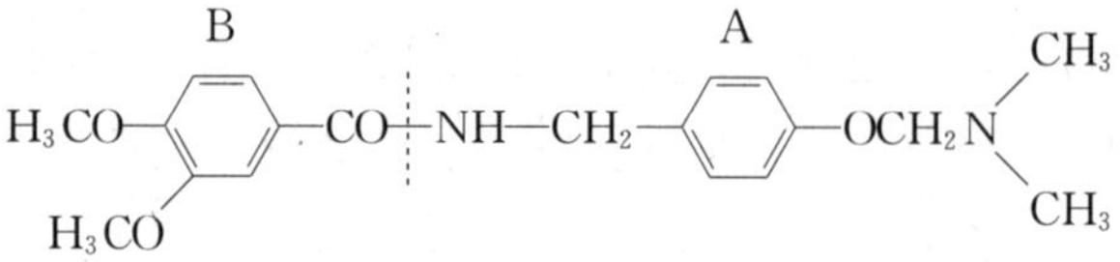

A＋B——→依托普瑞特

2. 嘧菌酯的合成

在嘧菌酯的合成中，同样也是从分子中间切断成A和B两部分，进行并联式合成。

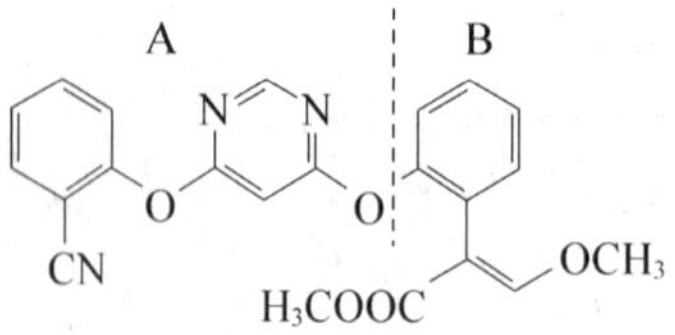

A＋B——→嘧菌酯

第三节 工艺优化实例

一、α-羟基-α-环己基苯乙酸乙酯的合成

反应方程式：

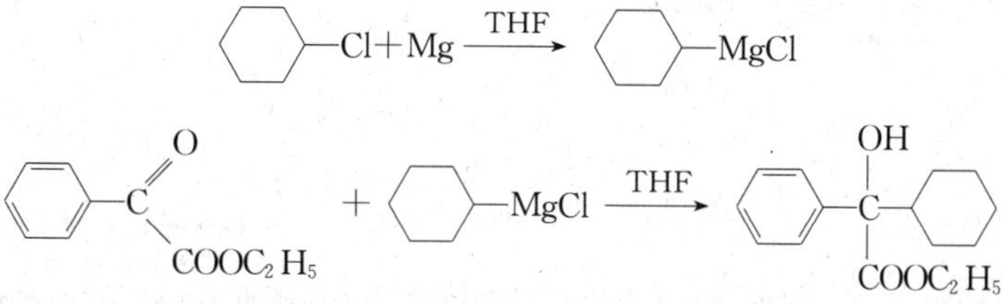

在干燥的装有机械搅拌、回流冷凝管和滴液漏斗的四颈瓶中加入 3.5 g 处理过的镁片，无水 50 mL 四氢呋喃（THF），0.5 mL 溴乙烷，搅拌下滴加 16 g 环己基氯和 50 mL 无水 THF 的溶液，引发反应。缓慢升温至回流，待反应液中有均匀气泡产生后，缓慢滴加环己基氯和 THF 的溶液，控制滴加速度以维持回流温度。滴加结束，继续反应 1～2 h，直至金属镁反应完为止，冷却静置 1 h。

在干燥的装有机械搅拌、回流冷凝管、温度计和滴液漏斗的四颈瓶中加入 22 g 苯甲酰甲酸乙酯，40 mL 无水 THF，控制温度在 35～40 ℃。搅拌下滴加上述环己基氯化镁。滴加完毕后，继续反应 2～3 h，薄层层析监测反应进程。反应完成后，向反应中加入 100 g 碎冰和 10 mL 浓硫酸，搅拌。冷却、静置，分出有机层，用水、饱和碳酸氢钠溶液分别洗涤，有机相用无水硫酸钠干燥。旋转蒸发蒸去 THF，再减压蒸馏，收集 150 ℃（5 mmHg）的馏分，得无色液体 21.5 g，收率大于 66%，纯度大于 99%（GC）。

评点：

（1）实验中用 THF 作溶剂，沸点高，体系活性高，反应易进行，溶剂消耗少。

（2）在反应中，酮羰基和酯羰基有竞争反应，前者活性大；将格利雅试剂环己基氯化镁滴入苯甲酰甲酸乙酯中，避免了副产物的生成。

（3）本实验是无水操作，不仅仪器要干燥，而且溶剂、镁片要预先处理和干燥，否则影响产品收率。

二、三氟乙酰乙酸乙酯的合成

反应方程式：

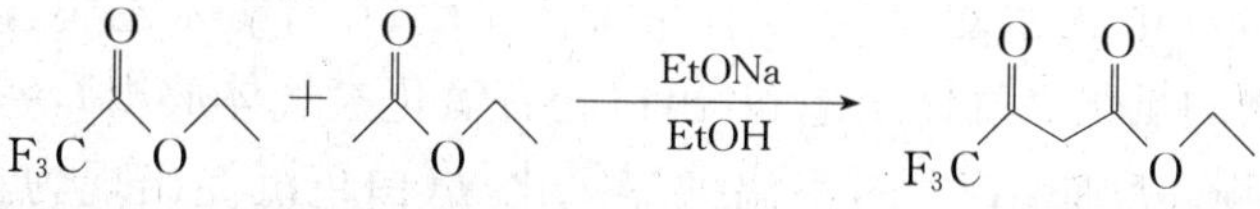

在装有机械搅拌、回流冷凝管、温度计和滴液漏斗的四颈瓶中，加入 150 mL 无水乙醇，20.4 g 乙醇钠。搅拌和冷却下，滴加 28.4 g 三氟乙酸乙酯。滴加完毕后升温至 50 ℃，缓慢滴加 22 g 乙酸乙酯和 50 mL 乙醇的混合溶液，约 1 h 滴完。滴加完毕后再继续反应 2 h。反

应完成后,除去溶剂,残余物用浓硫酸中和,除去盐水,进行减压蒸馏得无色透明液体 27.5 g,收率大于 75%,纯度大于 99%(GC)。

评点:

该反应要求在较低温度下进行,为了避免乙酸乙酯的自身缩合,反应中保持乙酸乙酯低浓度,采取用乙醇稀释乙酸乙酯的方法,有利于反应进行,减少副产物生成,提高反应收率。

三、1,1-环丙烷二甲酸二甲酯的合成

反应方程式:

$$CH_2(COOCH_3)_2 + \begin{array}{c} Cl \\ Cl \end{array} \xrightarrow[\text{TBAB(PTC)}]{K_2CO_3} \begin{array}{c} COOCH_3 \\ COOCH_3 \end{array}$$

在装有机械搅拌、回流冷凝管、分水器的 500 mL 的三颈瓶中加入 200 mL 1,2-二氯乙烷,46 mL 丙二酸二甲酯,140 g 活化的粉末碳酸钾,3 g 四丁基溴化铵(TBAB)。搅拌下缓慢升温至回流,分水器分水,回流 6 h,分出约 9 mL 水。反应完成后,冷却,过滤除去固体,固体用少量的 1,2-二氯乙烷洗涤,收集滤液,旋转蒸发除去未反应的二氯乙烷。减压精馏收集 94 ℃(10 mmHg)的馏分,得无色液体 51 g,产率大于 80%,含量约为 99%(GC)。

评点:

(1) 该反应是"一锅煮"反应类型。

(2) 1,2-二氯乙烷既是溶剂,又是反应物,反应后易回收使用。

(3) 分水器分出生成的水,使反应进行得更加完全。

(4) 使用相转移催化剂 TBAB,加快反应进行,缩短反应时间。

(5) 使用碱性相对较小碳酸钾作碱,副反应少。

四、2-对氯苄基苯并咪唑的合成

反应方程式:

在装有机械搅拌、回流冷凝管、温度计和氯化氢导气管的 500 mL 四颈瓶中,加入 200 mL 二氯甲烷,30 mL 无水乙醇,在搅拌下加入 75.8 g 对氯苯乙腈,溶解。冰水浴冷至 0 ℃ 以下,通入干燥的氯化氢气体至饱和(出口处有氯化氢气体放出),室温反应过夜,用薄层层析监测反应进程。反应结束后,室温抽尽氯化氢(白色沉淀出现为止),加入邻苯二胺 59.4 g(0.55 mol),3 g 聚乙二醇 600(PEG600),先室温反应 1 h,再回流下反应 4 h,用薄层层析监测反应进程。反应完成后,冷却,加入 200 mL 水洗涤。用氨水调节 pH=8~9,过滤,固体干燥后用乙醇-水重结晶得白色固体 98 g,产率大于 80%,含量大于 99%(GC)。

评点：

（1）该反应属于准一步反应类型，收率高。

（2）溶剂用二氯甲烷，溶剂毒性小。

（3）用 PEG600 作相转移催化剂，反应时间短，温度低，副反应少。

参考文献

[1] 赵地顺. 精细有机合成原理及应用. 化学工业出版社，2009.

[2] 王利民，邹刚. 精细有机合成工艺. 化学工业出版社，2008.

[3] 陈荣. 有机合成工艺优化. 化学工业出版社，2006.

[4] 唐培堃，冯亚青. 精细有机合成化学及工艺学. 化学工业出版社，2006.

[5] 刘万毅. 绿色有机化学合成方法及其应用. 宁夏人民出版社，2004.

[6] 钱旭红. 现代精细化学化工产品技术大全. 科学出版社，2001.

[7] 李和平. 精细化工工艺学. 第二版. 科学出版社，2007.

[8] 魏国峰，王硕，赵阳. 绿色合成技术的研究进展及其应用，化工科技，2006，14：69 - 73.

[9] 孙铁民，王宏亮，谢集照等. 绿色化学在药物合成中的应用. 精细化工中间体，2008，38（4）：1 - 6.

[10] 陆熙炎. 绿色化学与有机合成及有机合成中的原子经济性. 化学进展，1998，10（2）：123 - 130.

[11] 于凤丽，赵玉亮，金子林. 布洛芬合成绿色化进展. 有机化学，2003，11（11）：1198 - 1204.

[12] Chaudhari R V，Majeed S A，Seayad J. Process for the preparation of ibuprofen：US，6093847.

[13] Wu，T. C. Mixed ligand catalyst for preparing Aryl - substituted aliphatic carboxylic esters：US，5482596.

[14] 魏代娣. 薄荷醇的合成及旋光异构体的拆分. 精细化工. 1990，7（6）：3 - 6.

[15] Noyori R. Asymmetric catalysis：science and opportunities. Adv. Synth. Catal，2003，345（1）：15 - 32.

[16] 王瑞峰. 醋酸工业生产及其深加工. 辽宁化工，1997，26（6）：316 - 319.

[17] 金国杰，高焕新，杨洪云. 后合成 Ti/HMS 催化剂的表征及对丙烯的催化环氧化性能研究. 分子催化，2012，24（1）：6 - 11.

[18] 史春风，朱斌，林民等. 过氧化氢环氧化丙烯制环氧丙烷的研究新进展. 现代化工，2007，9：17 - 21.

[19] McCall，John M，Kelly，Robert C. Romero，Donna L. et al. Pyrazolopyrimidinone compounds for the inhibition of PASK and their preparation. WO，2012149157.

[20] Pandarus，Valerica；Ciriminna，Rosaria；Beland，Francois. etal. Selective hydrogenation of functionalized nitroarenes under mild conditions. Catalysis Science and Technology，2011，1（9）：1616 - 1623.

习　题

以下两个药物的合成路线步骤复杂而且长，反应时间长，试剂较贵，产率不高，副产物多，成本较高，经济效益低，请分别对各路线提出合理的优化方案。

1. 苯氧布洛芬（）是一种苯丙酸类抗炎解热镇痛药，比阿司匹林强 50 倍，而

且它的左右旋体一样有效,它的合成路线如下:

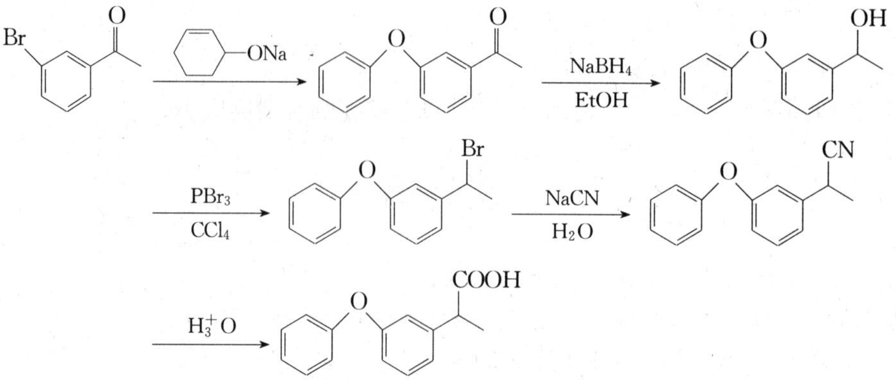

2. 兰索拉唑()是一种抗酸药及抗溃疡病药,治疗胃溃疡,十二指肠溃疡,反流性食道炎。它的合成路线如下:

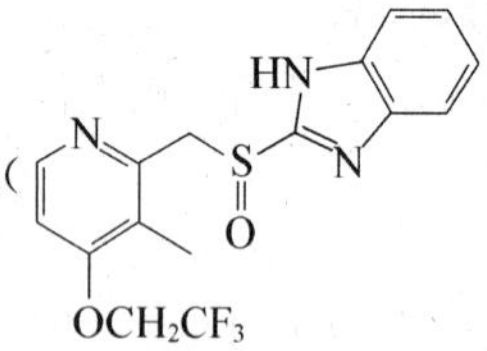

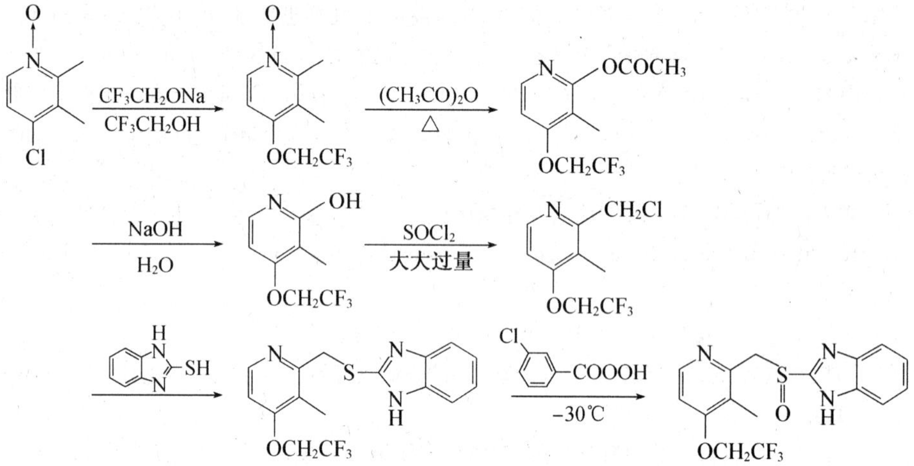

第八章　精细有机合成新方法新技术

随着精细有机合成技术的迅速发展,新的实验方法、实验设备不断涌现,本节在有机化学实验的基础上介绍一些比较成熟和重要的新实验方法。

第一节　真空实验技术

真空操作是有机合成中一种重要的实验方法,对空气敏感的有机化合物以及易挥发的有机化合物的合成和分离等均需在真空条件下进行,此外,真空还是进行酯化、缩酮化等平衡反应时打破平衡促进反应进行的一种重要手段。[1-7]

真空泛指压力小于标准大气压的气态状态,真空度是气体稀薄程度的一种客观量度,一般以气体压强表示。通常根据压强的大小可将真空划分为以下几个区域:粗真空:0.133 3~100 kPa,1~760 mmHg;低真空:0.133~133.3 Pa,0.001~1 mmHg;高真空:<0.133 3 Pa,<0.001 mmHg。

实验室真空条件的获得,常用的真空设备有水泵、油泵、扩散泵以及涡轮分子泵等。实验室使用的真空装置主要包括三部分:真空泵、压力测量计以及合成所需要的设备装置。此外,真空系统常装有冷阱和吸收装置,以减少油蒸气、水蒸气以及其他腐蚀性气体对系统的影响,有利于提高系统的真空度。

一、无水无氧实验操作技术

在精细有机合成中,有机金属化合物、自由基等对空气中的氧、水以及二氧化碳等有很高的反应活性,它们在空气中很不稳定,因此对此类化合物的合成、分离、纯化和分析鉴定必须使用特殊的仪器设备和无水无氧实验操作技术。

目前常采用的无水无氧实验操作技术有三种:① 高真空线操作技术(Vacuum-line);② 手套箱操作技术(Glove-box);③ Schlenk 操作技术。这三种操作技术各有优缺点,具有不同的适用范围。

1. 真空线操作技术

高真空线(Vacuum-line)操作技术,要求真空一般在 $10^{-4}\sim10^{-7}$ kPa,高真空泵和仪器安装的要求较高,一般使用机械真空泵和扩散泵,同时还要使用液氮冷阱。在高真空线上一般可进行样品的封装、液体转移等操作。在高真空及一定温差下,液体样品可由一个容器转移到另一个容器里,这样所转移的液体不溶有任何气体。此外,还可以在高真空线上,进行升华和干燥。主要的缺点是系统中的试剂处理量较少,对于氟化氢以及其他活泼的氟化物需要金属或碳氟化合物制的仪器而不能使用玻璃仪器,对设备和真空度要求很高。

2. 手套箱操作

手套箱(Glove-box)中的空气用惰性气体反复置换,在惰性气体气氛中进行操作。这对空气敏感的固体和液体物质提供了更直接的操作办法。其主要优点是可进行较复杂的固体样品的操作。如红外光谱样品制样,X-衍射单晶结构分析、装晶体等。它还可用于进行放射性物质与极毒物质的操作,这样对操作者和环境不发生危害和污染。其操作量可以从几百毫克到几千克。一般的有机玻璃手套箱是不耐真空和压力,需要用不锈钢板、铅板等制作。国内外的公司生产不同型号带惰性气体纯化循环系统的金属手套箱,这种手套箱为金属结构,并装有有机玻璃板和照明设备,手套箱由循环净化惰性气体恒压的操作室主体与前室两部分组成,两部分间有承压闸门,前室在放入所需的物品后即关闭抽真空通入惰性气体,当前室达到与操作室等压时,方可打开内部闸门,将所需物品送入操作室。操作室内有电源、低温冰箱和抽气口,相当于一个小型实验室,可进行精密称量,物料转移,小型反应,旋转蒸发等实验操作。

3. Schlenk 操作技术

Schlenk 操作的特点是在惰性气体气氛下,将体系反复抽真空-充惰性气体,使用特殊的 Schlenk 型玻璃仪器进行操作。

这一方法排除空气比手套箱好,对真空度要求不太高,由于反复抽真空-充惰性气体,真空保持大约 0.1 kPa 就能符合要求;比手套箱操作更安全,更有效。实验操作迅速,简便。一般操作量从几克到几百克,大多数化学反应(回流、搅拌、加料、重结晶、升华、提取等)以及样品的存储皆可在其中进行,可用于溶液及少量固体的转移,因此 Schlenk 操作技术是最常用的无水无氧操作体系,已被化学工作者广泛采用。本章将重点介绍 Schlenk 操作技术。

高真空线、Schlenk 操作系统和手套箱互为补充,方便操作,有时高真空线亦可与 Schlenk 操作系统连接为一个整体。

二、惰性气体的纯化

在精细有机实验中常用的惰性气体主要是氮气、氩气和氦气。由于氮气价廉易得,大多数有机金属试剂在其中均能保持稳定;此外氮气的密度与空气相近,在其中称量物质时无需校正,因此作为惰性气体氮气最为常用。一般来说,含量达到 99.999% 的氮气即能保护大多数空气敏感化合物。对于特别敏感的物质,需要更加纯粹的氮气时,可以采用净化系统。但是,氮气在室温下能与金属锂反应,在高温下还能与其他多种金属作用,在这种情况下就需要使用较为昂贵的氩气或氦气。由于氩气比空气重,它对空气敏感化合物的保护作用比氮气好,在研究金属有机化合物,特别是稀土金属有机化合物时一般都采用氩气作为保护气。

1. 惰性气体纯化装置安装和操作

惰性气体的脱水方法主要有两种:一种是低温凝结,将气体压缩使水的分压增加冷凝;另一种是使用干燥剂,在脱水操作中,最常使用 4A 或 5A 分子筛,它们具有吸水性强、吸水快的特点,而且使用后可再生使用,是一种理想的干燥剂。惰性气体的脱氧方法分为湿法和干法。湿法是惰性气体通过还原性液体脱氧,这样经常会引入水和有机分子,实际使用较少。干法脱氧是让气体通过脱氧剂,有时需要加热保证脱氧速度,干法常用的脱氧剂主要是金属和金属化合物,如铜、氧化锰、镍、钠-钾合金等。

2. 安装前的准备

(1) 汞的处理　分析纯的金属汞可以直接使用,使用过的汞用稀硝酸洗涤,然后用大量的水冲洗,用滤纸将水吸干,然后用五氧化二磷或分子筛进行脱水,脱水后的汞密封保存,以备压力表及汞封安全瓶子用。

(2) 液体石蜡的处理　液体石蜡为化学纯,最好为医用液体石蜡,压入金属钠丝,干燥脱水,以备计泡计、液封管使用。

(3) 橡皮管预处理　安装惰性气体纯化装置,应选用壁厚优质的橡皮管,并且尽量少用,以免空气渗入。所用的橡皮管需用氢氧化钠-乙醇溶液浸泡,再用水长时间冲洗,烘干,充入惰性气体,密封备用。

(4) 脱水剂和脱氧剂　分子筛与银催化剂需要事先活化处理,在柱内充好惰性气体,密封备用。

(5) 真空脂的使用　所有真空活塞和磨口接头均需洗净擦干。涂真空硅脂,涂的薄而均匀、透明,所以活塞及接口应用橡皮筋扎牢。

安装操作过程中,每装一部分都要用惰性气体"吹",赶走空气,然后连接。体系完全安装完毕后,抽真空,充惰性气体,将体系保持正压。

3. 惰性气体纯化装置和操作

一般实验室使用的惰性气体无水无氧操作系统,如图8-1所示。

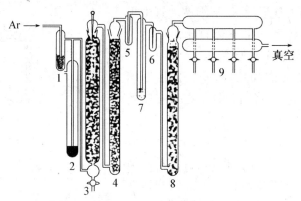

1. 起泡器　2. 汞安全瓶　3. 活性铜　4. 钯分子筛
5/6. 安全瓶　7. 钠钾合金　8. 4A分子筛　9. 双排管
图8-1　惰性气体提纯和使用装置

惰性气体纯化装置在使用时,先将惰性气体通过液体石蜡鼓泡器观察并调节进气量,然后依次经过水银安全瓶、活性铜、银或钯分子筛脱氧,再经过钠钾合金脱水,最后再经过一个4A分子筛柱后和双排管一端相连,经纯化的惰性气体入双排管,双排管另一端接真空体系。双排管上装有4~8个双斜三通活塞,活塞一端与反应体系相连,反应装置通过双排管可以抽真空和充惰性气体。国外实验室通常称这种装置为Schlenk操作系统,此外可以根据实验对保护气体的要求适当调整净化装置。

三、无水无氧溶剂、试剂处理

无水无氧操作的反应、分离使用的一切试剂、溶剂，必须严格纯化，除去水和氧。在储存时，也必须注意，防止水汽空气侵入。无水无氧溶剂的处理方法，按标准方法处理，具体方法参见有关文献。反应中使用的无水无氧溶剂为液态试剂，在使用前再加干燥剂预处理，然后在惰性气体保护下蒸馏，进一步除去水和氧。蒸馏使用一般仪器，在出口处装有一个三通管，一端接液封，一端经冷阱接真空泵；馏分接收瓶用支管通惰性气体。在蒸馏瓶中插通气的毛细玻璃管。

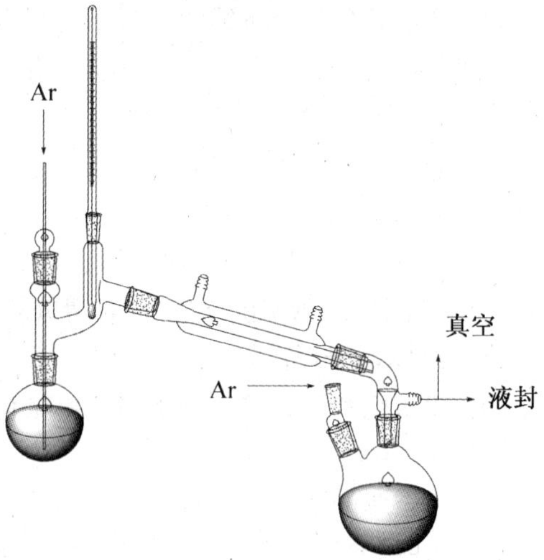

惰性气氛下常压蒸馏的具体操作如下：

（1）装置安装后，先对系统抽真空，充保护气体，反复三次，达到除水除氧的目的。

图8-2　惰性气体气氛下常压蒸馏装置

（2）将经无水处理过的溶剂装在蒸馏瓶中，加入适当的干燥剂。在连续通惰性气体的情况下，将空瓶取下，把装溶剂的蒸馏瓶换上。通过细玻璃管向容器中充惰性气体至正压，然后抽真空（真空不宜太高，否则低沸点溶剂会沸腾），反复3~4次。

（3）将仪器出口处连通液封，从细玻璃管中再连续通惰性气体，将体系内的气体排出。然后关闭惰性气体的活塞，体系尾气通液封。

（4）用电热套或油浴加热，由变压器控制温度；先收集低沸点物质，再将馏分收集在带支管的接收瓶。

（5）蒸馏结束后，停止加热，立即向馏分接收瓶中通惰性气体至正压，如不立即通气，体系已造成负压，导致液封的液体石蜡和汞可能倒吸。在连续通惰性气体的情况下，取下馏分接收瓶，盖上瓶塞，连在双排管上，充入惰性气体保存，备用。

在进行金属有机化合物的制备和反应时，经常需要使用较大量的无水无氧溶剂，可以使用成套既可回流又可蒸馏的装置，即无水无氧溶剂蒸馏器（图8-3）。

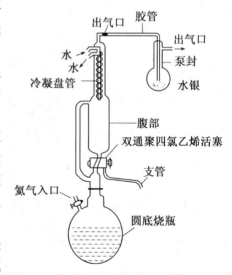

图8-3　无水无氧溶剂蒸馏器

四、无水无氧反应技术

进行无水无氧的化学反应时，一般采用标准的 Schlenk 操作：在惰性气氛下，用 Schlenk

型仪器和注射器进行。反应瓶一般使用一口到四口的标准磨口瓶或 Schlenk 管。大多数技术与常规有机合成中所用的技术相似。如图 8‑4 所示的是普通惰性气氛下进行反应操作的装置。一个四颈反应瓶，惰性气体从支管通入。装有温度计、回流冷凝管、恒压滴液漏斗、磁力搅拌以及固体和液体试剂加料口，尾气经冷凝管出口连接液封或球胆。

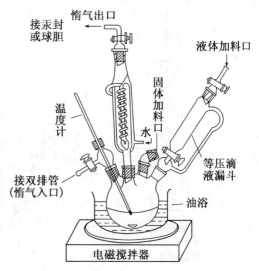

图 8‑4　无水无氧反应装置

1. Schlenk 装置和 Schlenk 操作技术

Schlenk 玻璃仪器实际上是将有机合成中各类玻璃仪器加上侧管活塞而制成的。一般情况下，从侧管导入惰性气体，在惰性气体的存在下，在反应瓶中进行有机合成反应、转移等操作。Schlenk 玻璃仪器侧管上的侧管活塞通常为三通或两通活塞。当使用两口玻璃容器时，在其中一个口上接有这种活塞，就可以作为 Schlenk 管使用了。单口玻璃反应瓶上连接三通活塞同样也具有 Schlenk 仪器的功能。

通过 Schlenk 侧管可以和无水无氧操作线连接，旋转活塞可以进行抽真空和通入惰性气体；当需要移去仪器时，通过关闭这个侧管活塞以保持仪器内的惰性气体为正压，这样可以使外界的空气不能进入。

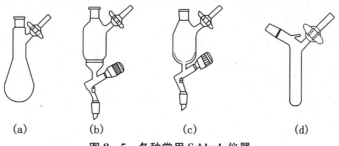

  (a)   (b)   (c)   (d)

图 8‑5　各种常用 Schlenk 仪器

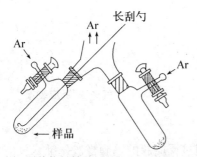

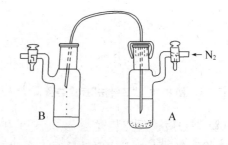

(a)　固体物料转移用的Schlenk装置   (b)　液体物料转移用的Schlenk装置

图 8‑6　惰性气体下的 Schlenk 物料转移装置

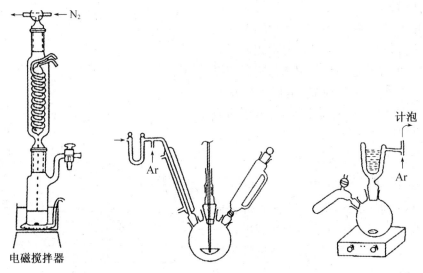

图 8-7 惰性气体下的 Schlenk 反应装置

2. 其他常用反应装置

(1) "三针法"反应装置

"三针法"反应装置一般用于半微量实验中电磁搅拌的常温或低温反应,如图 8-8,插在反应管口橡皮塞上的三根针头,其中两根针头用于惰性气体的导入和导出,第三根用于通过注射器加料。

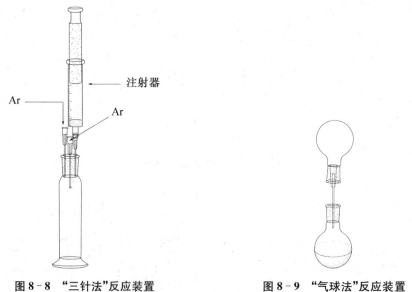

图 8-8　"三针法"反应装置　　　　图 8-9　"气球法"反应装置

(2) "气球法"反应装置

在橡胶气球上扎上注射针后通入惰性气体,通过反应瓶的隔膜橡胶塞插入反应瓶内,利用惰性气体对反应体系加压。此外,橡胶的弹性可以适应体系内一定的压力变化,相应增加了实验的安全性。

五、无水无氧条件下的合成示例

1. 苯基锂的合成

用高纯氮气赶净体系内空气之后,加入 25 mL 无水乙醚。在氮气保护下加入 1.5 g 的锂丝。在恒压漏斗中加入 15.7 g 溴苯和 20 mL 无水乙醚配成的溶液,缓慢加入。当反应液出现浑浊时,反应已经开始。快速滴加,开动搅拌,直到剧烈沸腾,用冰浴冷却。滴加速度要维持缓缓回流。加完后继续搅拌,在氮气的保护下,将物料转移到充有氮气的瓶中,即制成了苯基锂的乙醚溶液。

2. Grignard 反应

Grignard 反应是法国化学家 Grignard 发现的,Grignard 反应是卤代烷与金属镁在乙醚中反应,生成有机镁化合物-烷基卤代镁,又称 Grignard 试剂,一般用 RMgX 表示。Grignard 试剂一般与乙醚配位生成稳定的溶剂化合物:

$$\begin{array}{ccc} C_2H_5 & R & C_2H_5 \\ & | & \\ O : & Mg & : O \\ & | & \\ C_2H_5 & X & C_2H_5 \end{array}$$

一般碘代烷与金属镁反应最快,氯代烷最慢,最常用的卤代烷是溴代烷。Grignard 试剂由于 C—Mg 键是强极性键,很活泼,能与含活泼氢的化合物(如水、醇、氨、酸等)作用被分解成烷烃,因此在制备 Grignard 试剂时必须用不含水和醇等杂质的试剂。同时,Grignard 试剂也容易吸收氧气生成氧化物,所以该反应也需要在无氧的情况下进行。

$$R—Mg—X + H_2O \longrightarrow RH + HO—Mg—X$$
$$R—Mg—X + 1/2O_2 \longrightarrow RO—Mg—X$$

下面由烯丙基氯化镁的合成来看 Grignard 反应的无水无氧操作:

$$Mg + CH_2=CHCH_2Cl \xrightarrow{\text{乙醚}} CH_2=CHCH_2MgCl$$

氩气保护下,在装有机械搅拌、温度计、回流冷凝管和滴液漏斗的三口瓶中加入 45.5 g (1.87 mol)镁(镁用丙酮洗涤,并用吹风机吹干)和 1 250 mL 乙醚。反应瓶充入氩气,加入少量碘和 1~2 mL 溴乙烷,反应开始时碘的颜色消失。将三口瓶浸入冰盐浴中,反应温度保持在 −10 ℃ 以下,补加乙醚 1000 mL,在 3 h 内将 131.7 g(1.72 mol)氯丙烯和 200 mL 乙醚溶液滴入,因反应放热,在开始反应时应避免过于激烈,同时也防止生成 1,5-己二烯。随着氯丙烯的滴入,当氯丙烯滴加完毕,继续搅拌 30 min。

用移液管取出 50 mL 溶液,置于 250 mL 烧瓶中,加入 30 mL 1 mol/L 的盐酸使之水解,乙醚挥发后,过量的盐酸用 1 mol/L 的氢氧化钠水溶液滴定,其浓度为 60%。在氩气的保护下,将所合成的烯丙基氯化镁乙醚溶液转移到旋塞 Schlenk 瓶中,再低温通氮保存,备用。

第二节 微波催化技术

微波是一种频率在 300 M Hz~300 G Hz 之间、波长在 100 cm~1 mm 的电磁波。在对微波中的物质特性以及相互作用的深入研究基础上,微波促进精细有机合成反应作为一门交叉性前沿学科,以快速、安全、节能以及环境友好,受到了人们越来越多的关注。目前,微波技术已经成功应用到进行有机合成的绝大多数领域,例如置换反应、氧化反应、还原反应、缩合反应、烷基化反应、酰基化反应等大多数反应类型。

有机反应一般都用传统的加热装置如油浴、砂浴以及电热套来进行,然而这些加热方法速度非常慢,在反应物中会有一个渐热的过程,而且一旦过热还会导致反应物或产品的分解。用微波介质法加热时,微波能量能够穿过容器直接进入反应物内部,并只对反应物和溶剂进行加热。如果加热器设计得当,反应体系就能够被均匀加热,从而减少副产物的生成,还可以防止反应物和产物因过热而分解。在一些增压体系中,也可以实现快速到达比溶剂沸点还高的温度。[8-10]

一、微波反应装置和微波反应容器

1. 微波反应装置

目前,大部分利用微波催化技术进行的有机化学反应都是在家用微波炉内完成的。这种微波炉具有造价低,体积小的特点,适合于实验室内简单反应的进行。不经改造的家用微波炉很难进行回流反应,反应容器只能采取封闭或敞口放置两种方法,但对于一些易燃易挥发的物质是很危险。因此,人们就对微波炉加以改造,从而设计出可以进行回流操作的微波反应装置。这种改造也比较简单,在家用微波炉的侧面或顶部打孔,插入玻璃管同反应器连接,在反应器上插上冷凝管(外露),用水冷却。为了防止微波泄漏,一般要在炉外打孔处连接一定直径和长度的金属管进行保护。回流微波反应器的发明,使得常压下在容器中进行的反应变得安全,并且可以采用聚四氟乙烯材质的输入管进行惰性气体保护反应,这对于金属有机反应具有一定的意义。

许多有机化学工作者发现,对于普通的微波反应装置,只有在反应物量小的情况下,微波才显著促进有机化学反应;若反应物量大,则效果明显降低。基于这种原因,设计出了连续微波反应器(microwave reactor)。以澳大利亚 CSIRO 公司设计的 CSIRO 连续微波反应器为例,其设计原理如图 8-10 所示,反应物经压力泵压入反应管 5,达到所需反应时间后流出微波腔 4,经交换器 7 降温后流入产物储存槽 10。

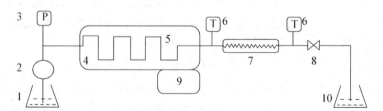

1. 待压入的反应物 2. 泵流量计 3. 压力转换器 4. 微波腔 5. 反应管 6. 温度检测器
7. 热交换器 8. 压力调节器 9. 微波程序控制器 10. 产物储存槽

图 8-10 连续微波反应器

连续微波反应器可以大大改善实验规模,它的出现使得微波反应技术最终应用于工业生产成为可能。有些连续反应器还可以进行高压反应,但目前还只能应用于低黏度体系的液相反应,对固相反应以及固液混合体系不能使用。

2. 微波反应容器

一般来说,只要对微波无吸收、微波可以穿透的材料都可以制成微波反应容器,如玻璃、聚四氟乙烯、聚苯乙烯等。由于微波对物质的加热作用是"内加热",升温速度十分迅速,在密闭体系进行的反应易发生爆裂现象,对于密闭容器,需要承受特定的压力。耐压的微波反应容器种类较多,如 Dagharst 和 Mingos 设计的 Pyrex 反应器可耐压 8.1MPa,澳大利亚 CSIRO 公司的微波间歇式反应器,可以在 260 ℃,1.01×10^7 Pa 状态下进行反应。对于非封闭体系的反应,如敞口反应,对容器的要求不是很严格,一般采用玻璃材料反应器,如烧杯、烧瓶、锥形瓶等。另外,根据反应动力学研究的需要,当需要检测反应时的温度和压力时,反应器除采用耐压材料外,还要安装一些检测温度和压力的辅助系统。对于温度的检测方法,较为常用的是安装经聚四氟乙烯绝缘的热电偶,也有采用气体温度计、光学纤维检测器、红外高温检测器等方法来测定反应温度。有些微波反应器还加入了一种附带载荷,其目的是吸收反应物未能吸收的过剩能量,防止电弧出现而破坏微波反应装置。总之,用于有机化学反应的微波装置,逐渐朝着自动化程度高、安全、检测手段更完善的方向发展。

二、微波促进的合成技术

1. "无溶剂"反应

大多数微波促进的化学反应,都是使用家用微波炉来进行的,但由于在家用微波炉中进行有机合成并不能得到很好的控制,为了避免事故的发生可以不使用溶剂,让反应在黏土、氧化铝和硅酸盐等固相中进行,称为"无溶剂反应",这一技术在有机合成中得到了广泛应用。"无溶剂反应"技术是非常环境友好的,它避免使用有机溶剂并且操作简便,但是此类反应在反应物的预处理以及后处理过程中经常要用到溶剂,如果固体支撑物能够作为一个反应物参与反应,并且在反应之后仅仅用过滤就能除去,操作会大大简便。经过研究,通过改变固体支撑物的性质,可以将其应用于"无溶剂反应"中,这一技术具有很多优点,可以提高操作安全,避免低沸点溶剂在加热过程中出现压强增大。

2. 回流以及加压反应

有机反应过程中,经常用到回流反应,经过改造的家用微波炉[11]以及一些新型的微波反应器都可用于微波促进的回流反应,增加了回流系统后,反应体系与大气相连可以排除易燃气体,避免发生爆炸。此外,反应温度也不会比溶剂的正常沸点高很多,过热效应还可以在某种程度上加快反应速率,而不会出现因过热而导致的副反应发生。

现代化的用于有机合成的微波加热设备还可以实现加压下的微波反应[12],该类反应器都安装了较好的温度控制和压力测量装置,可以避免因为热逃逸或加热不够而导致的实验失败。

三、微波反应的一般装置

1. 微波常压反应装置

为了使微波常压有机合成反应在安全可靠和操作方便的条件下进行,伦敦帝国理工学院的 Mingos 对家用微波炉进行了改造[13]，如图 8－11。在微波炉壁上开了一个小孔，将冷凝管置于微波炉炉腔外侧，装有溶液的圆底烧瓶经过一个玻璃接头与冷凝管相连，后者穿过铆接在微波炉侧的铜管接到炉外的水冷凝管上。微波快速加热时，溶液在这种装置中进行回流。在下侧面有一聚四氟乙烯管与反应容器相连，通过此管可为反应瓶提供惰性气体，从而对反应体系起到保护作用。

微波常压合成技术的出现，大大推动了微波合成技术的发展。与密闭技术相比，常压技术采用的装置简单、方便、安全，适用于大多数微波有机合成反应。

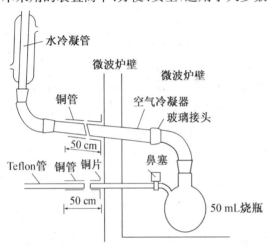

图 8－11　微波常压的反应装置

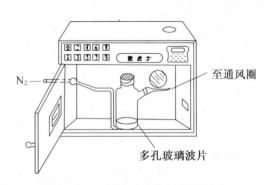

图 8－12　微波干法反应实验装置

2. 微波干法反应装置

在微波常压技术发展的同时[14]，英国科学家 Villemin 等发明了微波干法合成技术。反应容器置于微波炉中心，聚四氟乙烯管从反应容器的底部伸出微波炉外与惰性气源相连，当在微波辐射下发生反应时，惰性气流吹进反应瓶底部起到搅拌作用；当反应结束时，聚四氟乙烯管又可与真空泵相连接，将反应生成的液体吸走，使用此类反应装置可以合成一些常规方法难以合成的多肽。

3. 微波密闭反应装置

微波密闭合成反应技术是指将装有反应物的密闭反应器置于微波源中，启动微波，反应结束后，冷却至室温再进行产物的纯化分离。它实际上是一种在相对高温高压下进行的反应。该方法的特点是能使反应体系瞬间获得高温高压，因而反应速率大大提高。但这一技术的安全性较差，且不易控制。因而该技术对于挥发性不大的反应体系，可采用密闭合成技术。该技术已成功用于甲苯氧化、苯甲酸甲酯化等[15]。

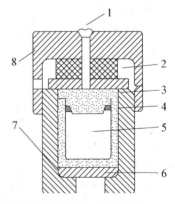

1. 聚四氟乙烯螺帽　2. 减压盘　3. 聚四氟乙烯帽　4. 聚四氟乙烯环形垫圈　5. 聚四氟乙烯反应容器　6. 底盘　7. 反应器外套　8. 环形螺帽

图 8－13　可调节反应釜内压力的
微波干法反应装置

密闭的反应容器通常使用聚四氟乙烯材料或玻璃器皿外面包上一层抗变形的投射微波的特殊材料。为了对反应进行控制和监测，Mingos 等人[16]设计了可以调节反应釜内压力的密封罐式反应器。反应时将反应物装入 5 内，当反应体系的压力增大时，通过由橡胶做成的减压盘 2 使得压力得以减小，从而使体系内部的温度也得到控制。3 和 4 均起到密封反应体系的作用，6 起到支撑反应容器的作用，同时因其由质地较软的物质制成，对体系压力可起到缓冲作用，8 为整个装置的上盖，起到密闭和防止反应物逸出的作用。

第三节　微反应器技术

近年来，微反应器技术由于其在化学工业中的成功应用而引起越来越广泛的关注，并逐渐成为国际精细化工技术领域的研究热点。2003 年以来，美国化学会 Chemical & Engineering New 杂志上详细报道了微反应器技术的最新进展。而在 20 世纪 90 年代中期以来，国外就有数百篇文献报道了微反应器技术的应用和研究，已经取得了很多令人瞩目的研究成果，特别是某些公司已经在利用微反应器进行精细化学品千克级的合成，有的甚至在工业生产上也开始应用。

下面将介绍微反应器技术最新研究进展，分析微反应器的内在结构特征，揭示微反应器技术的独特性能，并分析微反应器所适用的化学反应类型。此外，通过微反应器技术和常规反应器技术的比较，说明微反应器在精细化工领域的发展前景。[17-18]

一、微反应器的结构

微反应器系统，从根本上讲，是一种建立在连续流动基础上的微管道式反应器，用以替代传统反应器，如玻璃烧瓶、漏斗以及工业级有机合成上的常规反应锅等批次反应器。微反应器的创新之处在于在微量反应器中，有大量的以微电子精密机械加工技术制作的微型反应通道（通常直径为几十微米），这些通道具有极大的比表面积，极大的换热效率和混合效率，从而使有机合成反应的微观状态得以精密控制，为提高反应收率以及选择性提供了可能。微反应器另一创新之处在于以连续式反应（continuous flow）代替批次反应（batch mode），这就使精确控制反应物的停留时间成为可能。有关微反应器的结构特征（图 8 - 15），相关的文献已经有详细的描述，本书在此不再详述。

二、微反应器的特殊用途

1. 小试工艺直接放大

精细化工多数使用间歇式反应器，由于传质传热效率的不同，合理化工艺路线的确定时间相对比较长，一般的都是采用"小试→中试→工业化生产"这一流程。利用微反应器技术进行生产时，工艺放大不是通过增大微通道的特征尺寸，而是通过增加微通道的数量来实现的。所以小试最佳反应条件不需要做任何改变就可以直接进入生产，因此不存在常规反应器的放大难题，这样就大幅度缩短了产品由实验室到市场的时间，这一点对于制药行业，意义极其重大。

2. 精确控制反应温度

极大的比表面积决定了微反应器有极大的换热效率,即使是反应中瞬间释放出大量热量,也可以及时吸收热量,维持反应温度不超出设定值。而对于强放热反应,常规反应器中由于混合速率及换热效率不够高,常常会出现局部过热现象。而局部过热往往导致副产物生成,从而使收率和选择性下降。在精细化工生产中,剧烈反应产生的大量热量如果不能及时导出,就会导致冲料事故甚至发生爆炸。

3. 精确控制反应时间

常规的反应釜,为防止反应过于剧烈造成的影响,通常采用逐渐滴加反应物的操作方法,这样就造成先滴加的反应物在反应体系中停留时间过长,对于某些反应可能会导致副产物的增多。微反应器技术采取的是微观通道中的连续流动反应,可以精确控制物料在反应条件下停留的时间。达到反应时间后就立即出料并终止反应,这样就有效减少了因反应时间过长而导致的副产物生成。

4. 精确快速混合物料

对于那些对反应物配比要求很精确的快速反应,如果搅拌不充分,就会在局部出现配比过量,容易产生副产物,这一现象在常规反应器中几乎无法避免,而微反应器系统的反应通道一般只有数十微米,可以精确地按配比混合,避免副产物生成。

5. 可操作性以及安全性

微反应器是密闭的微管式反应器,在高效微换热器的帮助下实现精确的温度控制,它的制作材料可以用各种高强度耐腐蚀材料,因此可以轻松实现高温、低温、高压等反应。另外,由于是连续流动反应,虽然反应器体积很小,产量却完全可以达到常规反应器的水平。

由于对反应温度、压力等条件的精确控制,最大程度上减少了安全事故和质量事故发生的可能。与常规反应不同,微反应器采用连续流动反应,反应器中停留的化学品数量很少,即使在设备失控的状态下,危害程度也非常有限。

三、微反应器适合的反应类型

据统计,在精细化工反应中,大约有 20% 的反应可以通过采用微反应器,在收率、选择性或安全性等方面得到提高。微反应器显然并非适用于所有类型化学反应,它的优势集中体现在以下几类反应中。

1. 放热剧烈的反应

微反应器由于能够及时导出热量,对反应温度实现精确控制,消除局部过热,显著提高反应的收率和选择性。

2. 反应物或产物不稳定的反应

某些反应物或生成的产物不稳定,在反应器中停留长会分解,导致收率的下降。微反应器系统是连续流动式的,而且可以精确控制反应物停留的时间。

3. 对反应物配比要求严格的快速反应

某些反应对配比要求很严格,微反应器系统可以瞬间达到均匀混合,避免局部过量,使副产物减少到最低。

4. 危险化学反应以及高温高压反应

对某些难以控制的化学反应,微反应器有两个优势:反应热可以很快导出,反应温度可以有效控制在安全范围内;由于反应为连续流动反应,在线的化学品量极少,造成的危害小。

5. 产物颗粒均匀分布的反应

由于微反应器能实现瞬间混合,对于形成沉淀的反应,颗粒的形成、晶体生长的时间是基本一致的,因此得到颗粒的粒径有窄分布的特点。对于某些聚合反应,有可能得到聚合度窄分布的产品。

四、微反应器的应用实例

1. 格利雅(Grignard)试剂与硼酸酯低温反应制备苯基硼酸[19-20]

有机硼化合物是有机合成中一类重要的化合物,在医药和农药合成中有重要用途,可以通过 Suzuki 偶联反应合成很多有价值的分子。使用 Grignard 试剂制备有机硼化合物的反应速度很快,反应放热剧烈,若反应温度过高就会出现副产物。反应方程式如下:其中 R1、R2 是反应物;P1 是产品;I1~I4 是过渡态中间体,C1、C2 分别是二取代和三取代产物,S1~S5 是各种途径产生的其他副产物。

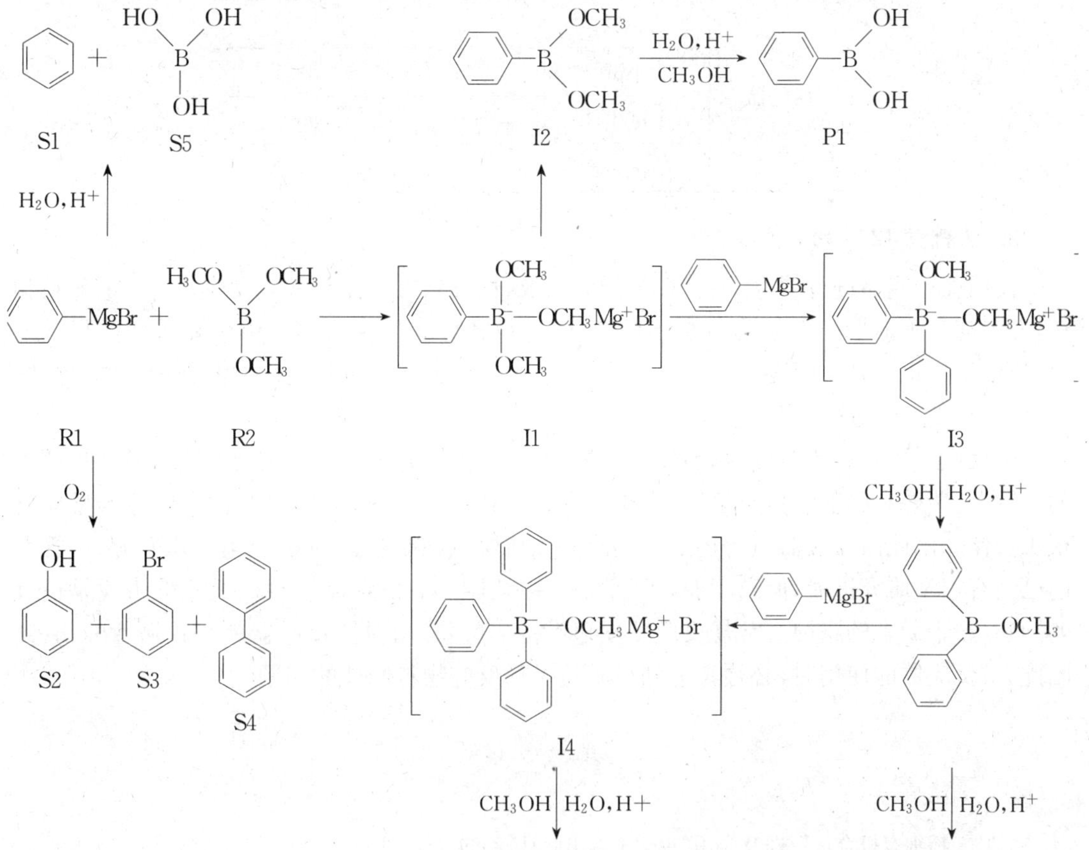

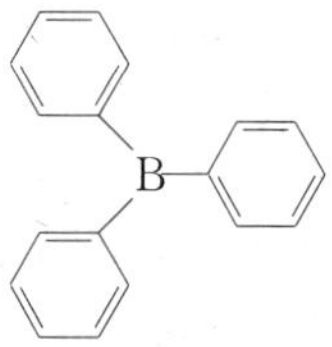

C2

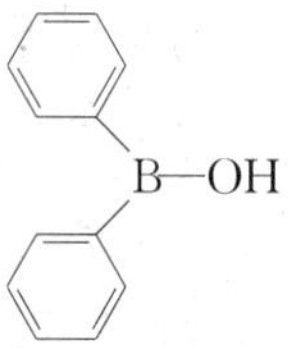

C2

为了抑制副产物的生成,提高产品的产率,工业上采用的方法是:① 原料硼酸酯大大过量;② 反应在−35 ℃～−55 ℃的低温下进行;③ 由于反应放热比较剧烈,长时间缓慢逐渐滴加反应物。由此可见,该反应的经济性较差,并且工业上操作较为繁琐。

用微反应器对该反应进行了研究,在温度20 ℃时的小试反应中,微反应器收率比常规反应器提高12%左右;实验还表明微反应器在50 ℃条件下取得了和20 ℃几乎相同的收率,这在常规反应器中是不可实现的;而中试生产中,在温度−10 ℃时,收率达到理想的89.2%。

表8-1　Grignard试剂与硼酸酯低温反应生成苯基硼酸

反应器类型	反应规模	反应温度/℃	产品收率/%
常规反应器	小试	20	70.6
	工业生产	20	65.0
微反应器	小试	22	83.2
	小试	50	82.1
	中试生产	−10	89.2
	中试生产	40	79.0

2. 颜料黄12号的合成[21-22]

使用微反应器进行偶氮颜料黄12号的合成,比较微反应器和常规反应器得到的颜料颗粒,发现前者不但平均直径明显小于后者,而且粒径分布要窄很多。由于晶体性质得到改变,质量指标也得到大幅度提升,利用微反应器制得的产物比常规反应器制得的产物光泽度提高73%,透明度提高66%。

微反应器尽管有诸多优势,但作为一种新技术,仍然有很多问题需要解决。其中最严重的问题是:堵塞和腐蚀。对于堵塞,由于微通道直径非常小,反应原料中含有固体的反应就很难操作。因此微反应器主要还是用于液液反应和气液反应。对于多相催化反应,尽管目前已经有很多研究进展,但离工业化似乎还有一段距离。腐蚀问题对微反应器来说是最大的问题,数十微米的腐蚀对常规反应器丝毫不构成威胁,而对微反应器就是致命性的伤害。因此,微反应器的使用时,必须考虑到材质是否耐反应物料腐蚀的问题。

参考文献

[1] 赵地顺. 精细有机合成原理及应用. 化学工业出版社,2009.

[2] 夏敏,韩益丰,周宝成. 有机合成技术与综合设计实验. 华东理工大学出版社,2012.

［3］纪顺俊,史达清. 现代有机合成新技术. 化学工业出版社,2009.

［4］郭生金. 有机合成新方法及其应用. 中国石化出版社,2007.

［5］王利民,邹刚. 精细有机合成工艺. 化学工业出版社,2008.

［6］范如霖. 有机合成特殊技术. 上海交通大学出版社,1986.

［7］薛永强,张蓉. 现代有机合成方法与技术. 第二版. 化学工业出版社,2010.

［8］钟平,黄南平. 微波促进的无溶剂有机合成反应. 甘肃科学学报,2002,14(3):23-27.

［9］卢凯,微波的原理及特点. 农业机械与自动化,2007,23(1):61-62.

［10］叶效勇,陆进,李林. 微波加热在有机合成中的应用. 贵州学院学报,2006,1(1):42-44.

［11］Pennemann H, Watts P, Haswell S J, et al. Bench marking of microreactor applications. Org. Process Res and Dev., 2004,8(3):422-439.

［12］Roberge D M, Ducry L, Bieler N, et al. Microreactor technology:a revolution for the fine chemical and pharmaceutical industries. Chem. Eng. Technol., 2005,28(3):318-323.

［13］屠树江,高原,于晨侠等. 应用微波辐射技术一步合成 4-芳基-1,4-二氢吡啶衍生物. 有机化学, 2002,22(4):269-271.

［14］M P Mingos, D R Baghurst. Applications of microwave dielectric heating effects to synthetic problems in chemistry. Chem Soc Rev, 1991, 20:1-47.

［15］张明,张志斌,鲁萍等,微波干法催化醛酮与胺的缩合反应. 化学研究,1998,9(4):28-31.

［16］M P Mingos and D R Baghurst. Applications of microwave dielectric heating effects to synthetic problems in chemistry. Chem Soc Rev, 1991, 20:1-5.

［17］黑瑟尔·沃尔克,勒韦·霍尔格. 微反应器研究与应用新进展. 现代化工,2004,7:9-16.

［18］钟平,黄南平. 微反应器技术在有机合成中的应用. 化学试剂,2007,29(6):339-344.

［19］Fletcher P D I, Haswell S J, Pombovellar E, etal. Micro reactor:principles and applications in organic synthesis. Tetrahedron, 2002, 58(24):4735-4757.

［20］Hessel V, Hofmann C, L; We H. Sylectivity gains and energy savings for the industrial phenyl boronic acid process using micromixer/ tubular reactors. Org. Process Res and Dev., 2004, 8(3): 511-523.

［21］Doku G N, Verboom W, Reinhoudtd N. et al. On microchip multiphase chemistry-a review of microreactor design principles and reagent contacting modes. Tetrahedron, 2005, 61(11): 2733-2742.

［22］Holladayj D, Wang Y, Jones E. Review of development in portable hydrogen production using microreactor technology. Chem. Rev., 2004, 104(10):4767-4790.